Sobolev 空间与偏微分方程引论

王 术 编著

科学出版社
北 京

内 容 简 介

本书系统讲述了偏微分方程一般理论的主要结果和研究方法. 主要内容包括：实分析与泛函分析在 Sobolev 空间中的应用，整数次与分数次 Sobolev 空间的基本性质和基本技巧，如逼近理论、紧嵌入理论、迹定理、单位分解等基本理论以及局部化、平直化、光滑化和紧支化等技巧，二阶线性椭圆方程的各类边值问题弱解的存在唯一性、正则性、极值原理、Schauder 理论等方面的主要结果以及泛函方法、特征值方法、差商方法等现代偏微分方程方法和 De Giorgi 迭代技巧，二阶线性抛物方程和二阶线性双曲方程的基本理论，弱解的存在唯一性、正则性，能量方法，Galerkin 方法，Lions 定理与发展方程以及线性抛物型方程的 Schauder 理论和 L^p 理论，一阶线性双曲型方程式的特征线方法，一阶线性双曲型方程组的基本概念和对称双曲系统的黏性消失法等.

本书适合偏微分方程、微分动力系统、实分析、泛函分析、计算数学、数学物理、控制论方向的研究生、教师及科研人员阅读参考.

图书在版编目(CIP)数据

Sobolev 空间与偏微分方程引论/王术编著. —北京：科学出版社，2009

ISBN 978-7-03-024349-2

Ⅰ. S… Ⅱ. 王… Ⅲ. 泛函分析-应用-偏微分方程 Ⅳ. O177.92 O175.2

中国版本图书馆 CIP 数据核字 (2009) 第 051981 号

责任编辑：张 扬 房 阳 / 责任校对：陈玉凤
责任印制：赵 博 / 封面设计：王 浩

科学出版社出版
北京东黄城根北街 16 号
邮政编码：100717
http://www.sciencep.com
北京天宇星印刷厂印刷
科学出版社发行 各地新华书店经销
*
2009 年 4 月第 一 版 开本：720×1000 1/16
2025 年 7 月第五次印刷 印张：17
字数：333 000

定价：98.00 元

（如有印装质量问题，我社负责调换）

前　言

众所周知，偏微分方程的发展与实分析、泛函分析有着密切的联系，但是涉及泛函方法在偏微分方程应用方面的系统理论的专著或教材却很少，而且目前已有的国内外偏微分方程方面的大多专著或教材都各有其特点，重点内容和侧重点各不相同，有的偏重于椭圆与抛物类方程，有的偏重于双曲类方程. 这样，其基础知识和出发点就各不相同. 再者，偏微分方程涉及广泛的相关学科基础知识，需要有较宽的数学知识面，当前的许多经典专著或教材起点高，对于在校的青年初学者，特别是研究生来说，内容较难理解，不利于他们更进一步地学习和研究. 这样，适合于我国偏微分方程各方向的基础偏微分方程的内容体系便应运而生.

本书注重观念和思想产生的背景、创新思想的起源与启发，综述了偏微分方程的发展史和当前国内外偏微分方程研究的前沿问题，系统地介绍了偏微分方程的经典理论与现代方法、实分析与泛函分析在偏微分方程中的应用、Sobolev 空间在偏微分方程中的应用等. 其主要特点有：适合作为 Sobolev 空间与偏微分方程的入门书，深入浅出的思路分析、启发式的思想起源分析、系统的基本理论与应用、丰富的例题、适量且难易兼容的习题和大量详细的注解，都有利于读者理解和掌握书中的内容和相关知识，把读者引入现代偏微分方程的研究领域. 大量的参考文献以及经典的名著参考书，可以引导读者选择研究领域、拓宽研究视野. 书中内容详细、封闭完整、通俗易懂、言简意赅、论证严密，各部分内容自成体系；起点低，适用于各个专业和不同的研究方向. 编者参阅了国内外同一主题的许多著作，吸收了各书之所长，相信会对读者有所帮助.

本书系统地讲述了偏微分方程一般理论的主要结果和研究方法. 全书共分 6 章：第 1 章讲述偏微分方程的发展史、现代偏微分方程的主要研究方法以及一些重要的研究方向，介绍偏微分方程的基本概念与分类；第 2 章介绍实分析与泛函分析在 Sobolev 空间中的应用，整数次与分数次 Sobolev 空间的基本性质及其基本理论，如逼近理论、延拓理论、嵌入理论、单位分解理论及 Fourier 分析理论等，研究 Sobolev 空间理论中涉及的基本技巧，如局部化、平直化、光滑化和紧支化等，时空 Sobolev 空间的基本性质等，本章内容是自成体系的；第 3 章介绍二阶线性椭圆方程的各类边值问题弱解的存在唯一性、正则性、极值原理，Schauder 理论等方面的主要结果以及泛函方法、特征值方法、差商方法等现代偏微分方程方法和 De Giorgi 迭代技巧等；第 4 章和第 5 章分别介绍二阶线性抛物方程和二阶线性双曲型方程的基本理论，弱解的存在唯一性、正则性，能量方法，Galerkin 方法，Lions 定理与发展方程以及线性抛物型方程的 Schauder 理论和 L^p 理论等; 第 6 章介绍一阶线性双曲型方程式的特征线方法和一阶线性双曲型方程组的基本概念和对称双曲系统的黏性消失法等.

本书曾在北京工业大学讲过若干次, 程曹宗教授、黎勇博士、邢秀侠博士、杨卫华博士和曾明博士等都曾提出过宝贵的修改意见, 在此一并致谢. 同时, 借本书出版之际, 向我的老师叶其孝教授、谢春红教授、肖玲研究员、辛周平教授以及 Peter A. Markowich 教授表示感谢, 他们在我的学业研究中给予了关心和指导. 同时也感谢丁夏畦院士和郭柏灵院士在我的学术研究中给予的热情帮助.

本书作为 Sobolev 空间与偏微分方程的入门书, 适合作为偏微分方程、微分动力系统、实分析、泛函分析、计算数学、数学物理、控制论等理工科相关方向研究生的教材和教学参考书, 也可作为数学、物理、力学、工程等领域青年教师或科研人员的参考书. 由于编者学识有限, 加之初次尝试, 不妥、片面甚至证明疏漏之处也在所难免, 欢迎读者批评指正.

王　术

2008 年 12 月 26 日于北京

目　　录

第1章　引　　言

如未特殊说明,本书出现的函数都是实值或复值函数. δ_{ij} 是Kronecker 记号,即

$$\delta_{ij}=\begin{cases}1, & i=j,\\ 0, & i\neq j,\end{cases}\quad \xi^\alpha=\xi_1^{\alpha_1}\cdots\xi_n^{\alpha_n},\quad \mathbb{R}_+^n=\{x\in\mathbb{R}^n|x_n>0\},\quad \overline{\mathbb{R}_+^n}=\{x\in\mathbb{R}^n|x_n\geqslant 0\}.$$

1.1　偏微分方程的发展史

偏微分方程属于分析学的范畴, 是在微积分出现后不久即兴起的一门学科. 回顾偏微分方程的研究, 它起源于 18 世纪 Euler, d'Alembert, Bernoulli, Lagrange 和 Laplace 等的工作, 作为描述连续力学的核心工具, 被用作分析物理科学中模型的主要方式. 实际上, 一维线性波动方程 $u_{tt}-u_{xx}=0$ 是 d'Alembert 于 1746 年在模拟弦振动时建立的. 1780 年, Laplace 在研究重力场理论时提出了他的方程 $-\Delta u=0$, 称为位势方程或 Laplace 方程. 而热传导方程 $u_t-u_{xx}=0$ 是由 Fourier 于 1807 年研究热传导现象时建立的. 这三个简单的方程导致了二阶偏微分方程的基本分类, 即所谓的双曲、抛物和椭圆型偏微分方程, 并且主要的线性偏微分方程的理论也是基于这三个基本方程的.

偏微分方程具有双重性. 一方面, 偏微分方程可以模拟解释应用科学中的一些物理现象. 可以毫不夸张地说, 许多物理现象都能够用偏微分方程来刻画和描述, 并且用偏微分方程建立的模型无疑不仅仅限于描述物理学. 18 世纪, 为了解决实际物理问题, 如弦振动问题、万有引力问题、流体水力学问题等, 产生了偏微分方程, 特别是 Euler 建立了流体力学中无黏性可压缩和不可压缩流体的著名的 Euler 方程. 到了 19 世纪, 随着物理科学所研究的现象在广度和深度两方面的扩展, 微分方程的理论和应用也飞速发展并变为 "数学的中心". 从这个意义上说, 所研究的问题来源于物理实际, 研究方法启发于物理科学, 研究内容与实际相关, 结果解释实际物理现象. 同时, 物理科学、工程技术以及应用科学中出现的偏微分方程在偏微分方程的发展史上一直占据着最重要的地位, 因此它属于应用数学的学科范畴. 另外, 从 19 世纪中期开始, 偏微分方程成为发展数学其他分支的一个重要的工具, 促进了其他相关数学分支的发展. 例如, Poincaré 对极小曲面方程和 Monge-Ampére 方程以及它们几何意义的研究, 促进了几何学的发展. Donaldson 和 Seiberg-Witten 在四维微分流形的拓扑学中的工作大部分建立在偏微分方程理论的基础上. 2006 年, 百年难题 Poincaré 猜想的解决充分显示了偏微分方程这种重要分析工具的伟大性.

除了几何学和拓扑学上的应用外, 偏微分方程还与金融数学、概率理论和统计分析 (Brown 运动、多粒子流体动力学) 以及动力系统, 尤其是 Hamilton 系统等数学的其他许多领域紧密相关.

应该强调以下两点：第一, 偏微分方程作为一门学科, 在分析学的发展过程中始终处于核心地位 (Brezis, Brouder, 1998; 林芳华, 2002). 从 Cauchy-Riemann 方程和 Fourier 级数开始, 调和分析中许多得到发展的重要课题, 如广义函数、Sobolev 空间、奇异积分算子、拟微分算子、仿微分算子和微局部分析等, 都与偏微分方程理论有着密切的联系. 第二, 科学、技术、工程以及工业总是刺激偏微分方程发展的动力源泉. 实际上, 历史上有许多这样的例子, 至今仍十分重要且意义深远, 如

(1) Euler(1755), 不可压流体的不可压 Euler 方程;

(2) Lagrange(1760), 几何学中的极小曲面方程;

(3) Navier(1821), Poisson(1831), Stokes(1845), 黏性可压缩与不可压缩流体的 Navier-Stokes 方程 (2000 年美国马萨诸塞州剑桥 Clay 数学促进会设立的 7 个 100 万美元奖金征奖千年难题之一);

(4) Maxwell(1864), 电磁学理论中的 Maxwell 方程组 (被称为 19 世纪对科学和技术带有巨大冲击的最壮观的胜利);

(5) Boltzmann(1872), 气体动力学中的 Boltzmann 方程;

(6) Korteweg de Vries(1896), 孤立波的 Korteweg de Vries 方程;

(7) Einstein(1915), 广义相对论中的 Einstein 方程 (被称为 20 世纪最伟大的科学成就, 也成为历史上数学应用最伟大的例子之一);

(8) Schrödinger(1926), Dirac(1928), 量子力学的 Schrödinger 方程和 Dirac 方程;

(9) 杨振宁和 Mills (1954), 物理学杨–米尔斯理论和质量缺口假设中的 Yang-Mills 方程 (2000 年美国马萨诸塞州剑桥 Clay 数学促进会设立的 7 个 100 万美元奖金征奖千年难题之一);

……

1.2　偏微分方程的理论研究

18 世纪偏微分方程诞生的早期, 限于分析学知识的贫乏, 人们主要的研究兴趣是如何将物理问题数学化, 即如何建立偏微分方程模型, 寻找一些特殊方程的显示解或特解. 正如 Euler 所言, 限于当时的分析工具, 几乎对所有的方程都没有找到普遍的方法来解决它们, 整个学科的发展还处在幼年时代, 偏微分方程的理论有待形成. 因此, 可以说 “18 世纪偏微分方程研究中的主要成就是揭示了它们对弹性力学、水力学和万有引力问题的重要性”. 到了 19 世纪, 随着分析学的飞速发展, 偏

微分方程的研究发生了重大变化. 许多重要的方程, 特别是非线性方程求出显示解是不可能的. 受代数学根的存在原理的启发 (在多项式方程的情形, 解四次以上方程的努力失败后, Gauss 转而去证明根的存在性), 偏微分方程的研究内容转为研究其适定性.

如果一个给定的偏微分方程的定解问题有一个解, 这个解是唯一的, 并且解连续依赖于该问题中给定的已知数据, 那么就说这个问题是适定的. 简单地说, 适定性就是指存在性、唯一性和稳定性. 特别是稳定性问题对物理是非常重要的, 也是物理学家最关心的问题之一, 如解是否随初始条件连续地变化? 或者当初始条件或边界条件稍稍变化时是否有全新的现象产生? 例如, 由行星的一个初始速度值得到的抛物轨道, 作为初始速度稍微变化的结果, 可以变成椭圆轨道. 轨道上的这一差异在物理上是最有意义的.

应该注意: 在科学研究中借用其他学科的观念是非常重要的, 会产生创造性的成果, 偏微分方程的研究更是如此.

现在我们知道偏微分方程的基本研究内容, 但并不清楚如何定义它的解. 通常定义两种形式的解: 一种称为**经典解**, 即出现在方程中的所有导数是连续的且在经典意义下满足定解条件的解. 18, 19 世纪本质上是研究这种经典解的. 另一种称为**弱解**或**广义解**, 即导数可以不存在的解. 有两方面的原因导致了弱解的重要地位. 其一, 一些非线性的方程不存在经典解; 其二, 方法论上的原因. 对于一些问题, 不能直接获得其经典解, 但可以先建立其某种形式的解, 再借助现代分析的工具, 获得其适当的光滑性, 从而得到经典解. 这就是弱解的正则性问题. 当然, 弱解的研究是困难而复杂的, 不仅要研究弱解的适定性, 还要研究其正则性. 数学家 Sobolev 建立 Sobolev 空间理论后, 其他相关学科, 如实变函数、泛函分析和调和分析等理论被应用到偏微分方程中来, 使得这种方法成为可能, 并得到飞速发展. 弱解的正则性理论是 20 世纪偏微分方程研究领域的杰出成就. 由此也导致了三类二阶线性偏微分方程的基本理论的形成.

本书将系统地介绍 Sobolev 空间的一般理论, 详细地论述三类二阶线性偏微分方程的基本理论、一些基本研究方法和基本技巧.

本章给出偏微分方程的基本概念.

1.3 偏微分方程的基本概念与分类

1.3.1 偏微分方程的定义及各种经典的偏微分方程 (组)

对于 $\boldsymbol{\alpha}=(\alpha_1,\cdots,\alpha_n)\in\mathbb{R}^n$, 如果 $\alpha_i\geqslant 0$, 称 $\boldsymbol{\alpha}$ 为一多重指标, 记作 $\boldsymbol{\alpha}\in\mathbb{Z}_+^n$.

对于多重指标 $\boldsymbol{\alpha}=(\alpha_1,\cdots,\alpha_n)\in\mathbb{Z}_+^n,\boldsymbol{\beta}=(\beta_1,\cdots,\beta_n)\in\mathbb{Z}_+^n$, 分别定义

$$\boldsymbol{\beta}\leqslant\boldsymbol{\alpha}\Leftrightarrow\beta_i\leqslant\alpha_i,i=1,\cdots,n,\quad \boldsymbol{\alpha}-\boldsymbol{\beta}=(\alpha_1-\beta_1,\cdots,\alpha_n-\beta_n),$$

$$\begin{pmatrix}\boldsymbol{\alpha}\\ \boldsymbol{\beta}\end{pmatrix}=\begin{pmatrix}\alpha_1\\ \beta_1\end{pmatrix}\cdots\begin{pmatrix}\alpha_n\\ \beta_n\end{pmatrix},\quad \begin{pmatrix}\alpha_i\\ \beta_i\end{pmatrix}=\mathrm{C}_{\alpha_i}^{\beta_i}=\frac{\alpha_i!}{\beta_i!(\alpha_i-\beta_i)!}$$

和

$$\mathrm{D}^{\boldsymbol{\alpha}}u(x)=\partial_x^{\boldsymbol{\alpha}}u(x)=\frac{\partial^{|\boldsymbol{\alpha}|}u(x)}{\partial x_1^{\alpha_1}\partial x_2^{\alpha_2}\cdots\partial x_n^{\alpha_n}}=\partial_{x_1}^{\alpha_1}\partial_{x_2}^{\alpha_2}\cdots\partial_{x_n}^{\alpha_n}u,\quad |\boldsymbol{\alpha}|=\sum_{i=1}^n\alpha_i,\partial_{x_i}=\partial_i=\mathrm{D}_i.$$

注 1.1　如果 k 是一个非负整数, 则 $\mathbf{D}^k u(x)=\{\mathbf{D}^{\boldsymbol{\alpha}}u(x)\,||\boldsymbol{\alpha}|=k\}$(表示由所有 k 阶偏导数形成的向量). 例如, $k=1$ 时 $\mathbf{D}u=(\mathrm{D}_1u,\cdots,\mathrm{D}_nu)=(\partial_{x_1}u,\partial_{x_2}u,\cdots,\partial_{x_n}u)=\nabla u$ 表示 u 的**梯度**, 而当 $k=2$ 时,

$$\mathbf{D}^2u(x)=\begin{pmatrix}\dfrac{\partial^2u(x)}{\partial x_1^2} & \dfrac{\partial^2u(x)}{\partial x_1\partial x_2} & \cdots & \dfrac{\partial^2u(x)}{\partial x_1\partial x_n}\\ \vdots & \vdots & & \vdots\\ \dfrac{\partial^2u(x)}{\partial x_n\partial x_1} & \dfrac{\partial^2u(x)}{\partial x_n\partial x_2} & \cdots & \dfrac{\partial^2u(x)}{\partial x_n^2}\end{pmatrix}_{n\times n}=\text{Hesse 矩阵}.$$

特别地, $\Delta u(x)=\sum\limits_{i=1}^n\dfrac{\partial^2u(x)}{\partial x_i^2}=\mathrm{tr}\left(\mathbf{D}^2u\right)$ 表示 Hesse 矩阵的迹 (trace), 其中, $\Delta=\sum\limits_{i=1}^n\dfrac{\partial^2}{\partial x_i^2}$ 叫做 Laplace 算子.

注 1.2　对于多重指标 $\boldsymbol{\alpha}$, $|\boldsymbol{\alpha}|$ 表示其长度, 这与向量模的定义不同. 例如, 记号$|\mathbf{D}u(x)|=\left(\sum\limits_{i=1}^n|\partial_{x_i}u|^2\right)^{\frac{1}{2}}$ 和 $\left|\mathbf{D}^ku(x)\right|=\left(\sum\limits_{|\boldsymbol{\alpha}|=k}|\partial_x^{\boldsymbol{\alpha}}u|^2\right)^{\frac{1}{2}}$ 分别表示向量 $\mathbf{D}u$ 和 $\mathbf{D}^ku$ 的模.

对于矩阵 $\boldsymbol{A}=(a_{ij})_{n\times n}$, 定义其**迹**为 $\mathrm{tr}\,\boldsymbol{A}=\sum\limits_{i=1}^n a_{ii}$.

对于 $\mathbb{R}^3\mapsto\mathbb{R}^3$ 上的向量函数 $\boldsymbol{v}$, 定义其**散度**为

$$\mathrm{div}(\boldsymbol{v})=\nabla\cdot\boldsymbol{v}=\sum_{i=1}^3\partial_iv_i,$$

其中, $v_i,i=1,2,3$ 为 $\boldsymbol{v}$ 的三个分量. 定义 $\boldsymbol{v}$ 的**旋度**为

$$\mathbf{curl}(\boldsymbol{v})=\nabla\times\boldsymbol{v}=(\partial_2v_3-\partial_3v_2,\partial_3v_1-\partial_1v_3,\partial_1v_2-\partial_2v_1).$$

对于 $\mathbb{R}^2 \mapsto \mathbb{R}^2$ 上的向量函数 $\boldsymbol{v}$, 定义 $\boldsymbol{v}$ 的**旋度**为

$$\mathbf{curl}(\boldsymbol{v}) = \nabla \times \boldsymbol{v} = \partial_2 v_1 - \partial_1 v_2.$$

注 1.3 对于高维空间的向量 $(\mathbb{R}^n \mapsto \mathbb{R}^n, n > 3)$, 散度和旋度的定义类似.

1. 偏微分方程的定义

偏微分方程是含有两个或两个以上自变量的未知函数及它的偏导数的方程. 其特点是未知函数是多元函数, 包含有偏导数的关系式.

设 $k \geqslant 1, \Omega \subset \mathbb{R}^n$ 是开区域.

定义 1.1 形为

$$F(\mathbf{D}^k u(\boldsymbol{x}), \mathbf{D}^{k-1} u(\boldsymbol{x}), \cdots, \mathbf{D} u(\boldsymbol{x}), u(\boldsymbol{x}), \boldsymbol{x}) = 0, \quad \boldsymbol{x} \in \Omega \tag{1.3.1}$$

的关系式叫做 ***k* 阶偏微分方程**, 其中,

$$F : \mathbb{R}^{n^k} \times \mathbb{R}^{n^{k-1}} \times \cdots \times \mathbb{R}^n \times \mathbb{R}^1 \times \Omega \to \mathbb{R}$$

为已知, 而 $u : \Omega \subset \mathbb{R}^n \to \mathbb{R}^1$ 为未知函数 (当然 $\mathbf{D}^k u$ 的一个分量的系数不为零).

定义 1.2 (1) 如果偏微分方程 (1.3.1) 具有形式

$$\sum_{|\boldsymbol{\alpha}| \leqslant k} a_{\boldsymbol{\alpha}}(\boldsymbol{x}) \mathbf{D}^{\boldsymbol{\alpha}} u = \boldsymbol{f}(\boldsymbol{x}), \tag{1.3.2}$$

其中, $a_{\boldsymbol{\alpha}}(\boldsymbol{x}), \boldsymbol{f}(\boldsymbol{x})$ 为给定的函数, 则称偏微分方程 (1.3.1) 为**线性的**, 否则称为**非线性的**. 如果在 (1.3.2) 式中 $\boldsymbol{f}(\boldsymbol{x}) \equiv 0$, 则称 (1.3.2) 式为**齐次的线性偏微分方程**或齐**线性偏微分方程**.

(2) 如果偏微分方程 (1.3.1) 具有形式

$$\sum_{|\boldsymbol{\alpha}| = k} a_{\boldsymbol{\alpha}}(\boldsymbol{x}) \mathbf{D}^{\boldsymbol{\alpha}} u + a_0(\mathbf{D}^{k-1} u, \cdots, \mathbf{D} u, u, \boldsymbol{x}) = 0,$$

则称偏微分方程 (1.3.1) 为**半线性的**(semilinear) (低阶导数可以是非线性的).

(3) 如果偏微分方程 (1.3.1) 具有形式

$$\sum_{|\boldsymbol{\alpha}| = k} a_{\boldsymbol{\alpha}}(\mathbf{D}^{k-1} u, \cdots, \mathbf{D} u, u, \boldsymbol{x}) \mathbf{D}^{\boldsymbol{\alpha}} u + a_0(\mathbf{D}^{k-1} u, \cdots, \mathbf{D} u, u, \boldsymbol{x}) = 0,$$

则称偏微分方程 (1.3.1) 为**拟线性的**(quasi-linear) (最高阶导数的系数依赖于低阶导数).

(4) 如果偏微分方程 (1.3.1) 非线性地依赖于最高阶导数, 则称 (1.3.1) 式为完全非线性的.

(5) $\boldsymbol{F}(\mathbf{D}^k\boldsymbol{u}, \mathbf{D}^{k-1}\boldsymbol{u}, \cdots, \mathbf{D}\boldsymbol{u}, \boldsymbol{u}, \boldsymbol{x}) = 0(\boldsymbol{x} \in \Omega), \boldsymbol{u} = (u_1, \cdots, u_m), \boldsymbol{F} = (F_1, \cdots, F_m)$ 称为**偏微分方程组**.

偏微分方程在物理、力学、生物学、化学、经济管理以及工程技术, 甚至数学的其他学科几何、概率等领域都有广泛的应用. 下面给出一些常用的偏微分方程(组).

2. 单个偏微分方程

1) 线性方程

(1) 调和方程或 Laplace 方程：$\Delta u = 0$;

(2) Poisson 方程：$\Delta u = f$;

(3) 特征值 (或 Helmholtz) 方程：$-\Delta u = \lambda u$;

(4) 线性输运方程：$u_t + \sum_{i=1}^{n} b^i u_{x_i} = 0$;

(5) 热传导 (或扩散) 方程：$u_t - \Delta u = 0$;

(6) Schrödinger 方程：$\mathrm{i}u_t - \Delta u = 0$, $\mathrm{i}=\sqrt{-1}$ 为虚数单位;

(7) Fokker-Planck 方程：$u_t - \sum_{i,j=1}^{n} (a^{ij}u)_{x_i x_j} - \sum_{i=1}^{n} (b^i u)_{x_i} = 0$;

(8) 波动方程: $u_{tt} - \Delta u = 0$;

(9) 电报 (telegraph) 方程：$u_{tt} + du_t - u_{xx} = 0$;

(10) 电波 (beam) 方程：$u_t + u_{xxxx} = 0$;

(11) Plate 方程：$\Delta\Delta u = 0$;

(12) Vlasov 方程：$f_t + \boldsymbol{v} \cdot \nabla_x f + \boldsymbol{E} \cdot \nabla_v f = 0$.

2) 非线性方程

(1) 非线性 Poisson 方程：$-\Delta u = f(u)$;

(2) p-Laplacian 方程：$\mathrm{div}(|\mathbf{D}u|^{p-2}\,\mathbf{D}u) = 0$;

(3) 最小曲面方程：$\mathrm{div}\left(\dfrac{\mathbf{D}u}{(1+|\mathbf{D}u|^2)^{1/2}}\right) = 0$;

(4) Monge-Ampére 方程：$\det(\mathbf{D}^2 u) = f$;

(5) Hamilton-Jacobi 方程：$u_t + H(\mathbf{D}u, x) = 0$;

(6) 守恒律：$u_t + \mathrm{div}\boldsymbol{F}(u) = 0$;

(7) 无黏性 Burgers 方程：$u_t + uu_x = 0$;

(8) 反应扩散方程：$u_t - \Delta u = f(u)$;

(9) 多孔介质方程：$u_t - \Delta(u^m) = 0$;

(10) 非线性波方程：$u_{tt} - \Delta u = f(u)$;

(11) KdV(Korteweg de Vries) 方程：$u_t + uu_x + u_{xxx} = 0$.

3. 偏微分方程组

1) 线性方程组

(1) 线性热弹性 (elasticity) 方程：$\boldsymbol{u}_{tt} - \mu\Delta\boldsymbol{u} - (\lambda+\mu)\mathbf{D}(\mathrm{div}\boldsymbol{u}) = 0$;

(2) Maxwell 方程组：$\begin{cases} \boldsymbol{E}_t - \mathbf{curl}\boldsymbol{B} = -4\pi j, \\ \boldsymbol{B}_t + \mathbf{curl}\boldsymbol{E} = 0, \\ \mathrm{div}\boldsymbol{E} = 4\pi\rho, \mathrm{div}\boldsymbol{B} = 0, \end{cases}$ 其中，$\boldsymbol{E} = (E_1, E_2, E_3), \boldsymbol{B} = (B_1, B_2, B_3)$ 表示电磁场强度.

2) 非线性方程组

(1) 守恒律组：$\boldsymbol{u}_t + \mathrm{div}\boldsymbol{F}(\boldsymbol{u}) = 0, \boldsymbol{F}$ 为一矩阵;

(2) 反应扩散方程组：$\boldsymbol{u}_t - \Delta\boldsymbol{u} = \boldsymbol{f}(\boldsymbol{u})$, $\begin{cases} u_t - \Delta u = u^\alpha v^\beta, \\ v_t - \Delta v = u^p v^q; \end{cases}$

(3) 理想流体的不可压 Euler 方程：$\begin{cases} \boldsymbol{u}_t - \boldsymbol{u}\cdot\nabla\boldsymbol{u} + \nabla p = 0, \\ \mathrm{div}\boldsymbol{u} = 0, \end{cases}$ p 为压力，$\boldsymbol{u} = (u_1, u_2, u_3)$ 为流速;

(4) 黏性流体的不可压 Navier-Stokes 方程组：$\begin{cases} \boldsymbol{u}_t + \boldsymbol{u}\cdot\nabla\boldsymbol{u} + \nabla p = \mu\Delta\boldsymbol{u}, \\ \mathrm{div}\boldsymbol{u} = 0, \end{cases}$ μ 为黏性系数;

(5) 理想流体的可压缩 Euler 方程组：$\begin{cases} n_t + \mathrm{div}(n\boldsymbol{u}) = 0, \\ (n\boldsymbol{u})_t + \mathrm{div}(n\boldsymbol{u}\otimes\boldsymbol{u}) + \nabla P(n) = 0, \end{cases}$ 表示张量积;

(6) 黏性流体的可压缩 Navier-Stokes 方程组：

$$\begin{cases} n_t + \mathrm{div}(n\boldsymbol{u}) = 0, \\ (n\boldsymbol{u})_t + \mathrm{div}(n\boldsymbol{u}\otimes\boldsymbol{u}) + \nabla P(n) = \mu\Delta\boldsymbol{u} + (\mu+\nu)\nabla\mathrm{div}\boldsymbol{u}, \quad \boldsymbol{u} = (u_1, u_2, u_3); \end{cases}$$

(7) 广义相对论中的 Einstein 方程：

$$R_{ij} - \frac{1}{2}g_{ij}R = \kappa T_{ij}, \quad i, j = 0, 1, 2, 3,$$

其中，κ 是常数，T_{ij} 是给定的能量动量张量，$R_{ij} = \sum_{k=0}^{3}\left(\frac{\partial}{\partial x^k}\Gamma_{ij}^k - \frac{\partial}{\partial x^j}\Gamma_{ik}^k\right) + \sum_{k=0}^{3}(\Gamma_{lk}^k\Gamma_{ij}^l - \Gamma_{lj}^k\Gamma_{ik}^l)$ 是 Ricci 曲率，$R = \sum_{i,j=0}^{3} g^{ij}R_{ij}$，而 $\Gamma_{ij}^k = \frac{1}{2}\sum_{l=0}^{3} g^{kl}\left(\frac{\partial}{\partial x^i}g_{jl} + \frac{\partial}{\partial x^j}g_{il} - \frac{\partial}{\partial x^l}g_{ij}\right)$，$(g^{ij}) = (g_{ij})^{-1}$ 是矩阵 (g_{ij}) 的逆矩阵，(g_{ij}) 是时空距离.

3) 混合型方程组

(1) 半导体漂流扩散方程组：$\begin{cases} n_t = \mu_n \mathrm{div}(\nabla h(n) + n\nabla\phi), \\ p_t = \mu_p \mathrm{div}(\nabla q(p) - p\nabla\phi), \\ -\lambda^2\Delta\phi = n - p - b(x); \end{cases}$

(2) 半导体 Euler-Poisson 方程组：$\begin{cases} \partial_t n + \mathrm{div}(n\boldsymbol{u}) = 0, \\ \partial_t \boldsymbol{u} + \boldsymbol{u}\cdot\nabla\boldsymbol{u} + \nabla h(n) = -\nabla\phi, \\ \lambda^2\Delta\phi = n - b(x); \end{cases}$

(3) 等离子体 Euler-Maxwell 方程组：$\begin{cases} \partial_t n + \mathrm{div}(n\boldsymbol{u}) = 0, \\ \partial_t \boldsymbol{u} + \boldsymbol{u}\cdot\nabla\boldsymbol{u} + \nabla \boldsymbol{h}(n) = -\boldsymbol{E} - \boldsymbol{u}\times\boldsymbol{B}, \\ \partial_t\boldsymbol{E} - \nabla\times\boldsymbol{B} = n\boldsymbol{u}, \\ \partial_t\boldsymbol{B} + \nabla\times\boldsymbol{E} = 0, \\ \mathrm{div}\boldsymbol{B} = 0, \mathrm{div}\boldsymbol{E} = -n. \end{cases}$

1.3.2　二阶线性偏微分方程的分类

基于三个典型的二阶线性偏微分方程, 即波动方程 $u_{tt} - a^2\Delta u = f(\boldsymbol{x}, t)$, 热传导方程 $u_t - a^2\Delta u = f(\boldsymbol{x}, t)$ 和 Poisson 方程或位势方程 $-\Delta u = f(\boldsymbol{x})$, 其中, Δ 为 Laplace 算子, $\boldsymbol{x}\in\mathbb{R}^n$, a^2 为正常数. 下面给出二阶线性偏微分方程的分类.

二阶线性偏微分方程的一般形式为

$$\sum_{i,j=1}^{m} a^{ij}(\boldsymbol{x})\frac{\partial^2 u}{\partial x_i\partial x_j} + \sum_{i=1}^{n} b^i\frac{\partial u}{\partial x_i} + c(\boldsymbol{x})u = f, \quad \boldsymbol{x}\in\mathbb{R}^m, \tag{1.3.3}$$

其中, $a^{ij} = a^{ji}, b^i, c, f$ 都是 $\boldsymbol{x} = (x_1, \cdots, x_m)\in\mathbb{R}^m$ 的已知函数.

注 1.4　上面的波动方程、热传导方程和 Poisson 方程这三类基本方程都可化为 (1.3.3) 式的形式. 事实上, 以 $\boldsymbol{A}$ 表示 (1.3.3) 式的二阶导数系数矩阵 $(a^{ij})_{m\times m}$. 对于波动方程, 取 $m = n+1, t = x_{n+1}$, $\boldsymbol{x} = (x_1, \cdots, x_n, t)\in\mathbb{R}^{n+1} = \mathbb{R}^m$, $\boldsymbol{A} = \begin{pmatrix} -a^2 & & & 0 \\ & \ddots & & \\ & & -a^2 & \\ 0 & & & 1 \end{pmatrix}$, $b^i = 0, c = 0$, 波动方程属于 (1.3.3) 式; 对于热传导方程, 取 $m = n+1$, $t = x_{n+1}$, 则 $\boldsymbol{A} = \begin{pmatrix} -a^2 & & & 0 \\ & \ddots & & \\ & & -a^2 & \\ 0 & & & 0 \end{pmatrix}$, $b^{n+1} = 1, c = 0, b^1 =$

$b^2 = \cdots = b^n = 0$, 热传导方程属于 (1.3.3) 式; 对于位势方程, 取 $m = n$, 则

$$\boldsymbol{A} = \begin{pmatrix} -1 & & & 0 \\ & \ddots & & \\ & & -1 & \\ 0 & & & -1 \end{pmatrix}, b^i = 0, c = 0,$$ 位势方程属于 (1.3.3) 式.

现在从矩阵 $\boldsymbol{A}$ 的特征值来考察波动方程、热传导方程和位势方程三者的差别: 对于位势方程, 系数矩阵 $\boldsymbol{A}$ 的全部特征值都是正 (或负) 的, 即 $\boldsymbol{A}$ 是正定的 (或负定的); 对于热传导方程, 系数矩阵 $\boldsymbol{A}$ 除了有一个特征根为零以外, 其他全是正 (或负) 的, 即 $\boldsymbol{A}$ 是非负定的 (或非正定的); 对于波动方程, 系数矩阵 $\boldsymbol{A}$ 除了一个特征值为正 (或负) 外, 其他全是负 (或正) 的, 即 $\boldsymbol{A}$ 是不定的.

现在根据上述三类方程的特点, 对一般的二阶方程 (1.3.3) 进行分类如下:

设 $\boldsymbol{x}_0 = (x_1^0, \cdots, x_m^0)$ 表示 $\mathbb{R}^m$ 中的一个点, $\boldsymbol{A}(\boldsymbol{x}_0)$ 表示系数矩阵 $\boldsymbol{A}$ 在 $\boldsymbol{x}_0$ 点的值.

定义 1.3 (1) 若 $\boldsymbol{A}(\boldsymbol{x}_0) = \left(a^{ij}(\boldsymbol{x}_0)\right)_{m\times m}$ 的 m 个特征值全是正 (或负) 的, 称为方程 (1.3.3)**在 $\boldsymbol{x}_0$ 点是椭圆型的**. 若 $\boldsymbol{A}(\boldsymbol{x}_0)$ 的特征根除了一个零以外, 其他 $m-1$ 个全是正 (或负) 的, 称方程 (1.3.3)**在 $\boldsymbol{x}_0$ 点是抛物的**; 若 $\boldsymbol{A}(\boldsymbol{x}_0)$ 的特征值除了有一个为负 (或正) 以外, 其他 $m-1$ 个全是正 (或负) 的, 称方程 (1.3.3)**在 $\boldsymbol{x}_0$ 点是双曲的**;

(2) 如果对于一个区域 $\overline{\Omega}$ 上的每一点, 方程 (1.3.3) 都是椭圆型的, 则称方程 (1.3.3)**在区域 $\overline{\Omega}$ 上是椭圆的**. 同理, 可定义在 $\overline{\Omega}$ 上的抛物和双曲方程.

注 1.5 显然, 从矩阵 $\boldsymbol{A}(\boldsymbol{x}_0)$ 的性质分析, 可产生其他情况, 即存在偏微分方程不属于上述类型, 如 $u_{xx}+u_{yy}-u_{zz}-u_{tt}=0$, 但这类方程在工程实际中很少遇到.

注 1.6 波动方程、热传导方程和 Piosson 方程分别称为双曲型方程、抛物型方程和椭圆型方程的标准型.

注 1.7 方程 $u_t-u_{xx}=f$ 与 $-u_{xx}=f$ 的区别在于 $u_t-u_{xx}=f$ 的二阶系数矩阵 $\boldsymbol{A} = \begin{pmatrix} -1 & 0 \\ 0 & 0 \end{pmatrix}_{2\times 2}$, 而 $-u_{xx}=f$ 的二阶系数矩阵 $\boldsymbol{A} = (-1)_{1\times 1}$.

例 1.1 设 a, b, c, d 为常数, 讨论 $au_{xx} + 2bu_{xy} + cu_{yy} = d$ 的类型 (b, c 不全为零).

解 其二阶系数矩阵为

$$\boldsymbol{A} = \begin{pmatrix} a & b \\ b & c \end{pmatrix}, \det(\boldsymbol{A} - \lambda\boldsymbol{I}) = (a-\lambda)(c-\lambda) - b^2 = \lambda^2 - (a+c)\lambda + ac - b^2 = 0,$$

$$\lambda_{1,2}=\frac{(a+c)\pm\sqrt{(a+c)^2-4(ac-b^2)}}{2}.$$

若 $b^2-ac>0,\lambda_2<0<\lambda_1$, 则方程为双曲的; 若 $b^2-ac=0,\lambda_2=0,\lambda_1=a+c$, 则方程为抛物的; 若 $b^2-ac<0,\lambda_1$ 与 λ_2 同号, 则方程为椭圆的.

注 1.8 方程的类型与方程的系数所属的区域有关.

例 1.2 对于 $\boldsymbol{x},\boldsymbol{y}\in\mathbb{R}^2$, Tricomi 方程 $yu_{xx}+u_{yy}=0$ 的类型.

解 在 x 轴 $(y=0)$ 上, 方程为抛物的 (而不是椭圆的!); 方程在上半平面 $y>0$ 内是椭圆的; 方程在下半平面 $y<0$ 内是双曲的. 这种方程属于混合型方程, 它在研究空气动力学的跨音速流问题时会遇到.

注 1.9 对于抛物和双曲方程, 只有一个特征值与其他特征值不同号, 此时矩阵 $\boldsymbol{A}$ 的标准型为

$$\boldsymbol{A}=\begin{pmatrix} a^2 & & & 0 \\ & \ddots & & \\ & & a^2 & \\ 0 & & & -a_{n+1}^2 \end{pmatrix}_{(n+1)\times(n+1)}, \quad \mathbb{R}^m=\mathbb{R}^{n+1}=\mathbb{R}^n\times\mathbb{R}^1.$$

视 $x_{n+1}=t$, 在实际问题中 $\mathbb{R}^4=\mathbb{R}_x^3\times\mathbb{R}_t^1$ 为时空空间, 因此称抛物型或双曲型方程为发展方程, 而椭圆型方程为稳态方程.

注 1.10 对于非线性方程, 其分类方法相同. 例如, 方程 $\sum\limits_{i,j=1}^{m}a^{ij}(\boldsymbol{x},u)\dfrac{\partial^2 u}{\partial x_i\partial x_j}+f(\boldsymbol{x},u)=0$ 可类似地进行分类.

例 1.3 讨论方程 $-\Delta h(n)+\dfrac{1}{n}\sum\limits_{i,j=1}^{d}\psi_{x_i}\psi_{x_j}n_{x_ix_j}=0$ 的类型, 其中, n 为未知变量, $h'(n)>0,\psi(\boldsymbol{x})$ 为已知函数.

解 将方程重写为

$$-h'(n)\Delta n-h''(n)|\nabla n|^2+\frac{1}{n}\sum_{i,j=1}^{d}\psi_{x_i}\psi_{x_j}n_{x_ix_j}=0,$$

则

$$\boldsymbol{A}=\begin{pmatrix} \dfrac{\psi_{x_1}\psi_{x_1}}{n}-h'(n) & \dfrac{\psi_{x_1}\psi_{x_2}}{n} & \cdots & \dfrac{\psi_{x_1}\psi_{x_n}}{n} \\ \dfrac{\psi_{x_2}\psi_{x_1}}{n} & \dfrac{\psi_{x_2}\psi_{x_2}}{n}-h'(n) & \cdots & \dfrac{\psi_{x_2}\psi_{x_n}}{n} \\ \vdots & \vdots & & \vdots \\ \dfrac{\psi_{x_1}\psi_{x_n}}{n} & \dfrac{\psi_{x_2}\psi_{x_n}}{n} & \cdots & \dfrac{\psi_{x_n}\psi_{x_n}}{n}-h'(n) \end{pmatrix},$$

可以计算其特征值为 $\lambda_1=\lambda_2=\cdots=\lambda_{d-1}=-h'(n)$, 而 $\lambda_d=-h'(n)+\dfrac{1}{n}|\nabla\psi|^2$.

此时方程的类型由 λ_d 的符号决定. 若 $|\nabla\psi| = \sqrt{nh'(n)}$, $\lambda_d = 0$ 时, 所讨论的方程为抛物型方程; 若 $|\nabla\psi| < \sqrt{nh'(n)}$, 即亚音速流 (subsonic) 情形, 所讨论的方程为椭圆型方程; 若 $|\nabla\psi| > \sqrt{nh'(n)}$, 即超音速流 (supersonic) 情形, 所讨论的方程为双曲型方程. 这是一个混合型方程.

注 1.11 定义 $p'(n) = nh'(n)$, 物理学上 $\sqrt{p'(n)} = c$ 被称为声速.

注 1.12 方程 $-\Delta h(n) + \frac{1}{n}\sum_{i,j=1}^{d}\psi_{x_i}\psi_{x_j}n_{x_ix_j} = 0$ 在流体力学中有重要的应用. 例如, 一阶流体力学可压缩 Euler 方程组

$$\begin{cases} \partial_t n + \operatorname{div}(n\boldsymbol{u}) = 0, \\ \partial_t \boldsymbol{u} + \boldsymbol{u}\cdot\nabla\boldsymbol{u} + \nabla h(n) = 0 \end{cases}$$

的无旋 (即$\mathbf{curl}\ \boldsymbol{u} = 0$) 稳态情形为

$$\begin{cases} \operatorname{div}(n\boldsymbol{u}) = 0, \\ \boldsymbol{u}\cdot\nabla\boldsymbol{u} + \nabla h(n) = 0. \end{cases}$$

令 $\boldsymbol{u} = -\nabla\psi$, 则有

$$\boldsymbol{u}\cdot\nabla\boldsymbol{u} = \frac{1}{2}\nabla(|\nabla\psi|^2), \quad \nabla\left(\frac{|\nabla\psi|^2}{2} + h(n)\right) = 0, \quad \begin{cases} \Delta\left(\frac{|\nabla\psi|^2}{2}\right) + \Delta h(n) = 0, \\ -\operatorname{div}(n\nabla\psi) = 0. \end{cases}$$

这个二阶方程组可以化为下面的二阶方程组:

$$\begin{cases} -\operatorname{div}(n\nabla\psi) = 0, \\ -\Delta h(n) + \frac{1}{n}\sum_{i,j=1}^{d}\psi_{x_i}\psi_{x_j}n_{x_ix_j} - \frac{1}{n^2}(\nabla\psi\cdot\nabla n)^2 + \frac{1}{n}\sum_{i,j=1}^{d}\psi_{x_i}\psi_{x_ix_j}n_{x_j} \\ \qquad = \sum_{i=1}^{d}(\psi_{x_ix_i})^2 + 2\sum_{1\leqslant i<j\leqslant d}(\psi_{x_ix_j})^2. \end{cases}$$

正像例 1.3 一样, 易知这是一个混合型的二阶非线性方程组. 该方程是流体力学中一个十分重要的方程, 但由于其复杂性, 目前关于它的研究进展很少.

1.3.3 一阶和高阶线性偏微分方程的分类

应该指出除了二阶偏微分方程的分类外, 也可以对一阶和高阶偏微分方程进行分类. 设 $\Omega \subset \mathbb{R}^n$ 为某个区域, 记

$$\mathrm{i} = \sqrt{-1}, \quad P = p(\boldsymbol{x}, \mathrm{D}) = \sum_{|\boldsymbol{\alpha}|\leqslant m} a_{\boldsymbol{\alpha}}(\boldsymbol{x})\mathrm{D}^{\boldsymbol{\alpha}}, \quad \boldsymbol{x} \in \Omega \subset \mathbb{R}^n,$$

并记

$$p_m(\boldsymbol{x},\mathrm{D})=\sum_{|\boldsymbol{\alpha}|=m}a_{\boldsymbol{\alpha}}(\boldsymbol{x})\mathrm{D}^{\boldsymbol{\alpha}},$$

称之为 **m阶线性偏微分算子 $p(\boldsymbol{x},\mathbf{D})$ 的主部**.

定义 1.4　设 $a_{\boldsymbol{\alpha}}(\boldsymbol{x})$ 为定义在 Ω 上的复值函数, $p(\boldsymbol{x},\mathrm{D})$ 为定义在区域 Ω 中的 m 阶偏微分算子. 若对某一点 $\boldsymbol{x}\in\Omega$, 及任意的 $\boldsymbol{\xi}\in\mathbb{R}^n\backslash\{0\}$, 有 $p_m(\boldsymbol{x},\mathrm{i}\boldsymbol{\xi})=\sum\limits_{|\boldsymbol{\alpha}|=m}a_{\boldsymbol{\alpha}}(\boldsymbol{x})(\mathrm{i}\boldsymbol{\xi})^{\boldsymbol{\alpha}}\neq 0$, 则称**算子 $p(\boldsymbol{x},\mathbf{D})$ 在 $\boldsymbol{x}$ 点为 m 阶椭圆型算子**. 若 $p(\boldsymbol{x},\mathrm{D})$ 对任意 $\boldsymbol{x}\in\Omega$ 都为 m 阶椭圆型算子, 则称**算子 $p(\boldsymbol{x},\mathbf{D})$ 在 $\boldsymbol{\Omega}$ 中为 m 阶椭圆型算子**.

例 1.4　Cauchy-Riemann 算子 $\partial_x+\mathrm{i}\partial_y$ 是一阶椭圆型的. 事实上,

$$p_1(x,y;\mathrm{i}\boldsymbol{\xi})=\mathrm{i}\xi_1-\xi_2\neq 0,\quad \forall\boldsymbol{\xi}=(\xi_1,\xi_2)\in\mathbb{R}^2\backslash\{0\}.$$

例 1.5　四阶算子 $\Delta^2\triangleq\sum\limits_{i=1}^{n}\dfrac{\partial^2}{\partial x_i^2}\left(\sum\limits_{j=1}^{n}\dfrac{\partial^2}{\partial x_j^2}\right)=\sum\limits_{i,j=1}^{n}\dfrac{\partial^4}{\partial x_i^2\partial x_j^2}$ 是 4 阶椭圆型的. 事实上,

$$p_4(x,\boldsymbol{\xi})=\sum_{i,j=1}^{n}\xi_i^2\xi_j^2=|\boldsymbol{\xi}|^4\neq 0,\quad \forall\boldsymbol{\xi}\in\mathbb{R}^n\backslash\{0\}.$$

定义 1.5　设 $a_{\boldsymbol{\alpha}}(\boldsymbol{x})$ 为定义在 Ω 上的复值函数, $p(\boldsymbol{x},\mathrm{D})$ 为定义在区域 Ω 中的 m 阶偏微分算子. 若存在某个向量 $\boldsymbol{\tau}\in\mathbb{R}^n\backslash\{0\}$, 使得对于任意 $\boldsymbol{x}\in\Omega$ 以及任意不平行于 $\boldsymbol{\tau}$ 的向量 $\boldsymbol{\xi}\in\mathbb{R}^n$, 方程

$$p_m(\boldsymbol{x},\mathrm{i}(\lambda\boldsymbol{\tau}+\boldsymbol{\xi}))=0$$

关于 λ 有 m 个两两互异的实根, 则称**算子 $p(\boldsymbol{x},\mathbf{D})$ 为关于方向 $\boldsymbol{\tau}$ 的严格双曲型算子**, 简称为**严格双曲型算子**.

例 1.6　算子 $\dfrac{\partial}{\partial t}+\sum\limits_{i=1}^{n}a_i(\boldsymbol{x},t)\dfrac{\partial}{\partial x_i}$ 是关于方向 $(1,0,\cdots,0)\in\mathbb{R}^{n+1}$ 的严格双曲型算子, 其中, $a_i(\boldsymbol{x},t),i=1,\cdots,n$ 为不全为零的已知实函数. 事实上, 对于任意 $\boldsymbol{x}\in\Omega$, $t>0$ 以及任意不平行于 $(1,0,\cdots,0)$ 的向量 $\boldsymbol{\xi}\in\mathbb{R}^{n+1}$, 方程

$$p_1(\boldsymbol{x},t,\mathrm{i}(\lambda+\xi_0),\mathrm{i}\xi_1,\cdots,\mathrm{i}\xi_n)=\mathrm{i}\left[(\lambda+\xi_0)+\sum_{i=1}^{n}a_i(\boldsymbol{x},t)\xi_i\right]=0$$

有非零实根 $\lambda=-\xi_0-\sum\limits_{i=1}^{n}a_i(\boldsymbol{x},t)\xi_i$.

例 1.7 波动算子 $\dfrac{\partial^2}{\partial t^2}-\sum\limits_{i=1}^{n}\dfrac{\partial^2}{\partial x_i^2}$ 是关于方向 $(1,0,\cdots,0)\in\mathbb{R}^{n+1}$ 的严格双曲型算子. 事实上, 对于任意 $\boldsymbol{x}\in\Omega$, $t>0$ 以及任意不平行于 $(1,0,\cdots,0)$ 的向量 $\boldsymbol{\xi}\in\mathbb{R}^{n+1}$, 方程

$$p_2(\boldsymbol{x},t,\mathrm{i}(\lambda+\xi_0),\mathrm{i}\xi_1,\cdots,\mathrm{i}\xi_n)=-(\lambda+\xi_0)^2+\sum_{i=1}^{n}\xi_i^2=0$$

有两个互异实根 $\lambda_{\pm}=\ \ \xi_0\pm\sqrt{\sum\limits_{i=1}^{n}\xi_i^2}$.

例 1.8 算子 $2\dfrac{\partial^4}{\partial t^4}-3\dfrac{\partial^2}{\partial t^2}\Delta+\Delta^2$ 是关于方向 $(1,0,\cdots,0)\in\mathbb{R}^{n+1}$ 的 4 阶严格双曲型算子. 留作练习.

定义 1.6 设 $a_{\boldsymbol{\alpha}}(\boldsymbol{x})$ 为定义在 Ω 上的实值函数. 设

$$L=\sum_{|\boldsymbol{\alpha}|\leqslant m}a_{\boldsymbol{\alpha}}(\boldsymbol{x})\partial_{\boldsymbol{x}}^{\boldsymbol{\alpha}}$$

为定义在区域 Ω 中的 m 阶偏微分算子. 如果存在一个常数 $C>0$, 使得

$$\sum_{|\boldsymbol{\alpha}|=m}a_{\boldsymbol{\alpha}}(\boldsymbol{x})(\mathrm{i}\boldsymbol{\xi})^{\boldsymbol{\alpha}}\geqslant C|\boldsymbol{\xi}|^m,\quad \forall\boldsymbol{x}\in\Omega,\boldsymbol{\xi}\in\mathbb{R}^n,$$

则称**算子 L 在 Ω 中为 m 阶一致椭圆型算子**.

注 1.13 设 $n>1$, 对于实系数的 m 阶椭圆型算子 $L=\sum\limits_{|\boldsymbol{\alpha}|\leqslant m}a_{\boldsymbol{\alpha}}(\boldsymbol{x})\partial_{\boldsymbol{x}}^{\boldsymbol{\alpha}}$, 必有 $m=2k$ 为偶数. 事实上, 由 m 阶椭圆型算子的定义知任意的 $\boldsymbol{\xi}\in\mathbb{R}^n\backslash\{0\}$, 有 $p_m(\boldsymbol{x},\mathrm{i}\boldsymbol{\xi})=\sum\limits_{|\boldsymbol{\alpha}|=m}a_{\boldsymbol{\alpha}}(\boldsymbol{x})(\mathrm{i}\boldsymbol{\xi})^{\boldsymbol{\alpha}}\neq 0$. 但若 m 为奇数, 则有 $p_m(\boldsymbol{x},-\mathrm{i}\boldsymbol{\xi})=-p_m(\boldsymbol{x},\mathrm{i}\boldsymbol{\xi})$, 于是存在 $\xi_0\neq 0$, 使得 $p_m(\boldsymbol{x},\mathrm{i}\boldsymbol{\xi}_0)=0$, 矛盾. 故 $m=2k$ 为偶数. 另外, 当 $n=1$ 时, 任意 m 阶算子 $L=\sum\limits_{|\boldsymbol{\alpha}|\leqslant m}a_{\boldsymbol{\alpha}}(\boldsymbol{x})\partial_{\boldsymbol{x}}^{\boldsymbol{\alpha}}$ 都是椭圆型的.

例 1.9 $L=-\Delta$ 在 Ω 中为二阶一致椭圆型算子, 而 $L=\Delta^2$ 在 Ω 中为 4 阶一致椭圆型算子.

定义 1.7 设 $a_{\boldsymbol{\alpha}}(\boldsymbol{x})$ 和 $f(\boldsymbol{x})$ 为定义在 Ω 上的实值函数, 如果算子 $L=\sum\limits_{|\boldsymbol{\alpha}|\leqslant m}a_{\boldsymbol{\alpha}}(\boldsymbol{x})\partial_{\boldsymbol{x}}^{\boldsymbol{\alpha}}$ 在 Ω 中为 m 阶椭圆型算子, 则称方程

$$Lu\triangleq\sum_{|\boldsymbol{\alpha}|\leqslant m}a_{\boldsymbol{\alpha}}(\boldsymbol{x})\partial_{\boldsymbol{x}}^{\boldsymbol{\alpha}}u=f(\boldsymbol{x}),\quad \boldsymbol{x}\in\Omega$$

为 **m 阶椭圆型偏微分方程**.

有了 m 阶一致椭圆型算子的定义, 可以推广二阶抛物型方程的定义, 给出一般的 m 阶抛物型偏微分方程的定义.

定义 1.8　设 $a_{\boldsymbol{\alpha}}(\boldsymbol{x},t)$ 和 $f(\boldsymbol{x},t)$ 为定义在 $\Omega\times[0,\infty)$ 上的实值函数, 如果对于任意固定的 $t\geqslant 0$, 算子 $L_t=\sum\limits_{|\boldsymbol{\alpha}|\leqslant m}a_{\boldsymbol{\alpha}}(\boldsymbol{x},t)\partial_{\boldsymbol{x}}^{\boldsymbol{\alpha}}$ 在 $\Omega\times[0,\infty)$ 中为 m 阶一致椭圆型算子, 即存在常数 $C>0$, 使得

$$\sum_{|\boldsymbol{\alpha}|=m}a_{\boldsymbol{\alpha}}(\boldsymbol{x},t)(\mathrm{i}\boldsymbol{\xi})^{\boldsymbol{\alpha}}\geqslant C|\boldsymbol{\xi}|^m,\quad \forall\boldsymbol{x}\in\Omega,t>0,\boldsymbol{\xi}\in\mathbb{R}^n,$$

则称方程

$$u_t+L_tu\triangleq u_t+\sum_{|\boldsymbol{\alpha}|\leqslant m}a_{\boldsymbol{\alpha}}(\boldsymbol{x},t)\partial_{\boldsymbol{x}}^{\boldsymbol{\alpha}}u=f(\boldsymbol{x},t),\quad \boldsymbol{x}\in\Omega,t>0$$

为 **m 阶抛物型偏微分方程**.

例 1.10　量子半导体模型 $u_t+\Delta^2u=f(\boldsymbol{x},t),\boldsymbol{x}\in\mathbb{R}^n,t>0$ 为 4 阶抛物型偏微分方程, 而方程 $u_{tttt}-\Delta^2u=0$ 既不是双曲型方程, 也不是抛物型方程.

注 1.14　一般的高阶线性抛物型算子的定义可参见文献 (Friedman, 1964). 同样对方程组也可用类似的方法进行分类.

习　题　一

1. 设 $\boldsymbol{\alpha}$ 为多重指标, 证明:

$$(x_1+\cdots+x_n)^k=\sum_{|\boldsymbol{\alpha}|=k}\begin{pmatrix}|\boldsymbol{\alpha}|\\ \boldsymbol{\alpha}\end{pmatrix}x^{\boldsymbol{\alpha}},$$

其中,

$$\begin{pmatrix}|\boldsymbol{\alpha}|\\ \boldsymbol{\alpha}\end{pmatrix}=\frac{|\boldsymbol{\alpha}|!}{\boldsymbol{\alpha}!},\quad \boldsymbol{\alpha}!=\alpha_1!\alpha_2!\cdots\alpha_n!,\quad x^{\boldsymbol{\alpha}}=x_1^{\alpha_1}\cdots x_n^{\alpha_n},$$

求和是对所有满足 $|\boldsymbol{\alpha}|=k$ 的 $\boldsymbol{\alpha}=(\alpha_1,\alpha_2,\cdots,\alpha_n)$ 进行的.

2. 设 $\boldsymbol{f}:\mathbb{R}^n\to\mathbb{R}^n$ 是无穷次连续可微的 (称为光滑的), $\boldsymbol{\alpha}$ 为多重指标, 证明对任意 $k=1,2,\cdots$ 有

$$\boldsymbol{f}(\boldsymbol{x})=\sum_{|\boldsymbol{\alpha}|\leqslant k}\frac{1}{\boldsymbol{\alpha}!}\mathrm{D}^{\boldsymbol{\alpha}}\boldsymbol{f}(0)\boldsymbol{x}^{\boldsymbol{\alpha}}+O(|\boldsymbol{x}|^{k+1}),\quad \boldsymbol{x}\to 0.$$

提示: 对于 $\boldsymbol{x}\in\mathbb{R}^n$, 考虑 $\boldsymbol{g}(\boldsymbol{t})=\boldsymbol{f}(\boldsymbol{tx}),\boldsymbol{t}\in\mathbb{R}^n$.

3. 分别指出 1.3.1 小节给出的非线性方程中哪些方程为半线性、拟线性和完全非线性方程.

4. 设 $u,v\in C^m(\Omega)$, 则有 Leibniz 求导公式

$$\mathrm{D}^{\boldsymbol{\alpha}}(uv)=\sum_{\boldsymbol{\beta}\leqslant\boldsymbol{\alpha}}\begin{pmatrix}\boldsymbol{\alpha}\\ \boldsymbol{\beta}\end{pmatrix}\mathrm{D}^{\boldsymbol{\beta}}u\mathrm{D}^{\boldsymbol{\alpha}-\boldsymbol{\beta}}v,$$

其中, $\boldsymbol{\alpha},\boldsymbol{\beta}$ 为多重指标.

5. 设 $(n,\boldsymbol{u},\boldsymbol{E},\boldsymbol{B})$ 是 Euler-Maxwell 方程组

$$\begin{cases}\partial_t n+\mathrm{div}(n\boldsymbol{u})=0,\\ \partial_t\boldsymbol{u}+\boldsymbol{u}\cdot\nabla\boldsymbol{u}+\nabla h(n)=-\boldsymbol{E}-\boldsymbol{u}\times\boldsymbol{B},\\ \partial_t\boldsymbol{E}-\nabla\times\boldsymbol{B}=n\boldsymbol{u},\\ \partial_t\boldsymbol{B}+\nabla\times\boldsymbol{E}=0,\\ (n,\boldsymbol{u},\boldsymbol{E},\boldsymbol{B})(\boldsymbol{x},t=0)=(n_0,\boldsymbol{u}_0,\boldsymbol{E}_0,\boldsymbol{B}_0)(\boldsymbol{x}),\end{cases}$$

$(\boldsymbol{x},t)\in\mathbb{R}^3\times(0,T)$ 的解, 且满足 $\boldsymbol{u}(\boldsymbol{x},t)\to 0(|\boldsymbol{x}|\to\infty)$, 其中, $\boldsymbol{u},\boldsymbol{E},\boldsymbol{B}$ 是三维空间中的向量. 记

$$H(t)=\int_{\mathbb{R}^3}\left[\frac{1}{2}(n|\boldsymbol{u}|^2+|\boldsymbol{E}|^2+|\boldsymbol{B}|^2)+\int_0^n h(s)\mathrm{d}s\right](\boldsymbol{x},t)\mathrm{d}\boldsymbol{x}.$$

试证明:

(1) $\dfrac{\mathrm{d}}{\mathrm{d}t}H(t)=0$;

(2) 若初值满足 $\mathrm{div}\boldsymbol{E}_0=-n_0,\mathrm{div}\boldsymbol{B}_0=0$, 则对于 $t\in(0,T)$, 恒有 $\mathrm{div}\boldsymbol{E}=-n,\mathrm{div}\boldsymbol{B}=0$.

6. 证明算子 $\dfrac{\partial^2}{\partial x^2}-2\dfrac{\partial^2}{\partial x\partial y}-4\dfrac{\partial^2}{\partial x\partial z}+8\dfrac{\partial^2}{\partial y\partial z}-\dfrac{\partial^2}{\partial y^2}-3\dfrac{\partial^2}{\partial z^2}$ 关于 x 方向为严格双曲型算子. 又问该算子是否关于 y 方向或 z 方向为严格双曲型的?

7. 证明算子 $2\dfrac{\partial^4}{\partial t^4}-3\dfrac{\partial^2}{\partial t^2}\Delta+\Delta^2$ 是关于方向 $(1,0,\cdots,0)\in\mathbb{R}^{n+1}$ 的 4 阶严格双曲型算子.

第 2 章　Sobolev 空间

本章首先给出偏微分方程学科最基本的预备基础知识, 包括常用的基本不等式、与偏微分方程密切相关的实分析与泛函分析基础知识以及广义函数理论等. 然后系统地介绍 Sobolev 空间的基本性质及其基本理论, 如逼近理论、延拓理论、嵌入理论、单位分解理论和 Fourier 分析理论等, 以及研究这些基本理论时所涉及的基本技巧, 如局部化、平直化、光滑化、紧支化等. 这些理论和技巧将成为研究现代偏微分方程的基本工具.

Sobolev 空间是指空间 $W^{m,p}$ 及其相关的空间. 由于前苏联科学家 Sobolev 在 1930 年末作出了这些空间发展的主要贡献, 所以冠以这些空间为 Sobolev 空间.

索伯列夫 (S. L. Sobolev, 1908～1989), 前苏联科学院院士、欧美多国外籍院士, 主要贡献表现在以下几个领域: ① 偏微分方程 (广义解、广义函数、求解双曲方程的新解法 —— 泛函分析方法、泛函空间及其嵌入关系); ② 数学物理问题; ③ 泛函分析; ④ 计算数学 (算法封闭性概念) 等.

记号 $\forall$ 表示任意, $\exists$ 表示存在, $\mathbb{R}^n$ 表示 n 维欧氏空间, a.e. 表示几乎处处.

2.1　预 备 知 识

本节收集了一些与偏微分方程密切相关的泛函分析方面的基本内容, 这些内容是偏微分方程学科最基本的基础知识. 因为不等式的巧妙使用在偏微分方程中是基本的, 所以首先给出几个基本的不等式, 然后逐步介绍这些预备知识.

2.1.1　几个常用的不等式

1. Young 不等式

设 $a>0,b>0,p>1,q>1,\dfrac{1}{p}+\dfrac{1}{q}=1$, 则有 $ab\leqslant\dfrac{a^p}{p}+\dfrac{b^q}{q}$.

证明　由于 $\dfrac{1}{p}+\dfrac{1}{q}=1,p>1,q>1$, 所以 $q=\dfrac{p}{p-1}>1,p-1=\dfrac{1}{p-1}$. 考虑 xOy 平面上的曲线 $y=x^{p-1}$(图 2.1). 在这条曲线上, 有 $x=y^{1/(p-1)}=y^{q-1}$. 设 x,y 是两个任意正数, 在图 2.1 上作直线 $AD:x\equiv$const 和 $EB:y\equiv$const. 注意无论如何选取 x 和 y, 图形 OEB 的面积和图形 OAD 的面积之和总不小于矩形

$OECD$ 的面积, 即

$$\int_0^y y^{q-1}\mathrm{d}y+\int_0^x x^{p-1}\mathrm{d}x \geqslant xy \quad 或 \quad \frac{y^q}{q}+\frac{x^p}{p}\geqslant xy,$$

而且, 等号成立当且仅当点 C 与点 B 重合, 即 $y=x^{p-1}(y^q=x^p)$.

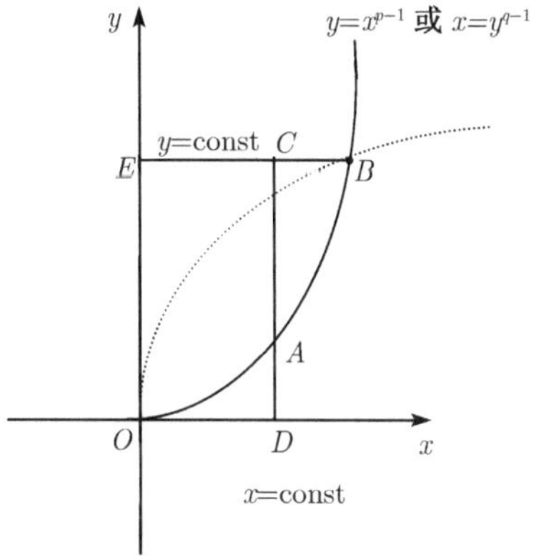

图 2.1

注 2.1 当 $p=q=2$ 时, Young 不等式称为 Cauchy 不等式或 Cauchy-Schwarz 不等式.

注 2.2 Young 不等式的其他证明方法:

另证一 使用函数 e^x 的凸性可得 $\mathrm{e}^{x/p+y/q}\leqslant \dfrac{1}{p}\mathrm{e}^x+\dfrac{1}{q}\mathrm{e}^y, \dfrac{1}{p}+\dfrac{1}{q}=1, \forall x,y$. 于是

$$ab=\mathrm{e}^{\ln a+\ln b}=\mathrm{e}^{(\ln a^p)/p}+\mathrm{e}^{(\ln b^q)/q}\leqslant \frac{1}{p}\mathrm{e}^{\ln a^p}+\frac{1}{q}\mathrm{e}^{\ln b^q}=\frac{a^p}{p}+\frac{b^q}{q}.$$

另证二 考虑函数 $F(t)=t^s-st$ 在 $t\geqslant 0$ 上的最大值, 其中, $s=\dfrac{1}{p}\in(0,1)$. 由于 $F'(t)=st^{s-1}-s$ 的唯一零点为 $t=1$ 且 $F(1)=1-s>0, F(0)=0, F(+\infty)=-\infty$, 所以由连续函数最大值的求法知对于 $t\geqslant 0$, 有 $F(t)=t^s-st\leqslant F(1)=1-s$, 即

$$t^{1/p}-1\leqslant \frac{1}{p}(t-1), \quad t\geqslant 0.$$

将 $t=\dfrac{a^p}{b^q}$ 代入上式, 注意到 $q-\dfrac{q}{p}=1$, 整理即得结论.

设 $\varepsilon>0$, 在上述不等式中用 $\varepsilon^{1/p}a$ 和 $\varepsilon^{-q/p}b$ 代替 a 和 b 可得下面的不等式.

2. 带 ε 的 Young 不等式

设 $a>0, b>0, \varepsilon>0, p>1, q>1$ 且 $\dfrac{1}{p}+\dfrac{1}{q}=1$, 则 $ab\leqslant \dfrac{\varepsilon a^p}{p}+\dfrac{\varepsilon^{-q/p}b^p}{q}$

$\leqslant \varepsilon a^p + \varepsilon^{-q/p} b^p$. 特别地, 当 $p = q = 2$ 时, 它变为 $ab \leqslant \varepsilon a^2 + \dfrac{b^2}{4\varepsilon}$(带 ε 的 Cauchy 不等式).

为了介绍 L^p 空间中最常用的几个不等式, 首先回忆 L^p 空间的定义.

设 $\Omega \subset \mathbb{R}^n$ 是一个 (有界或无界) 开集 (或可测集), $f(\boldsymbol{x})$ 是定义在 Ω 上的实可测函数. 对于 $1 \leqslant p < \infty$. 若 $|f(\boldsymbol{x})|^p$ 也是 Ω 上的可测函数, 则积分 $\displaystyle\int_\Omega |f(\boldsymbol{x})|^p \mathrm{d}\boldsymbol{x}$ 是有意义的, 当然也可能是无界的. 记

$$L^p(\Omega) = \left\{ f(\boldsymbol{x}) \middle| f(\boldsymbol{x}) \text{ 在 } \Omega \text{ 上可测且 } \int_\Omega |f(\boldsymbol{x})|^p \mathrm{d}\boldsymbol{x} < \infty \right\}.$$

对于 $f(\boldsymbol{x}) \in L^p(\Omega)$, 定义 $f(\boldsymbol{x})$ 的范数 $\|\cdot\|_{L^p(\Omega)}$ 如下:

$$\|f\|_{L^p(\Omega)} = \|f\|_{0,p} = \|f\|_{0,p,\Omega} = \left(\int_\Omega |f(\boldsymbol{x})|^p \mathrm{d}\boldsymbol{x} \right)^{1/p}.$$

对于 $p = \infty$, $f(\boldsymbol{x})$ 是定义在 Ω 上的实可测函数, 定义 $\|\cdot\|_{L^\infty(\Omega)}$ 如下:

$$\|f\|_{L^\infty(\Omega)} = \|f\|_{0,\infty} = \|f\|_{0,\infty,\Omega} = \operatorname*{ess\,sup}_{\boldsymbol{x}\in\Omega} |f(\boldsymbol{x})| \triangleq \inf_{\substack{|E|=0 \\ E\subset\Omega}} (\sup_{\Omega\backslash \mathrm{E}} |f(\boldsymbol{x})|).$$

令

$$L^\infty(\Omega) = \{ f(\boldsymbol{x}) | f(\boldsymbol{x}) \text{ 在 } \Omega \text{ 上可测且 } \|f\|_{0,\infty} < \infty \}.$$

易证 $L^p(\Omega)(1 \leqslant p \leqslant \infty)$ 是一个 Banach 空间.

下面介绍 L^p 空间中最常用的几个不等式.

3. Hölder 不等式

设 $p > 1, q > 1$ 且 $\dfrac{1}{p} + \dfrac{1}{q} = 1$(称 p, q 是互为共轭指数), 若 $f \in L^p(\Omega), g \in L^q(\Omega)$, 则 $f \cdot g \in L^1(\Omega)$ 且

$$\int_\Omega |fg| \mathrm{d}\boldsymbol{x} \leqslant \|f\|_{L^p(\Omega)} \|g\|_{L^q(\Omega)}.$$

特别地, 当 $p = q = 2$ 时, 有

$$\int_\Omega |fg| \mathrm{d}\boldsymbol{x} \leqslant \|f\|_{L^2(\Omega)} \|g\|_{L^2(\Omega)} \text{ (Schwarz 不等式)}.$$

一般地, 带权 $P(\boldsymbol{x}) \geqslant 0$ 的 Hölder 不等式为

$$\int_\Omega |f(\boldsymbol{x})g(\boldsymbol{x})| P(\boldsymbol{x}) \mathrm{d}\boldsymbol{x} \leqslant \left(\int_\Omega |f(\boldsymbol{x})|^p P(\boldsymbol{x}) \mathrm{d}\boldsymbol{x} \right)^{\frac{1}{p}} \left(\int_\Omega |g(\boldsymbol{x})|^q P(\boldsymbol{x}) \mathrm{d}\boldsymbol{x} \right)^{\frac{1}{q}}. \quad (2.1.1)$$

注 2.3　视 $P(\boldsymbol{x})\mathrm{d}\boldsymbol{x}$ 为新测度, 上述推广是显然的.

证明 (1) 设 $A(\boldsymbol{x}), B(\boldsymbol{x})$ 满足 $\int_\Omega |A(\boldsymbol{x})|^p P(\boldsymbol{x})\mathrm{d}\boldsymbol{x}=1$, $\int_\Omega |B(\boldsymbol{x})|^q P(\boldsymbol{x})\mathrm{d}\boldsymbol{x}=1$, 则由 Young 不等式

$$|A(\boldsymbol{x})B(\boldsymbol{x})| \leqslant \frac{|A(\boldsymbol{x})|^p}{p}+\frac{|B(\boldsymbol{x})|^q}{q}$$

知

$$\int_\Omega |A(\boldsymbol{x})B(\boldsymbol{x})|\, P(\boldsymbol{x})\mathrm{d}\boldsymbol{x} \leqslant \frac{1}{p}+\frac{1}{q}=1.$$

(2) 取 $A(\boldsymbol{x})=\dfrac{|f(\boldsymbol{x})|}{\left[\int_\Omega |f(\boldsymbol{x})|^p P(\boldsymbol{x})\mathrm{d}\boldsymbol{x}\right]^{\frac{1}{p}}}$, $B(\boldsymbol{x})=\dfrac{|g(\boldsymbol{x})|}{\left[\int_\Omega |g(\boldsymbol{x})|^q P(\boldsymbol{x})\mathrm{d}\boldsymbol{x}\right]^{\frac{1}{q}}}$, 使用 (1) 的结论可得 (2.1.1) 式成立.

现在给出 **Hölder 不等式的推广形式.**

若 $\lambda_1+\lambda_2+\cdots+\lambda_n=1, \lambda_i>0, P\geqslant 0$, 则有

$$\int_\Omega |f_1 f_2\cdots f_n|\, P\mathrm{d}\boldsymbol{x} \leqslant \left(\int_\Omega |f_1|^{\frac{1}{\lambda_1}} P\mathrm{d}\boldsymbol{x}\right)^{\lambda_1}\cdots\left(\int_\Omega |f_n|^{\frac{1}{\lambda_n}} P\mathrm{d}\boldsymbol{x}\right)^{\lambda_n}.$$

证明(数学归纳法) 设结论对 k 成立, 要证对 $k+1$ 也成立, 即若已证对于 $q_1+q_2+\cdots q_k=1, q_i>0, P\geqslant 0$ 有 $\int_\Omega |f_1\cdots f_k| P\mathrm{d}\boldsymbol{x} \leqslant \left(\int_\Omega |f_1|^{\frac{1}{q_1}} P\mathrm{d}\boldsymbol{x}\right)^{q_1}\cdots \left(\int_\Omega |f_k|^{\frac{1}{q_k}} P\mathrm{d}\boldsymbol{x}\right)^{q_k}$, 则对于 $\lambda_1+\lambda_2+\cdots+\lambda_k+\lambda_{k+1}=1, \lambda_i>0, P\geqslant 0$, 取 $p=\dfrac{1}{\lambda_{k+1}}, p'=\dfrac{1}{\lambda_1+\cdots+\lambda_k}\left(\dfrac{1}{p}+\dfrac{1}{p'}=1\right)$. 由 $n=2$ 时的 Hölder 不等式知

$$\begin{aligned}
&\int_\Omega |f_1\cdots f_k f_{k+1}| P\mathrm{d}\boldsymbol{x}\\
\leqslant& \left(\int_\Omega |f_{k+1}|^{\frac{1}{\lambda_{k+1}}} P\mathrm{d}\boldsymbol{x}\right)^{\lambda_{k+1}} \left(\int_\Omega |f_1\cdots f_k|^{\frac{1}{\lambda_1+\cdots+\lambda_k}} P\mathrm{d}\boldsymbol{x}\right)^{\lambda_1+\cdots+\lambda_k}\\
\leqslant& \left(\int_\Omega |f_{k+1}|^{\frac{1}{\lambda_{k+1}}} P\mathrm{d}\boldsymbol{x}\right)^{\lambda_{k+1}} \left(\int_\Omega |f_1|^{\frac{1}{\lambda_1+\cdots+\lambda_k}\cdot\frac{\lambda_1+\cdots+\lambda_k}{\lambda_1}} P\mathrm{d}\boldsymbol{x}\right)^{\lambda_1}\\
&\cdots\left(\int_\Omega |f_k|^{\frac{1}{\lambda_1+\cdots+\lambda_k}\cdot\frac{\lambda_1+\cdots+\lambda_k}{\lambda_k}} P\mathrm{d}\boldsymbol{x}\right)^{\lambda_k}\\
=& \prod_{j=1}^{k+1}\left(\int_\Omega |f_j|^{\frac{1}{\lambda_j}} P\mathrm{d}\boldsymbol{x}\right)^{\lambda_j}
\end{aligned}$$

$\left(\text{这是因为 } \dfrac{\lambda_1}{\lambda_1+\cdots+\lambda_k}+\dfrac{\lambda_2}{\lambda_1+\cdots+\lambda_k}+\cdots+\dfrac{\lambda_k}{\lambda_1+\cdots+\lambda_k}=1\right)$.

注 2.4 用同样的方法可以证明有限或无限形式的 Hölder 不等式

$$\sum |a_k b_k| \leqslant \left(\sum |a_k|^p\right)^{\frac{1}{p}} \left(\sum |b_k|^q\right)^{\frac{1}{q}}.$$

4. Minkowski 不等式

设 $1 \leqslant p < \infty$, $f, g \in L^p(\Omega)$, 则 $f+g \in L^p(\Omega)$ 且

$$\|f+g\|_{L^p} \leqslant \|f\|_{L^p} + \|g\|_{L^p}. \tag{2.1.2}$$

证明 设 p, p' 满足 $\dfrac{1}{p} + \dfrac{1}{p'} = 1$, 则

$$\begin{aligned}
&\int |f+g|^p P(\boldsymbol{x})\mathrm{d}\boldsymbol{x} \\
\leqslant &\int (|f|+|g|)(|f+g|)^{p-1} P(\boldsymbol{x})\mathrm{d}\boldsymbol{x} \\
\leqslant &\left(\int |f|^p P\mathrm{d}\boldsymbol{x}\right)^{\frac{1}{p}} \left(\int |f+g|^{(p-1)p'} P\mathrm{d}\boldsymbol{x}\right)^{\frac{1}{p'}} \\
&+ \left(\int |g|^p P\mathrm{d}\boldsymbol{x}\right)^{\frac{1}{p}} \left(\int |f+g|^{(p-1)p'} P\mathrm{d}\boldsymbol{x}\right)^{\frac{1}{p'}} \\
\leqslant &\left(\int |f|^p P\mathrm{d}\boldsymbol{x}\right)^{\frac{1}{p}} \left(\int |f+g|^p P\mathrm{d}\boldsymbol{x}\right)^{\frac{p-1}{p}} + \left(\int |g|^p \mathrm{d}\boldsymbol{x}\right)^{\frac{1}{p}} \left(\int |f+g|^p P\mathrm{d}\boldsymbol{x}\right)^{\frac{p-1}{p}} \\
= &\left[\left(\int |f|^p P\mathrm{d}\boldsymbol{x}\right)^{\frac{1}{p}} + \left(\int |g|^p P\mathrm{d}\boldsymbol{x}\right)^{\frac{1}{p}}\right] \left(\int |f+g|^p P\mathrm{d}\boldsymbol{x}\right)^{\frac{p-1}{p}},
\end{aligned}$$

这给出 (2.1.2) 式.

一般地, 当 $p \geqslant 1$ 时有

$$\left\|\sum_{i=1}^n f_i\right\|_{L^p} \leqslant \sum_{i=1}^n \|f_i\|_{L^p}, \quad \left\|\int_\Omega f(\boldsymbol{x},\boldsymbol{y})\mathrm{d}\boldsymbol{y}\right\|_{L^p_{\boldsymbol{x}}(\Omega)} \leqslant \int_\Omega \|f(\boldsymbol{x},\boldsymbol{y})\|_{L^p_{\boldsymbol{x}}(\Omega)} \mathrm{d}\boldsymbol{y},$$

其证明参考文献 (Hardy, 1952).

5. 逆 Young, Hölder 和 Minkowski 不等式

设 $0 < p < 1$, 由 $\dfrac{1}{p} + \dfrac{1}{q} = 1$ 得 $q = \dfrac{p}{p-1} < 0$. 此时有

逆 Young 不等式: $xy \geqslant \dfrac{1}{p}x^p + \dfrac{1}{q}y^q$, $x, y \geqslant 0$;

逆 Hölder 不等式: 设 $f \in L^p(\Omega), 0 < \displaystyle\int |g|^q P\mathrm{d}\boldsymbol{x} < \infty$, 则

$$\int |f||g| P\mathrm{d}\boldsymbol{x} \geqslant \left(\int |f|^p P\mathrm{d}\boldsymbol{x}\right)^{\frac{1}{p}} \left(\int |g|^q P\mathrm{d}\boldsymbol{x}\right)^{\frac{1}{q}};$$

逆 Minkowski 不等式: 设 $f,g\in L^p(\Omega)$, 则

$$\left[\int_\Omega(|f|+|g|)^pP\mathrm{d}\boldsymbol{x}\right]^{\frac{1}{p}}\geqslant\left(\int|f|^pP\mathrm{d}\boldsymbol{x}\right)^{\frac{1}{p}}+\left(\int|g|^pP\mathrm{d}\boldsymbol{x}\right)^{\frac{1}{p}}.$$

6. $\mathbb{R}^n$ 上的 Cauchy-Schwarz 不等式

对于 $\boldsymbol{x},\boldsymbol{y}\in\mathbb{R}^n,|\boldsymbol{x}|=\left(\sum\limits_{i=1}^n x_i^2\right)^{\frac{1}{2}}$ 有 $|\boldsymbol{x}\cdot\boldsymbol{y}|\leqslant|\boldsymbol{x}|\,|\boldsymbol{y}|$ 或 $\left|\sum\limits_{i=1}^n x_iy_i\right|\leqslant\left(\sum\limits_{i=1}^n x_i^2\right)^{\frac{1}{2}}\left(\sum\limits_{i=1}^n y_i^2\right)^{\frac{1}{2}}$.

证明 对 $\forall\varepsilon>0$ 有 $0\leqslant|\boldsymbol{x}\pm\varepsilon\boldsymbol{y}|^2=|\boldsymbol{x}|^2\pm2\varepsilon\boldsymbol{x}\cdot\boldsymbol{y}+\varepsilon^2|\boldsymbol{y}|^2$. 因此

$$\pm\boldsymbol{x}\cdot\boldsymbol{y}\leqslant\frac{1}{2\varepsilon}|\boldsymbol{x}|^2+\frac{\varepsilon}{2}|\boldsymbol{y}|^2,$$

令 $\varepsilon=\dfrac{|\boldsymbol{x}|}{|\boldsymbol{y}|}(\boldsymbol{y}\neq0)$ 即得.

一般地, 如果 $\boldsymbol{A}=(a_{ij})_{n\times n}$ 是对称的 $n\times n$ 正定矩阵, 则

$$\left|\sum_{i,j=1}^n a_{ij}x_iy_j\right|\leqslant\left(\sum_{i,j=1}^n a_{ij}x_ix_j\right)^{\frac{1}{2}}\left(\sum_{i,j=1}^n a_{ij}y_iy_j\right)^{\frac{1}{2}},\quad \boldsymbol{x},\boldsymbol{y}\in\mathbb{R}^n.$$

7. Gronwall 不等式 (微分形式)

(1) 设 $\eta(\cdot)$ 是非负连续可微函数 (或非负绝对连续函数), 在 $t\in[0,T]$ 上满足

$$\eta'(t)\leqslant\phi(t)\eta(t)+\varphi(t),\quad t\in[0,T],\tag{2.1.3}$$

其中, $\phi(t),\varphi(t)$ 是非负可积函数, 则

$$\eta(t)\leqslant\mathrm{e}^{\int_0^t\phi(s)\mathrm{d}s}\left[\eta(0)+\int_0^t\varphi(s)\mathrm{d}s\right],\quad\forall t\in[0,T].$$

(2) 特别地, 如果 $\eta'\leqslant\phi\eta,t\in[0,T],\eta(0)=0$, 则在 $[0,T]$ 上恒有 $\eta(t)\equiv0$.

证明 重写微分不等式 (2.1.3) 为

$$\frac{\mathrm{d}}{\mathrm{d}s}(\eta(s)\mathrm{e}^{-\int_0^s\phi(r)\mathrm{d}r})\leqslant\mathrm{e}^{-\int_0^s\phi(r)\mathrm{d}r}\varphi(t),$$

积分上式即得结论.

8. Gronwall 不等式 (积分形式)

(1) 设 $\xi(t)$ 是 $[0,T]$ 上的非负可积函数, 对 a.e. $t\in[0,T]$ 有 $\xi(t)\leqslant C_1\int_0^t\xi(s)\mathrm{d}s+C_2$ 对某个 $C_1,C_2>0$ 成立, 则 $\xi(t)\leqslant C_2(1+C_1t\mathrm{e}^{C_1t})$ a.e. $t\in[0,T]$;

(2) 如果 $\xi(t)\leqslant C_1\int_0^t\xi(s)\mathrm{d}s$ a.e. $t\in[0,T]$, 则 $\xi(t)\equiv 0$ a.e. $t\in[0,T]$.

证明 令 $\eta(t)=\int_0^t\xi(s)\mathrm{d}s$, 即化为微分形式.

2.1.2 空间 $C^k(\Omega)$ 和 $C_0^k(\Omega)$

设 $\Omega\subset\mathbb{R}^n$ 为一开集, k 为非负整数或 ∞.

定义 2.1

$$C^k(\Omega)=\{\varphi|\varphi \text{ 的直到 } k \text{ 阶偏导数在 } \Omega \text{ 内连续}\},$$

$$C^k(\overline{\Omega})=\{\varphi|\varphi \text{ 的直到 } k \text{ 阶偏导数在 } \overline{\Omega} \text{ 上连续}\}.$$

记 $C^0(\Omega)=C(\Omega)$, $C^0(\overline{\Omega})=C(\overline{\Omega})$. 让 $\boldsymbol{\alpha}=(\alpha_1,\cdots,\alpha_n)$ 为多重指标, $\boldsymbol{x}\in\mathbb{R}^n$. 记 $|\boldsymbol{\alpha}|=\alpha_1+\cdots+\alpha_n$, $\boldsymbol{\alpha}!=\alpha_1!\cdots\alpha_n!$, $\boldsymbol{x}^{\boldsymbol{\alpha}}=x_1^{\alpha_1}x_2^{\alpha_2}\cdots x_n^{\alpha_n}$.

在 $C^k(\overline{\Omega})$ 中引入范数 $|u|_{k,\Omega}=\sum\limits_{|\boldsymbol{\alpha}|\leqslant k}\sup\limits_{\Omega}|\mathrm{D}^{\boldsymbol{\alpha}}u|$, 则易证 $C^k(\overline{\Omega})$ 赋以范数 $|\cdot|_{k,\Omega}$ 是一完备的线性赋范空间 (Banach 空间).

定义 2.2 设 $u(x)$ 为定义在 $\overline{\Omega}$ 上的连续函数, 定义其支集为 $\mathrm{spt}(u)=\mathrm{supp}u=\overline{\{\boldsymbol{x}\in\Omega\,|u(\boldsymbol{x})\neq 0\}}$, 其中, “–” 表示在 $\mathbb{R}^n$ 中取闭包.

定义 2.3 $C_0^k(\Omega)=\{\varphi\in C^k(\Omega)|\mathrm{supp}\varphi$ 有界且 $\mathrm{supp}\ \varphi\subset\Omega\}$.

注 2.5 $C^k(\overline{\Omega})$ 的等价定义为 $C^k(\Omega)$ 中直到 k 阶偏导数在 Ω 上有界且一致连续的函数全体. 注意 $C^k(\overline{\mathbb{R}^n})\neq C^k(\mathbb{R}^n)$, $C_0^k(\Omega)$ 的等价定义为在边界 $\partial\Omega$ 附近恒为零的 $C^k(\Omega)$ 函数的全体, 而且 $C_0^k(\Omega)$ 中的函数可以延拓为 $C^k(\overline{\Omega})$ 中的函数. 如果函数 φ 满足性质: $\mathrm{supp}\ \varphi$ 有界且 $\mathrm{supp}\ \varphi\subset\Omega$, 则称函数 φ 在 Ω 内具有紧支集. 因此, 可简单地说, $C_0^k(\Omega)$ 是在 Ω 内具有紧支集的 $C^k(\Omega)$ 函数的全体. 例如, $\overline{\Omega}$ 上有定义的连续函数 1 的支集为 $\overline{\Omega}$, 它是有界闭集, 但它不为 Ω 的子集, 故 $1\in C^k(\overline{\Omega})$, 但 $1\notin C_0^k(\overline{\Omega})$. 通常记 $C_0^0(\Omega)=C_0(\Omega)$.

定义 2.4 如果有界开集 Ω' 的闭包 $\overline{\Omega}'\subset\Omega$(开集), 则记 $\Omega'\subset\subset\Omega$. 又定义 Ω 上的局部可积函数空间

$$L^1_{\mathrm{loc}}(\Omega)=\{u|u \text{ 在 } \Omega \text{ 上可测且对任意 } \Omega'\subset\subset\Omega, u\in L^1(\Omega')\}.$$

注 2.6 若 $u\in L^1(\Omega)$, 则 $u\in L^1_{\mathrm{loc}}(\Omega)$. 反之, 一般不成立. 例如, $1\in L^1_{\mathrm{loc}}(\mathbb{R}^n)$, 但 $1\notin L^1(\mathbb{R}^n)$.

"函数在边界附近是否为零" 对研究偏微分方程来说是非常重要的, 边界附近为零, 估计和计算起来就非常简单, 否则会很复杂.

定义 2.5 设 Ω 为 $\mathbb{R}^n$ 中的有界区域, $0<\lambda\leqslant 1$, $\boldsymbol{\alpha}$ 为多重指标, $H_\lambda(u)=\sup\limits_{\substack{\boldsymbol{x},\boldsymbol{y}\in\Omega\\ \boldsymbol{x}\neq\boldsymbol{y}}}\dfrac{|u(\boldsymbol{x})-u(\boldsymbol{y})|}{|\boldsymbol{x}-\boldsymbol{y}|^\lambda}$.

(1) 定义 Hölder 空间 $C^\lambda(\overline{\Omega})=\{u(\boldsymbol{x})|\,H_\lambda(u)<+\infty\}$, 称为**指数为$\lambda$的 Hölder 空间**, 其范数定义为

$$\|u\|_{C^\lambda(\overline{\Omega})}=\max_{\overline{\Omega}}|u(\boldsymbol{x})|+H_\lambda(u);$$

(2) 设 k 为正整数, 定义 **k 阶 Hölder 空间**$C^{k+\lambda}(\overline{\Omega})$ 为

$$C^{k+\lambda}(\overline{\Omega})=\left\{u(\boldsymbol{x})\in C^k(\overline{\Omega})\middle|\,H_\lambda(\mathrm{D}^{\boldsymbol{\alpha}}u)<+\infty,|\boldsymbol{\alpha}|=k\right\},$$

其范数定义为

$$\|u\|_{C^{k+\lambda}(\overline{\Omega})}=\sum_{0\leqslant|\boldsymbol{\alpha}|\leqslant k}\max_{\Omega}|\mathrm{D}^{\boldsymbol{\alpha}}u|+\sum_{|\boldsymbol{\alpha}|=k}H_\lambda(\mathrm{D}^{\boldsymbol{\alpha}}u);$$

(3) 设 k 为正整数, 也定义另一种 **k 阶 Hölder 空间**$C^{k,\lambda}(\overline{\Omega})$ 为

$$C^{k,\lambda}(\overline{\Omega})=\left\{u(\boldsymbol{x})\in C^k(\overline{\Omega})\middle|\,H_\lambda(\mathrm{D}^{\boldsymbol{\alpha}}u)<+\infty,0\leqslant|\boldsymbol{\alpha}|\leqslant k\right\},$$

其范数定义为

$$\|u\|_{C^{k,\lambda}(\overline{\Omega})}=\|u\|_{C^k(\overline{\Omega})}+\max_{0\leqslant|\boldsymbol{\alpha}|\leqslant k}H_\lambda(\mathrm{D}^{\boldsymbol{\alpha}}u).$$

注 2.7 如果 $H_\lambda(u)<+\infty$, 即存在常数 K, 使得 $|u(\boldsymbol{x})-u(\boldsymbol{y})|\leqslant K|\boldsymbol{x}-\boldsymbol{y}|^\lambda, \boldsymbol{x},\boldsymbol{y}\in\Omega$, 则称 $u(x)$ 在 Ω **中满足指数为 λ 的 Hölder 条件**, 并称 $u(x)$ **在 Ω 中 Hölder 连续**. 如果 $\lambda=1$, 则称 **$u(x)$ 为 Ω 内的 Lipschitz 连续函数**.

注 2.8 $C^\lambda(\overline{\Omega}), C^{k,\lambda}(\overline{\Omega}), C^{k+\lambda}(\overline{\Omega})$ 都是 Banach 空间.

注 2.9 根据定义可知 $C^\lambda(\overline{\Omega})=C^{0+\lambda}(\overline{\Omega})=C^{0,\lambda}(\overline{\Omega})$, 但 $C^{k,1}(\overline{\Omega})\neq C^{k+1}(\overline{\Omega})$, 而且二者之间没有包含关系.

2.1.3 L^p 空间的基本性质

这一节设 $\Omega\subset\mathbb{R}^n$ 是一个区域, $\|\cdot\|_{0,p}$ 表示空间 $L^p(\Omega)(1\leqslant p\leqslant\infty)$ 的范数.

1. L^p 中函数的整体连续性 (也叫平移连续性)

定义 2.6 $L^p(\Omega)$ 中的函数 f 在 $L^p(\Omega)$ 中整体连续是指对于 $\forall\varepsilon>0, \exists\delta=\delta(\varepsilon)>0$, 使得只要 $\boldsymbol{z}:|\boldsymbol{z}|<\delta(\varepsilon)$, 都有 $\left(\displaystyle\int|f(\boldsymbol{x}+\boldsymbol{z})-f(\boldsymbol{x})|^p\,\mathrm{d}\boldsymbol{x}\right)^{1/p}<\varepsilon$, 这里积

分区域为全空间, 在 Ω 之外令 $f=0$.

命题 2.1(L^p 空间的重要性质)　在有界域 Ω 内属于 $L^p(\Omega)(1\leqslant p<\infty)$ 的函数 f 在 Ω 内整体连续.

证明　参考文献 (Adams, 1983).

2. L^p 空间上的线性泛函

若对 Ω 上每一个 $f\in L^p(\Omega)$ 都对应着唯一的一个数 Lf, 则说 Lf 是函数 f 的泛函, 也记为 $L(f)$ 或 $\langle L,f\rangle$. 一般地, 定义在向量空间 X 上的数值函数 L 叫做空间 X 上的泛函. 泛函可以相加、相减和与常数相乘. 令

$$(aL)f=a(Lf),\quad (L_1+L_2)f=L_1f+L_2f.$$

泛函 Lf 称为 **L^p上的线性泛函**, 如果它具有性质: $L(af_1+bf_2)=aLf_1+bLf_2$, a,b 是任意常数.

泛函 Lf 称为是**连续**的, 如果当 $\|f_k-f\|_{L^p}\to 0(k\to\infty)$ 时就有 $Lf_k\to Lf(k\to\infty)$.

泛函 Lf 称为是**有界**的, 如果存在常数 $M>0$, 使得

$$|Lf|\leqslant M\|f\|_{L^p}$$

对任何 f 都成立.

命题 2.2　对于 $L^p(\Omega)$ 空间上的任一线性泛函, 连续性与有界性是等价的.

证明　先证 $L^p(\Omega)$ 空间上的任一线性连续泛函是有界的. 用反证法证明这个结论. 如果结论不对, 则存在序列 $\{f_k\}\subset L^p(\Omega)$, 使得 $\dfrac{Lf_k}{\|f_k\|_{L^p}}>k$, k 为任意自然数. 考虑 $\{\psi_k\}=\left\{\dfrac{f_k}{\sqrt{k}\|f_k\|_{L^p}}\right\}$. 显然, $\psi_k\in L^p(\Omega)$ 且当 $k\to\infty$ 时, $\|\psi_k\|_{L^p}=\dfrac{1}{\sqrt{k}}\to 0$. 因此, 按线性泛函的连续性知 $L\psi_k\to L0=0(k\to\infty)$. 另一方面, $L\psi_k>\sqrt{k}$, 从而当 $L\psi_k\to\infty(k\to\infty)$. 这导出了矛盾. 这就证明了连续性暗含有界性.

再证明 $L^p(\Omega)$ 空间上的任一线性有界泛函都是连续的. 事实上, 由有界性的定义知存在常数 $M>0$, 使得

$$|Lf|\leqslant M\|f\|_{L^p}$$

对任何 f 都成立. 于是当 $\|f_k-f\|_{L^p}\to 0(k\to\infty)$ 时有

$$|Lf_k-Lf|=|L(f_k-f)|\leqslant M\|f_k-f\|_{L^p}\to 0,\quad k\to\infty.$$

这就证明了有界性暗含连续性. 命题证毕.

定义 2.7 $L^p(\Omega)$ 空间上所有线性连续泛函的全体所组成的空间称为 $L^p(\Omega)$ 空间的对偶空间, 记为 $(L^p(\Omega))'$.

一般地, 对于给定的线性赋范空间 X, 同样可以定义它的对偶空间如下:

定义 2.8 设 X 是一个线性赋范空间, X 上的所有线性连续泛函的全体按范数

$$\|F\|_* = \sup_{\|f\|_X=1} |\langle F, f\rangle|$$

所组成的空间, 称为 X 的对偶空间或共轭空间, 记为 X^* 或 X'. 这里 $\langle F, f\rangle = F(f)$ 表示 X 上的线性连续泛函, $\langle\cdot,\cdot\rangle$ 称为 X^* 与 X 的对偶积. 注意记号 $\langle\cdot,\cdot\rangle$ 不同于内积记号 $(\cdot,\cdot)$.

注 2.10 线性泛函实质上是一个值域为实数或复数域的线性算子. 但当建立了等距同构关系后, 就可以把它看成是一个通常的函数, 因为等距同构的空间可以看成是同一个空间. 所谓距离空间的等距同构是指一个等距同构映射, 参见文献 (张恭庆等, 1987), 即对于两个度量空间 (X_1, ρ_1) 和 (X_2, ρ_2), 如果存在映射 $\varphi: X_1 \mapsto X_2$, 使得

(1) φ 是满射;

(2) $\rho_1(x, y) = \rho_2(\varphi(x), \varphi(y)), \quad \forall x, y \in X_1$,

则称 (X_1, ρ_1) 和 (X_2, ρ_2) 是等距同构的, φ 被称为等距同构映射, 简称为等距同构. 本书所用的等距同构是指泛函空间中的线性等距同构算子, 在后面将给出其准确定义.

命题 2.3 $L^p(\Omega)$ 空间上的任一线性连续泛函 Lf 均可表示为

$$Lf = \int_\Omega f\psi \mathrm{d}\boldsymbol{x}, \quad \forall f \in L^p(\Omega)$$

的形式, 其中, $\psi \in L^{p'}(\Omega), \dfrac{1}{p} + \dfrac{1}{p'} = 1, 1 \leqslant p < \infty$. 而且当 $1 \leqslant p < \infty$ 时, $L^p(\Omega)$ 空间的对偶空间为 $L^q(\Omega)$, 即在等距同构意义下有 $(L^p(\Omega))^* = L^q(\Omega)$, 其中, $q = p'$ 为 p 的共轭指数.

证明 参考文献 (Adams, 1983).

3. L^p 空间的紧性

一个赋范空间 X 内的集合 M 被称为**列紧的**, 如果从它的任何无穷部分中均可抽出收敛序列. 一个赋范空间 X 内的集合 M 被称为**紧的**, 如果从它的任何无穷部分中均可抽出收敛到 M 中的一个元素的序列. 紧集是有界闭集, 但有界闭集不一定是紧集, 除非 X 是有限维的. M 叫做**准紧的**(precompact), 如果其闭包 $\overline{M}$ 是紧的. 注意这里的紧集在一些泛函分析书中也叫自列紧集.

例 2.1 平面上任何有界无穷点集都是列紧集.

例 2.2 $\mathbb{R}^n$ 中有界闭集上的连续函数空间的紧性由 Ascoli-Arzela 定理确立: 若函数组 $\{f\}$ 一致有界且等度连续, 则它在一致收敛意义下是列紧的, 即如果 $|f| \leqslant A$ 且对于任何 $\varepsilon > 0$, 均有 $\delta(\varepsilon) > 0$, 使得只要 $z : |z| < \delta(\varepsilon)$, 都有 $|f(x+z)-f(x)| < \varepsilon$ 对一切 $f \in \{f\}$ 成立, 则函数组 $\{f\}$ 是**列紧**的.

定义 2.9 设 $\Omega \subset \mathbb{R}^n$ 是一个区域, $1 \leqslant p < \infty$. 称一个序列 $\{f_k\}_{k=1}^{\infty}$ 在 $L^p(\Omega)$ 中**强收敛**于 $f \in L^p(\Omega)$, 记作

$$f_k \to f \quad \text{在 } L^p(\Omega) \text{ 中},$$

如果 $\|f_k - f\|_{L^p(\Omega)} \to 0(k \to \infty)$; 称一个序列 $\{f_k\}_{k=1}^{\infty}$ 在 $L^p(\Omega)$ 中**弱收敛**于 $f \in L^p(\Omega)$, 记作

$$f_k \xrightarrow{\text{弱}} f \text{ 或 } \quad f_k \rightharpoonup f \quad \text{在 } L^p(\Omega) \text{ 中},$$

如果对任意 $g \in L^q(\Omega), \dfrac{1}{p} + \dfrac{1}{q} = 1, 1 < q \leqslant \infty$ 有

$$\lim_{k\to\infty} \int_{\Omega} f_k g \mathrm{d}\boldsymbol{x} = \int_{\Omega} fg \mathrm{d}\boldsymbol{x}.$$

这样在 $L^p(\Omega)$ 空间中有强收敛和弱收敛两种收敛性, 而且强收敛蕴含弱收敛, 这可以由定义证明. 但反之, 一般是不对的. 这在研究非线性偏微分方程的弱解时需要特别注意. 下面给出一个弱收敛但不强收敛的例子.

例 2.3 设 $\Omega = [0, 2\pi], L^2([0, 2\pi])$ 中的弱收敛不一定蕴含强收敛.

事实上, 取 $\varphi_k(x) = \sin kx \in L^2([0, 2\pi])$, $\sin kx \xrightarrow{\text{弱}} 0$ 在 $L^2([0, 2\pi])$ 中. 这是因为

$$\int_0^{2\pi} \varphi(x) \sin kx \mathrm{d}x = \pi b_k \to 0, \quad \forall \varphi(x) \in L^2([0, 2\pi]),$$

这里 $b_k \to 0(k \to \infty)$ 是因为对于任意 $\varphi(x) \in L^2([0, 2\pi])$ 有 $\varphi(x) = \sum\limits_{k=1}^{\infty} b_k \sin kx$ 且 $\pi \sum\limits_{k=1}^{\infty} b_k^2 = \int_0^{2\pi} \varphi^2 \mathrm{d}x$ 收敛.

另一方面, 直接计算可得 $\int_0^{2\pi} |\sin kx - 0|^2 \mathrm{d}x = \int_0^{2\pi} \sin^2 kx \mathrm{d}x = \pi \neq 0$. 由强弱收敛的定义知 $\{\sin kx\}_k$ 当 $k \to \infty$ 时弱收敛于 0, 但不强收敛于 0.

与两种弱收敛相对应, $L^p(\Omega)$ 空间中区别弱紧性和强紧性.

定义 2.10 函数集 $\{f\} \subset L^p(\Omega)$ 被称为是弱列紧的, 如果它的任何无穷部分均含有弱收敛序列. 函数集 $\{f\} \subset L^p(\Omega)$ 被称为是强列紧的, 如果它的任何无穷部分均含有强收敛序列.

命题 2.4 当 $1 < p < \infty$ 时, $L^p(\Omega)$ 中一集合为弱列紧的充要条件是范数有界.

注 2.11 $p=1$ 时结论不成立 (此时要引入测度弱收敛性), $p=\infty$ 时, 范数有界蕴含弱 $*$ 收敛. 命题 2.4 是下面一般结论的简单应用.

命题 2.5(弱 $*$ 收敛) 设 X 是可分的 Banach 空间, 则 X^* 上的任意有界列 $\{f_n\}$ 必有弱 $*$ 收敛的子列 (x_n 在 X 中弱 $*$ 收敛到 x 等价于对于任意 $y \in X$ 有 $\lim\limits_{n\to\infty} \langle x_n, y\rangle = \langle x, y\rangle$, 其中, $\langle\cdot,\cdot\rangle$ 表示对偶积).

证明略.

命题 2.6 若 $1 \leqslant p < \infty$ 时, 则函数族 $X \subset L^p(\Omega)$ 为强列紧 (即从其中任一序列内部都能抽出强收敛的子序列) 的充要条件是

(1) $\{\|f\|_{L^p} : f \in X\}$ 有界;

(2) X 等度整体连续: $\forall\varepsilon > 0, \exists\delta > 0$, 使得对 $\forall f \in X$, 只要 $|\boldsymbol{z}| < \delta$ 都有

$$\left(\int_\Omega |f(\boldsymbol{x}+\boldsymbol{z}) - f(\boldsymbol{x})|^p \,\mathrm{d}\boldsymbol{x}\right)^{\frac{1}{p}} < \varepsilon;$$

(3) 对 $f \in X$ 一致的有 $\lim\limits_{R\to\infty} \displaystyle\int_{\{\boldsymbol{x}\in\Omega\,||\boldsymbol{x}|\geqslant R\}} |f(\boldsymbol{x})|^p \mathrm{d}\boldsymbol{x} = 0$.

注 2.12 这里在 Ω 之外令 $f=0$. 假设 Ω 有界, 则条件 (3) 自然满足. 命题 1.3 是连续函数空间 Arzela 等度连续定理的推广, 见文献 (Adams, 1983).

4. L^p 空间的内插不等式

命题 2.7 若 $0 < p < q < r \leqslant +\infty$, 则 $L^p(\Omega) \cap L^r(\Omega) \subset L^q(\Omega)$ 且

$$\|f\|_{0,q} \leqslant \|f\|_{0,p}^{\lambda} \|f\|_{0,r}^{1-\lambda}, \quad 其中, \frac{1}{q} = \frac{\lambda}{p} + \frac{1-\lambda}{r}.$$

证明 若 $r=\infty$, 则对任意 $f \in L^p(\Omega) \cap L^\infty(\Omega)$, 有

$$\int_\Omega |f|^q \mathrm{d}\boldsymbol{x} \leqslant \|f\|_{0,\infty}^{q-p} \int_\Omega |f(\boldsymbol{x})|^p \mathrm{d}\boldsymbol{x},$$

即

$$\|f\|_{0,q} \leqslant \|f\|_{0,p}^{\frac{p}{q}} \|f\|_{0,\infty}^{1-\frac{p}{q}} = \|f\|_{0,p}^{\lambda} \|f\|_{0,\infty}^{1-\lambda}.$$

若 $r < \infty$, 由 Hölder 不等式可得

$$\begin{aligned}\int_\Omega |f(\boldsymbol{x})|^q \mathrm{d}\boldsymbol{x} &= \int_\Omega |f(\boldsymbol{x})|^{\lambda q} |f(\boldsymbol{x})|^{(1-\lambda)q} \,\mathrm{d}\boldsymbol{x} \leqslant \left(\int_\Omega |f(\boldsymbol{x})|^p \,\mathrm{d}\boldsymbol{x}\right)^{\frac{\lambda q}{p}} \left(\int_\Omega |f(\boldsymbol{x})|^r \mathrm{d}\boldsymbol{x}\right)^{(1-\lambda)\frac{q}{r}} \\ &= \|f\|_{0,p}^{\lambda q} \|f\|_{0,r}^{(1-\lambda)q},\end{aligned}$$

对上式两边开 q 次方即得结论.

命题 2.8　若 $0 < p < q \leqslant \infty$ 且 $|\Omega| < \infty$ 则 $L^q(\Omega) \subset L^p(\Omega)$ 且 $\|f\|_{0,p} \leqslant \|f\|_{0,q}\, |\Omega|^{\frac{1}{p}-\frac{1}{q}}$.

证明　由 Hölder 不等式及 $|\Omega| < \infty$ 易证.

注 2.13　如果区域 Ω 无界, 命题 2.8 不成立.

5. L^p 空间的其他性质

通过将一般空间可分的概念应用到空间 $L^p(\Omega)$, 有

定义 2.11　空间 $L^p(\Omega)$ 是**可分**的是指存在可数个 $\{\varphi_k\}_{k=1}^{\infty} \subset L^p(\Omega)$, 使得对任何 $\varphi \in L^p(\Omega)$ 和 $\forall \varepsilon > 0, \exists \varphi_\varepsilon \in L^p(\Omega)$ 有 $\|\varphi - \varphi_\varepsilon\|_{L^p} \leqslant \varepsilon$.

命题 2.9　(1) 若 $1 \leqslant p < +\infty$, 则 $L^p(\Omega)$ 空间是可分的且在 Ω 内具有紧支集的函数空间 $C_0(\Omega)$ 在 $L^p(\Omega)$ 中稠密;

(2) $C_0(\Omega)$ 或 $C_0^\infty(\Omega)$ 都不在 $L^\infty(\Omega)$ 中稠密, 从而 $L^\infty(\Omega)$ 不是可分的;

(3) $L^p(\Omega)$ 范数的弱下半连续性：若 $f_k \xrightarrow{\text{弱}} f(k \to \infty)$ 在 $L^p(\Omega)$ 中弱收敛, 则有

$$\|f\|_{L^p(\Omega)} \leqslant \liminf_{k\to\infty} \|f_k\|_{L^p(\Omega)}.$$

定义 2.12　如果存在函数组 $\{\varphi_k\}_{k=1}^{\infty}$ 满足 $(\varphi_k, \varphi_l) = \begin{cases} 1, & k = l, \\ 0, & k \neq l, \end{cases}$ 使得对任意 $x \in L^2(\Omega)$ 有 $x = \sum\limits_{k\geqslant 0} \alpha_k \varphi_k$, 则称 $\{\varphi_k\}_{k=1}^{\infty}$ 为 $L^2(\Omega)$ 的标准正交基, 其中, $(\cdot,\cdot)$ 表示 $L^2(\Omega)$ 中的内积.

注 2.14　定义 2.12 是一般可分内积空间 H 标准正交基定义的应用.

2.1.4　磨光算子

用光滑函数去逼近给定的函数是偏微分方程研究中常用的一种基本技巧. 构造光滑逼近函数的途径很多, 下面介绍今后常用的一种 —— 磨光法.

定义 2.13　设非负函数 $\rho(\boldsymbol{x})$ 满足

(1) $\rho(\boldsymbol{x}) \in C_0^\infty(\mathbb{R}^n)$;

(2) $\text{supp}\rho(\boldsymbol{x}) \subset \overline{B_1(0)} = \{\boldsymbol{x} \in \mathbb{R}^n \,|\, |\boldsymbol{x}| \leqslant 1\}$;

(3) $\displaystyle\int_{\mathbb{R}^n} \rho(\boldsymbol{x})\mathrm{d}\boldsymbol{x} = 1 \left(\text{这等价于} \int_{|\boldsymbol{x}|\leqslant 1} \rho(x)\mathrm{d}\boldsymbol{x} = 1 \right)$,

则称 $\rho(\boldsymbol{x})$ 为一**光滑子**或**磨光子**.

注 2.15　这种函数是存在的, 其典型例子为

$$\rho(\boldsymbol{x}) = \begin{cases} C\mathrm{e}^{\frac{1}{|\boldsymbol{x}|^2-1}}, & |\boldsymbol{x}| < 1, \\ 0, & |\boldsymbol{x}| \geqslant 1, \end{cases}$$

其中,

$$C=\left(\int_{B_1(0)}\mathrm{e}^{\frac{1}{|\boldsymbol{x}|^2-1}}\mathrm{d}\boldsymbol{x}\right)^{-1}.$$

$\forall\varepsilon>0$, 记$\rho_\varepsilon(\boldsymbol{x})=\dfrac{1}{\varepsilon^n}\rho\left(\dfrac{\boldsymbol{x}}{\varepsilon}\right)$, 称 $\{\rho_\varepsilon\}$ 为**光滑子族**. 显然 $\rho_\varepsilon(\boldsymbol{x})$ 在球 $B_\varepsilon(0)=\{\boldsymbol{x}\in\mathbb{R}^n||\boldsymbol{x}|<\varepsilon\}$ 以外为 0 且 $\displaystyle\int_{\mathbb{R}^n}\rho_\varepsilon(\boldsymbol{x})\mathrm{d}\boldsymbol{x}=1$.

定义 2.14 对函数 $u\in L^1_{\mathrm{loc}}(\Omega)$, 此时可设 u 在 $\mathbb{R}^n$ 上有定义, u 在 Ω 外恒为零. 令

$$J_\varepsilon u(\boldsymbol{x})=(\rho_\varepsilon*u)(\boldsymbol{x})=\int_\Omega\rho_\varepsilon(\boldsymbol{x}-\boldsymbol{y})u(\boldsymbol{y})\mathrm{d}\boldsymbol{y},\tag{2.1.4}$$

称 J_ε 为**磨光算子**, $J_\varepsilon u(\boldsymbol{x})$ 为 $u(\boldsymbol{x})$ 的磨光, $\rho_\varepsilon(\boldsymbol{x})$ 为磨光子或磨光核.

注 2.16 当 $\Omega=\mathbb{R}^n$ 时, $u\in L^1_{\mathrm{loc}}(\mathbb{R}^n)$ 时, 磨光算子也可定义为

$$J_\varepsilon u(\boldsymbol{x})=(\rho_\varepsilon*u)(\boldsymbol{x})=\int_{\mathbb{R}^n}\rho_\varepsilon(\boldsymbol{y})u(\boldsymbol{x}-\boldsymbol{y})\mathrm{d}\boldsymbol{y}.$$

但对于有界区域 Ω, 则不能直接使用此定义. 通常记 u 在 Ω 外为零的延拓函数为 $\tilde{u}$, 则 $\tilde{u}\in L^1_{\mathrm{loc}}(\mathbb{R}^n)$, 然后定义 $\tilde{u}$ 的磨光算子 $J_\varepsilon\tilde{u}(\boldsymbol{x})$. 易知当 $\boldsymbol{x}\in\Omega$ 时有 $J_\varepsilon\tilde{u}(\boldsymbol{x})=J_\varepsilon u(\boldsymbol{x})$.

算子 J_ε 的作用是把函数 "磨光", 其意义体现在下面的命题中.

命题 2.10 设 $\varepsilon>0$, Ω 是 $\mathbb{R}^n$ 中区域, $\Omega_\varepsilon\equiv\{\boldsymbol{x}\in\Omega|\mathrm{dist}(\boldsymbol{x},\partial\Omega)>\varepsilon\}$.

(1) 若 $u\in L^1_{\mathrm{loc}}(\Omega)$, 则 $J_\varepsilon u\in C^\infty(\Omega_\varepsilon)$;

(2) 若 $u\in L^1_{\mathrm{loc}}(\Omega)$, $\mathrm{supp}u\subset\Omega$ 且 $\varepsilon<\mathrm{dist}(\mathrm{supp}u,\partial\Omega)$, 则 $J_\varepsilon u\in C_0^\infty(\Omega)$;

(3) 若 $u\in L^p(\Omega)(1\leqslant p<+\infty)$, 则 $J_\varepsilon u\in L^p(\Omega)$ 且

$$\|J_\varepsilon u\|_{L^p(\Omega)}\leqslant\|u\|_{L^p(\Omega)},\quad \lim_{\varepsilon\to0^+}\|J_\varepsilon u-u\|_{L^p(\Omega)}=0;$$

(4) 若 $u\in C(\Omega)$, $\overline{G}\subset\Omega$, 则在 G 上一致地有 $\displaystyle\lim_{\varepsilon\to0^+}J_\varepsilon u(\boldsymbol{x})=u(\boldsymbol{x})$;

(5) 若 $u\in C(\overline{\Omega})$, 则在 Ω 上一致地有 $\displaystyle\lim_{\varepsilon\to0^+}J_\varepsilon u(\boldsymbol{x})=u(\boldsymbol{x})$.

证明 (1) 对于任何固定的 $\boldsymbol{x}\in\Omega_\varepsilon$, 对于任何磨光子 $\rho(\boldsymbol{x})$, $\rho\left(\dfrac{\boldsymbol{x}-\boldsymbol{y}}{\varepsilon}\right)$ 作为 $\boldsymbol{y}$ 的函数属于 $C^\infty(\Omega)$ 且当 $|\boldsymbol{x}-\boldsymbol{y}|\geqslant\varepsilon$ 时等于 0. 使用求导和积分交换次序定理易知对任意多重指标 $\boldsymbol{\alpha}$, 有

$$\mathrm{D}^{\boldsymbol{\alpha}}(J_\varepsilon u(\boldsymbol{x}))=\int_\Omega\mathrm{D}^{\boldsymbol{\alpha}}\left(\rho\left(\frac{\boldsymbol{x}-\boldsymbol{y}}{\varepsilon}\right)\right)u(\boldsymbol{y})\mathrm{d}\boldsymbol{y},$$

即 $J_\varepsilon u\in C^\infty(\Omega_\varepsilon)$.

(2) 记 $K=\text{supp}u, K_\varepsilon=\{\boldsymbol{x}\in\Omega|\text{dist}(\boldsymbol{x},K)\leqslant\varepsilon\}$, 由 (2.1.4) 式得

$$J_\varepsilon u(\boldsymbol{x})=\int_{K\cap[|\boldsymbol{y}-\boldsymbol{x}|<\varepsilon]}\rho_\varepsilon(\boldsymbol{x}-\boldsymbol{y})u(\boldsymbol{y})\mathrm{d}\boldsymbol{y},$$

其中, $[|\boldsymbol{y}-\boldsymbol{x}|\leqslant\varepsilon]=\overline{B_\varepsilon(\boldsymbol{x})}$ 表示以 $\boldsymbol{x}$ 为球心以 ε 为半径的球. 若 $\boldsymbol{x}\notin K_\varepsilon$, 由 $\varepsilon<\text{dist}(K,\partial\Omega)$ 知 $K\cap[|\boldsymbol{y}-\boldsymbol{x}|\leqslant\varepsilon]=\varnothing$. 于是 $J_\varepsilon u(\boldsymbol{x})=0$ 对于 $\boldsymbol{x}\notin K_\varepsilon$ 成立. 这说明 $\text{supp}J_\varepsilon u\subset K_\varepsilon\subset\Omega$. 另外, 使用求导和积分交换次序定理易知对任意多重指标 $\boldsymbol{\alpha}$, 有

$$\mathrm{D}^{\boldsymbol{\alpha}}(J_\varepsilon u(\boldsymbol{x}))=\int_\Omega \mathrm{D}^{\boldsymbol{\alpha}}(\rho_\varepsilon(\boldsymbol{x}-\boldsymbol{y}))u(\boldsymbol{y})\mathrm{d}\boldsymbol{y},$$

即 $J_\varepsilon u\in C_0^\infty(\Omega)$.

(3) 先证 $\|J_\varepsilon u\|_{L^p(\Omega)}\leqslant\|u\|_{L^p(\Omega)}$. 延拓 u 在 Ω 为零, 可取 $\Omega=\mathbb{R}^n$. 令 q 是 p 的共轭数, 即 $\dfrac{1}{p}+\dfrac{1}{q}=1$, 使用 Hölder 不等式有

$$\begin{aligned}
\|J_\varepsilon u\|_{L^p(\Omega)}&=\|J_\varepsilon u\|_{L^p(\mathbb{R}^n)}\\
&=\left\|\int_{\mathbb{R}^n}\rho_\varepsilon(\boldsymbol{y})u(\boldsymbol{x}-\boldsymbol{y})\mathrm{d}\boldsymbol{y}\right\|_{L^p(\mathbb{R}^n)}\\
&=\left(\int_{\mathbb{R}^n}\left|\int_{\mathbb{R}^n}(\rho_\varepsilon(\boldsymbol{y}))^{\frac{1}{p}}u(\boldsymbol{x}-\boldsymbol{y})(\rho_\varepsilon(\boldsymbol{y}))^{\frac{1}{q}}\mathrm{d}\boldsymbol{y}\right|^p\mathrm{d}\boldsymbol{x}\right)^{\frac{1}{p}}\\
&\leqslant\left(\int_{\mathbb{R}^n}\left[\int_{\mathbb{R}^n}(\rho_\varepsilon(\boldsymbol{y}))|u(\boldsymbol{x}-\boldsymbol{y})|^p\mathrm{d}\boldsymbol{y}\left(\int_{\mathbb{R}^n}\rho_\varepsilon(\boldsymbol{y})\mathrm{d}\boldsymbol{y}\right)^{\frac{p}{q}}\right]\mathrm{d}\boldsymbol{x}\right)^{\frac{1}{p}}\\
&=\left(\int_{\mathbb{R}^n}\int_{\mathbb{R}^n}\rho_\varepsilon(\boldsymbol{y})|u(\boldsymbol{x}-\boldsymbol{y})|^p\mathrm{d}\boldsymbol{y}\mathrm{d}\boldsymbol{x}\right)^{\frac{1}{p}}\\
&=\left(\int_{\mathbb{R}^n}\rho_\varepsilon(\boldsymbol{y})(\int_{\mathbb{R}^n}|u(\boldsymbol{x}-\boldsymbol{y})|^p\mathrm{d}\boldsymbol{x})\mathrm{d}\boldsymbol{y}\right)^{\frac{1}{p}}\\
&=\left(\int_{\mathbb{R}^n}\rho_\varepsilon(\boldsymbol{y})\left(\int_{\mathbb{R}^n}|u(\boldsymbol{z})|^p\mathrm{d}\boldsymbol{z}\right)\mathrm{d}\boldsymbol{y}\right)^{\frac{1}{p}}\\
&=\left(\int_{\mathbb{R}^n}|u(\boldsymbol{z})|^p\mathrm{d}\boldsymbol{z}\right)^{\frac{1}{p}}\\
&=\|u\|_{L^p(\mathbb{R}^n)}\\
&=\|u\|_{L^p(\Omega)}.
\end{aligned}$$

这样, 由 $u\in L^p(\Omega)$ 立即可得 $J_\varepsilon u\in L^p(\Omega)$.

再证范数收敛性. 由 C_0 在 L^p 中稠密性知 $\forall\eta>0$, 存在 $\phi\in C_0(\Omega)$, 使得

$$\|u-\phi\|_{L^p}<\frac{\eta}{3}. \tag{2.1.5}$$

于是由 $\|J_\varepsilon u\|_{L^p(\Omega)} \leqslant \|u\|_{L^p(\Omega)}$ 可得

$$\|J_\varepsilon u - J_\varepsilon \phi\|_{L^p} = \|J_\varepsilon(u-\phi)\|_{L^p} \leqslant \|u-\phi\|_{L^p} < \frac{\eta}{3}. \tag{2.1.6}$$

现在

$$\begin{aligned}|J_\varepsilon\phi(\boldsymbol{x}) - \phi(\boldsymbol{x})| &= \left|\int_\Omega \rho_\varepsilon(\boldsymbol{x}-\boldsymbol{y})(\phi(\boldsymbol{y})-\phi(\boldsymbol{x}))\mathrm{d}\boldsymbol{y}\right| \\ &\leqslant \sup_{|\boldsymbol{x}-\boldsymbol{y}|\leqslant\varepsilon} |\phi(\boldsymbol{y})-\phi(\boldsymbol{x})| \cdot \int_{|\boldsymbol{x}-\boldsymbol{y}|\leqslant\varepsilon} \rho_\varepsilon(\boldsymbol{x}-\boldsymbol{y})\mathrm{d}\boldsymbol{y} \\ &= \sup_{|\boldsymbol{x}-\boldsymbol{y}|\leqslant\varepsilon} |\phi(\boldsymbol{y})-\phi(\boldsymbol{x})|. \end{aligned} \tag{2.1.7}$$

由于 ϕ 在 $\overline{\Omega}$ 上一致连续, 所以 $\sup\limits_{|\boldsymbol{x}-\boldsymbol{y}|\leqslant\varepsilon} |\phi(\boldsymbol{y})-\phi(\boldsymbol{x})| \to 0(\varepsilon \to 0)$. 因此, 存在 $\varepsilon_0 > 0$, 使得当 $0<\varepsilon<\varepsilon_0$ 时有

$$|J_\varepsilon\phi(\boldsymbol{x}) - \phi(\boldsymbol{x})| \leqslant \frac{\eta}{3M}.$$

又由于 $\mathrm{supp}\phi$ 是紧的, 所以, 取 $M^p = |\mathrm{supp}\phi|$ 可得

$$\left(\int_\Omega |J_\varepsilon\phi(\boldsymbol{x}) - \phi(\boldsymbol{x})|^p \,\mathrm{d}\boldsymbol{x}\right)^{\frac{1}{p}} = \left(\int_{\mathrm{supp}\phi} |J_\varepsilon\phi - \phi|^p \,\mathrm{d}\boldsymbol{x}\right)^{\frac{1}{p}} \leqslant \frac{\eta}{3}. \tag{2.1.8}$$

最后, 联合 (2.1.5) 式, (2.1.6) 式, (2.1.8) 式及三角不等式可得

$$\|J_\varepsilon u - u\|_{L^p} \leqslant \|J_\varepsilon u - J_\varepsilon\phi\|_{L^p} + \|J_\varepsilon\phi - \phi\|_{L^p} + \|\phi - u\|_{L^p} < \frac{\eta}{3}\cdot 3 = \eta.$$

(4),(5) 的证明同于 (2.1.7) 式的证明 (用 u 代替 ϕ 即得结论).

注 2.17 命题 2.10 对于区域 Ω 为 $\mathbb{R}^n$ 时仍然成立.

推论 2.1 设 $p \geqslant 1$,Ω 是 $\mathbb{R}^n$ 中的开集, 则 $C_0^\infty(\Omega)$ 在 $L^p(\Omega)$ 中稠密.

推论 2.2 设 $u \in L^p(\Omega)$,$1 \leqslant p < +\infty$, 若对任意 $\phi(\boldsymbol{x}) \in C_0^\infty(\Omega)$ 都有

$$\int_\Omega u(\boldsymbol{x})\phi(\boldsymbol{x})\mathrm{d}\boldsymbol{y} = 0,$$

则在 Ω 内几乎处处有 $u(\boldsymbol{x}) = 0$.

证明 对于充分小的 $\eta > 0$, $\Omega_\eta = \{\boldsymbol{x} \in \Omega | \mathrm{dist}(\boldsymbol{x}, \partial\Omega) > \eta\}$ 是 Ω 内的开集, 当 $\varepsilon < \eta$ 时, 对每个 $\boldsymbol{x} \in \Omega_\eta$, 作为 $\boldsymbol{y}$ 的函数 $\rho_\varepsilon(\boldsymbol{x}-\boldsymbol{y}) \in C_0^\infty(\Omega)$ (此时, 当 $\boldsymbol{y}$ 位于边界 $\partial\Omega$ 附近时, 可以满足 $|\boldsymbol{x}-\boldsymbol{y}| \geqslant \varepsilon$). 由题设知 $J_\varepsilon u = \displaystyle\int_\Omega \rho_\varepsilon(\boldsymbol{x}-\boldsymbol{y})u(\boldsymbol{y})\mathrm{d}\boldsymbol{y} = 0$.

由命题 2.10(3) 可得在 Ω_η 上, 当 $\varepsilon \to 0$ 时,

$$\|u\|_{L^p(\Omega_\eta)} = \|u - J_\varepsilon u\|_{L^p(\Omega_\eta)} \to 0.$$

所以, 在 Ω_η 上几乎处处有 $u(\boldsymbol{x}) = 0$, 由 η 的任意性知在 Ω 内几乎处处有 $u(\boldsymbol{x}) = 0$.

2.1.5 截断函数或切断因子

在偏微分方程中经常用到的一种技巧, 就是 "化整为零" 技巧, 即将整体分为局部来研究, 将问题转化为某一点的小邻域内来考虑, 其做法就是引进切断因子 (cut-off function) 或截断函数, 这称为偏微分方程的局部化技巧.

命题 2.11 设 $\Omega' \subset\subset \Omega, \Omega$ 是开集, 则存在函数 $\eta \in C_0^\infty(\Omega)$, 满足

$$\begin{cases} 0 \leqslant \eta(\boldsymbol{x}) \leqslant 1, & \boldsymbol{x} \in \Omega, \\ \eta(\boldsymbol{x}) = 1, & \boldsymbol{x} \in \Omega', \\ |\mathrm{D}^{\boldsymbol{\alpha}}\eta| \leqslant \dfrac{C}{(\mathrm{dist}(\Omega', \partial\Omega))^{|\boldsymbol{\alpha}|}}, & \boldsymbol{x} \in \Omega, \end{cases}$$

其中, C 仅依赖于 Ω 的体积, 不依赖于 η 和 $\mathrm{dist}(\Omega', \partial\Omega)$.

证明 记 $d = \mathrm{dist}(\Omega', \partial\Omega)$, 则 $d > 0$(Ω' 是开集, $\partial\Omega$ 是闭集). 定义开集 $\Omega_1 = \left\{\boldsymbol{x} \in \mathbb{R}^n | \mathrm{dist}(\boldsymbol{x}, \Omega') < \dfrac{d}{3}\right\}$, $\Omega_2 = \left\{\boldsymbol{x} \in \mathbb{R}^n | \mathrm{dist}(\boldsymbol{x}, \Omega') < \dfrac{2d}{3}\right\}$(图 2.2).

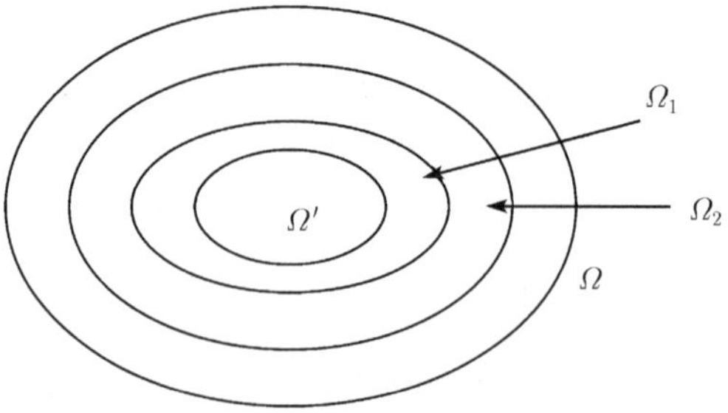

图 2.2

设 $\rho(\boldsymbol{x})$ 为光滑子, 取 $\varepsilon = \dfrac{d}{3}$, 用 $\chi_{\Omega_1}(\boldsymbol{x})$ 表示开集 Ω_1 的特征函数, 即

$$\chi_{\Omega_1}(\boldsymbol{x}) = \begin{cases} 1, & \boldsymbol{x} \in \Omega_1, \\ 0, & \boldsymbol{x} \notin \Omega_1. \end{cases}$$

令

$$\eta(\boldsymbol{x}) = (J_\varepsilon \chi_{\Omega_1})(\boldsymbol{x}) = \frac{1}{\varepsilon^n}\int_{\mathbb{R}^n} \rho\left(\frac{\boldsymbol{x}-\boldsymbol{y}}{\varepsilon}\right)\chi_{\Omega_1}(\boldsymbol{y})\mathrm{d}\boldsymbol{y} = \int_{B_1(0)} \rho(\boldsymbol{z})\chi_{\Omega_1}(\boldsymbol{x}-\varepsilon\boldsymbol{z})\mathrm{d}\boldsymbol{z}.$$

现在验证 $\eta(\boldsymbol{x})$ 满足命题 2.11 的要求. $\eta \in C^\infty$ 是显然的, $0 \leqslant \eta \leqslant 1$ 也是显然的, 现在证明 η 满足的其他性质. 当 $\boldsymbol{x} \in \Omega'$ 时, $\forall |\boldsymbol{z}| < 1$, 则 $\boldsymbol{x} - \varepsilon\boldsymbol{z} \in \Omega_1$($\boldsymbol{x} - \varepsilon\boldsymbol{z} - \boldsymbol{x} = -\varepsilon\boldsymbol{z}$ 长度小于 $\varepsilon = d/3$). 此时 $\chi_{\Omega_1}(\boldsymbol{x} - \varepsilon\boldsymbol{z}) = 1$, 从而 $\eta(\boldsymbol{x}) = \displaystyle\int_{B_1(0)} \rho(\boldsymbol{z})\mathrm{d}\boldsymbol{z} = 1$. 同理可

证, 当 $\boldsymbol{x} \notin \Omega_2$ 时, $\eta(\boldsymbol{x}) \equiv 0$. 最后, 记 $\rho(\boldsymbol{z}) = \rho(\lambda), \lambda = |\boldsymbol{z}|$, 则

$$\begin{aligned}
\mathrm{D}_{\boldsymbol{x}}^{\boldsymbol{\alpha}} \eta(\boldsymbol{x}) &= \frac{1}{\varepsilon^n} \int_{\mathbb{R}^n} \mathrm{D}_{\boldsymbol{x}}^{\boldsymbol{\alpha}} \rho\left(\frac{\boldsymbol{x}-\boldsymbol{y}}{\varepsilon}\right) \chi_{\Omega_1}(\boldsymbol{y}) \mathrm{d}\boldsymbol{y} \\
&= \frac{1}{\varepsilon^n} \int_{\mathbb{R}^n} \frac{1}{\varepsilon^{|\boldsymbol{\alpha}|}} \frac{\mathrm{d}^{|\boldsymbol{\alpha}|}}{\mathrm{d}\lambda^{|\boldsymbol{\alpha}|}} \rho\left(\frac{\boldsymbol{x}-\boldsymbol{y}}{\varepsilon}\right) \chi_{\Omega_1}(\boldsymbol{y}) \mathrm{d}\boldsymbol{y} \\
&= \frac{1}{\varepsilon^{|\boldsymbol{\alpha}|}} \int_{\mathbb{R}^n} \frac{\mathrm{d}^{|\boldsymbol{\alpha}|}}{\mathrm{d}\lambda^{|\boldsymbol{\alpha}|}} \rho(\boldsymbol{z}) \chi_{\Omega_1}(\boldsymbol{x}-\varepsilon\boldsymbol{z}) \mathrm{d}\boldsymbol{z}.
\end{aligned}$$

于是有

$$|\mathrm{D}^{\boldsymbol{\alpha}} \eta(\boldsymbol{x})| \leqslant \frac{1}{\varepsilon^{|\boldsymbol{\alpha}|}} \int_{\mathbb{R}^n} \left|\frac{\mathrm{d}^{|\boldsymbol{\alpha}|}}{\mathrm{d}\lambda^{|\boldsymbol{\alpha}|}} \rho(\boldsymbol{z})\right| \mathrm{d}\boldsymbol{z} = \frac{3^{|\boldsymbol{\alpha}|}}{d^{|\boldsymbol{\alpha}|}} \int_{\mathbb{R}^n} \left|\frac{\mathrm{d}^{|\boldsymbol{\alpha}|}}{\mathrm{d}\lambda^{|\boldsymbol{\alpha}|}} \rho(\boldsymbol{z})\right| \mathrm{d}\boldsymbol{z} = C(n, |\boldsymbol{\alpha}|) d^{-|\boldsymbol{\alpha}|}.$$

注 2.18 引进切断因子是使问题局部化的一种重要手段. 利用切断因子既能完整地保留被切断函数的局部性质, 又能有效地避免小邻域以外各种因素的影响.

2.1.6 单位分解

如上所述, 引入切断因子可将问题局部化. 在偏微分方程的研究中, 常常希望将局部化后所得到的结果整合而得到全局性结果. 为此要借助于另一种手段, 即所谓的单位分解. 现介绍单位分解的基本定理.

命题 2.12 设 K 为 $\mathbb{R}^n$ 中的紧集,$\{\Omega_i | i = 1, \cdots, N\}$ 是 K 的一个有限开覆盖, 则存在开集 $\Omega \supset K$ 和函数族 $\{\alpha_i(\boldsymbol{x}) | i = 1, \cdots, N\}$ 满足

(1) $\alpha_i \in C_0^\infty(\Omega_i)$;

(2) $\alpha_i(\boldsymbol{x}) \geqslant 0, \displaystyle\sum_{i=1}^N \alpha_i(\boldsymbol{x}) = 1, \quad \boldsymbol{x} \in \Omega(\supset K)$,

称 $\alpha_1, \cdots, \alpha_N$ 为从属于 $\Omega_1, \cdots, \Omega_N$ 的单位分解.

证明 使用截断函数的性质来证明结论. 为了构造区域 Ω_i 上的截断函数, 先构造开区域 $\widetilde{\Omega}_i$ 满足 $\widetilde{\Omega}_i \subset\subset \Omega_i$. 记 $O = \displaystyle\bigcup_{i=1}^N \Omega_i$ 为开集, 而 K 为紧集, 于是 $d = \operatorname{dist}(K, \partial\Omega) > 0$. 作区域 $\Omega = \left\{\boldsymbol{x} \middle| \operatorname{dist}(\boldsymbol{x}, K) < \dfrac{d}{2}\right\} \subset O$ 且 $\overline{\Omega} \subset O$. 作开球覆盖集

$$\Lambda = \{B_{r(\boldsymbol{x})}(\boldsymbol{x}) | \boldsymbol{x} \in \Omega_i, i = 1, 2, \cdots, N, \overline{B_{r(\boldsymbol{x})}(\boldsymbol{x})} \subset \Omega_i\}.$$

显然 Λ 是 $\overline{\Omega}$ 的一个开覆盖. 又 $\overline{\Omega}$ 是紧集, 由有限覆盖定理知存在有限个开球 $\{B_i | i = 1, \cdots, I\} \subset \Lambda$ 覆盖 $\overline{\Omega}$. 这有限个球分别位于 Ω_i 之内, 将其分类. 含于 Ω_i 的那些球 B_j 的并集记为 $\widetilde{\Omega}_i, i = 1, 2, \cdots, N$. 显然有 $\overline{\widetilde{\Omega}}_i = \displaystyle\bigcup_{B_j \subset \Omega_i} \overline{B}_j \subset \Omega_i (\overline{B}_j \subset \Omega_i)$ 且

$\overline{\Omega} \subset \bigcup\limits_{i=1}^{N} \widetilde{\Omega}_i = \bigcup\limits_{i=1}^{I} B_i$, 因此 $\widetilde{\Omega}_i \subset\subset \Omega_i$. 由命题 2.11 知存在 $\beta_i \in C_0^\infty(\Omega_i)$, $0 \leqslant \beta_i \leqslant 1$, 在 $\widetilde{\Omega}_i$ 上有 $\beta_i \equiv 1$, 在 $O \backslash \Omega_i$ 上 $\beta_i \equiv 0$, 在 $\boldsymbol{x} \in O$ 上 $\beta_i(\boldsymbol{x})$ 有定义. 令

$$\begin{aligned}
\alpha_1(\boldsymbol{x}) &= \beta_1(\boldsymbol{x}),\\
\alpha_2(\boldsymbol{x}) &= (1-\beta_1(\boldsymbol{x}))\beta_2(\boldsymbol{x}),\\
&\cdots\cdots\\
\alpha_i(\boldsymbol{x}) &= (1-\beta_1(\boldsymbol{x}))\cdots(1-\beta_{i-1}(\boldsymbol{x}))\beta_i(\boldsymbol{x}),\\
&\cdots\cdots\\
\alpha_N(\boldsymbol{x}) &= (1-\beta_1(\boldsymbol{x}))\cdots(1-\beta_{N-1}(\boldsymbol{x}))\beta_N(\boldsymbol{x}),
\end{aligned}$$

则当 $\boldsymbol{x} \in \Omega$ 时有

$$\begin{aligned}
\sum_{i=1}^{N} \alpha_i(\boldsymbol{x}) &= \beta_1(\boldsymbol{x}) + (1-\beta_1(\boldsymbol{x}))\beta_2(\boldsymbol{x}) + \cdots + (1-\beta_1(\boldsymbol{x}))\cdots(1-\beta_{N-1}(\boldsymbol{x}))\beta_N(\boldsymbol{x})\\
&= 1-(1-\beta_1(\boldsymbol{x}))+(1-\beta_1(\boldsymbol{x}))\beta_2(\boldsymbol{x})+\cdots+(1-\beta_1(\boldsymbol{x}))\cdots(1-\beta_{N-1}(\boldsymbol{x}))\beta_N(\boldsymbol{x})\\
&= 1-(1-\beta_1(\boldsymbol{x}))(1-\beta_2(\boldsymbol{x}))(1-\beta_3(\boldsymbol{x}))\cdots(1-\beta_N(\boldsymbol{x}))\\
&= 1.
\end{aligned}$$

证毕.

注 2.19　命题 2.12 表明任何紧集的有限开覆盖都存在单位分解.

一般地, 有如下的关于无穷次可微单位分解的标准存在定理:

命题 2.13　设 Ω 是 $\mathbb{R}^n$ 中的任意一个子集, 又设 Ξ 是 $\mathbb{R}^n$ 中覆盖住 Ω 的一组开集, 即 $\Omega \subset \bigcup\limits_{U \in \Xi} U$, 那么存在一个由具有下列性质的函数 $\alpha \in C_0^\infty(\mathbb{R}^n)$ 构成的函数族 Ψ:

(1) 对一切 $\alpha \in \Psi$ 和一切 $\boldsymbol{x} \in \mathbb{R}^n, 0 \leqslant \alpha(\boldsymbol{x}) \leqslant 1$;

(2) 如果 $K \subset\subset \Omega$, 除可能的有限个 α 外所有的 $\alpha \in \Psi$ 在 K 上恒等于 0;

(3) 对每一个 $\alpha \in \Psi$, 存在 $U \in \Xi$, 使得 $\operatorname{spt}(\alpha) \subset U$;

(4) 对一切 $\boldsymbol{x} \in \Omega$, 都有 $\sum\limits_{\alpha \in \Psi} \alpha(\boldsymbol{x}) = 1$.

这样的一个函数族 Ψ 叫做 **Ω 的从属于 Ξ 的一个 C^∞ 单位分解**.

证明　参见文献 (Adams, 1983).

2.1.7　区域边界的局部拉平

在偏微分方程边值问题古典解的研究中总要涉及所讨论区域的光滑性. 边界的光滑性, 通常是通过边界的局部拉平按下述方式来定义的:

定义 2.15 设 $\Omega \subset \mathbb{R}^n$ 为一有界区域, 称 $\partial\Omega$ 具有 $\boldsymbol{C^k}$ **光滑性**, 记为 $\partial\Omega \in C^k$, 如果对任意的 $\boldsymbol{x}^0 \in \partial\Omega$, 存在 $\boldsymbol{x}^0$ 的一个邻域 U 和一个属于 C^k 的可逆映射 $\Psi : U \to B_1(0) = \{\boldsymbol{x} \in \mathbb{R}^n \| \boldsymbol{x}| < 1\}$, 使得 $\Psi(U \cap \Omega) = B_1^+(0) = \{\boldsymbol{y} \in B_1(0) | y_n > 0\}$, $\Psi(U \cap \partial\Omega) = \partial B_1^+(0) \cap \{\boldsymbol{y} \in \mathbb{R}^n | y_n = 0\}$. 若 $\Psi, \Psi^{-1} \in C^\infty$, 则 $\partial\Omega \in C^\infty$.

今后将会看到, 当研究函数在边界附近的性质时, 总是通过边界的局部拉平将问题转化为在一个底边为超平面的区域上去讨论.

另外, 也给出 Lipschitz 边界的定义.

定义 2.16 **说边界$\partial\Omega$是 Lipschitz 的**, 如果对每一个 $\boldsymbol{x} \subset \partial\Omega$, 存在 $r > 0$ 和一个 Lipschitz 映射 $\gamma : \mathbb{R}^{n-1} \mapsto \mathbb{R}$, 使得

$$\Omega \cap Q(\boldsymbol{x}, r) = \{\boldsymbol{y} \in \mathbb{R}^n | \text{ 存在 } i, \text{ 使得 } \gamma(y_1, \cdots, y_{i-1}, y_{i+1}, \cdots, y_n) < y_i\} \cap Q(\boldsymbol{x}, r),$$

其中, $Q(\boldsymbol{x}, r) \equiv \{\boldsymbol{y} \| y_i - x_i| < r, i = 1, \cdots, n\}$, $\boldsymbol{x} = (x_1, \cdots, x_n)$, $\boldsymbol{y} = (y_1, \cdots, y_n)$.

2.1.8 Lebesgue 积分

现代偏微分方程是建立在 Lebesgue 积分之上的, 因此需要回忆 Lebesgue 积分的基本结论.

1. Lebesgue 积分与极限过程的交换问题

命题 2.14(单调收敛定理) 设 $A \subset \mathbb{R}^n$ 是可测集, 而 $\{f_n\}$ 是一个可测函数序列, 对一切 $\boldsymbol{x} \in A$ 满足 $0 \leqslant f_1(\boldsymbol{x}) \leqslant f_2(\boldsymbol{x}) \leqslant \cdots \leqslant f_n(\boldsymbol{x}) \leqslant \cdots$, 则

$$\lim_{n\to\infty} \int_A f_n(\boldsymbol{x}) \mathrm{d}\boldsymbol{x} = \int_A \lim_{n\to\infty} f_n(\boldsymbol{x}) \mathrm{d}\boldsymbol{x}.$$

命题 2.15(Fatou 引理) 设 $A \subset \mathbb{R}^n$ 是可测集, 又设 $\{f_n\}$ 是一个非负可测函数序列, 则

$$\int_A \liminf_{n\to\infty} (f_n(\boldsymbol{x})) \mathrm{d}\boldsymbol{x} \leqslant \liminf_{n\to\infty} \int_A f_n(\boldsymbol{x}) \mathrm{d}\boldsymbol{x}.$$

命题 2.16(Lebesgue 控制收敛定理) 设 $A \subset \mathbb{R}^n$ 是可测集, 又设可测函数序列 $\{f_n\}$ 在 A 上逐点收敛到一个极限函数, 如果存在一个函数 $g \in L^1(A)$, 使得对一切 n 和一切 $\boldsymbol{x} \in A$ 有 $|f_n(\boldsymbol{x})| \leqslant g(\boldsymbol{x})$, 则

$$\lim_{n\to\infty} \int_A f_n(\boldsymbol{x}) \mathrm{d}\boldsymbol{x} = \int_A \lim_{n\to\infty} f_n(\boldsymbol{x}) \mathrm{d}\boldsymbol{x}.$$

注 2.20 A 可以为无界集. 当 A 为有界集时, 条件 $|f_n(\boldsymbol{x})| \leqslant g(\boldsymbol{x})$ 可以用 $|f_n(\boldsymbol{x})| \leqslant M$($M$ 为与 n 无关的正数) 来代替.

2. 积分交换顺序定理

命题 2.17(Fubini 定理) 设 f 是 $\mathbb{R}^{n+m}$ 上的可测函数, 而且假定积分 $I_1 = \int_{\mathbb{R}^{n+m}} |f(\boldsymbol{x},\boldsymbol{y})|\mathrm{d}\boldsymbol{x}\mathrm{d}\boldsymbol{y}$, $I_2 = \int_{\mathbb{R}^m}\left(\int_{\mathbb{R}^n}|f(\boldsymbol{x},\boldsymbol{y})|\mathrm{d}\boldsymbol{x}\right)\mathrm{d}\boldsymbol{y}$, $I_3 = \int_{\mathbb{R}^n}\left(\int_{\mathbb{R}^m}|f(\boldsymbol{x},\boldsymbol{y})|\mathrm{d}\boldsymbol{x}\right)\mathrm{d}\boldsymbol{y}$ 中至少有一个存在且有限, 则

(1) 对于几乎一切 $\boldsymbol{y}\in\mathbb{R}^m, f(\cdot,\boldsymbol{y})\in L^1(\mathbb{R}^n)$;

(2) 对于几乎一切 $\boldsymbol{x}\in\mathbb{R}^n, f(\boldsymbol{x},\cdot)\in L^1(\mathbb{R}^m)$;

(3) $\int_{\mathbb{R}^n} f(\boldsymbol{x},\cdot)\mathrm{d}\boldsymbol{x}\in L^1(\mathbb{R}^m)$;

(4) $\int_{\mathbb{R}^m} f(\cdot,\boldsymbol{y})\mathrm{d}\boldsymbol{y}\in L^1(\mathbb{R}^n)$;

(5) $I_1 = I_2 = I_3$.

略去命题 2.14~ 命题 2.17 的证明, 有兴趣的读者请参考文献 (Adams, 1983).

2.1.9 广义函数

后面几章需要 Schwartz 广义函数论中的一些基本概念和技巧, 因此对广义函数空间的一些基本概念和性质作些介绍.

定义 2.17 设 Ω 是 $\mathbb{R}^n$ 中的一个区域, $C_0^\infty(\Omega)$ 中的一个函数序列 $\{\phi_n\}$ 叫做**在 $\wp(\Omega)$ 空间意义下收敛到函数 $\phi\in C_0^\infty(\Omega)$**, 记为在 $\wp(\Omega)$ 意义下 $\phi_n\to\phi(n\to\infty)$, 如果 ϕ_n 满足下面的条件:

(1) 存在紧集 $K\subset\subset\Omega$, 使得对一切 n, $\mathrm{supp}(\phi_n-\phi)\subset K$;

(2) 对于每个多重指标 $\boldsymbol{\alpha}$, $\lim\limits_{n\to\infty}\mathrm{D}^{\boldsymbol{\alpha}}\phi_n(\boldsymbol{x}) = \mathrm{D}^{\boldsymbol{\alpha}}\phi(\boldsymbol{x})$ 在紧集 K 上是一致的.

定义 2.18 $\wp(\Omega)$ 的对偶空间 $\wp'(\Omega)$($\wp(\Omega)$ 上的所有线性连续泛函的全体) 叫做**广义函数空间或分部函数空间**. $\wp'(\Omega)$ 中的函数称为**广义函数**. 称在 $\wp'(\Omega)$ 中 $T_n\to T(n\to\infty)$, 如果对一切 $\phi\in\wp(\Omega)$, 在复数域 $\mathbb{C}$ 中有

$$T_n(\phi)\to T(\phi),\quad n\to\infty,$$

其中, $T(\phi)$ 表示定义在 $\wp(\Omega)$ 上的一个线性连续泛函, 称为 $\wp'(\Omega)$ 与 $\wp(\Omega)$ 的对偶积, 有时记为 $\langle T,\phi\rangle$.

注 2.21 对于每个 $L^1_{\mathrm{loc}}(\Omega)$ 中的函数 u, 对应存在唯一的、由

$$T_u(\phi) = \int_\Omega u(\boldsymbol{x})\phi(\boldsymbol{x})\mathrm{d}\boldsymbol{x},\quad \phi\in\wp(\Omega) \tag{2.1.9}$$

定义的广义函数 $T_u\in\wp'(\Omega)$, 而且由 (2.1.9) 式定义的广义函数 $T_u\in\wp'(\Omega)$ 也唯一地对应一个 $u\in L^1_{\mathrm{loc}}(\Omega)$. 因此局部可积函数空间与广义函数空间的一个子空

间可以建立一一对应的关系. 以后对 $u \in L^1_{\mathrm{loc}}(\Omega)$ 和由 (2.1.9) 式定义的广义函数 $T_u \in \wp'(\Omega)$ 就不加区别, 视为同一个元素.

事实上, 首先显然由 (2.1.9) 式定义的 T_u 是 $\wp(\Omega)$ 上的线性泛函. 其次为了看出它是连续的, 假定在 $\wp(\Omega)$ 中有 $\phi_n \to \phi(n\to\infty)$, 则存在 $K \subset\subset \Omega$, 使得对一切 $n=1,2,3,\cdots,\mathrm{supp}(\phi_n-\phi)\subset K, \phi_n \to \phi(n\to\infty)$ 在 K 上一致成立. 于是

$$|T_u(\phi_n)-T_u(\phi)| \leqslant \sup_{\boldsymbol{x}\in K}|\phi_n(\boldsymbol{x})-\phi(\boldsymbol{x})|\int_K |u(\boldsymbol{x})|\mathrm{d}\boldsymbol{x} \to 0, \quad n\to\infty.$$

注 2.22 并非每个广义函数 $T \in \wp'(\Omega)$ 都存在某个 $u \in L^1_{\mathrm{loc}}(\Omega)$, 使得 $T \in \wp'(\Omega)$ 可以表示为形式 $T(\phi) = T_u(\phi) = \int_\Omega u(\boldsymbol{x})\phi(\boldsymbol{x})\mathrm{d}\boldsymbol{x}, \forall \phi \in \wp(\Omega)$. 实际上, 设 $0 \in \Omega$, 可以证明不可能存在 Ω 上的局部可积函数 f, 使得对一切 $\phi \in \wp(\Omega)$ 有 $\int_\Omega f(\boldsymbol{x})\phi(\boldsymbol{x})\mathrm{d}\boldsymbol{x} = \phi(0)$, 但是可以定义 "广义函数"$\delta_f$.

定义 2.19 设 $0\in\Omega$, 由泛函

$$F(\phi)=\phi(0), \quad \forall \phi \in \wp(\Omega)$$

定义的广义函数 F 称为 **Dirac 函数** 或 **$\boldsymbol{\delta}$ 函数**. 记作 $F(\phi)=\delta(\phi)\triangleq\langle\delta,\phi\rangle$.

现在证明 $\delta\in\wp'(\Omega)$. δ 是线性连续的, 即

$$\delta(\alpha\phi_1+\beta\phi_2)=(\alpha\phi_1+\beta\phi_2)(0)=\alpha\delta(\phi_1)+\beta\delta(\phi_2)$$

且当在 $\wp(\Omega)$ 意义下, $\phi_n\to\phi(n\to\infty)$ 时, 根据其定义易知

$$|\delta(\phi_n)-\delta(\phi)|=|\phi_n(0)-\phi(0)|\to 0, \quad n\to\infty.$$

定义 2.20 设 $T\in\wp'(\Omega), \Omega_1\subset\Omega$, 若对定义在 Ω 上的任意 $\phi\in\wp(\Omega)$ 均成立 $T(\phi)=0$, 则称 **$\boldsymbol{T}$ 在 $\boldsymbol{\Omega_1}$ 中为零**, 或者说, **$\boldsymbol{T}$ 在 $\boldsymbol{\Omega_1}$ 中取零值**. 设 $T_1, T_2\in\wp'(\Omega_1)$, 如果在 Ω_1 上 $T_1-T_2=0$, 则称 **$\boldsymbol{T_1}$ 与 $\boldsymbol{T_2}$ 在 $\boldsymbol{\Omega_1}$ 中相等**.

显然, 在 Ω 中 $T=0$ 当且仅当对任意 $\phi\in\wp(\Omega)$ 有 $T(\phi)=0$. δ 函数在不含原点的任意开集上取零值. 于是一个广义函数可以在 $\mathbb{R}^n$ 的某个开集上等于一个常义函数, 而仅在含有原点的开集内是广义的.

定义 2.21 对于每个 $\wp'(\Omega)$ 中的广义函数 T 可定义其 $\boldsymbol{\alpha}$ 阶导数为 $(\mathrm{D}^{\boldsymbol{\alpha}}T)(\phi)=(-1)^{|\boldsymbol{\alpha}|}T(\mathrm{D}^{\boldsymbol{\alpha}}\phi)$. 易验证若 $T\in\wp'(\Omega)$, 则 $\mathrm{D}^{\boldsymbol{\alpha}}T\in\wp'(\Omega)$.

例 2.4 设

$$\delta_h(x)=\begin{cases}\dfrac{1}{h}, & |x|\leqslant\dfrac{h}{2},\\ 0, & 其他,\end{cases} \tag{2.1.10}$$

则当 $h \to 0$ 时有 $\delta_h \to \delta$(在 $\wp'(\mathbb{R})$ 中).

证明　利用积分中值定理知对任意 $\phi \in \wp(\mathbb{R})$ 有

$$\int_{-\infty}^{+\infty} \delta_h(x)\phi(x)\mathrm{d}x = \frac{1}{h}\int_{-\frac{h}{2}}^{\frac{h}{2}} \phi(x)\mathrm{d}x = \phi(\xi), \quad \xi \in \left(-\frac{h}{2}, \frac{h}{2}\right).$$

当 $h \to 0$ 时有 $\phi(\xi) \to \phi(0)$, 故

$$\lim_{h\to 0}\langle \delta_h, \phi\rangle = \phi(0) = \langle \delta, \phi\rangle,$$

即 $\delta_h \to \delta$(在 $\wp'(\mathbb{R})$ 中). 这说明 δ 函数可以看成由 (2.1.10) 式所定义的常义函数列在 $\wp'(\mathbb{R})$ 中的极限 (但这不是经典意义下的极限!).

注 2.23　设 $0 \in \Omega$. 根据例 2.4, δ 广义函数可以想象成在 $\boldsymbol{x} \neq 0$ 时为 0, $\boldsymbol{x} = 0$ 时为 ∞ 的一个 "函数" 且其积分值为 1. (当然, 这只是一种 "想象", 不能作为 $\delta(x)$ 的严格数学定义!) 可以证明对于 δ 广义函数, 不存在 $f(\boldsymbol{x}) \in L^1_{\mathrm{loc}}(\Omega)$, 使得对一切 $\phi \in \wp(\Omega)$ 有 $\delta(\phi) = \int_\Omega f(\boldsymbol{x})\phi(\boldsymbol{x})\mathrm{d}\boldsymbol{x}$, 简单地记为 $\delta(\boldsymbol{x}) \notin L^1_{\mathrm{loc}}(\Omega)$, 证明留作练习.

例 2.5　(1) 设 $0 \in \Omega$, 则 $\mathrm{D}^{\boldsymbol{\alpha}}\delta$ 由 $(\mathrm{D}^{\boldsymbol{\alpha}}\delta)(\phi) = (-1)^{|\boldsymbol{\alpha}|}\delta(\mathrm{D}^{\boldsymbol{\alpha}}\phi) = (-1)^{|\boldsymbol{\alpha}|}\mathrm{D}^{\boldsymbol{\alpha}}\phi(0)$ 给出.

(2) 如果 $\Omega = \mathbb{R}$, $H \in L^1_{\mathrm{loc}}(\Omega)$, 由 $H(x) = \begin{cases} 1, & x \geqslant 0, \\ 0, & x < 0 \end{cases}$ 定义, 则 $\mathrm{D}T_H = \delta$. 因为如果 $\phi \in \wp(\mathbb{R})$ 在 $[-a, a]$ 中有支集, 则 $(\mathrm{D}T_H)(\phi) = -T_H(\mathrm{D}\phi) = -\int_0^a \phi'(x)\mathrm{d}x = \phi(0) = \delta(\phi)$.

例 2.6(常导数与广义导数的关系)　设 $u \in L^1_{\mathrm{loc}}(\Omega)$, 在原点 O, $u(\boldsymbol{x})$ 有跳跃

$$\sigma = \lim_{\boldsymbol{x}\to 0^+} u(\boldsymbol{x}) - \lim_{\boldsymbol{x}\to 0^-} u(\boldsymbol{x}),$$

在其他点是连续可微的. 用 $\dfrac{\mathrm{d}u}{\mathrm{d}\boldsymbol{x}}$ 表示 $u(\boldsymbol{x})$ 的广义导数, $v(\boldsymbol{x})$ 表示 $u(\boldsymbol{x})$ 除原点外的普通导数且设 $v \in L^1_{\mathrm{loc}}(\Omega)$, 以 $\left\{\dfrac{\mathrm{d}u}{\mathrm{d}\boldsymbol{x}}\right\}$ 表示 $v(\boldsymbol{x})$ 所对应的广义函数, 则

$$\frac{\mathrm{d}u}{\mathrm{d}\boldsymbol{x}} = \sigma\delta(\boldsymbol{x}) + \left\{\frac{\mathrm{d}u}{\mathrm{d}\boldsymbol{x}}\right\}.$$

事实上, 对任意的 $\phi \in \wp(\Omega)$ 有

$$\begin{aligned}\left\langle \frac{\mathrm{d}u}{\mathrm{d}\boldsymbol{x}}, \phi\right\rangle &= -\left\langle u, \frac{\mathrm{d}\phi}{\mathrm{d}\boldsymbol{x}}\right\rangle = -\int_{-\infty}^{+\infty} u\frac{\mathrm{d}\phi}{\mathrm{d}\boldsymbol{x}}\mathrm{d}\boldsymbol{x} \\ &= -\int_{-\infty}^{0} u\frac{\mathrm{d}\phi}{\mathrm{d}\boldsymbol{x}}\mathrm{d}\boldsymbol{x} - \int_0^{+\infty} u\frac{\mathrm{d}\phi}{\mathrm{d}\boldsymbol{x}}\mathrm{d}\boldsymbol{x}\end{aligned}$$

$$= -\phi(0)\lim_{x\to 0^-}u(\boldsymbol{x}) + \phi(0)\lim_{x\to 0^+}u(\boldsymbol{x}) + \int_{-\infty}^{0}\phi\frac{\mathrm{d}u}{\mathrm{d}\boldsymbol{x}}\mathrm{d}\boldsymbol{x} + \int_{0}^{+\infty}\phi\frac{\mathrm{d}u}{\mathrm{d}\boldsymbol{x}}\mathrm{d}\boldsymbol{x}$$

$$= \sigma\phi(0) + \int_{-\infty}^{+\infty}\phi v\mathrm{d}\boldsymbol{x} = \sigma\langle\delta,\phi\rangle + \left\langle\left\{\frac{\mathrm{d}u}{\mathrm{d}\boldsymbol{x}}\right\},\phi\right\rangle,$$

故 $\dfrac{\mathrm{d}u}{\mathrm{d}\boldsymbol{x}} = \sigma\delta(\boldsymbol{x}) + \left\{\dfrac{\mathrm{d}u}{\mathrm{d}\boldsymbol{x}}\right\}$.

注 2.24 也可以仅仅使用连续函数空间来定义 δ 函数如下：设 $0\in\Omega$, 则对任意的 $\phi\in C(\Omega)$, 定义

$$F(\phi) = \phi(0), \tag{2.1.11}$$

就得到了一个线性泛函, 而且若有 $\phi_k\in C(\Omega)$, 当 $k\to\infty$ 时满足

$$\|\phi_k\|_{C(\Omega)} = \max_{\boldsymbol{x}\in\Omega}|\phi_k(\boldsymbol{x})| \to 0,$$

则 $F(\phi_k) = \phi_k(0)\to 0$, 所以 $F(\phi)$ 是连续的. 称由 (2.1.11) 式定义的泛函为 δ 函数. 例 2.4 在这个定义下仍然成立, 参见文献 (谷超豪等, 2002).

2.1.10 线性算子的基本性质

首先给出与线性算子有关的一些基本概念, 参见文献 (Evans et al., 1992).

定义 2.22 (1) 设 $\boldsymbol{O}:\mathbb{R}^n\mapsto\mathbb{R}^m$ 为一个线性算子. 如果对任意 $\boldsymbol{x},\boldsymbol{y}\in\mathbb{R}^n$ 有 $(\boldsymbol{O}\boldsymbol{x})\cdot(\boldsymbol{O}\boldsymbol{y}) = \boldsymbol{x}\cdot\boldsymbol{y}$, 则称线性算了 $\boldsymbol{O}:\mathbb{R}^n\mapsto\mathbb{R}^m$ 为**正交**的. 如果对任意 $\boldsymbol{x},\boldsymbol{y}\in\mathbb{R}^n$ 有 $\boldsymbol{x}\cdot(\boldsymbol{S}\boldsymbol{y}) = (\boldsymbol{S}\boldsymbol{x})\cdot\boldsymbol{y}$, 则称线性算子 $\boldsymbol{S}:\mathbb{R}^n\mapsto\mathbb{R}^n$ 为**对称**的. 如果存在 $d_1,\cdots,d_n\in\mathbb{R}$, 使得 $\boldsymbol{D}\boldsymbol{x} = (d_1x_1,\cdots,d_nx_n)$ 对任意 $\boldsymbol{x}\in\mathbb{R}^n$ 成立, 则称线性算子 $\boldsymbol{D}:\mathbb{R}^n\mapsto\mathbb{R}^n$ 为**对角的**.

(2) 设 $\boldsymbol{A}:\mathbb{R}^n\mapsto\mathbb{R}^m$ 是一个线性算子, 如果 $\boldsymbol{x}\cdot(\boldsymbol{A}^*\boldsymbol{y}) = (\boldsymbol{A}\boldsymbol{x})\cdot\boldsymbol{y}$ 对任意 $\boldsymbol{x}\in\mathbb{R}^n,\boldsymbol{y}\in\mathbb{R}^m$ 成立, 则称线性算子 $\boldsymbol{A}^*:\mathbb{R}^m\mapsto\mathbb{R}^n$ 为 $\boldsymbol{A}$ 的**共轭算子**.

有了上述定义, 就可以给出线性算子的一些基本性质.

命题 2.18 (1) $\boldsymbol{A}^{**} = \boldsymbol{A}$, $(\boldsymbol{A}\circ\boldsymbol{B})^* = \boldsymbol{B}^*\circ\boldsymbol{A}^*$;

(2) 如果 $\boldsymbol{O}:\mathbb{R}^n\mapsto\mathbb{R}^n$ 是正交的, 则 $\boldsymbol{O}^* = \boldsymbol{O}^{-1}$;

(3) 如果 $\boldsymbol{S}:\mathbb{R}^n\mapsto\mathbb{R}^n$ 是对称的, 则①$\boldsymbol{S}^* = \boldsymbol{S}$; ②存在一个对称矩阵 $\boldsymbol{O}:\mathbb{R}^n\mapsto\mathbb{R}^n$ 和一个对角矩阵 $\boldsymbol{D}:\mathbb{R}^n\mapsto\mathbb{R}^n$, 使得 $\boldsymbol{S} = \boldsymbol{O}\circ\boldsymbol{D}\circ\boldsymbol{O}^{-1}$;

(4) 如果 $\boldsymbol{O}:\mathbb{R}^n\mapsto\mathbb{R}^m$ 是正交的, 则 $n\leqslant m$ 且在 $\mathbb{R}^n$ 上有 $\boldsymbol{O}^*\circ\boldsymbol{O} = \boldsymbol{I}$, 而在 $\boldsymbol{O}(\mathbb{R}^n)$ 上有 $\boldsymbol{O}\circ\boldsymbol{O}^* = \boldsymbol{I}$.

定义 2.23 一个矩阵算子 $\boldsymbol{O} = \left(o^{ij}\right)_{n\times n}$ 是正交的, 则称 $\boldsymbol{O}$ 为**正交矩阵**. 若矩阵 $\boldsymbol{O}$ 为正交矩阵, 则称变换 $R:\boldsymbol{y} = \boldsymbol{x}_0 + \boldsymbol{O}(\boldsymbol{x}-\boldsymbol{x}_0)$ 为**正交变换**.

注 2.25 可以验证矩阵算子的共轭算子等于其转置矩阵, 从而正交矩阵的逆矩阵 $\boldsymbol{O}^{-1}$ 也为其转置矩阵 $\boldsymbol{O}^{\mathrm{T}}$.

2.2　整数次 Sobolev 空间 $W^{m,p}(\Omega)$

本节介绍整数次 Sobolev 空间的概念、性质, 逼近和延拓定理, 几种 Sobolev 空间之间的关系以及嵌入定理和迹定理等.

2.2.1　整数次 Sobolev 空间的定义

为了引入 Sobolev 空间, 先给出弱导数的概念. 设 $\Omega \subset \mathbb{R}^n$ 为开集.

定义 2.24　设 $u, v \in L^1_{\mathrm{loc}}(\Omega), \boldsymbol{\alpha} \in \mathbb{Z}^n_+, \mathbb{Z}_+$ 为非负整数集, 若对任意 $\phi \in C_0^\infty(\Omega)$ 有等式

$$\int_\Omega u \mathrm{D}^{\boldsymbol{\alpha}} \phi \mathrm{d}\boldsymbol{x} = (-1)^{|\boldsymbol{\alpha}|} \int_\Omega v \phi \mathrm{d}\boldsymbol{x} \tag{2.2.1}$$

成立, 则说 $\boldsymbol{v}$ **是** $\boldsymbol{u}$ **的** $\boldsymbol{\alpha}$ **阶弱导数**, 记作 $v = \mathrm{D}^{\boldsymbol{\alpha}} u$.

注 2.26　若 u 的弱导数存在, 则必唯一, 即若有 $v_1, v_2 \in L^1_{\mathrm{loc}}(\Omega)$, 使得对任意 $\phi \in C_0^\infty(\Omega)$, 由 (2.2.1) 式知 $\displaystyle\int_\Omega u \mathrm{D}^{\boldsymbol{\alpha}} \phi \mathrm{d}\boldsymbol{x} = (-1)^{|\boldsymbol{\alpha}|} \int_\Omega v_1 \phi \mathrm{d}\boldsymbol{x} = (-1)^{\boldsymbol{\alpha}} \int_\Omega v_2 \phi \mathrm{d}\boldsymbol{x}$ 成立, 则有 $v_1 = v_2$. 这是对的, 因为由假设可得 $\displaystyle\int_\Omega (v_1 - v_2)\phi \mathrm{d}\boldsymbol{x} = 0$ 对任意 $\phi \in C_0^\infty(\Omega)$ 成立, 从而 $v_1 = v_2$ a.e. 于 Ω 内成立.

注 2.27　u 的古典导数 v(即 $u \in C^m(\Omega), v = \mathrm{D}^{\boldsymbol{\alpha}} u$) 必为弱导数. 事实上,$\forall \phi \in C_0^\infty(\Omega)$, 使用分部积分公式可得 $\displaystyle\int_\Omega u \mathrm{D}^{\boldsymbol{\alpha}} \phi \mathrm{d}\boldsymbol{x} = (-1)^{|\boldsymbol{\alpha}|} \int_\Omega \mathrm{D}^{\boldsymbol{\alpha}} u \phi \mathrm{d}\boldsymbol{x} = (-1)^{|\boldsymbol{\alpha}|} \int_\Omega v \phi \mathrm{d}\boldsymbol{x}$, 于是由弱导数的定义知 u 的古典导数 $\mathrm{D}^{\boldsymbol{\alpha}} u$ 为 u 的 $\boldsymbol{\alpha}$ 阶弱导数.

例 2.7　设 $n = 1, \Omega = (0, 2)$ 且 $u(\boldsymbol{x}) = \begin{cases} x, & 0 < x \leqslant 1, \\ 1, & 1 < x < 2, \end{cases}$ 定义 $v(x) = \begin{cases} 1, & 0 < x \leqslant 1, \\ 0, & 1 < x < 2, \end{cases}$ 则 $u'(x) = v(x)$.

证明　只需证明 $\forall \phi \in C_0^\infty(\Omega)$, $\displaystyle\int_0^2 u\phi' \mathrm{d}x = -\int_0^2 v\phi \mathrm{d}x$ 成立. 事实上,

$$\begin{aligned} \int_0^2 u\phi' \mathrm{d}x &= \int_0^1 x\phi' \mathrm{d}x + \int_1^2 \phi' \mathrm{d}x = -\int_0^1 \phi \mathrm{d}x + \phi(1) - \phi(1) \\ &= -\int_0^1 \phi \mathrm{d}x = -\int_0^2 v\phi \mathrm{d}x. \end{aligned}$$

例 2.8　设 $n = 1, \Omega = (0, 2)$ 且 $u(x) = \begin{cases} x, & 0 < x \leqslant 1, \\ 2, & 1 < x < 2, \end{cases}$ 则 $u'(x)$ 在 $(0, 2)$ 上

不存在.

证明 往证不存在 v, 使得

$$\int_0^2 u\phi_x \mathrm{d}x = -\int_0^2 v\phi \mathrm{d}x, \quad \forall \phi \in C_0^\infty((0,2)). \tag{2.2.2}$$

反证. 假设 (2.2.2) 式对某个 v 及 $\forall \phi \in C_0^\infty((0,2))$ 成立, 则

$$\begin{aligned}-\int_0^2 v\phi \mathrm{d}x &= \int_0^2 u\phi_x \mathrm{d}x = \int_0^1 x\phi_x \mathrm{d}x + \int_1^2 2\phi_x \mathrm{d}x \\ &= \phi(1) - \int_0^1 \phi \mathrm{d}x - 2\phi(1) = -\int_0^1 \phi \mathrm{d}x - \phi(1).\end{aligned} \tag{2.2.3}$$

在 (2.2.3) 式中取 $\phi_m \in C_0^\infty((0,2))$, 满足

$$\phi_m(x) = \begin{cases} c\cdot\exp\left\{\dfrac{1}{(m^2(x-1)^2-1)}\right\}, & |x-1| < \dfrac{1}{m}, \\ 0, & \text{其他}, \end{cases}$$

$$0 \leqslant \phi_m \leqslant 1, \phi_m(1) = 1, \phi_m(x) \to 0, \quad m \to \infty, \forall x \neq 1.$$

于是$-\int_0^2 v\phi_m \mathrm{d}x = -\int_0^1 \phi_m \mathrm{d}x - \phi_m(1)$, 即 $1 = \int_0^2 v\phi_m \mathrm{d}x - \int_0^1 \phi_m \mathrm{d}x$, 令 $m \to \infty$, 使用 Lebesgue 控制收敛定理得 $1 = 0$, 这是一个矛盾, 从而 $u'(x)$ 在 $(0,2)$ 上不存在.

定理 2.1 设 $\Omega_\varepsilon = \{\boldsymbol{x} \in \Omega | \mathrm{dist}(\boldsymbol{x}, \partial\Omega) > \varepsilon\}$. 又设函数 u 及其弱导数 $\mathrm{D}^{\boldsymbol{\alpha}} u$ 属于 $L^p_{\mathrm{loc}}(\Omega)(p \geqslant 1)$, 则对任意 $\varepsilon > 0$ 有 $J_\varepsilon u \in C^\infty(\Omega_\varepsilon)$, 并且对任意开集 $\Omega' \subset\subset \Omega$, 当 $\varepsilon \to 0$ 时有

$$\int_{\Omega'} |J_\varepsilon u(\boldsymbol{x}) - u(\boldsymbol{x})|^p \mathrm{d}\boldsymbol{x} \to 0,$$

$$\int_{\Omega'} |\mathrm{D}^{\boldsymbol{\alpha}}(J_\varepsilon u(\boldsymbol{x})) - \mathrm{D}^{\boldsymbol{\alpha}} \boldsymbol{u}|^p \mathrm{d}\boldsymbol{x} \to 0.$$

证明 设 $\varepsilon < \mathrm{dist}(\Omega', \partial\Omega) = d > 0, \boldsymbol{x} \in \Omega'$, 则

$$\begin{aligned}J_\varepsilon u(\boldsymbol{x}) &= \varepsilon^{-n} \int_\Omega \rho\left(\frac{\boldsymbol{x}-\boldsymbol{y}}{\varepsilon}\right) u(\boldsymbol{y}) \mathrm{d}\boldsymbol{y} \\ &= \varepsilon^{-n} \int_{|\boldsymbol{x}-\boldsymbol{y}|<\varepsilon} \rho\left(\frac{\boldsymbol{x}-\boldsymbol{y}}{\varepsilon}\right) u(\boldsymbol{y}) \mathrm{d}\boldsymbol{y} \\ &= \int_{|\boldsymbol{z}|<1} \rho(\boldsymbol{z}) u(\boldsymbol{x} - \varepsilon\boldsymbol{z}) \mathrm{d}\boldsymbol{z} \quad (\text{积分上下限对换}).\end{aligned}$$

注意到 $\int_{|\boldsymbol{z}|<1} \rho(\boldsymbol{z}) \mathrm{d}\boldsymbol{z} = 1$, 则有

$$J_\varepsilon u(\boldsymbol{x}) - u(\boldsymbol{x}) = \int_{|\boldsymbol{z}|<1} \rho(\boldsymbol{z}) u(\boldsymbol{x} - \varepsilon\boldsymbol{z}) \mathrm{d}\boldsymbol{z} - \int_{|\boldsymbol{z}|<1} \rho(\boldsymbol{z}) u(\boldsymbol{x}) \mathrm{d}\boldsymbol{z}$$

$$= \int_{|\boldsymbol{z}|<1} \rho(\boldsymbol{z})(u(\boldsymbol{x}-\varepsilon\boldsymbol{z})-u(\boldsymbol{x}))\mathrm{d}\boldsymbol{z}.$$

由积分形式的 Minkowski 不等式可得

$$\begin{aligned}\|J_\varepsilon u-u\|_{L^p(\Omega')} &= \left\|\int_{|\boldsymbol{z}|<1} \rho(\boldsymbol{z})(u(\boldsymbol{x}-\varepsilon\boldsymbol{z})-u(\boldsymbol{x}))\mathrm{d}\boldsymbol{z}\right\|_{L^p(\Omega')} \\ &\leqslant \int_{|\boldsymbol{z}|<1} \rho(\boldsymbol{z})\|(u(\boldsymbol{x}-\varepsilon\boldsymbol{z})-u(\boldsymbol{x}))\|_{L^p(\Omega')}\mathrm{d}\boldsymbol{z}.\end{aligned}$$

由 L^p 函数的整体连续性知

$$\|(u(\boldsymbol{x}-\varepsilon\boldsymbol{z})-u(\boldsymbol{x}))\|_{L^p(\Omega')} \to 0, \quad \varepsilon\to 0$$

关于 $|\boldsymbol{z}|<1$ 一致成立, 故有

$$\lim_{\varepsilon\to 0}\|J_\varepsilon u-u\|_{L^p(\Omega')}=0.$$

对于 $\boldsymbol{x}\in\Omega'\subset\subset\Omega$, 当 $\varepsilon<d=\mathrm{dist}(\Omega',\partial\Omega)$ 时, $\rho\left(\dfrac{\boldsymbol{x}-\boldsymbol{y}}{\varepsilon}\right)$ 作为 $\boldsymbol{y}$ 的函数属于 $C_0^\infty(\Omega)$, 在积分号下关于 $\boldsymbol{x}$ 求导得

$$\begin{aligned}\mathrm{D}^{\boldsymbol{\alpha}}(J_\varepsilon u)(\boldsymbol{x}) &= \varepsilon^{-n}\int_\Omega \mathrm{D}_{\boldsymbol{x}}^{\boldsymbol{\alpha}}\left(\rho\left(\frac{\boldsymbol{x}-\boldsymbol{y}}{\varepsilon}\right)\right)u(\boldsymbol{y})\mathrm{d}\boldsymbol{y} \\ &= \varepsilon^{-n}\int_\Omega (-1)^{|\boldsymbol{\alpha}|}\mathrm{D}_{\boldsymbol{y}}^{\boldsymbol{\alpha}}\left(\rho\left(\frac{\boldsymbol{x}-\boldsymbol{y}}{\varepsilon}\right)\right)u(\boldsymbol{y})\mathrm{d}\boldsymbol{y} \\ &= \varepsilon^{-n}\int_\Omega \rho\left(\frac{\boldsymbol{x}-\boldsymbol{y}}{\varepsilon}\right)\mathrm{D}_y^{\boldsymbol{\alpha}}u(\boldsymbol{y})\mathrm{d}\boldsymbol{y} = J_\varepsilon(\mathrm{D}^{\boldsymbol{\alpha}}u)(\boldsymbol{x}),\end{aligned}$$

因此

$$\|\mathrm{D}^{\boldsymbol{\alpha}}(J_\varepsilon u)-\mathrm{D}^{\boldsymbol{\alpha}}u\|_{L^p(\Omega')} = \|J_\varepsilon(\mathrm{D}^{\boldsymbol{\alpha}}u)-\mathrm{D}^{\boldsymbol{\alpha}}u\|_{L^p(\Omega')}\to 0, \quad \varepsilon\to 0.$$

定义 2.25 对于 $1\leqslant p\leqslant+\infty$, 记

$$W^{m,p}(\Omega)=\{v\in L^p(\Omega)|\mathrm{D}^{\boldsymbol{\alpha}}v\in L^p(\Omega),\forall\boldsymbol{\alpha}\in\mathbb{Z}_+^n,|\boldsymbol{\alpha}|\leqslant m\},$$

其中, $\mathrm{D}^{\boldsymbol{\alpha}}u$ 表示 u 的 $\boldsymbol{\alpha}$ 阶弱导数. 对于 $v\in W^{m,p}(\Omega)$, 定义范数

$$\|v\|_{W^{m,p}(\Omega)}=\|v\|_{m,p,\Omega}=\|v\|_{m,p}=\left(\sum_{|\boldsymbol{\alpha}|\leqslant m}\|\mathrm{D}^{\boldsymbol{\alpha}}v\|_{0,p}^p\right)^{\frac{1}{p}}, \tag{2.2.4}$$

$$\|u\|_{0,p}=\|u\|_{0,p,\Omega}=\|u\|_{L^p(\Omega)}=\left(\int|u|^p\,\mathrm{d}\boldsymbol{x}\right)^{\frac{1}{p}}, \quad 1\leqslant p<\infty,$$

$$\|u\|_{0,\infty}=\|u\|_{0,\infty,\Omega}=\|u\|_{L^\infty(\Omega)}=\operatorname*{ess\,sup}_{\boldsymbol{x}\in\Omega}|u(\boldsymbol{x})|.$$

$W^{m,p}(\Omega)$ 赋以范数 (2.2.4) 称为 **Ω 上的 m 阶 Sobolev 空间**. 如果对 Ω 的任何子集 $\Omega'\subset\subset\Omega$ 都有 $u\in W^{m,p}(\Omega')$, 则称 $u\in W^{m,p}_{\mathrm{loc}}(\Omega)$. 如果对某个 $1\leqslant p\leqslant\infty$ 有 $u\in W^{1,p}_{\mathrm{loc}}(\Omega)$, 则称 u 是一个 Sobolev 函数.

定义 2.26 称 $f_k\in W^{m,p}(\Omega)$ 在 $W^{m,p}(\Omega)$ 中当 $k\to\infty$ 时强收敛到 $f\in W^{m,p}(\Omega)$, 记为

$$f_k\to f(k\to\infty),\quad 在\ W^{m,p}(\Omega)\ 中,$$

如果

$$\|f_k-f\|_{W^{m,p}(\Omega)}\to 0,\quad k\to\infty.$$

注 2.28 当 $p=2$ 时, 记 $W^{m,2}(\Omega)$ 为 $H^m(\Omega)$, 即 $H^m(\Omega)\triangleq W^{m,2}(\Omega)$. 当 $m=0$ 时, $W^{0,p}(\Omega)=L^p(\Omega)$.

注 2.29 $H^m(\Omega)$ 是内积空间, 因为可以引入内积为

$$(u,v)_{H^m(\Omega)}=(u,v)_{m,2}=\sum_{|\boldsymbol{\alpha}|\leqslant m}(\mathrm{D}^{\boldsymbol{\alpha}}u,\mathrm{D}^{\boldsymbol{\alpha}}v)=\sum_{|\boldsymbol{\alpha}|\leqslant m}\int_\Omega \mathrm{D}^{\boldsymbol{\alpha}}u\overline{\mathrm{D}^{\boldsymbol{\alpha}}v}\mathrm{d}\boldsymbol{x},$$

这里 $\overline{f}$ 表示 f 的共轭.

例 2.9 当 $m=1$ 时, 对于 $v\in H^1(\Omega)=W^{1,2}(\Omega)$ 有

$$\|v\|_{H^1(\Omega)}=\|v\|_{W^{1,2}(\Omega)}=\left(\int_\Omega|v|^2\,\mathrm{d}\boldsymbol{x}+\sum_{i=1}^n\int_\Omega\left|\frac{\partial u}{\partial x_i}\right|^2\mathrm{d}\boldsymbol{x}\right)^{\frac12},$$

$$(u,v)_{H^1(\Omega)}=(u,v)_{1,2}=\int_\Omega\left(u\overline{v}+\sum_{i=1}^n\frac{\partial u}{\partial x_i}\overline{\frac{\partial v}{\partial x_i}}\right)\mathrm{d}\boldsymbol{x}.$$

下面给出弱导数的基本性质.

命题 2.19 设 $u,v\in W^{k,p}(U),|\boldsymbol{\alpha}|\leqslant k$, 则

(1) $\mathrm{D}^{\boldsymbol{\alpha}}u\in W^{k-|\boldsymbol{\alpha}|}(U)$ 且 $\mathrm{D}^{\boldsymbol{\beta}}(\mathrm{D}^{\boldsymbol{\alpha}}u)=\mathrm{D}^{\boldsymbol{\alpha}}(\mathrm{D}^{\boldsymbol{\beta}}u)=\mathrm{D}^{\boldsymbol{\alpha}+\boldsymbol{\beta}}u,\ \forall|\boldsymbol{\alpha}|+|\boldsymbol{\beta}|\leqslant k$;

(2) $\forall\lambda,\mu\in\mathbb{R},\lambda u+\mu v\in W^{k,p}(U)$ 且 $\mathrm{D}^{\boldsymbol{\alpha}}(\lambda u+\mu v)=\lambda\mathrm{D}^{\boldsymbol{\alpha}}u+\mu\mathrm{D}^{\boldsymbol{\alpha}}v,|\boldsymbol{\alpha}|\leqslant k$;

(3) 如果 V 是 U 的一个开集, 则 $u\in W^{k,p}(V)$;

(4) 如果 $\xi\in C_0^\infty(U)$, 则 $\xi u\in W^{k,p}(U)$ 且 $\mathrm{D}^{\boldsymbol{\alpha}}(\xi u)=\displaystyle\sum_{\boldsymbol{\beta}\leqslant\boldsymbol{\alpha}}\binom{\boldsymbol{\alpha}}{\boldsymbol{\beta}}\mathrm{D}^{\boldsymbol{\beta}}\xi\mathrm{D}^{\boldsymbol{\alpha}-\boldsymbol{\beta}}u$,

其中, $\displaystyle\binom{\boldsymbol{\alpha}}{\boldsymbol{\beta}}=\mathrm{C}_{\boldsymbol{\alpha}}^{\boldsymbol{\beta}}=\frac{\boldsymbol{\alpha}!}{\boldsymbol{\beta}!(\boldsymbol{\alpha}-\boldsymbol{\beta})!}$.

证明 (1) 先固定 $\xi\in C_0^\infty(U)$, 则 $\mathrm{D}^{\boldsymbol{\beta}}\phi\in C_0^\infty(U)$. 此时

$$\int_U\mathrm{D}^{\boldsymbol{\alpha}}u\mathrm{D}^{\boldsymbol{\beta}}\phi\mathrm{d}\boldsymbol{x}=(-1)^{|\boldsymbol{\alpha}|}\int u\mathrm{D}^{\boldsymbol{\alpha}+\boldsymbol{\beta}}\phi\mathrm{d}\boldsymbol{x}$$

$$
\begin{aligned}
&= (-1)^{|\boldsymbol{\alpha}|}(-1)^{|\boldsymbol{\alpha}+\boldsymbol{\beta}|}\int \mathrm{D}^{\boldsymbol{\alpha}+\boldsymbol{\beta}}u\cdot\phi\mathrm{d}\boldsymbol{x}(u\in W^{k,p},|\boldsymbol{\alpha}|+|\boldsymbol{\beta}|\leqslant k)\\
&= (-1)^{|\boldsymbol{\beta}|}\int \mathrm{D}^{\boldsymbol{\alpha}+\boldsymbol{\beta}}u\cdot\phi\mathrm{d}\boldsymbol{x},
\end{aligned}
$$

所以 $\mathrm{D}^{\boldsymbol{\beta}}(\mathrm{D}^{\boldsymbol{\alpha}}u)=\mathrm{D}^{\boldsymbol{\alpha}+\boldsymbol{\beta}}u$. 同理, $\mathrm{D}^{\boldsymbol{\alpha}}(\mathrm{D}^{\boldsymbol{\beta}}u)=\mathrm{D}^{\boldsymbol{\alpha}+\boldsymbol{\beta}}u$.

(2), (3) 是显然的.

对于 (4), 当 $|\boldsymbol{\alpha}|=1$ 时, $\dfrac{\partial(\xi u)}{\partial x_i}=\dfrac{\partial\xi}{\partial x_i}u+\xi\dfrac{\partial u}{\partial x_i}$, 即要证 $\int\xi u\partial_{x_i}\phi\mathrm{d}\boldsymbol{x}=-\int\left(\dfrac{\partial\xi}{\partial x_i}u+\xi\dfrac{\partial u}{\partial x_i}\right)\phi\mathrm{d}\boldsymbol{x}$. 事实上,

$$
\begin{aligned}
\int\left(u\frac{\partial\xi}{\partial x_i}+\xi\frac{\partial u}{\partial x_i}\right)\phi\mathrm{d}\boldsymbol{x}&=\int u\frac{\partial\xi}{\partial x_i}\phi\mathrm{d}\boldsymbol{x}+\int\frac{\partial u}{\partial x_i}\xi\phi\mathrm{d}\boldsymbol{x}\\
&=\int u\frac{\partial\xi}{\partial x_i}\phi\mathrm{d}\boldsymbol{x}-\int u\cdot\frac{\partial}{\partial x_i}(\xi\phi)\mathrm{d}\boldsymbol{x}=-\int u\xi\cdot\phi_{x_i}\mathrm{d}\boldsymbol{x}.
\end{aligned}
$$

一般地, 用数学归纳法证明即可.

注 2.30 弱导数与古典导数有本质的区别, 所以并不是古典导数的性质都可以推广到弱导数.

例 2.10 一般地, $W^{1,p}(\Omega)$ 中的函数 u 可以不连续或无界 (特别是高维区域情形).

设 $|\boldsymbol{x}|=\sqrt{\sum x_i^2}$, 取 $\Omega=B(0,1)$ 为 $\mathbb{R}^n$ 中的开单位球且 $u(\boldsymbol{x})=|\boldsymbol{x}|^{-\alpha},\boldsymbol{x}\in\Omega,\boldsymbol{x}\neq0$. 试问当 $n,p,\alpha>0$ 取什么值时, $u\in W^{1,p}(\Omega)$?

因为除去 $\boldsymbol{x}=0$ 外,$u(\boldsymbol{x})$ 为连续可微函数且 $u_{x_i}(\boldsymbol{x})=\dfrac{-\alpha x_i}{|\boldsymbol{x}|^{\alpha+2}}(\boldsymbol{x}\neq0)$. 于是 $|\mathrm{D}u(\boldsymbol{x})|=\dfrac{|\alpha|}{|x|^{\alpha+1}}(\boldsymbol{x}\neq0)$. 显然当 $\alpha+1<n$ 时, $u\in L^1(B(0,1))$, $\mathrm{D}u\in L^1(B(0,1))$.

对于任何 $\phi\in C_0^\infty(\Omega),\varepsilon>0$ 有

$$
\begin{aligned}
\int_{\Omega\backslash B(0,\varepsilon)}u\phi_{x_i}\mathrm{d}\boldsymbol{x}&=\int_{\partial B(0,\varepsilon)}u\phi\cdot v^i\mathrm{d}S_x-\int_{\Omega\backslash B(0,\varepsilon)}u_{x_i}\phi\mathrm{d}\boldsymbol{x}\\
&=\int_{\partial B(0,\varepsilon)}\varepsilon^{-\alpha}\phi v^i\mathrm{d}S_x-\int_{\Omega\backslash B(0,\varepsilon)}u_{x_i}\phi\mathrm{d}\boldsymbol{x},
\end{aligned}\tag{2.2.5}
$$

其中, $\boldsymbol{v}=(v^1,v^2,\cdots,v^n)$ 为 $B(0,\varepsilon)$ 的内法向. 由于

$$
\left|\int_{B(0,\varepsilon)}\varepsilon^{-\alpha}\phi v^i\mathrm{d}S_x\right|\leqslant|\phi|_{L^\infty}\int_{B(0,\varepsilon)}\varepsilon^{-\alpha}\mathrm{d}S_x\leqslant|\phi|_{L^\infty}\varepsilon^{-\alpha}M\varepsilon^{n-1}\leqslant M\varepsilon^{n-\alpha-1}\to0.
$$

在 (2.2.5) 式中令 $\varepsilon\to0$ 得

$$
\int_\Omega u\phi_{x_i}\mathrm{d}\boldsymbol{x}=-\int_\Omega u_{x_i}\phi\mathrm{d}\boldsymbol{x},\quad\forall\phi\in C_0^\infty(\Omega).
$$

于是如果 $0 \leqslant \alpha < n-1$ 时, u 存在弱导数. 显然 $|\mathrm{D}u| = \dfrac{|\alpha|}{|x|^{\alpha+1}} \in L^p(B(0,1))$, 当且仅当 $(\alpha+1)p < n$. (事实上, $\displaystyle\int_{B(0,1)} \frac{1}{|\boldsymbol{x}|^{(\alpha+1)p}}\mathrm{d}\boldsymbol{x} = \omega_n \int_0^1 \frac{1}{r^{(\alpha+1)p}} r^{n-1}\mathrm{d}r = \omega_n \frac{r^{n-(\alpha+1)p}}{n-(\alpha+1)p}\Bigg|_0^1 = \frac{\omega_n}{n-(\alpha+1)p}$, 其中, ω_n 是 n 维单位球 $B(0,1)$ 的体积.)

综上可得

$$u = |\boldsymbol{x}|^{-\alpha} \in W^{1,p}(B(0,1)) \text{ 当且仅当 } 0 \leqslant \alpha < \frac{n}{p} - 1.$$

这说明当 $p \geqslant n$ 时, $|\boldsymbol{x}|^{-\alpha} \notin W^{1,p}(B(0,1))$ 且 $W^{1,p}(\Omega)$ 中的函数 u 可以不连续或无界.

2.2.2 $W^{m,p}(\Omega)$ 的性质

现在讨论 $W^{m,p}(\Omega)$ 的完备性、可分性与自反性.

定理 2.2 $W^{m,p}(\Omega)$ 是 Banach 空间 (完备的线性赋范空间).

证明 显然 $W^{m,p}(\Omega)$ 是线性赋范空间, 因此只需证明 $W^{m,p}(\Omega)$ 的完备性. 任取 $W^{m,p}(\Omega)$ 中的 Cauchy 列 $\{f_j\}$, 即 $\|f_k - f_j\|_{m,p} \to 0(k,j\to\infty)$, 从而 $\{\mathrm{D}^{\boldsymbol{\alpha}} f_j\}(|\boldsymbol{\alpha}| \leqslant m)$ 是 $L^p(\Omega)$ 中的 Cauchy 列. 由 $L^p(\Omega)$ 的完备性知存在 $g^{\boldsymbol{\alpha}} \in L^p(\Omega)(|\boldsymbol{\alpha}| \leqslant m)$, 使得当 $j \to \infty$ 时有

$$\|\mathrm{D}^{\boldsymbol{\alpha}} f_j - g^{\boldsymbol{\alpha}}\|_{0,p,\Omega} \to 0. \tag{2.2.6}$$

记 $g^{(0,0,\cdots,0)} = g$, 则断言 $g^{\boldsymbol{\alpha}}$ 是 g 的 $\boldsymbol{\alpha}$ 阶弱导数. 事实上, 对任意的 $\phi \in C_0^\infty(\Omega)$ 有

$$\int_\Omega f_j \mathrm{D}^{\boldsymbol{\alpha}}\phi \mathrm{d}\boldsymbol{x} = (-1)^{|\boldsymbol{\alpha}|}\int_\Omega \mathrm{D}^{\boldsymbol{\alpha}} f_j \phi \mathrm{d}\boldsymbol{x},$$

令 $j \to \infty$ 时, 由 $L^p(\Omega)$ 中的强收敛暗含 $L^p(\Omega)$ 中的弱收敛知

$$\int_\Omega g \mathrm{D}^{\boldsymbol{\alpha}}\phi \mathrm{d}\boldsymbol{x} = (-1)^{|\boldsymbol{\alpha}|}\int_\Omega g^{\boldsymbol{\alpha}} \phi \mathrm{d}\boldsymbol{x}.$$

因此, 由弱导数的定义知 $g^{\boldsymbol{\alpha}}$ 是 g 的 $\boldsymbol{\alpha}$ 阶弱导数且 $g^{\boldsymbol{\alpha}} = \mathrm{D}^{\boldsymbol{\alpha}} g \in L^p(\Omega), |\boldsymbol{\alpha}| \leqslant m$. 故 $g \in W^{m,p}(\Omega)$ 且由 (2.2.6) 式可得

$$\begin{aligned}\|f_j - g\|_{W^{m,p}(\Omega)}^p &= \sum_{|\boldsymbol{\alpha}|\leqslant m}\int_\Omega |\mathrm{D}^{\boldsymbol{\alpha}} f_j - \mathrm{D}^{\boldsymbol{\alpha}} g|^p \,\mathrm{d}\boldsymbol{x} \\ &= \sum_{|\boldsymbol{\alpha}|\leqslant m}\int_\Omega |\mathrm{D}^{\boldsymbol{\alpha}} f_j - g^{\boldsymbol{\alpha}}|^p \,\mathrm{d}\boldsymbol{x} \to 0, \quad k \to \infty.\end{aligned}$$

这说明了如果 $\{f_j\}$ 是 $W^{m,p}(\Omega)$ 中的 Cauchy 列, 那么必存在 $g \in W^{m,p}(\Omega)$, 使得 $\|f_j - g\|_{m,p} \to 0 (j \to \infty)$, 所以 $W^{m,p}(\Omega)$ 是完备的.

推论 2.3 $H^m(\Omega)$ 是 Hilbert 空间.

注 2.31 Hilbert 是德国著名的数学家, 1900 年在巴黎国际数学家大会上提出 23 个数学问题作为 20 世纪数学研究的目标, 其中, 第 19 个问题 (确定正则变分问题的解是否是解析函数)、第 20 个问题 (研究一般边值问题)、第 23 个问题 (发展变分学的方法研究) 都与偏微分方程中的 Dirichlet 原理有关. Hilbert 的工作使这些问题的研究有了突破性进展, 但直到 20 世纪 40 年代, 由于 Sobolev 的工作才使 Dirichlet 原理有了严格的数学基础.

定理 2.3 当 $1 \leqslant p < +\infty$ 时, $W^{m,p}(\Omega)$ 是可分的.

证明 记 $PW^{m,p}(\Omega) = \{\mathrm{D}^{\boldsymbol{\alpha}} u \| \boldsymbol{\alpha}| \leqslant m, u \in W^{m,p}(\Omega)\}$ 是由 $W^{m,p}(\Omega)$ 诱导的乘积空间, 它是乘积空间 $\prod\limits_{|\boldsymbol{\alpha}| \leqslant m} L^p(\Omega)$ 有限个 $L^p(\Omega)$ 空间的乘积, 这里乘积个数为 $\mathrm{C}_m^0 + \mathrm{C}_m^1 + \cdots + \mathrm{C}_m^m$, 乘积空间的范数 $\left(\left(\sum\limits_j \|u_j\|_{L^p(\Omega)}^p\right)^{\frac{1}{p}}\right)$ 中的一个闭子空间 (闭性可由定理 2.2 得到). 首先建立 $W^{m,p}(\Omega)$ 与空间 $PW^{m,p}(\Omega)$ 之间的同构对应关系. 构造映射 $P: W^{m,p}(\Omega) \mapsto \prod\limits_{|\boldsymbol{\alpha}| \leqslant m} L^p(\Omega)$ 如下:

$$\forall u \in W^{m,p}(\Omega) \mapsto Pu = \{\mathrm{D}^{\boldsymbol{\alpha}} u \,\| \boldsymbol{\alpha}| \leqslant m\} \in PW^{m,p} \subset \prod_{|\boldsymbol{\alpha}| \leqslant m} L^p(\Omega).$$

显然, $\|u\|_{W^{m,p}(\Omega)} = \|Pu\|_{PW^{m,p}}$ 且 P 是一一的、映上的 (双射). 于是 $W^{m,p}(\Omega)$ 与 $PW^{m,p}(\Omega)$ 同构. 已知当 $1 \leqslant p < +\infty$ 时, $L^p(\Omega)$ 可分, 从而乘积空间也可分, 其闭子空间 $PW^{m,p}(\Omega)$ 也可分, 与 $PW^{m,p}(\Omega)$ 同构的空间 $W^{m,p}(\Omega)$ 也可分.

定理 2.4 当 $1 < p < +\infty$ 时, $W^{m,p}(\Omega)$ 是自反的.

证明 由定理 2.3 的证明知 $W^{m,p}(\Omega)$ 与 $\prod\limits_{|\boldsymbol{\alpha}| \leqslant m} L^p(\Omega)$ 的闭字空间 $PW^{m,p}(\Omega)$ 同构. 当 $1 < p < +\infty$ 时, $L^p(\Omega)$ 自反, 于是其乘积空间 $\prod\limits_{|\boldsymbol{\alpha}| \leqslant m} L^p(\Omega)$ 自反. 由自反空间的闭子空间必自反知 $\prod\limits_{|\boldsymbol{\alpha}| \leqslant m} L^p(\Omega)$ 的闭子空间 $PW^{m,p}(\Omega)$ 自反, 与它同构的 $W^{m,p}(\Omega)$ 也自反.

2.2.3 逼近

用光滑函数逼近Sobolev函数是偏微分方程中常用的技巧. 一般地, 要证Sobolev

函数满足的性质通常转化为先证该性质对光滑函数成立, 再取极限, 为此需要建立 Sobolev 空间中函数的光滑逼近函数 (古典微积分推广到弱导数通过逼近办法).

定理 2.5 设 $u \in W^{m,p}(\Omega)$, 则存在序列 $u_k \in C^\infty(\Omega) \cap W^{m,p}(\Omega)$ 满足 $\|u_k - u\|_{m,p,\Omega} \to 0\,(k \to \infty)$.

证明 只需对任意正数 ε, 构造函数 $w \in C^\infty(\Omega) \cap W^{m,p}(\Omega)$ 满足 $\|u - w\|_{m,p,\Omega} < \varepsilon$, 即只需证明 $C^\infty(\Omega) \cap W^{m,p}(\Omega)$ 在 $W^{m,p}(\Omega)$ 中是稠密的. 若已证此结论, 取 $\varepsilon = \dfrac{1}{k}$, 可构造 $u_k \in C^\infty(\Omega) \cap W^{m,p}(\Omega)$, 使得 $\|u_k - u\|_{m,p,\Omega} < \dfrac{1}{k}$. 令 $k \to \infty$, 即得结论.

定义开集 $\Omega_0 = \varnothing, \Omega_i = \left\{\boldsymbol{x} \in \Omega | \mathrm{dist}(\boldsymbol{x}, \partial\Omega) > \dfrac{1}{i}, |\boldsymbol{x}| < i\right\}$, 显然 $\Omega = \bigcup\limits_{i=0}^{\infty} (\Omega_{i+2} - \overline{\Omega}_i) = (\Omega_2 - \overline{\Omega}_0) \cup (\Omega_3 - \overline{\Omega}_1) \cup \cdots$. 任一紧集 $K \subset \Omega$ 仅与有限个开集 $\Omega_{i+2} - \overline{\Omega}_i$ 相交. 由单位分解定理知存在相应的单位分解

$$\{\alpha_i \in C_0^\infty(\Omega_{i+2} - \overline{\Omega_i}) | i = 0, 1, \cdots\}, \quad \alpha_i \geqslant 0, \sum_{i=0}^{\infty} \alpha_i = 1,\ \boldsymbol{x} \in \Omega.$$

于是 $u = \sum\limits_{i=0}^{\infty} u\alpha_i$. 而 $\mathrm{supp}(u\alpha_i) \subset \Omega_{i+2} - \overline{\Omega}_i \subset\subset \Omega, u\alpha_i \in W^{m,p}(\Omega)$. 由定理 2.1 知对任意 ε_i 充分小, 可使 $u\alpha_i$ 的光滑化 $J_{\varepsilon_i}(u\alpha_i)$ 满足

$$\mathrm{supp} J_{\varepsilon_i}(u\alpha_i) \subset \Omega_{i+2} - \overline{\Omega}_i, \quad \|J_{\varepsilon_i}(u\alpha_i) - u\alpha_i\|_{m,p,\Omega} < \frac{\varepsilon}{2^{i+1}}.$$

令 $w = \sum\limits_{i=0}^{\infty} J_{\varepsilon_i}(u\alpha_i)(\boldsymbol{x} \in \Omega)$, 由于 $J_{\varepsilon_i}(u\alpha_i) \in C_0^\infty(\Omega)$ 且任一紧集 K 只与有限个支集 supp $J_{\varepsilon_i}(u\alpha_i)$ 相交, 故 $w \in C^\infty(\Omega)$, 由 Minkowski 不等式得

$$\begin{aligned}\|w - u\|_{m,p,\Omega} &= \left\|\sum_{i=0}^{\infty} J_{\varepsilon_i}(u\alpha_i) - \sum_{i=0}^{\infty} u\alpha_i\right\|_{m,p,\Omega} \\ &\leqslant \sum_{i=0}^{\infty} \|J_{\varepsilon_i}(u\alpha_i) - u\alpha_i\|_{m,p,\Omega} \\ &\leqslant \sum_{i=0}^{\infty} \frac{\varepsilon}{2^{i+1}} = \varepsilon.\end{aligned}$$

注 2.32 此结论只获得了 $W^{m,p}(\Omega)$ 中的函数可以用区域内部光滑的函数逼近. 事实上, $u \in C^\infty(\Omega)$ 在 Ω 内的任何一点无穷次连续可微. 如果 $\boldsymbol{x}_0 \in \Omega$, 必存在紧集 K, 使得 $\boldsymbol{x}_0 \in K \subset\subset \Omega$, 紧集 K 只与有限个 $\Omega_{i+2} - \overline{\Omega}_i$ 相交, 从而 $w = \sum\limits_{i=0}^{\infty} J_{\varepsilon_i}(u\alpha_i)$

在 $\boldsymbol{x}_0 \in K$ 上实际上为有限和 (有限个 C^∞ 连续函数的和仍为 C^∞ 函数, 但无限 C^∞ 函数和不一定为 C^∞ 函数). 显然若 $\boldsymbol{x}_0 \in \partial\Omega$, 则任何 $\boldsymbol{x}_0 \in K$ 的紧集 K 与无限个 $\Omega_{i+2} - \overline{\Omega}_i$ 相交, 此时 $w = \sum\limits_{i=0}^{\infty} J_{\varepsilon_i}(u\alpha_i)$ 不一定属于 C^∞, 上述收敛性在 $\partial\Omega$ 上不成立.

能否在边界上也得到光滑函数逼近 $W^{m,p}(\Omega)$, 需要 Ω 的边界具有较好的正则性.

定理 2.6　设 $\Omega \subset \mathbb{R}^n$ 是有界开集, $\partial\Omega \in C^m$, $m \geqslant 1$ 为自然数, 则对任意 $u \in W^{m,p}(\Omega)$, 存在序列 $u_k \in C^m(\overline{\Omega})$ 满足 $\|u_k - u\|_{m,p,\Omega} \to 0\,(k \to \infty)$.

为证明定理 2.6, 先证一个引理.

引理 2.1　设 $u \in W^{m,p}(\mathbb{R}^n_+)$, 则存在 $u_k \in C^\infty(\overline{\mathbb{R}^n_+})$ 满足

$$\|u_k - u\|_{m,p,\mathbb{R}^n_+} \to 0, \quad k \to \infty.$$

若 $\mathrm{supp}u$ 含于某开集 O 中, 可使 $\mathrm{supp}u_k \subset O$.

证明　设 $u \in W^{m,p}(\mathbb{R}^n_+)$, 作其平移 $u_\eta(\boldsymbol{x}) = u(\boldsymbol{x}', x_n + \eta), x_n > -\eta, \boldsymbol{x}' = (x_1, \cdots, x_{n-1})$. 由 L^p 中函数的整体连续性知

$$\|u_\eta - u\|_{m,p,\mathbb{R}^n_+} \to 0, \quad \eta \to 0^+. \tag{2.2.7}$$

对 u_η 磨光,

$$J_\varepsilon u_\eta(\boldsymbol{x}) = \varepsilon^{-n} \int_{y_n > -\eta} \rho\left(\frac{\boldsymbol{x} - \boldsymbol{y}}{\varepsilon}\right) u_\eta(\boldsymbol{y})\mathrm{d}\boldsymbol{y}.$$

由定理 2.1 知只要 $\varepsilon < \dfrac{n}{2}$, 就有 $J_\varepsilon u_\eta \in C^\infty\left(\left\{y_n > -\dfrac{n}{2}\right\}\right)$ 且

$$\|J_\varepsilon u_\eta - u_\eta\|_{m,p,\mathbb{R}^n_+} \to 0, \quad \varepsilon \to 0. \tag{2.2.8}$$

由 (2.2.7) 式和 (2.2.8) 式知

$$\|u_k - u\|_{m,p,\mathbb{R}^n_+} = \|J_\varepsilon u_\eta - u\|_{m,p,\mathbb{R}^n_+} \leqslant \|J_\varepsilon u_\eta - u_\eta\|_{m,p,\mathbb{R}^n_+} + \|u_\eta - u\|_{m,p,\mathbb{R}^n_+} \to 0, \quad k \to \infty$$

$\left(\varepsilon = \dfrac{1}{k} < \dfrac{\eta}{2}, \eta = \dfrac{3}{k}, u_k = J_{\frac{1}{k}} u_{\frac{3}{k}}\right)$. 又若 $\mathrm{supp}u \subset O$, 只要 ε 和 η 充分小就可使 $\mathrm{supp}\, u_k = \mathrm{supp}J_\varepsilon u_\eta \subset O$.

注 2.33　引理 2.1 的证明表明在半空间情形可以通过平移扩展定义域, 这就是为什么把边界展平的原因之一 (但一般区域不能平移).

定理 2.6 的证明　(1) 当 Ω 有界时, $\partial\Omega$ 是有界闭集. 由 $\partial\Omega \in C^m$ 的定义和有限覆盖定理知存在有限区域 $\{O_i | i = 1, \cdots, N\}$ 和变换 $\boldsymbol{y} = \phi_i(\boldsymbol{x}), i = 1, \cdots, N$

满足 $\partial\Omega \subset \bigcup_{i=1}^{N} O_i, \phi_i,\ \phi_i^{-1} \in C^m,\ \phi_i(O_i) = B_1(0), \phi_i(O_i\cap\Omega) = B_1^+(0),\ \phi_i(O_i \cap \partial\Omega) = B_1^+(0) \cap \{y_n = 0\}$. 取 $O_0 \subset\subset \Omega$ 满足 $\Omega \subset \bigcup_{i=0}^{N} O_i$. 由单位分解定理知存在 $\alpha_i \in C_0^\infty(O_i),\ \sum_{i=0}^{N}\alpha_i(\boldsymbol{x}) = 1, \boldsymbol{x} \in \Omega$. 令

$$u = u\sum_{i=0}^{N}\alpha_i = \sum_{i=0}^{N}u\alpha_i = \sum_{i=1}^{N}u_i, \quad u_i = u\alpha_i.$$

由弱导数的性质知 $u_i = u\alpha_i \in W^{m,p}(\Omega)$. 令 u_0 在 Ω 外取零值的延拓为 $\tilde{u}_0$, 显然 $\tilde{u}_0 \in W^{m,p}(\mathbb{R}^n)$. 作 $\tilde{u}_0$ 的光滑化 $J_\varepsilon\tilde{u}_0(\boldsymbol{x}) = \varepsilon^{-n}\int_{\mathbb{R}^n}\rho\left(\frac{\boldsymbol{x}-\boldsymbol{y}}{\varepsilon}\right)\tilde{u}_0(\boldsymbol{y})\mathrm{d}\boldsymbol{y}$, 令 $\varepsilon = \frac{1}{k}, u_{0k} = J_{\frac{1}{k}}\tilde{u}_0$. 由定理 2.1 知

$$u_{0k} \in C_0^\infty(\mathbb{R}^n), \quad \|u_{0k} - u_0\|_{m,p,\Omega} \to 0, \quad k \to \infty.$$

(2) 对于 $u_i \in W^{1,p}(O_i\cap\Omega)$, 记复合函数 $u_i(\boldsymbol{x}) = u_i(\phi^{-1}(\boldsymbol{y})) = v_i(\boldsymbol{y}), i = 1,2,\cdots,N$, 则成立链式求导法则

$$\frac{\partial v_i}{\partial y_k} = \frac{\partial u_i}{\partial x_l}\frac{\partial x_l}{\partial y_k}, \quad \frac{\partial u_i}{\partial x_l} = \frac{\partial v_i}{\partial y_k}\frac{\partial y_k}{\partial x_l}, \tag{2.2.9}$$

其中, 重指标表示从 1 到 n 求和, 从而 $v_i \in W^{1,p}(B_1^+(O))$, 而且存在常数 $C > 0$, 使得

$$C^{-1}\|v_i\|_{1,p,B_1^+(O)} \leqslant \|u_i\|_{1,p,\Omega\cap O_i} \leqslant C\|v_i\|_{1,p,B_1^+(O)}. \tag{2.2.10}$$

由于 $u_i \in W^{1,p}(O_i\cap\Omega)$, 由 $C^\infty(\Omega\cap O_i)$ 逼近定理知存在序列 $u_{ih} \in C^\infty(O_i\cap\Omega)\cap W^{1,p}(O_i\cap\Omega)$, 使得 $\|u_{ih} - u_i\|_{1,p,\Omega_i\cap\Omega} \to 0 (h\to\infty)$. 记 $v_{ih}(\boldsymbol{y}) = u_{ih}(\phi^{-1}(\boldsymbol{y})) = u_{ih}(\boldsymbol{x})$. 由 $C^\infty(\Omega\cap O_i)$ 函数链式求导法则可知

$$\frac{\partial v_{ih}}{\partial y_k}(\boldsymbol{y}) = \frac{\partial u_{ih}}{\partial x_l}(\phi^{-1}(\boldsymbol{y}))\frac{\partial x_l(\boldsymbol{y})}{\partial y_k}, \quad \frac{\partial u_{ih}}{\partial x_l}(\boldsymbol{x}) = \frac{\partial v_{ih}}{\partial y_k}(\phi(\boldsymbol{x}))\frac{\partial y_k(\boldsymbol{x})}{\partial x_l}.$$

于是对任意 $\varphi_1(\boldsymbol{y}) \in C_0^\infty(B_1^+(O))$ 有

$$-\int_{B_1^+(O)} v_{ih}(\boldsymbol{y})\frac{\partial\varphi_1}{\partial y_k}(\boldsymbol{y})\mathrm{d}\boldsymbol{y} = \int_{B_1^+(O)}\frac{\partial u_{ih}}{\partial x_l}(\phi^{-1}(\boldsymbol{y}))\frac{\partial x_l(\boldsymbol{y})}{\partial y_k}\varphi_1(\boldsymbol{y})\mathrm{d}\boldsymbol{y}.$$

对上述积分作变换 $\boldsymbol{y} = \phi(\boldsymbol{x})$, 并使用 $v_{ih}(\phi(\boldsymbol{x})) = u_{ih}(\boldsymbol{x})$ 可得

$$-\int_{\Omega\cap O_i} u_{ih}(\boldsymbol{x})\frac{\partial\varphi_1}{\partial y_k}(\phi(\boldsymbol{x}))\left|\frac{\partial\boldsymbol{y}(\boldsymbol{x})}{\partial\boldsymbol{x}}\right|\mathrm{d}\boldsymbol{x}$$

$$= \int_{\Omega\cap O_i} \frac{\partial u_{ih}}{\partial x_l}(\boldsymbol{x})\frac{\partial x_l}{\partial y_k}(\phi(\boldsymbol{x}))\varphi_1(\phi(\boldsymbol{x}))\left|\frac{\partial \boldsymbol{y}(\boldsymbol{x})}{\partial \boldsymbol{x}}\right|\mathrm{d}\boldsymbol{x},$$

其中, $\dfrac{\partial \boldsymbol{y}}{\partial \boldsymbol{x}} = \begin{pmatrix} \dfrac{\partial y_1}{\partial x_1} & \cdots & \dfrac{\partial y_1}{\partial x_n} \\ \vdots & & \vdots \\ \dfrac{\partial y_n}{\partial x_1} & \cdots & \dfrac{\partial y_n}{\partial x_n} \end{pmatrix}$ 为 $\boldsymbol{y} = \phi(\boldsymbol{x})$ 的 Jacobi 行列式. 令 $h \to \infty$, 由强收敛蕴含弱收敛可得

$$-\int_{\Omega\cap O_i} u_i(\boldsymbol{x})\frac{\partial \varphi_1}{\partial y_k}(\phi(\boldsymbol{x}))\left|\frac{\partial \boldsymbol{y}(\boldsymbol{x})}{\partial \boldsymbol{x}}\right|\mathrm{d}\boldsymbol{x} = \int_{\Omega\cap O_i} \frac{\partial u_i}{\partial x_l}(\boldsymbol{x})\frac{\partial x_l}{\partial y_k}(\phi(\boldsymbol{x}))\varphi_1(\phi(\boldsymbol{x}))\left|\frac{\partial \boldsymbol{y}(\boldsymbol{x})}{\partial \boldsymbol{x}}\right|\mathrm{d}\boldsymbol{x}.$$

再作积分变换 $\boldsymbol{x} = \phi^{-1}(\boldsymbol{y})$, 并使用 $v_i(\boldsymbol{y}) = u_i(\phi^{-1}(\boldsymbol{y}))$ 可得

$$-\int_{B_1^+(O)} v_i(\boldsymbol{y})\frac{\partial \varphi_1}{\partial y_k}(\boldsymbol{y})\mathrm{d}\boldsymbol{y} = \int_{B_1^+(O)} \frac{\partial u_i}{\partial x_l}(\phi^{-1}(\boldsymbol{y}))\frac{\partial x_l}{\partial y_k}(\boldsymbol{y})\varphi_1(\boldsymbol{y})\mathrm{d}\boldsymbol{y}.$$

由此由弱导数的定义知 (2.2.9) 式的第一个式子成立. 同理, 可证 (2.2.9) 式的第二个式子也成立. 于是使用 (2.2.9) 式直接计算可得

$$\begin{aligned}\left\|\frac{\partial v_i}{\partial y_k}\right\|_{0,p,B_1^+(O)} &\leqslant \sum\left\|\frac{\partial x_l}{\partial y_k}\right\|_{L^\infty}\left\|\frac{\partial u_i}{\partial x_l}\right\|_{0,p,B_1^+(O)} \leqslant C\sum_{l=1}^n\left\|\frac{\partial u_i}{\partial x_l}\right\|_{0,p,B_1^+(O)} \\ &= C\sum_{l=1}^n\left(\int_{B_1^+(O)}\left|\frac{\partial u_i}{\partial x_l}(\phi^{-1}(\boldsymbol{y}))\right|^p\mathrm{d}\boldsymbol{y}\right)^{\frac{1}{p}} \\ &= C\sum_{l=1}^n\left(\int_{\Omega\cap O_i}\left|\frac{\partial u_i(\boldsymbol{x})}{\partial x_l}\right|^p\left|\frac{\partial \boldsymbol{y}}{\partial \boldsymbol{x}}\right|\mathrm{d}\boldsymbol{x}\right)^{\frac{1}{p}} \\ &\leqslant C'\sum_{l=1}^n\left\|\frac{\partial u_i}{\partial x_l}\right\|_{0,p,\Omega\cap O_i}.\end{aligned}$$

同理, 可证 $\left\|\dfrac{\partial u_i}{\partial x_l}\right\|_{0,p,\Omega\cap O_i} \leqslant C\displaystyle\sum_{k=1}^n\left\|\dfrac{\partial v_i}{\partial y_k}\right\|_{0,p,B^+}$. 于是存在常数 $C > 0$, 使得 (2.2.10) 式成立.

同理, 可证将 1 换成 m, 类似的结论也成立, 即对于 $u_i \in W^{m,p}(O_i \cap \Omega)$ 时高阶导数的链式求导法则成立, 而且存在常数 $C > 0$, 使得

$$C^{-1}\|v_i\|_{m,p,B_0^+(O)} \leqslant \|u_i\|_{m,p,\Omega\cap O_i} \leqslant C\|v_i\|_{m,p,B_0^+(O)}. \tag{2.2.11}$$

(3) 在 $\Omega \cap O_i$ 构造 $u_{ik} \in C^m(\overline{O_i \cap \Omega})$, $\|u_{ik} - u_0\|_{m,p,O_i\cap\Omega} \to 0(k \to \infty)$.

把 $v_i \in W^{m,p}(B_1^+)$ 的定义域扩充到 $\mathbb{R}_+^n$, 令 v_i 在 $\mathbb{R}_+^n - B_1^+$ 上为零. 由于 $\mathrm{spt}(u_i) \subset\subset O_i$, 所以 $\mathrm{spt}(v_i) \subset B_1(O)$. 易知扩充定义域后的函数 $\tilde{v}_i \in W^{m,p}(\mathbb{R}_+^n)$

且 $\mathrm{spt}(\tilde{v}_i) \subset \overline{B_1^+}$. 由引理 2.1 知存在 $\tilde{v}_{ik} \in C^\infty(\overline{\mathbb{R}_+^n})$ 满足 $\mathrm{spt}(\tilde{v}_{ik}) \subset B_1(O)$, $\|\tilde{v}_{ik} - \tilde{v}_i\|_{m,p,B_1^+(O)} = \|\tilde{v}_{ik} - \tilde{v}_i\|_{m,p,\mathbb{R}_+^n} \to 0\ (k \to \infty)$. 回到变量 $\boldsymbol{x}$, 由 (2.2.11) 式知存在 $u_{ik} \in C^m(\overline{O_i \cap \Omega})$ 满足

$$\mathrm{spt}(u_{ik}) \subset O_i, \quad \|u_{ik} - u_i\|_{m,p,O_i\cap\Omega} \leqslant C\|v_{ik} - v_i\|_{m,p,B_1^+} \to 0, \quad k \to \infty.$$

(4) 令

$$\tilde{u}_{ik} = \begin{cases} u_{ik}, & \boldsymbol{x} \in O_i, \\ 0, & \boldsymbol{x} \in \Omega \backslash O_i, \end{cases} \qquad u_k = \sum_{i=0}^N \tilde{u}_{ik}.$$

显然 $u_k \in C^m(\overline{\Omega})$, 并且

$$\begin{aligned} \|u - u_k\|_{m,p,\Omega} &= \left\|\sum_{i=0}^N (u_i - u_{ik})\right\|_{m,p,\Omega} \leqslant \sum_{i=0}^N \|u_i - u_{ik}\|_{m,p,\Omega} \\ &= \sum_{i=0}^N \|u_i - u_{ik}\|_{m,p,\Omega\cap\Omega_i} \to 0. \end{aligned}$$

注 2.34 处理问题的过程：将区域 Ω 分解为内区域和边界小区域, 即分片. 利用单位分解, 将函数 u 转化为具有紧支集的函数之和, 同时区域也分解为一些子区域的并, 然后可以一片片地处理, 此即所谓局部化. 在利用边界的光滑性作变换将边界拉平, 此即边界的平直化, 或把边界拉平 (王耀东, 1989).

关于逼近定理的一些应用如下：

例 2.11 若 $\phi_1, \dfrac{\partial\phi_1}{\partial x_i} \in L^p(\Omega), \phi_2, \dfrac{\partial\phi_2}{\partial x_i} \in L^{p'}(\Omega), \dfrac{1}{p} + \dfrac{1}{p'} = 1$, 则 $\phi_1\phi_2 \in L^1(\Omega)$ 且

$$\frac{\partial}{\partial x_i}(\phi_1\phi_2) = \phi_1\frac{\partial\phi_2}{\partial x_i} + \phi_2\frac{\partial\phi_1}{\partial x_i}.$$

特别地, 当 $\phi_1, \phi_2 \in H^1(\Omega)$ 时, 结论成立.

证明 由 Hölder 不等式知 $\phi_1\phi_2 \in L^1(\Omega), \phi_1\dfrac{\partial\phi_2}{\partial x_i} \in L^1(\Omega), \phi_2\dfrac{\partial\phi_1}{\partial x_i} \in L^1(\Omega)$, 由 L^p 空间的逼近知

$$J_\varepsilon\phi_1 \to \phi_1, \quad \frac{\partial}{\partial x_i}J_\varepsilon\phi_1 \to \frac{\partial\phi_1}{\partial x_i} \quad 在\ L^p(\Omega)\ 中,$$

$$J_\varepsilon\phi_2 \to \phi_2, \quad \frac{\partial}{\partial x_i}J_\varepsilon\phi_2 \to \frac{\partial\phi_2}{\partial x_i} \quad 在\ L^{p'}(\Omega)\ 中.$$

往证任意 $\phi \in C_0^\infty(\Omega)$ 有

$$\int \phi_1\phi_2\frac{\partial\phi}{\partial x_i}\mathrm{d}\boldsymbol{x} = -\int\left(\phi_1\frac{\partial\phi_2}{\partial x_i} + \phi_2\frac{\partial\phi_1}{\partial x_i}\right)\phi\mathrm{d}\boldsymbol{x}. \tag{2.2.12}$$

显然

$$\int_\Omega J_\varepsilon\phi_1 J_\varepsilon\phi_2\frac{\partial\phi}{\partial x_i}\mathrm{d}\boldsymbol{x}=-\int_\Omega\left(J_\varepsilon\phi_1\frac{\partial(J_\varepsilon\phi_2)}{\partial x_i}+\frac{\partial}{\partial x_i}(J_\varepsilon\phi_1)\cdot J_\varepsilon\phi_2\right)\phi\mathrm{d}\boldsymbol{x},\qquad(2.2.13)$$

而

$$\begin{aligned}&\left|\int_\Omega J_\varepsilon\phi_1\cdot J_\varepsilon\phi_2\frac{\partial\phi}{\partial x_i}\mathrm{d}\boldsymbol{x}-\int_\Omega\phi_1\phi_2\frac{\partial\phi}{\partial x_i}\mathrm{d}\boldsymbol{x}\right|\\ \leqslant&\int_\Omega|J_\varepsilon\phi_1-\phi_1||J_\varepsilon\phi_2|\left|\frac{\partial\phi}{\partial x_i}\right|\mathrm{d}\boldsymbol{x}+\int_\Omega|\phi_1||J_\varepsilon\phi_2-\phi_2|\left|\frac{\partial\phi}{\partial x_i}\right|\mathrm{d}\boldsymbol{x}\\ \leqslant&M\|J_\varepsilon\phi_1-\phi_1\|_{L^p}\|J_\varepsilon\phi_2\|_{L^{p'}}+\|\phi_1\|_{L^p}\|J_\varepsilon\phi_2-\phi_2\|_{L^{p'}}\cdot\sup_{\boldsymbol{x}\in\Omega}\left|\frac{\partial\phi}{\partial x_i}\right|\to0,\quad\varepsilon\to0.\end{aligned}$$

同理,

$$\int_\Omega\left(J_\varepsilon\phi_1\cdot\frac{\partial(J_\varepsilon\phi_2)}{\partial x_i}+\frac{\partial(J_\varepsilon\phi_1)}{\partial x_i}J_\varepsilon\phi_2\right)\phi\mathrm{d}\boldsymbol{x}\to\int_\Omega\left(\phi_1\frac{\partial\phi_2}{\partial x_i}+\frac{\partial}{\partial x_i}\phi_1\phi_2\right)\phi\mathrm{d}\boldsymbol{x},\quad\varepsilon\to0,$$

在 (2.2.13) 式中取极限 $\varepsilon\to0$ 得 (2.2.12) 式成立.

例 2.12　设 $1\leqslant p<\infty$, 又设 $u,v\in W^{1,p}(\Omega)\cap L^\infty(\Omega)$, 则 $uv\in W^{1,p}(\Omega)\cap L^\infty(\Omega)$ 且

$$\frac{\partial}{\partial x_i}(uv)=\frac{\partial u}{\partial x_i}v+u\frac{\partial v}{\partial x_i},\quad\boldsymbol{x}\in\Omega,i=1,\cdots,n.$$

证明　由于 $u,v\in W^{1,p}(\Omega)\cap L^\infty(\Omega)$, 由 $W^{1,p}(\Omega)$ 中的逼近结论知存在 $u_k,v_k\in C^1(\Omega)\cap W^{1,p}(\Omega)$, 使得 $\|u_k-u\|_{W^{1,p}(\Omega)}\to0,\|v_k-v\|_{W^{1,p}(\Omega)}\to0(k\to\infty)$ 且 $\|u_k\|_{L^\infty(\Omega)}\leqslant\|u\|_{L^\infty(\Omega)},\|v_k\|_{L^\infty(\Omega)}\leqslant\|v\|_{L^\infty(\Omega)}$. 由古典导数的求导公式易得

$$\frac{\partial}{\partial x_i}(u_kv_k)=\frac{\partial u_k}{\partial x_i}v_k+u_k\frac{\partial v_k}{\partial x_i},\quad\boldsymbol{x}\in\Omega,i=1,\cdots,n,$$

从而对任意 $\phi(\boldsymbol{x})\in C_0^\infty(\Omega)$ 有

$$-\int_\Omega u_kv_k\frac{\partial\phi}{\partial x_i}\mathrm{d}\boldsymbol{x}=\int_\Omega\left(u_k\frac{\partial v_k}{\partial x_i}+\frac{\partial u_k}{\partial x_i}v_k\right)\varphi\mathrm{d}\boldsymbol{x}.$$

令 $k\to\infty$ 即得结论.

例 2.13　设 $\Omega\subset\mathbb{R}^n$ 是有界开集. 若 $f(y)\in C'(\mathbb{R}'),|f'(y)|\leqslant M,\ y\in u\in W^{1,p}(\Omega)$, 则 $g(\boldsymbol{x})=f(u(\boldsymbol{x}))\in W^{1,p}(\Omega)$ 且有链式法则

$$\frac{\partial g(\boldsymbol{x})}{\partial x_i}=\frac{\partial}{\partial x_i}f(u(\boldsymbol{x}))=f'(u(\boldsymbol{x}))\frac{\partial u}{\partial x_i},\quad i=1,2,\cdots,n.\qquad(2.2.14)$$

证明　由 $W^{1,p}(\Omega)$ 的逼近定理知存在 $u_k\in W^{1,p}(\Omega)\cap C^1(\Omega)$ 满足当 $k\to\infty$ 时有

$$\|u_k-u\|_{1,p,\Omega}\to0,\quad u_k-u\to0,\quad\text{a.e. 于 }\Omega.$$

任取开集 $\Omega' \subset\subset \Omega$ 有

$$\int_{\Omega'} |f(u_k) - f(u)|\mathrm{d}\boldsymbol{x} \leqslant M \int_{\Omega'} |u_k - u|\mathrm{d}x \leqslant M\|u_k - u\|_{1,p,\Omega} \to 0,$$

$$\begin{aligned}&\int_{\Omega'} \left|f(u_k)\frac{\partial u_k}{\partial x_i} - f(u)\frac{\partial u}{\partial x_i}\right| \mathrm{d}\boldsymbol{x}\\ \leqslant\ & M\int_{\Omega'}\left|\frac{\partial u_k}{\partial x_i} - \frac{\partial u}{\partial x_i}\right|\mathrm{d}\boldsymbol{x} + \int_{\Omega'} |f'(u_k) - f'(u)|\left|\frac{\partial u}{\partial x_i}\right|\mathrm{d}\boldsymbol{x} \to 0. \qquad (2.2.15)\end{aligned}$$

由古典导数的求导法则知

$$\frac{\partial}{\partial x_i} f(u_k(\boldsymbol{x})) = f'(u_k(\boldsymbol{x}))\frac{\partial u_k}{\partial x_i},$$

而且对任意 $\phi \in C_0^\infty(\Omega)$ 有

$$\int_\Omega f(u_k(x))\frac{\partial \phi}{\partial x_i}\mathrm{d}\boldsymbol{x} = -\int_\Omega \frac{\partial f(u_k)}{\partial x_i}\phi \mathrm{d}\boldsymbol{x} = -\int_\Omega f'(u_k)\frac{\partial u_k}{\partial x_i}\phi\mathrm{d}\boldsymbol{x}.$$

使用 (2.2.15) 式, 令 $k \to \infty$ 取极限可得

$$\int_\Omega f(u(x))\frac{\partial\phi}{\partial x_i}\mathrm{d}\boldsymbol{x} = -\int_\Omega f'(u)\frac{\partial u}{\partial x_i}\phi\mathrm{d}\boldsymbol{x}.$$

由弱导数的定义知此式即表示 (2.2.14) 式成立. 再由 Ω 的有界性可断言 $g(\boldsymbol{x}) = f(u(\boldsymbol{x})) \subset W^{1,p}(\Omega)$.

注 2.35 当 f 仅满足 Lipschitz 条件时, 例 2.13 仍然成立, 但证明是复杂的. 当 $\Omega \subset \mathbb{R}^n$ 是无界集时, 增加条件 $f(0) = 0$ 后, 结论仍然成立.

例 2.14 设 $u \in L^p(\Omega), p > 1$. 如果存在函数 $u_k \in C^1(\overline{\Omega})$, 使得

(1) 对任何 $\phi(\boldsymbol{x}) \in C_0^\infty(\Omega)$, 成立 $\lim\limits_{k\to\infty}\int_\Omega u_k(\boldsymbol{x})\phi(\boldsymbol{x})\mathrm{d}\boldsymbol{x} = \int_\Omega u(\boldsymbol{x})\phi(\boldsymbol{x})\mathrm{d}\boldsymbol{x}$;

(2) $\int_\Omega \left|\frac{\partial}{\partial x_i}u_k(\boldsymbol{x})\right|^p \mathrm{d}\boldsymbol{x} \leqslant M, \quad k = 1, 2, \cdots,$

则 u 在 Ω 内关于 x_i 存在弱导数 $\dfrac{\partial u}{\partial x_i}$ 且 $\int_\Omega \left|\dfrac{\partial u}{\partial x_i}\right|^p \mathrm{d}\boldsymbol{x} \leqslant M$.

证明 由 L^p 中有界是弱紧的和假设 (2) 知存在 k_j, 使得 $\dfrac{\partial}{\partial x_i}u_{k_j}(\boldsymbol{x})$ 在 $L^p(\Omega)$ 中弱收敛于某个函数 $v_i \in L^p(\Omega)$ 且满足

$$\lim_{k_j\to\infty}\int_\Omega \phi(\boldsymbol{x})\frac{\partial}{\partial x_i}u_{k_j}(\boldsymbol{x})\mathrm{d}\boldsymbol{x} = \int_\Omega v_i\phi(\boldsymbol{x})\mathrm{d}x, \quad \forall\phi(\boldsymbol{x}) \in C_0^\infty(\Omega)$$

及

$$\|v_i\|_{L^p} = \sup_{\phi \in L^q} \frac{\left|\int_\Omega v_i \phi \mathrm{d}\boldsymbol{x}\right|}{\|\phi\|_{L^q}} \leqslant \sup_{\phi \in L^q} \frac{\left|\lim\limits_{k_j \to \infty} \int_\Omega \phi \frac{\partial}{\partial x_i} u_{k_j}(\boldsymbol{x}) \mathrm{d}\boldsymbol{x}\right|}{\|\phi\|_{L^q}}$$

$$\leqslant \varliminf_{k_j \to \infty} \left(\int_\Omega \left|\frac{\partial}{\partial x_i} u_{k_j}(\boldsymbol{x})\right|^p \mathrm{d}\boldsymbol{x}\right)^{\frac{1}{p}} \leqslant M.$$

又由 u_k 的连续可微性, 对任何 $\phi \in C_0^\infty(\Omega)$ 有

$$\int_\Omega \phi(\boldsymbol{x}) \frac{\partial}{\partial x_i} u_{k_j}(\boldsymbol{x}) \mathrm{d}\boldsymbol{x} = -\int_\Omega u_{k_j} \frac{\partial}{\partial x_i} \phi(\boldsymbol{x}) \mathrm{d}\boldsymbol{x}.$$

由假设 (1) 得

$$\begin{aligned} \int_\Omega v_i \phi(\boldsymbol{x}) \mathrm{d}\boldsymbol{x} &= \lim_{k_j \to \infty} \int_\Omega \phi(\boldsymbol{x}) \frac{\partial}{\partial x_i} u_{k_j}(\boldsymbol{x}) \mathrm{d}\boldsymbol{x} \\ &= -\lim_{k_j \to \infty} \int_\Omega u_{k_j} \frac{\partial}{\partial x_i} \phi(\boldsymbol{x}) \mathrm{d}\boldsymbol{x} = -\int u \frac{\partial}{\partial x_i} \phi(\boldsymbol{x}) \mathrm{d}\boldsymbol{x}, \end{aligned}$$

即

$$\int v_i \phi(\boldsymbol{x}) \mathrm{d}\boldsymbol{x} = -\int u \frac{\partial}{\partial x_i} \phi(\boldsymbol{x}) \mathrm{d}\boldsymbol{x}, \quad \forall \phi \in C_0^\infty(\Omega).$$

由弱导数定义知 $v_i = \dfrac{\partial}{\partial x_i} u \in L^p(\Omega)$.

例 2.15　设 Ω_1, Ω_2 是 $\mathbb{R}^n$ 中的开集且 $\Omega_1 \cap \Omega_2$ 非空, $\Omega = \Omega_1 \cup \Omega_2$. 也设 $u_1(\boldsymbol{x})$ 定义在 Ω_1 上, $u_2(\boldsymbol{x})$ 定义在 Ω_2 上且当 $\boldsymbol{x} \in \Omega_1 \cap \Omega_2$ 时有 $u_1(\boldsymbol{x}) = u_2(\boldsymbol{x})$. 如果 $u_1(\boldsymbol{x})$ 在 Ω_1 有弱导数 u_{1x_i}, $u_2(\boldsymbol{x})$ 在 Ω_2 有弱导数 u_{2x_i}, 则函数

$$u(\boldsymbol{x}) = \begin{cases} u_1(\boldsymbol{x}), & \boldsymbol{x} \in \Omega_1, \\ u_2(\boldsymbol{x}), & \boldsymbol{x} \in \Omega_2 \end{cases}$$

在 Ω 内存在弱导数且

$$u_{x_i} = \begin{cases} u_{1x_i}, & \boldsymbol{x} \in \Omega_1, \\ u_{2x_i}, & \boldsymbol{x} \in \Omega_2. \end{cases}$$

证明　显然 u 分别在 Ω_1 和 Ω_2 上存在弱导数且在 $\Omega_1 \cap \Omega_2$ 上有

$$u_{x_i}(\boldsymbol{x}) = u_{1x_i}(\boldsymbol{x}) = u_{2x_i}(\boldsymbol{x}).$$

设 $\phi \in C_0^\infty(\Omega)$, 则 $\mathrm{spt}(\phi) \subset \Omega' \subset \overline{\Omega}' \subset \Omega$ 内. 引进从属于 Ω_1, Ω_2 的单位分解

$$\eta_1(\boldsymbol{x}) + \eta_2(\boldsymbol{x}) = 1, \quad \boldsymbol{x} \in \Omega, \quad \eta_1(\boldsymbol{x}) \in C_0^\infty(\Omega_1), \quad \eta_2(\boldsymbol{x}) \in C_0^\infty(\Omega_2).$$

于是

$$\phi_1(\boldsymbol{x})=\eta_1(\boldsymbol{x})\phi(\boldsymbol{x})\in C_0^\infty(\Omega_1),\quad \phi_2(\boldsymbol{x})=\eta_2(\boldsymbol{x})\phi(\boldsymbol{x})\in C_0^\infty(\Omega_2),$$

并且在 Ω 上有

$$\phi(\boldsymbol{x})=\phi_1(\boldsymbol{x})+\phi_2(\boldsymbol{x}).$$

于是记

$$v_i=\begin{cases}u_{1x_i}, & \boldsymbol{x}\in\Omega_1,\\ u_{2x_i}, & \boldsymbol{x}\in\Omega_2,\end{cases}$$

则

$$\begin{aligned}\int_\Omega u\frac{\partial}{\partial x_i}\phi(\boldsymbol{x})\mathrm{d}\boldsymbol{x}&=\int_\Omega u\frac{\partial}{\partial x_i}[\phi_1(\boldsymbol{x})+\phi_2(\boldsymbol{x})]\mathrm{d}\boldsymbol{x}=\int_{\Omega_1}u\frac{\partial\phi_1}{\partial x_i}\mathrm{d}\boldsymbol{x}+\int_{\Omega_2}u\frac{\partial\phi_2}{\partial x_i}\mathrm{d}\boldsymbol{x}\\&=-\int_{\Omega_1}u_{1x_i}\phi_1\mathrm{d}\boldsymbol{x}-\int_{\Omega_2}u_{2x_i}\phi_2\mathrm{d}\boldsymbol{x}=-\int_{\Omega_1}v_i\phi_1\mathrm{d}\boldsymbol{x}-\int_{\Omega_2}v_i\phi_2\mathrm{d}\boldsymbol{x}\\&=-\int_\Omega v_i\phi_1\mathrm{d}\boldsymbol{x}-\int_\Omega v_i\phi_2\mathrm{d}\boldsymbol{x}=-\int_\Omega v_i[\phi_1+\phi_2]\mathrm{d}\boldsymbol{x}\\&=-\int_\Omega v_i\phi\mathrm{d}\boldsymbol{x}.\end{aligned}$$

所以, 由弱导数的定义知 $u_{x_i}=v_i$ 在 Ω 上成立.

2.2.4 延拓

这一节的目的是延拓 Sobolev 空间 $W^{1,p}(\Omega)$ 中的函数为空间 $W^{1,p}(\mathbb{R}^n)$ 上的函数. 这是因为一般来说, $W^{1,p}(\mathbb{R}^n)$ 中的函数由于它定义在整个空间 $\mathbb{R}^n$ 上易于研究, 特别是 $\mathbb{R}^n$ 上的函数适宜作 Fourier 变换. 但需要注意的是, 简单延拓 $\tilde{u}(\boldsymbol{x})=\begin{cases}u, & \boldsymbol{x}\in\Omega,\\ 0, & \boldsymbol{x}\in\mathbb{R}^n\backslash\Omega\end{cases}$ 意义不大, 这种延拓函数一般不是 Sobolev 空间 $W^{1,p}(\mathbb{R}^n)$ 中的函数. 因为这会产生一个在 $\partial\Omega$ 上不连续的函数且这种函数不再有弱导数. 因此必须发明一种延拓方法, 使得 u 穿过 $\partial\Omega$ 仍然有弱导数存在. 当 $\partial\Omega$ 适当光滑时, 这种延拓是可能的.

定理 2.7 设 $\Omega\subset\mathbb{R}^n$ 是有界区域, $\partial\Omega\in C^m$, 则存在线性算子

$$P:W^{m,p}(\Omega)\mapsto W^{m,p}(\mathbb{R}^n)$$

满足

$$Pu(\boldsymbol{x})=u(\boldsymbol{x}),\quad \text{a.e.}\quad \boldsymbol{x}\in\Omega,$$

$$\|Pu\|_{m,p,\mathbb{R}^n}\leqslant C\|u\|_{m,p,\Omega},$$

其中, $C=C(m,p,\Omega)$. 称 P 为延拓算子, Pu 为 u 的一个延拓.

证明　(1) 设 $u\in C^m(\overline{\Omega})$, 证明结论成立.

同于定理 2.6 的证明, 作从属于 $\{O_i|i=0,1,\cdots,N\}$ 的单位分解 $\{\alpha_i|i=0,1,\cdots,N\}$ 和 $\{\phi_i|i=0,1,\cdots,N\}$, 定义 $u_i(\boldsymbol{x})=u_i(\phi^{-1}(\boldsymbol{y}))=v_i(\boldsymbol{y})$, 并作 u_0 的延拓 $\tilde{u}_0$. 按照下列方式延拓 $v_i(\boldsymbol{y})=v(\boldsymbol{y})$:

$$\tilde{v}(\boldsymbol{y})=\begin{cases}v(\boldsymbol{y}), & \boldsymbol{y}\in B^+\cup\Sigma,\\ \displaystyle\sum_{j=1}^{m+1}C_jv\left(\boldsymbol{y}',-\frac{y_n}{j}\right), & \boldsymbol{y}=(\boldsymbol{y}',y_n)\in B\cap\{y_n<0\}=B^-,\end{cases}$$

其中, $\Sigma=B\cap\{y_n=0\}$, G_j 满足线性方程组 $\displaystyle\sum_{j=1}^{m+1}C_j\left(-\frac{1}{j}\right)^k=1(k=0,1,\cdots,m)$. 由于其系数行列式为 Vandermonde 行列式, 易知这个行列式非零. 于是 $C_j(j=1,\cdots,m+1)$ 存在. 于是, 对于 $k=0,1,\cdots,m$, $\displaystyle\frac{\partial^k}{\partial y_n}\tilde{v}_k(\boldsymbol{y})\Big|_{y_n=0}$ 在 $y_n=0$ 上连续. 这是因为对于 $\boldsymbol{y}_0\in\{y_n=0\}\cap B$, $\boldsymbol{\alpha}\in\mathbb{Z}_+^n,|\boldsymbol{\alpha}|\leqslant m$ 有

$$\lim_{\substack{\boldsymbol{y}\to\boldsymbol{y}_0\\ \boldsymbol{y}\in B^+}}\mathrm{D}^{\boldsymbol{\alpha}}\tilde{v}(\boldsymbol{y})=\mathrm{D}^{\boldsymbol{\alpha}}v(\boldsymbol{y}_0)\ (\text{使用 }\tilde{v}(\boldsymbol{y})\text{ 的定义}),$$

$$\begin{aligned}\lim_{\substack{\boldsymbol{y}\to\boldsymbol{y}_0\\ \boldsymbol{y}\in B^-}}\mathrm{D}^{\boldsymbol{\alpha}}\tilde{v}(\boldsymbol{y})&=\sum_{j=1}^{m+1}C_j\left(-\frac{1}{j}\right)^{\boldsymbol{\alpha}_n}\lim_{\substack{\boldsymbol{y}\to\boldsymbol{y}_0\\ \boldsymbol{y}\in B^-}}\mathrm{D}^{\boldsymbol{\alpha}}\tilde{v}\left(\boldsymbol{y}',-\frac{y_n}{j}\right)\\&=\sum_{j=1}^{m+1}C_j\left(-\frac{1}{j}\right)^{\boldsymbol{\alpha}_n}\mathrm{D}^{\boldsymbol{\alpha}}v(\boldsymbol{y}_0)=\mathrm{D}^{\boldsymbol{\alpha}}v(\boldsymbol{y}_0).\end{aligned}$$

又显然 $\tilde{v}\in C^m(B^+\cup B^-)$, 这就证明了 $\tilde{v}\in C^m(B)$. 现定义 $\tilde{u}_i(\boldsymbol{x})=\tilde{u}_i(\phi^{-1}(\boldsymbol{y}))=\tilde{v}_i(\boldsymbol{y})$, 返回原变量 $\boldsymbol{x}$ 即得 $\tilde{u}_i\in C^m(O_i)$. 注意 $\tilde{u}_i$ 的支集在 O_i 内, 将其延拓为 $\mathbb{R}^n$ 上的函数为 $\tilde{\tilde{u}}_i=\begin{cases}\tilde{u}_i, & \boldsymbol{x}\in O_i,\\ 0, & \boldsymbol{x}\in\mathbb{R}^n\backslash O_i,\end{cases}$ 则 $\tilde{\tilde{u}}_i\in C^m(\mathbb{R}^n)$. 定义 u 的延拓 $Pu=\displaystyle\sum_{i=0}^{N}\tilde{\tilde{u}}_i$. 对 $\boldsymbol{x}\in\Omega$ 有

$$(Pu)(\boldsymbol{x})=\sum_{i=0}^{N}\tilde{\tilde{u}}_i(\boldsymbol{x})=\sum_{i=0}^{N}\tilde{u}_i(\boldsymbol{x})=\sum_{i=0}^{N}u_i(\boldsymbol{x})=u(\boldsymbol{x}).$$

由 Pu 的表达式知

$$\|Pu\|_{m,p,\mathbb{R}^n}=\left\|\sum_{i=0}^{N}\tilde{\tilde{u}}_i\right\|_{m,p,\mathbb{R}^n}\leqslant\sum_{i=0}^{N}\|\tilde{u}_i\|_{m,p,O_i},$$

于是存在正常数 $C = C(m,p,\Omega)$, 使得

$$\|Pu\|_{m,p,\mathbb{R}^n} \leqslant C\|u\|_{m,p,\Omega}.$$

(2) 对一般的 $u \in W^{m,p}(\Omega)$ 证明结论成立.

由于 $\partial\Omega \in C^m$, 故由 $C^m(\overline{\Omega})$ 逼近定理知存在函数列 u_k 满足 $u_k \in C^m(\overline{\Omega})$, $\|u_k - u\|_{m,p,\Omega} \to 0\,(k\to\infty)$.

对 $u_k \in C^m(\overline{\Omega})$, 可作 $Pu_k : C^m(\overline{\Omega}) \mapsto W^{m,p}(\mathbb{R}^n)$, 使得

$$Pu_k = u_k, \quad \boldsymbol{x} \in \overline{\Omega}.$$

于是

$$\|Pu_k - Pu_l\|_{m,p,\mathbb{R}^n} = \|P(u_k - u_l)\|_{m,p,\mathbb{R}^n} \leqslant C\|u_k - u_l\|_{m,p,\Omega} \to 0, \quad k,l \to \infty.$$

由 $W^{m,p}(\mathbb{R}^n)$ 的完备性知存在 $Pu \in W^{m,p}(\mathbb{R}^n)$ 满足定义 $P : u \in W^{m,p}(\Omega) \mapsto v \in W^{m,p}(\mathbb{R}^n)$, 而且 $\|Pu_k - Pu\|_{m,p,\mathbb{R}^n} \to 0(k\to\infty)$. 特别地,

$$\|Pu_k - Pu\|_{m,p,\Omega} \to 0, \quad k \to \infty.$$

又 $Pu_k = u_k$ a.e. 于 Ω, 故

$$\|u_k - Pu\|_{m,p,\Omega} \to 0, \quad k \to \infty.$$

由极限的唯一性知 $Pu = u$ 在 Ω 上几乎处处成立且

$$\|Pu\|_{m,p,\mathbb{R}^n} = \lim_{k\to\infty}\|Pu_k\|_{m,p,\mathbb{R}^n} \leqslant C\lim_{k\to\infty}\|u_k\|_{m,p,\Omega} = C\|u\|_{m,p,\Omega}.$$

定理 2.8 设 $\Omega = \mathbb{R}^n$ 或 $\Omega = \mathbb{R}^n_+$ 或 Ω 为有界开集且 $\partial\Omega \in C^m$, $u \in W^{m,p}(\Omega)$, 则存在 $u_k \in C_0^\infty(\mathbb{R}^n)$ 满足 $\|u_k - u\|_{m,p,\Omega} \to 0(k \to \infty)$.

证明 只证 $\Omega = \mathbb{R}^n$ 情形, 其他两种情形可用延拓定理先延拓到 $\mathbb{R}^n$ 上即可. 作 u 的光滑化函数

$$J_\varepsilon u(\boldsymbol{x}) = \varepsilon^{-n}\int_{\mathbb{R}^n}\rho\left(\frac{\boldsymbol{x}-\boldsymbol{y}}{\varepsilon}\right)u(\boldsymbol{y})\mathrm{d}\boldsymbol{y}.$$

由磨光函数的性质知

$$J_\varepsilon u(\boldsymbol{x}) \in C^\infty(\mathbb{R}^n).$$

对固定的 $\varepsilon > 0$, 记 $w = J_\varepsilon u$, 取截断函数 $\zeta \in C_0^\infty(B_2(0)), 0 \leqslant \zeta \leqslant 1$, 在

$B_1 = B_1(0)$ 上 $\zeta = 1$. 令 $w_k(\boldsymbol{x}) = w\zeta\left(\dfrac{\boldsymbol{x}}{k}\right)$, 则 $w_k \in C_0^\infty(\mathbb{R}^n)$. 由 Leibniz 求导公式得

$$\begin{aligned}\mathrm{D}^{\boldsymbol{\alpha}} w_k(\boldsymbol{x}) &= \sum \binom{\boldsymbol{\alpha}}{\boldsymbol{\beta}} \mathrm{D}^{\boldsymbol{\beta}}\left(\zeta\left(\frac{\boldsymbol{x}}{k}\right)\right) \mathrm{D}^{\boldsymbol{\alpha}-\boldsymbol{\beta}} w \\ &= \zeta\left(\frac{\boldsymbol{x}}{k}\right)\mathrm{D}^{\boldsymbol{\alpha}} w + \sum_{\substack{\boldsymbol{\beta}\leqslant\boldsymbol{\alpha}\\ |\boldsymbol{\beta}|>0}} \binom{\boldsymbol{\alpha}}{\boldsymbol{\beta}} k^{-|\boldsymbol{\beta}|}(\mathrm{D}^{\boldsymbol{\beta}}\zeta)\left(\frac{\boldsymbol{x}}{k}\right)\mathrm{D}^{\boldsymbol{\alpha}-\boldsymbol{\beta}} w.\end{aligned}$$

易见

$$\begin{aligned}\|\mathrm{D}^{\boldsymbol{\alpha}} w_k - \mathrm{D}^{\boldsymbol{\alpha}} w\|_{0,p,\mathbb{R}^n} &\leqslant \left\|\zeta\left(\frac{\boldsymbol{x}}{k}\right)\mathrm{D}^{\boldsymbol{\alpha}} w - \mathrm{D}^{\boldsymbol{\alpha}} w\right\|_{0,p,\mathbb{R}^n} \\ &\quad + \left\|\sum_{\substack{\boldsymbol{\beta}\leqslant\boldsymbol{\alpha}\\ |\boldsymbol{\beta}|>0}} \binom{\boldsymbol{\alpha}}{\boldsymbol{\beta}} \frac{1}{k^{|\boldsymbol{\beta}|}}\left(\mathrm{D}^{\boldsymbol{\beta}}\zeta\left(\frac{\boldsymbol{x}}{k}\right)\right)\mathrm{D}^{\boldsymbol{\alpha}-\boldsymbol{\beta}} w\right\|_{0,p,\mathbb{R}^n} \\ &\leqslant \left(\int_{|\boldsymbol{x}|>k} |\mathrm{D}^{\boldsymbol{\alpha}} w|^p \,\mathrm{d}\boldsymbol{x}\right)^{\frac{1}{p}} + \frac{C}{k}\|w\|_{m,p,\mathbb{R}^n} \to 0, \quad k \to \infty.\end{aligned}$$

取 $u_k = w_k$ 即得结论.

本节定理的证明体现了研究 Sobolev 空间的基本技巧：利用单位分解把区域“分片”, 利用变量替换把边界展平, 利用光滑子把函数磨光, 利用截断函数把支集“截断”. 以上技巧分别称为“局部化”、“平直化”、“光滑化”、“紧支化”. 另外, 利用延拓将在有界区域上定义的函数转化为整个空间上的函数, 称为“延拓化”. 这些都是偏微分方程研究中常用的技巧.

2.2.5 $W_0^{m,p}(\Omega)$ 空间及其对偶空间 $W^{-m,p'}(\Omega)$

定义 2.27 $C_0^\infty(\Omega)$ 在 $W^{m,p}(\Omega)$ 中的闭包, 或 $C_0^\infty(\Omega)$ 在范数 $\|\cdot\|_{m,p,\Omega}$ 意义下的完备化空间, 记作 $W_0^{m,p}(\Omega)$, 即

$$W_0^{m,p}(\Omega) = \{u \in W^{m,p}(\Omega) |\ \text{存在 } u_k \in C_0^\infty(\Omega), \text{使得 } \|u_k - u\|_{m,p,\Omega} \to 0 (k \to \infty)\}.$$

1. $W_0^{m,p}(\Omega)$ 与 $W^{m,p}(\Omega)$ 的关系

本节将证明

定理 2.9 (1) 当 $\Omega = \mathbb{R}^n$ 时, $W_0^{m,p}(\Omega) = W^{m,p}(\Omega)$;

(2) 当 Ω 为有界开集时, $W_0^{m,p}(\Omega) \subset (\neq) W^{m,p}(\Omega)$;

(3) 设 Ω 是 $\mathbb{R}^n$ 中的有界区域, $\partial\Omega \in C^1, u \in C^0(\overline{\Omega}) \cap W^{1,p}(\Omega)$, 则下列两个性质等价:

(i) 在 $\partial\Omega$ 上 $u\equiv 0$;

(ii) $u\in W_0^{1,p}(\Omega)$.

证明 第 1 步. 证明 (1) 成立.

当 $\Omega=\mathbb{R}^n$ 时, 由定理 2.8 知 $W_0^{m,p}(\mathbb{R}^n)$ 可以看成是 $C_0^\infty(\Omega)$ 在 $W^{m,p}(\mathbb{R}^n)$ 中的闭包. 于是 $W_0^{m,p}(\mathbb{R}^n)=W^{m,p}(\mathbb{R}^n)$.

第 2 步. 证明 (2) 成立. 显然 $W_0^{m,p}(\Omega)\subset W^{m,p}(\Omega)$. 因此, 只需证明存在 $f\in W^{m,p}(\Omega)$, 但 $f\notin W_0^{m,p}(\Omega)$. 这等价于证明存在函数 $f\in W^{m,p}(\Omega)$ 不能用 $C_0^\infty(\Omega)$ 函数逼近, 或者 $C_0^\infty(\Omega)$ 在 $W^{m,p}(\Omega)$ 中非稠密.

现证这一结论. 在 Ω 内取 $f\equiv 1$, 显然 $f\in W^{m,p}(\Omega)$. 现证 $f\notin W_0^{1,1}(\Omega)(\supset W_0^{m,p}(\Omega)),m,p\geqslant 1$. 对任意 $\phi\in C_0^\infty(\Omega)$, 可证存在仅依赖于 Ω 的常数 $C>0$, 使得

$$\int_\Omega|\phi|\mathrm{d}\boldsymbol{x}\leqslant C\int_\Omega\sum_{i=1}^n\left|\frac{\partial\phi}{\partial x_i}\right|\mathrm{d}\boldsymbol{x}\ (\text{Poincaré 不等式}).$$

事实上, 因为 Ω 有界, 不妨设 $\sup\limits_{\boldsymbol{x}\in\Omega}|x_i|=K_i<+\infty$. 由 $\partial_{x_i}(x_i\,|\phi|)=|\phi|+x_i\partial_{x_i}\,|\phi|$ 得

$$\int_\Omega|\phi|\,\mathrm{d}\boldsymbol{x}\leqslant K_i\int_\Omega\left|\frac{\partial\phi}{\partial x_i}\right|\mathrm{d}\boldsymbol{x},\quad i=1,2,\cdots,n,$$

对 i 求和即得所要的结论.

由 $W^{m,p}(\Omega)$ 范数的定义知

$$\begin{aligned}\|f-\phi\|_{W^{1,1}}&=\int_\Omega|f-\phi|\mathrm{d}\boldsymbol{x}+\sum_{i=1}^n\int_\Omega\left|\frac{\partial\phi}{\partial x_i}\right|\mathrm{d}\boldsymbol{x}\\&\geqslant\int_\Omega\mathrm{d}\boldsymbol{x}-\int_\Omega|\phi|\mathrm{d}\boldsymbol{x}+\sum_{i=1}^n\int_\Omega\left|\frac{\partial\phi}{\partial x_i}\right|\mathrm{d}\boldsymbol{x}\\&\geqslant\mathrm{mes}(\Omega)-(C-1)\int_\Omega\sum_{i=1}^n\left|\frac{\partial\phi}{\partial x_i}\right|\mathrm{d}\boldsymbol{x}\\&\geqslant\mathrm{mes}(\Omega)-(C-1)\,\|f-\phi\|_{W^{1,1}(\Omega)},\end{aligned}$$

即

$$C\,\|f-\phi\|_{W^{1,1}(\Omega)}\geqslant\mathrm{mes}(\Omega)>0,$$

于是 f 不能用 $C_0^\infty(\Omega)$ 来逼近.

第 3 步. 设 (i) 成立, 往证 (ii) 成立.

利用局部化和平直化技巧, 不妨设 $u\in W^{1,p}(\mathbb{R}_+^n)\cap C^0(\overline{\mathbb{R}_+^n}),u$ 具有紧支集且 $u(\boldsymbol{x}',0)=0,\boldsymbol{x}'\in\mathbb{R}^{n-1}$. 令 u 在 $x_n<0$ 时取零值, 把 u 延拓到 $\mathbb{R}^n$, 记延拓后的函数为 $\tilde{u}$. 显然

$$\frac{\partial\tilde{u}}{\partial x_i}=\frac{\partial u}{\partial x_i},\quad x_n>0,\qquad\frac{\partial\tilde{u}}{\partial x_i}=0,\quad x_n<0,\quad i=1,\cdots,n-1.$$

对任意 $\phi \in C_0^\infty(\mathbb{R}^n)$ 有

$$\begin{aligned}\int_{\mathbb{R}^n} \tilde{u}(\boldsymbol{x}) \frac{\partial \phi}{\partial x_n} \mathrm{d}\boldsymbol{x} &= \lim_{\varepsilon \to 0^+} \int_{x_n > \varepsilon} u(\boldsymbol{x}) \frac{\partial \phi}{\partial x_n} \mathrm{d}\boldsymbol{x} \\ &= \lim_{\varepsilon \to 0^+} \left[-\int_{\mathbb{R}^{n-1}} u(\boldsymbol{x}', \varepsilon)\phi(\boldsymbol{x}', \varepsilon) \mathrm{d}\boldsymbol{x}' - \int_{x_n > \varepsilon} \frac{\partial u}{\partial x_n} \phi \mathrm{d}\boldsymbol{x} \right].\end{aligned}$$

由于 $u \in C^0(\overline{\mathbb{R}_+^n})$ 且具有紧支集, 于是 $u(\boldsymbol{x}', \varepsilon) \to 0(\varepsilon \to 0^+)$ 关于 $\boldsymbol{x}' \in \mathbb{R}^{n-1}$ 一致成立, 故

$$\lim_{\varepsilon \to 0^+} \int_{\mathbb{R}^{n-1}} (u\phi)(\boldsymbol{x}', \varepsilon) \mathrm{d}\boldsymbol{x}' = \int_{\mathbb{R}^{n-1}} \lim_{\varepsilon \to 0} (u\phi)(\boldsymbol{x}', \varepsilon) \mathrm{d}\boldsymbol{x}' = 0.$$

于是

$$\int_{\mathbb{R}^n} \tilde{u}(\boldsymbol{x}) \frac{\partial \phi}{\partial x_n} \mathrm{d}\boldsymbol{x} = -\int_{x_n > 0} \frac{\partial u}{\partial x_n} \phi \mathrm{d}\boldsymbol{x}.$$

由弱导数的定义知

$$\frac{\partial \tilde{u}}{\partial x_n} = \begin{cases} \dfrac{\partial u}{\partial x_n}, & x_n > 0, \\ 0, & x_n < 0, \end{cases}$$

所以 $\dfrac{\partial \tilde{u}}{\partial x_n} \in L^p(\mathbb{R}^n)$, 从而 $\tilde{u} \in W^{1,p}(\mathbb{R}^n)$. 考虑平移 $\tilde{u}_\eta(\boldsymbol{x}) = \tilde{u}(\boldsymbol{x}', x_n - \eta)(\eta > 0)$. 于是 $\tilde{u}_\eta(\boldsymbol{x})$ 的支集在 $x_n \geqslant \eta > 0$, 作卷积 $J_\varepsilon \tilde{u}_\eta(\boldsymbol{x}) = \varepsilon^{-n} \displaystyle\int_{\mathbb{R}^n} \rho\left(\frac{\boldsymbol{x} - \boldsymbol{y}}{\varepsilon}\right) \tilde{u}_\eta(\boldsymbol{y}) \mathrm{d}\boldsymbol{y}$. 当 $\varepsilon < \dfrac{\eta}{2}$ 时, $\mathrm{spt}(J_\varepsilon \tilde{u}_\eta) \subset \left\{x_n \geqslant \dfrac{\eta}{2}\right\}$. 由 L^p 中函数的整体连续性及磨光算子的性质知

$$\|\tilde{u}_\eta - \tilde{u}\|_{1,p,\mathbb{R}^n} \to 0, \quad \eta \to 0^+, \quad \|J_\varepsilon \tilde{u}_\eta - \tilde{u}_\eta\|_{1,p,\mathbb{R}^n} \to 0, \quad \varepsilon \to 0.$$

由此可定义序列 $u_k \in C_0^\infty(\mathbb{R}_+^n)$ 满足 $\|u_k - u\|_{1,p,\mathbb{R}_+^n} \to 0(k \to \infty)$, 即 $u \in W_0^{1,p}(\mathbb{R}_+^n)$.

第 4 步. 现在设 (ii) 成立, 往证 (i) 成立, 即 $u \in W_0^{1,p}(\Omega) \cap C^0(\overline{\Omega})$, 要证明在古典意义下 $u|_{\partial\Omega} = 0$.

同第 3 步一样, 不妨设 $\Omega = B^+$ 且 u 在 B 内具有紧支集. 由 $W_0^{1,p}(\Omega)$ 的定义知存在 $u_k \in C_0^\infty(B^+)$ 满足 $\|u_k - u\|_{1,p,B^+} \to 0(k \to \infty)$. 对 a.e. $\boldsymbol{x}' \in \mathbb{R}^{n-1}$ 有

$$u_k(\boldsymbol{x}', \varepsilon) - u(\boldsymbol{x}', \varepsilon) = -\int_\varepsilon^1 \left[\frac{\partial u_k}{\partial x_n}(\boldsymbol{x}', x_n) - \frac{\partial u}{\partial x_n}(\boldsymbol{x}', x_n)\right] \mathrm{d}x_n.$$

由 Minkowski 不等式得

$$\left(\int_{|\boldsymbol{x}'| \leqslant 1} |u_k(\boldsymbol{x}', \varepsilon) - u(\boldsymbol{x}', \varepsilon)|^p \mathrm{d}\boldsymbol{x}'\right)^{\frac{1}{p}}$$

$$
\begin{aligned}
&= \left(\int_{|\boldsymbol{x}'|\leqslant 1} \left| \int_{\varepsilon}^{1} \left[\frac{\partial u_k}{\partial x_n}(\boldsymbol{x}', x_n) - \frac{\partial u}{\partial x_n}(\boldsymbol{x}', x_n) \right] \mathrm{d}x_n \right|^p \mathrm{d}\boldsymbol{x}' \right)^{\frac{1}{p}} \\
&\leqslant \int_{\varepsilon}^{1} \left(\int_{|\boldsymbol{x}'|\leqslant 1} \left| \frac{\partial u_k}{\partial x_n}(\boldsymbol{x}', x_n) - \frac{\partial u}{\partial x_n}(\boldsymbol{x}', x_n) \right|^p \mathrm{d}\boldsymbol{x}' \right)^{\frac{1}{p}} \mathrm{d}x_n \\
&\leqslant \left(\int_{\varepsilon}^{1} \left(\int_{|\boldsymbol{x}'|\leqslant 1} \left| \frac{\partial u_k}{\partial x_n}(\boldsymbol{x}', x_n) - \frac{\partial u}{\partial x_n}(\boldsymbol{x}', x_n) \right|^p \mathrm{d}\boldsymbol{x}' \right) \mathrm{d}x_n \right)^{\frac{1}{p}} \cdot \left(\int_{\varepsilon}^{1} \mathrm{d}x_n \right)^{1-\frac{1}{p}} \\
&\leqslant \left(\int_{B^+} \left| \frac{\partial u_k}{\partial x_n}(\boldsymbol{x}', x_n) - \frac{\partial u}{\partial x_n}(\boldsymbol{x}', x_n) \right|^p \mathrm{d}\boldsymbol{x} \right)^{\frac{1}{p}},
\end{aligned}
$$

对任意 $\delta > 0$, 存在 $k_0 > 0$, 使得 $k \geqslant k_0 > 0$ 时有

$$
\left(\int_{B^+} \left| \frac{\partial u_k}{\partial x_n}(\boldsymbol{x}', x_n) - \frac{\partial u}{\partial x_n}(\boldsymbol{x}', x_n) \right|^p \mathrm{d}\boldsymbol{x} \right)^{\frac{1}{p}} \leqslant \delta.
$$

又因为 $u_k \in C_0^\infty(B^+)$, 存在 $\varepsilon_0 > 0$, 使得当 $0 < \varepsilon \leqslant \varepsilon_0$ 时有 $u_k(\boldsymbol{x}', \varepsilon) = 0 (\forall\, |\boldsymbol{x}'| < 1)$. 故对 $\forall \varepsilon \leqslant \varepsilon_0, \delta > 0$ 有

$$
\left(\int_{|\boldsymbol{x}'|\leqslant 1} |u(\boldsymbol{x}', \varepsilon)|^p \,\mathrm{d}\boldsymbol{x}' \right)^{\frac{1}{p}} \leqslant \delta.
$$

先令 $\varepsilon \to 0$, 由 L^p 中函数的整体连续性知

$$
\left(\int_{|\boldsymbol{x}'|\leqslant 1} |u(\boldsymbol{x}', 0)|^p \,\mathrm{d}\boldsymbol{x}' \right)^{\frac{1}{p}} \leqslant \delta,
$$

再令 $\delta \to 0$ 得

$$
\left(\int_{|\boldsymbol{x}'|\leqslant 1} |u(\boldsymbol{x}', 0)|^p \,\mathrm{d}\boldsymbol{x}' \right)^{\frac{1}{p}} = 0.
$$

又由 u 的连续性知 $u(\boldsymbol{x}', 0) \equiv 0, |\boldsymbol{x}'| \leqslant 1$, 所以 $u(\boldsymbol{x})|_{x_n} = 0$.

2. $W_0^{m,p}(\Omega)$ 与 $W^{m,p}(\mathbb{R}^n)$ 的关系

设映射 $u \mapsto \tilde{u}$ 表示 u 在区域 $\Omega \subset \mathbb{R}^n$ 外的零延拓,

$$
\tilde{u}(\boldsymbol{x}) = \begin{cases} u(\boldsymbol{x}), & \boldsymbol{x} \in \Omega, \\ 0, & \boldsymbol{x} \in \mathbb{R}^n \backslash \Omega. \end{cases}
$$

下面的定理证明了该映射把 $W_0^{m,p}(\Omega)$ 等距地映射到 $W^{m,p}(\mathbb{R}^n)$ 中去.

定理 2.10　设 $u \in W_0^{m,p}(\Omega)$, 则对任意 $|\boldsymbol{\alpha}| \leqslant m$, 在广义函数意义下有 $\mathrm{D}^{\boldsymbol{\alpha}}\tilde{u} = (\widetilde{\mathrm{D}^{\boldsymbol{\alpha}}u})$, 从而 $\tilde{u} \in W^{m,p}(\mathbb{R}^n)$.

证明　设 $C_0^\infty(\Omega)$ 中的序列 $\{\phi_k\}$ 在 $u \in W^{m,p}(\Omega)$ 中收敛到 u, 则对任意 $|\boldsymbol{\alpha}| \leqslant m$ 及任意 $\varphi \in \wp(\mathbb{R}^n)$ 有

$$
\begin{aligned}
(-1)^{\boldsymbol{\alpha}} \int_{\mathbb{R}^n} \tilde{u}(\boldsymbol{x})\mathrm{D}^{\boldsymbol{\alpha}}\varphi \mathrm{d}\boldsymbol{x} &= (-1)^{\boldsymbol{\alpha}} \int_{\Omega} u(\boldsymbol{x})\mathrm{D}^{\boldsymbol{\alpha}}\varphi \mathrm{d}\boldsymbol{x} \\
&= \lim_{k\to\infty} (-1)^{\boldsymbol{\alpha}} \int_{\Omega} \phi_k(\boldsymbol{x})\mathrm{D}^{\boldsymbol{\alpha}}\varphi(\boldsymbol{x})\mathrm{d}\boldsymbol{x} \\
&= \lim_{k\to\infty} \int_{\Omega} \mathrm{D}^{\boldsymbol{\alpha}}\phi_k(\boldsymbol{x})\varphi(\boldsymbol{x})\mathrm{d}\boldsymbol{x} \\
&= \int_{\Omega} \mathrm{D}^{\boldsymbol{\alpha}}u(\boldsymbol{x})\varphi(\boldsymbol{x})\mathrm{d}\boldsymbol{x} \\
&= \int_{\mathbb{R}^n} (\widetilde{\mathrm{D}^{\boldsymbol{\alpha}}u})(\boldsymbol{x})\varphi(\boldsymbol{x})\mathrm{d}\boldsymbol{x}.
\end{aligned}
$$

于是由弱导数的定义知在广义函数意义下有 $\mathrm{D}^{\boldsymbol{\alpha}}\tilde{u} = (\widetilde{\mathrm{D}^{\boldsymbol{\alpha}}u})$. 由此易计算可得 $\|\tilde{u}\|_{W^{m,p}(\mathbb{R}^n)} = \|u\|_{W^{m,p}(\Omega)}$.

3. $W_0^{m,p}(\Omega)$ 的对偶空间 $W^{-m,p}(\Omega)$

本小节将讨论 $W_0^{m,p}(\Omega)$ 中线性连续泛函的结构形式, 并引入负整数次的 Sobolev 空间概念.

当讨论对偶空间中的元素结构时, 往往涉及等距同构概念, 即把互相等距同构的空间常常看成是一样的, 因为它们具有同样的结构而仅有的差别只是它们元素的性质不同而已. 现在将距离空间等距同构的概念限制到赋范空间中来.

定义 2.28　设 X 和 Y 是两个赋范空间, 如果存在一个把 X 映到 Y 上的一对一的线性算子 L 满足对每个 $x \in X$ 有 $\|L(x)\|_Y = \|x\|_X$, 则 L 叫做 X 和 Y 间的一个等距同构算子, 同时称 X 和 Y 是等距同构的, 记作 $X \cong Y$. 此时也把 X 和 Y 看成是同一个空间.

对于乘积空间 $L_N^p = \prod\limits_{j=1}^{N} L^p(\Omega)$, 在 L_N^p 中 $\boldsymbol{u} = (u_1, \cdots, u_N)$ 的范数定义为

$$
\|\boldsymbol{u}\|_{L_N^p} = \begin{cases} \left(\displaystyle\sum_{j=1}^{N} \|u_j\|_{L^p}^p\right)^{\frac{1}{p}}, & 1 \leqslant p < \infty, \\ \displaystyle\max_{1\leqslant j\leqslant N} \|u_j\|_\infty, & p = \infty, \end{cases}
$$

有等距同构关系 $(L_N^p)' \cong L_N^{p'}$, 即

命题 2.20 设 $1 \leqslant p < \infty$, 则对于每个 $L \in (L_N^p)'$, 存在唯一的 $\boldsymbol{v} \in L_N^{p'}$ 与之对应, 使得对一切 $\boldsymbol{u} \in L_N^p$ 有

$$L(\boldsymbol{u}) = \sum_{j=1}^{N} \langle u_j, v_j \rangle,$$

而且

$$\|L\|_{(L_N^p)'} = \|\boldsymbol{v}\|_{L_N^{p'}}$$

证明 参见文献 (Adams, 1983).

定义 2.29 设 m 是自然数, $1 < p < +\infty$, $1/p + 1/p' = 1$. 定义 $W^{-m,p'}(\Omega) = (W_0^{m,p}(\Omega))'$, 这里 B' 表示 Banach 空间 B 的对偶空间, 即 $W_0^{m,p}(\Omega)$ 上的所有线性连续泛函组成的空间. 对于 $T \in W^{-m,p'}(\Omega)$ 可定义范数为

$$\|T\|_{-m,p'} = \sup_{\varphi \in W_0^{m,p}(\Omega)} \frac{|\langle T, \varphi \rangle|}{\|\varphi\|_{W_0^{m,p}(\Omega)}},$$

称 $W^{-m,p'}(\Omega)$ 为负整数次的 Sobolev 空间.

首先, 由定义 2.29 中空间 $W^{-m,p'}(\Omega)$ 的范数定义式 $\|u\|_{W^{-m,p'}(\Omega)} = \sup\limits_{v \in W_0^{m,p}(\Omega)} \dfrac{|\langle u, v \rangle|}{\|v\|_{W_0^{m,p}(\Omega)}}$ 易得如下的广义 Hölder 不等式:

对任意 $u \in W^{-m,p'}(\Omega)$, $v \in W_0^{m,p}(\Omega)$ 有

$$m|\langle u, v \rangle| \leqslant \|u\|_{W^{-m,p'}(\Omega)} \|v\|_{W_0^{m,p}(\Omega)}.$$

其次, 讨论空间 $W^{-m,p'}(\Omega)$ 中元素的结构.

定理 2.11 $W^{-m,p'}(\Omega)$ 中任一元素 T 都可以表示为

$$T = \sum_{|\boldsymbol{\alpha}| \leqslant m} \mathrm{D}^{\boldsymbol{\alpha}} \tilde{f}_{\boldsymbol{\alpha}} \text{ 在 } \wp'(\Omega) \text{ 意义下} \tag{2.2.16}$$

或

$$\langle T, u \rangle = T(u) = (-1)^{|\boldsymbol{\alpha}|} \int \tilde{f}_{\boldsymbol{\alpha}} \mathrm{D}^{\boldsymbol{\alpha}} u \mathrm{d}x, \quad \forall u \in W_0^{m,p}(\Omega), \tag{2.2.17}$$

其中, $\tilde{f}_{\boldsymbol{\alpha}} \in L^{p'}(\Omega)$, $1/p + 1/p' = 1$, $1 < p < +\infty$. 反之, 若广义函数 T 可以表示为 (2.2.16) 式或 (2.2.17) 式的形式, 则 $T \in W^{-m,p'}(\Omega)$.

证明 先证定理的前半部分.

由于 $T \in W^{-m,p}(\Omega)$, 即 T 是 $W_0^{m,p}(\Omega)$ 上的线性连续泛函, 对于线性泛函, 连续性与有界性等价, 故存在常数 C, 使得对任意 $u \in W_0^{m,p}(\Omega)$ 有

$$|T(u)| = |\langle T, u\rangle| \leqslant C\|u\|_{W_0^{m,p}(\Omega)}.$$

对 $u \in W_0^{m,p}(\Omega)$, 记 $Pu = \{\mathrm{D}^{\boldsymbol{\alpha}}u \| \boldsymbol{\alpha}| \leqslant m\}$, 则 $PW_0^{m,p}(\Omega)$ 是 $\prod\limits_{|\boldsymbol{\alpha}|\leqslant m} L^p(\Omega)$ 的一个闭子空间. 由于 $W_0^{m,p}(\Omega)$ 与 $PW_0^{m,p}(\Omega)$ 等距同构, 于是可以在 $\prod\limits_{|\boldsymbol{\alpha}|\leqslant m} L^p(\Omega)$ 的一个闭子空间 $PW_0^{m,p}(\Omega)$ 上定义一个线性连续泛函如下 (有界线性泛函):

$$F:\ PW_0^{m,p}(\Omega) \mapsto \left(\prod_{|\boldsymbol{\alpha}|\leqslant m} L^p(\Omega)\right)', F(Pu) = T(u), \quad \forall u \in W_0^{m,p}(\Omega).$$

事实上, 由于对于 $u \in W_0^{m,p}(\Omega)$ 有 $Pu = \{\mathrm{D}^{\boldsymbol{\alpha}}u \| \boldsymbol{\alpha}| \leqslant m\}$, 所以, 对任意 $u_1, u_2 \in W_0^{m,p}(\Omega)$, α, β 为实数, 有

$$\begin{aligned} F(\alpha Pu_1 + \beta Pu_2) &= F(P(\alpha u_1 + \beta u_2)) \\ &= T((\alpha u_1 + \beta u_2)) = \alpha T(u_1) + \beta T(u_2) \end{aligned}$$

和

$$|F(Pu)| = |T(u)| \leqslant \|T\| \cdot \|u\|_{m,p,\,\Omega} = \|T\| \cdot \|Pu\|_{\prod\limits_{|\boldsymbol{\alpha}|\leqslant m} L^p(\Omega)}.$$

由Hahn-Banach扩张定理知存在 $\tilde{F} \in \left(\prod\limits_{|\boldsymbol{\alpha}|\leqslant m} L^p(\Omega)\right)'$ 满足

$$\tilde{F}(Pu) = F(Pu) \text{ 且 } \left\|\tilde{F}\right\| = \|F\|.$$

由 $\left(\prod\limits_{|\boldsymbol{\alpha}|\leqslant m} L^p(\Omega)\right)'$ 中的元素表示定理知存在

$$\{f_\alpha \| \boldsymbol{\alpha}| \leqslant m\} \in \prod_{|\boldsymbol{\alpha}|\leqslant m} L^{p'}(\Omega)$$

满足

$$\tilde{F}(\{u_{\boldsymbol{\alpha}} \| \boldsymbol{\alpha}| \leqslant m\}) = \int_\Omega u_{\boldsymbol{\alpha}} f_{\boldsymbol{\alpha}} \mathrm{d}x, \quad \forall \{u_{\boldsymbol{\alpha}} \| \boldsymbol{\alpha}| \leqslant m\} \in \prod_{|\boldsymbol{\alpha}|\leqslant m} L^p(\Omega).$$

特别地,

$$\tilde{F}\left(\{\mathrm{D}^{\boldsymbol{\alpha}}u\,||\boldsymbol{\alpha}|\leqslant m\ \}\right)=F\left(\{\mathrm{D}^{\boldsymbol{\alpha}}u\,||\boldsymbol{\alpha}|\leqslant m\ \}\right)$$
$$=\langle T,u\rangle=\int_{\Omega}\mathrm{D}^{\boldsymbol{\alpha}}uf_{\boldsymbol{\alpha}}\mathrm{d}x,\quad \forall u\in W_0^{m,p}(\Omega).$$

于是取 $\tilde{f}_{\boldsymbol{\alpha}}=(-1)^{|\boldsymbol{\alpha}|}f_{\boldsymbol{\alpha}}\in L^{p'}(\Omega)$, 可得 (2.2.17) 式.

又取 $u\in C_0^{\infty}(\Omega)$, 由广义导数定义知 $T=(-1)^{|\boldsymbol{\alpha}|}\mathrm{D}^{\boldsymbol{\alpha}}f_{\boldsymbol{\alpha}}=\mathrm{D}^{\alpha}\tilde{f}_{\boldsymbol{\alpha}}=\sum\limits_{|\boldsymbol{\alpha}|\leqslant m}\mathrm{D}^{\boldsymbol{\alpha}}\tilde{f}_{\boldsymbol{\alpha}}$.

反之, 设 $T\in\wp'(\Omega)$ 且 $T=\sum\limits_{|\boldsymbol{\alpha}|\leqslant m}\mathrm{D}^{\boldsymbol{\alpha}}f_{\boldsymbol{\alpha}}, f_{\boldsymbol{\alpha}}\in L^{p'}(\Omega)$, 则对任意 $\phi\in C_0^{\infty}(\Omega)$ 有

$$\langle T,\phi\rangle=\left\langle\sum_{|\boldsymbol{\alpha}|\leqslant m}\mathrm{D}^{\boldsymbol{\alpha}}f_{\boldsymbol{\alpha}},\phi\right\rangle=\sum_{|\boldsymbol{\alpha}|\leqslant m}(-1)^{|\boldsymbol{\alpha}|}\langle f_{\boldsymbol{\alpha}},\mathrm{D}^{\boldsymbol{\alpha}}\phi\rangle,$$

从而

$$|\langle T,\phi\rangle|\leqslant\sum_{|\boldsymbol{\alpha}|\leqslant m}|\langle f_{\boldsymbol{\alpha}},\mathrm{D}^{\boldsymbol{\alpha}}\phi\rangle|\leqslant\sum_{|\boldsymbol{\alpha}|\leqslant m}\|f_{\boldsymbol{\alpha}}\|_{L^{p'}(\Omega)}\|\mathrm{D}^{\boldsymbol{\alpha}}\phi\|_{L^{p}(\Omega)}\leqslant C\|\phi\|_{m,p},$$

即 T 在 $C_0^{\infty}(\Omega)$ 上按 $\|\cdot\|_{m,p}$ 是有界的. 又 $C_0^{\infty}(\Omega)$ 在 $W_0^{m,p}(\Omega)$ 中稠密, 从而 T 可扩张为 $W_0^{m,p}(\Omega)$ 中的有界线性泛函, 即 $T\in W^{-m,p'}(\Omega)$.

注 2.36 由于 $C_0^{\infty}(\Omega)\subset W_0^{m+1,p}(\Omega)\subset W_0^{m,p}(\Omega)$, $W_0^{m,p}(\Omega)$ 中的有界线性泛函也是 $W_0^{m+1,p}(\Omega)$ 中的有界线性泛函, 而且任何 $W_0^{m+1,p}(\Omega)$ 中有界线性泛函也是 $C_0^{\infty}(\Omega)$ 中的有界线性泛函, 所以 $\wp'(\Omega)\supset W_0^{-(m+1),p'}(\Omega)\supset W_0^{-m,p'}(\Omega)$, 其中, $\wp'(\Omega)$ 表示定义在 $C_0^{\infty}(\Omega)$ 上的广义函数空间.

命题 2.21(负整数次 Sobolev 空间的等价定义) 当 $1<p<+\infty$ 时, $L^{p'}(\Omega)$ 按范数 $\|\cdot\|_{-m,p'}$ 在 $W^{-m,p'}(\Omega)$ 内是稠密的, 即 $W^{-m,p'}(\Omega)$ 是 $L^{p'}(\Omega)$ 按 $\|\cdot\|_{-m,p'}$ 的完备化空间.

证明略, 参见文献 (王元明, 徐冠祥, 2003; Yosida, 1965).

最后, 指出当 $1<p<\infty$ 时, $W^{-m,p'}(\Omega)$ 是可分的、自反的 Banach 空间, 参见文献 (Adams, 1983).

2.2.6 Sobolev 不等式与嵌入定理

这里要讲 Sobolev 空间的嵌入定理, 先讲 Sobolev 不等式. 设 Ω 是 $\mathbb{R}^n$ 中的开集.

1. Sobolev 不等式

定理 2.12 设 $u\in W_0^{1,p}(\Omega)$, 则存在 $C=C(n,p)$, 使得

$$\|u\|_{0,\frac{np}{n-p}}\leqslant C\|\mathrm{D}u\|_{0,p},\quad p<n, \tag{2.2.18}$$

$$\sup_{\Omega}|u| \leqslant C\,|\Omega|^{\frac{1}{n}-\frac{1}{p}}\,\|\mathrm{D}u\|_{0,p}\,,\quad p>n. \tag{2.2.19}$$

这个不等式也叫 Gagliardo-Nirenberg-Sobolev 不等式. 如果 $1\leqslant p\leqslant n$, 那么称 $p^*=\dfrac{np}{n-p}$ 为 p 的 Sobolev 共轭指标.

如何确定 Sobolev 共轭指标 p^*? 这等价于问对于给定的 $1\leqslant p\leqslant n$, q 取什么值时,

$$\|u\|_{L^q(\mathbb{R}^n)} \leqslant C\,\|\mathrm{D}u\|_{L^q(\mathbb{R}^n)} \tag{2.2.20}$$

对于某个 $C>0$ 和所有的 $u\in W^{1,p}(\mathbb{R}^n)$ 成立?

首先形式上显示如果不等式 (2.2.20) 成立, 那么 q 不能是任意的. 事实上, 必须是某个定值.

任取 $u\in C_0^\infty(\mathbb{R}^n), u\neq 0$. $\forall\lambda>0$, 记 $u_\lambda(\boldsymbol{x})=u(\lambda\boldsymbol{x})\,(\boldsymbol{x}\in\mathbb{R}^n)$.

由 (2.2.20) 式知

$$\|u_\lambda\|_{L^q(\mathbb{R}^n)} \leqslant C\,\|Du_\lambda\|_{L^q(\mathbb{R}^n)}\,,$$

而

$$\int_{\mathbb{R}^n}|u_\lambda|^q\mathrm{d}\boldsymbol{x}=\int_{\mathbb{R}^n}|u(\lambda\boldsymbol{x})|^q\mathrm{d}\boldsymbol{x}=\frac{1}{\lambda^n}\int_{\mathbb{R}^n}|u(\boldsymbol{y})|^q\mathrm{d}\boldsymbol{y}$$

且

$$\int_{\mathbb{R}^n}|\mathrm{D}u_\lambda|^p\mathrm{d}\boldsymbol{x}=\lambda^p\int_{\mathbb{R}^n}|\mathrm{D}_y u(\lambda\boldsymbol{x})|^p\mathrm{d}\boldsymbol{x}=\frac{\lambda^p}{\lambda^n}\int_{\mathbb{R}^n}|\mathrm{D}u(\boldsymbol{y})|^p\mathrm{d}\boldsymbol{y}.$$

于是

$$\frac{1}{\lambda^{n/q}}\,\|u\|_{L^q(\mathbb{R}^n)} \leqslant C\frac{\lambda}{\lambda^{n/p}}\,\|\mathrm{D}u\|_{L^p(\mathbb{R}^n)}\,,$$

所以

$$\|u\|_{L^q(\mathbb{R}^n)} \leqslant C\lambda^{1-\frac{n}{p}+\frac{n}{q}}\,\|\mathrm{D}u\|_{L^q(\mathbb{R}^n)}\,.$$

注意如果

$$1-\frac{n}{p}+\frac{n}{q}\neq 0,$$

令 $\lambda\to 0$ 或 $\lambda\to\infty$ 得矛盾. 因此如果 (2.2.20) 式成立, 则必有

$$1-\frac{n}{p}+\frac{n}{q}=0 \Longleftrightarrow \frac{1}{q}=\frac{1}{p}-\frac{1}{n}.$$

分三步来证明定理 2.12.

第 1 步. 因为 $C_0^1(\Omega)$ 在 $W_0^{1,p}(\Omega)$ 中稠密, 所以只要证明 Sobolev 不等式对任意 $u\in C_0^1(\Omega)$ 成立, 就可以证明不等式 (2.2.18), (2.2.19) 式对所有的 $u\in W^{1,p}(\mathbb{R}^n)$ 成立. 只就 $p<n$ 的情形来证明这一论断. 假设对 $u\in C_0^1(\Omega)$ 已经证明结论, 即

$$\|u\|_{0,\frac{np}{n-p}} \leqslant C\,\|\mathrm{D}u\|_{0,p}\ \text{对任意}\ u\in C_0^1(\Omega)\ \text{成立}.$$

由于 $C_0^1(\Omega)$ 在 $W_0^{1,p}(\Omega)$ 中稠密, 对 $u\in W_0^{1,p}(\Omega)$, 存在 $\{u_k\}\subset C_0^1(\Omega)$, 使得当 $k\to\infty$ 时有

$$u_k\to u \text{ 在 } W^{1,p}(\Omega) \text{ 中且有 } \|u_k\|_{0,\frac{np}{n-p}}\leqslant C\|\mathrm{D}u_k\|_{0,p}. \tag{2.2.21}$$

于是

$$\|u_k-u_l\|_{0,\frac{np}{n-p}}\leqslant C\|\mathrm{D}(u_k-u_l)\|_{0,p}\to 0,\quad k,l\to\infty,$$

即 $\{u_k\}$ 是 $L^{\frac{np}{n-p}}$ 中的 Cauchy 列. 由 $L^{\frac{np}{n-p}}$ 的完备性可知存在 $u^*\in L^{\frac{np}{n-p}}$, 使得 $\|u_k-u^*\|_{L^{\frac{np}{n-p}}}\to 0\,(k\to\infty)$. 特别地,

$$\lim_{k\to\infty}\|u_k\|_{L^{\frac{np}{n-p}}}=\|u^*\|_{L^{\frac{np}{n-p}}},$$

由强收敛隐含几乎处处收敛以及几乎处处收敛极限的唯一性可知 $u^*=u$. 在 (2.2.21) 式中令 $k\to\infty$ 得

$$\|u\|_{L^{\frac{np}{n-p}}}\leqslant C\|\mathrm{D}u\|_p,\quad \forall u\in W_0^{1,p}(\Omega) \text{ 成立.}$$

第 2 步. 先证 $p=1$ 时, (2.2.18) 式对任意 $u\in C_0^1(\Omega)$ 成立.

对任意 $u\in C_0^1(\Omega)$, 由于 u 在 $\partial\Omega$ 附近为 0, 故 $\tilde{u}(\boldsymbol{x})=\begin{cases}u(\boldsymbol{x}), & \boldsymbol{x}\in\Omega,\\ 0, & \boldsymbol{x}\notin\Omega.\end{cases}$

因此

$$|u(\boldsymbol{x})|\leqslant\int_{-\infty}^{x_i}|\mathrm{D}_i u(x_1,\cdots,x_{i-1},\xi_i,x_{i+1},\cdots,x_n)|\mathrm{d}\xi_i,\quad i=1,\cdots,n,$$

故

$$|u|^{\frac{n}{n-1}}\leqslant\left(\prod_{i=1}^n\int_{-\infty}^{+\infty}|\mathrm{D}_i(x_1,\cdots,x_{i-1},\xi_i,x_{i+1},\cdots,x_n)|\,\mathrm{d}\xi_i\right)^{\frac{1}{n-1}}. \tag{2.2.22}$$

现在逐次对 (2.2.22) 式关于每个变量 $x_i\,(1\leqslant i\leqslant n)$ 积分, 注意到每次积分时右端 n 项中有一项与积分变量无关, 可移到积分号外, 其余 $n-1$ 项利用 $n-1$ 个函数的 Hölder 不等式, 其中, 取 $p_1=p_2=\cdots=p_{n-1}=n-1$, 可得

$$\begin{aligned}\|u\|_{0,\frac{n}{n-1}}&\leqslant\left(\prod_{i=1}^n\int_\Omega|\mathrm{D}_i u|\,\mathrm{d}\boldsymbol{x}\right)^{\frac{1}{n}}\leqslant\frac{1}{n}\int_\Omega\sum_{i=1}^n|\mathrm{D}_i u|\mathrm{d}\boldsymbol{x}\\&\leqslant\frac{1}{\sqrt{n}}\int_\Omega|\mathrm{D}u|\mathrm{d}\boldsymbol{x}=\frac{1}{\sqrt{n}}\|\mathrm{D}u\|_{L^1},\end{aligned} \tag{2.2.23}$$

其中, $|\mathrm{D}u|=\left(\sum_{i=1}^n|\mathrm{D}_i u|^2\right)^{\frac{1}{2}}$. 这里用到不等式

$$(a_1\cdots a_n)^{\frac{1}{n}}\leqslant\frac{a_1+\cdots+a_n}{n},\quad a_i\geqslant 0, i=1,\cdots,n$$

和

$$\sum_{i=1}^{n} a_i \leqslant \sqrt{n}\left(\sum_{i=1}^{n} a_i^2\right)^{\frac{1}{2}}, \quad a_i \geqslant 0,$$

所以 $p=1$ 时, (2.2.18) 式成立.

再证对于一般的 $p<n$ 情形, (2.2.18) 式对任意 $u \in C_0^1(\Omega)$ 成立.

在 (2.2.23) 式中令 $\nu = |u|^{\gamma}$ (γ 待定) 代替 u 得

$$\begin{aligned}\||u|^{\gamma}\|_{0,\frac{n}{n-1}} &\leqslant \frac{1}{\sqrt{n}}\|\mathrm{D}|u|^{\gamma}\|_{0,1} = \frac{1}{\sqrt{n}}\int_{\Omega}\gamma|u|^{\gamma-1}|\nabla u|\,\mathrm{d}\boldsymbol{x} \\ &\leqslant \frac{\gamma}{\sqrt{n}}\left\||u|^{\gamma-1}\right\|_{0,p'}\|\mathrm{D}u\|_{0,p}, \quad \frac{1}{p'}+\frac{1}{p}=1,\end{aligned}$$

即

$$\left(\int_{\Omega}(|u|^{\gamma})^{\frac{n}{n-1}}\,\mathrm{d}\boldsymbol{x}\right)^{\frac{n-1}{n}} \leqslant \frac{\gamma}{\sqrt{n}}\left(\int_{\Omega}\left(|u|^{\gamma-1}\right)^{p'}\mathrm{d}\boldsymbol{x}\right)^{\frac{1}{p'}}\|\mathrm{D}u\|_{0,p}. \tag{2.2.24}$$

选 γ, 使得

$$\frac{n\gamma}{n-1} = (\gamma-1)\,p' = (\gamma-1)\,\frac{p}{p-1},$$

即

$$\gamma = \frac{(n-1)\,p}{n-p}\,(p<n).$$

于是

$$\frac{n\gamma}{n-1} = \frac{np}{n-p},$$

由 (2.2.24) 式得

$$\|u\|_{0,\frac{np}{n-p}} \leqslant \frac{\gamma}{\sqrt{n}}\|\mathrm{D}u\|_{0,p} = \frac{(n-1)\,p}{\sqrt{n}\,(n-p)}\|\mathrm{D}u\|_{0,p} = C\,(n,p)\,\|\mathrm{D}u\|_{0,p}.$$

第 3 步. $p>n$ 情形结论的证明.

记 $\tilde{u} = \dfrac{\sqrt{n}u}{\|\mathrm{D}u\|_{0,p}}, u \in C_0^1(\Omega)$, 不妨先设 $|\Omega|=1$, 由 $\tilde{u}$ 的表达式得

$$\|D\tilde{u}\|_{0,p} = \sqrt{n}, \quad \|\tilde{u}\|_{0,\frac{n}{n-1}} \leqslant \frac{1}{\sqrt{n}}\|D\tilde{u}\|_{0,1} = \frac{\|\mathrm{D}u\|_1}{\|\mathrm{D}u\|_{0,p}} \leqslant 1\,(\text{因为 } |\Omega|=1)$$

由 (2.2.24) 式知

$$\|\tilde{u}^{\gamma}\|_{0,\frac{n}{n-1}} \leqslant \gamma\left\|\tilde{u}^{\gamma-1}\right\|_{\frac{p}{p-1}}\left(\|\mathrm{D}\tilde{u}\|_{0,p} = \sqrt{n}\right),$$

即

$$\left(\int_{\Omega}|\tilde{u}|^{\frac{\gamma n}{n-1}}\,\mathrm{d}\boldsymbol{x}\right)^{\frac{n-1}{n}} \leqslant \gamma\left(\int_{\Omega}|\tilde{u}|^{(\gamma-1)\frac{p}{p-1}}\,\mathrm{d}\boldsymbol{x}\right)^{\frac{p-1}{p}}\ (\forall\gamma)$$

或

$$\|\tilde{u}\|_{0,\gamma n'} \leqslant \gamma^{\frac{1}{\gamma}} \|\tilde{u}\|_{0,(\gamma-1)p'}^{\frac{\gamma-1}{\gamma}} \left(其中,\ n' = \frac{n}{n-1}\right).$$

取

$$\gamma = \delta^{\nu}\,(\nu = 1,2,\cdots), \quad \delta = \frac{n'}{p'} = \frac{n}{n-1}\cdot\frac{p-1}{p} > 1 \quad (\Longleftrightarrow pn-n > np-p \Longleftrightarrow p > n)$$

得

$$\|\tilde{u}\|_{0,n'\delta^{\nu}} \leqslant (\delta^{\nu})^{\delta^{-\nu}} \|\tilde{u}\|_{0,n'\delta^{\nu-1}}^{1-\delta^{-\nu}},$$

这里用到 $p' = n'\delta^{-1}$, $(\gamma-1)p' = (\gamma-1)n'\delta^{-1} = (\delta^{\nu}-1)n'\delta^{-1}$. 当 $|\Omega| = 1$ 时, 如果 $\alpha \leqslant \beta$, 那么 $\|u\|_{L^{\alpha}} \leqslant \|u\|_{L^{\beta}}$. 这是一个递推公式. 取 $\nu = 1$ 得

$$\|\tilde{u}\|_{0,n'\delta} \leqslant \delta^{\frac{1}{\delta}} \|\tilde{u}\|_{0,n'}^{1-\frac{1}{\delta}} \leqslant \delta^{\frac{1}{\delta}},$$

当 $\nu = 2$ 时有

$$\|\tilde{u}\|_{0,n'\delta^2} \leqslant \delta^{2\delta^{-2}} \|\tilde{u}\|_{0,n'\delta}^{1-\delta^{-2}} \leqslant \delta^{2\delta^{-2}} \cdot \delta^{\delta^{-1}(1-\delta^{-2})} \leqslant \delta^{\delta^{-1}+2\delta^{-2}}.$$

依次类推可得

$$\|\tilde{u}\|_{0,n'\delta^{\nu}} \leqslant \delta^{\sum\limits_{\nu=1}^{\infty}\nu\delta^{-\nu}} \equiv \chi\,(与\ \nu\ 无关).$$

令 $\gamma \to \infty$ 得

$$\|\tilde{u}\|_{\infty} \leqslant \chi,$$

即

$$\sup|\tilde{u}| \leqslant \chi.$$

将 $\tilde{u}$ 的表达式代入上式得到

$$\sup_{\Omega}|u| \leqslant \frac{\chi}{\sqrt{n}}\|\mathrm{D}u\|_{0,p}.$$

若 $|\Omega| \neq 1$, 作变换 $y_i = |\Omega|^{\frac{1}{n}}x_i$, 记 $v(x) = u(|\Omega|^{\frac{1}{n}}x)$, 对 $v(x)$ 使用上述公式, 可得

$$\sup_{\Omega}|u| \leqslant \frac{\chi}{\sqrt{n}}|\Omega|^{\frac{1}{n}-\frac{1}{p}}\|\mathrm{D}u\|_{0,p}.$$

注 2.37 由于 $\dfrac{np}{n-p} > p$, 因此一般来说, $u \in L^p(\Omega)$ 不能推出 $u \in L^{\frac{np}{n-p}}(\Omega)$, 但当 $u \in W_0^{1,p}(\Omega)$ 时可得此结果比嵌入关系更重要. 此时 Sobolev 称 $W_0^{1,p}(\Omega)$ 嵌入到 $L^{\frac{np}{n-p}}\,(1 \leqslant p < n)$, 记成

$$W_0^{1,p}(\Omega) \hookrightarrow L^{\frac{np}{n-p}}(\Omega), \quad p < n.$$

如果 $A\subset B$ 且 $\|u\|_B\leqslant C\|u\|_A,\forall u\in A$, 则称 A 连续嵌入 B, 记作 $A\hookrightarrow B$.

由此定义可知 $W_0^{1,p}(\Omega)$ 连续嵌入到 $L^{\frac{np}{n-p}}\ (1\leqslant p<n)$, 而且由 L^p 的性质知当 Ω 为有界区域时有嵌入关系

$$W_0^{1,p}(\Omega)\hookrightarrow L^q(\Omega),\quad 1\leqslant q\leqslant\frac{np}{n-p},\quad p<n$$

且 $p<n$ 时有 $\|u\|_{L^q(\Omega)}\leqslant C(\Omega,n,p,q)\left(\sum\limits_{i=1}^n\|\partial_i u\|_{L^p(\Omega)}^p\right)^{\frac{1}{p}},\forall u\in W_0^{1,p}(\Omega),p\geqslant 1$ (事实上, 可用其他的方法证明这一结论对无界区域也成立, 见后面一般的嵌入结论).

注 2.38　Sobolev 不等式的推广.

重复使用不等式 (2.2.18) 式, (2.2.19) 式可得

$$\|u\|_{L^{\frac{np}{n-kp}}}\leqslant C\|u\|_{W_0^{k,p}(\Omega)},\quad kp<n,\tag{2.2.25}$$

$$\|u\|_{C^m(\overline{\Omega})}\leqslant C\|u\|_{W_0^{k,p}(\Omega)},\quad 0\leqslant m<k-\frac{n}{p},\tag{2.2.26}$$

简化为

$$W_0^{k,p}(\Omega)\hookrightarrow\begin{cases}L^{\frac{np}{n-kp}}(\Omega), & kp<n,\\ C^m(\overline{\Omega}), & 0\leqslant m<k-\dfrac{n}{p}.\end{cases}$$

以 $k=2$ 为例证明 (2.2.25) 式, 其他情况类似可证.

如果 $u\in W_0^{2,p}(\Omega)\subset W_0^{1,p}(\Omega)$(通过逼近技巧, 可以认为 $u\in C_0^2(\Omega)$), 由于 $p\leqslant 2p<n$, 所以由 (2.2.18) 式知 u, $\mathrm{D}u\in L^{\frac{np}{n-p}}(\Omega)$, 即 $u\in W_0^{1,\frac{np}{n-p}}(\Omega)$. 又由 $2p<n$ 易得 $\dfrac{np}{n-p}<n$. 再次使用 (2.2.18) 式可得

$$u\in L^{\frac{n(np/n-p)}{n(np/n-p)}}=L^{\frac{np}{n-2p}}(\Omega)$$

且

$$\|u\|_{0,\frac{np}{n-2p}}\leqslant C\|\mathrm{D}u\|_{0,\frac{np}{n-p}}\leqslant C\left\|\mathrm{D}^2u\right\|_{0,p}\leqslant C\|u\|_{W_0^{2,p}}.$$

注 2.39　$p=n$ 时, 上述结论不成立. 例如, $u=\ln^{\ln\left(1+\frac{1}{|x|}\right)}\in W^{1,n}(B(0,1))$, 但 $u\notin L^\infty(B(0,1))$, 参见习题.

注 2.40　若 $u\in W^{1,p}(\Omega),\partial\Omega\in C^1,1\leqslant p<n$, 则 $u\in L^{p*}(\Omega)$ 且存在正常数 $C=C(n,p,\Omega)$, 使得 $\|u\|_{0,p*}\leqslant C\|u\|_{1,p,\Omega}$.

事实上, 由逼近定理知存在 $u_k\in C_0^1(\Omega)$, 使得 $\|u_k-u\|_{1,p}\to 0(k\to\infty)$. 对于 $u_k\in C_0^1(\Omega)$, 由 Sobolev 不等式的证明过程可得 $\|u_k\|_{0,\frac{np}{n-p}}\leqslant C\|Du_k\|_{0,p}\leqslant C\|u_k\|_{1,p}$, 取极限即得结论.

2. Morrey 不等式

假设 $n < p \leqslant +\infty$, 若 $u \in W^{1,p}(\Omega)$, 则前面已证 $u \in L^{\infty}(\Omega)$. 下面进一步证明改变一个零测度集后函数 u 是连续的. 注意空间 $W^{1,p}(\Omega)$ 的函数和空间 $L^p(\Omega)$ 一样, 实际上是一个等价类, 相差一个零测度集的函数视为同一个函数. 本小节将证明当 $n < p \leqslant +\infty$ 时, $W^{1,p}(\Omega)$ 中的函数除去一个零测度外是连续的. 为证明此结论, 先证明 Morrey 不等式.

定理 2.13(Morrey 不等式) 设 $n < p \leqslant +\infty$, 则存在依赖于 n 和 p 的正常数 C, 使得

$$\|u\|_{C^{0,\gamma}(\mathbb{R}^n)} \leqslant C\|u\|_{W^{1,p}(\mathbb{R}^n)} \tag{2.2.27}$$

对所有的 $u \in C^1(\mathbb{R}^n) \cap W^{1,p}(\mathbb{R}^n)$ 成立, 其中, $\gamma = 1 - n/p \in (0,1]$ 且

$$\|u\|_{C^{0,\gamma}(\mathbb{R}^n)} = \sup_{\substack{\boldsymbol{x},\boldsymbol{y} \in \mathbb{R}^n \\ \boldsymbol{x} \neq \boldsymbol{y}}} \frac{|u(\boldsymbol{x}) - u(\boldsymbol{y})|}{|\boldsymbol{x} - \boldsymbol{y}|^{\gamma}} + \|u\|_{L^{\infty}(\mathbb{R}^n)}.$$

注 2.41 设 Ω 为 $\mathbb{R}^n$ 中的开集, 定义指标为 γ 的 Hölder 空间为

$$C^{0,\gamma}(\Omega) = \{u | \|u\|_{C^{0,\gamma}(\Omega)} < \infty\}.$$

证明 第 1 步. 取球 $B(x,r) \subset \mathbb{R}^n$, 断言存在 $C = C(n)$, 使得

$$\fint_{B(x,r)} |u(\boldsymbol{y}) - u(\boldsymbol{x})| \mathrm{d}\boldsymbol{y} \leqslant C(n) \int_{B(x,r)} \frac{|\mathbf{D}u(\boldsymbol{y})|}{|\boldsymbol{y} - \boldsymbol{x}|^{n-1}} \mathrm{d}\boldsymbol{y}. \tag{2.2.28}$$

为证之, 取任何固定的点 $\boldsymbol{\omega} \in \partial B(0,1)$, 则对于 $0 < s < r$ 有

$$|u(\boldsymbol{x} + s\boldsymbol{\omega}) - u(\boldsymbol{x})| = \left| \int_0^s \frac{\mathrm{d}}{\mathrm{d}t} u(\boldsymbol{x} + t\boldsymbol{\omega}) \mathrm{d}t \right| = \left| \int_0^s \mathbf{D}u \cdot \boldsymbol{\omega} \mathrm{d}t \right| \leqslant \int_0^s |\mathbf{D}u(\boldsymbol{x} + t\boldsymbol{\omega})| \mathrm{d}t.$$

因此

$$\begin{aligned}
\int_{\partial B(0,1)} |u(\boldsymbol{x} + s\boldsymbol{\omega}) - u(\boldsymbol{x})| \mathrm{d}S_{\omega} &\leqslant \int_o^s \int_{\partial B(0,1)} |\mathbf{D}u(\boldsymbol{x} + t\boldsymbol{\omega})| \mathrm{d}S_{\omega} \mathrm{d}t \\
&= \int_0^s \int_{\partial B(0,1)} \frac{|\mathbf{D}u(\boldsymbol{x} + t\boldsymbol{\omega})|}{t^{n-1}} \mathrm{d}S_{\omega} t^{n-1} \mathrm{d}t.
\end{aligned}$$

令 $\boldsymbol{y} = \boldsymbol{x} + t\boldsymbol{\omega}$, 使得 $t = |\boldsymbol{x} - \boldsymbol{y}|$, 则

$$\int_{\partial B(0,1)} |u(\boldsymbol{x} + s\boldsymbol{\omega}) - u(\boldsymbol{x}) \mathrm{d}S_{\omega}| \leqslant \int_{B(\boldsymbol{x},s)} \frac{|\mathbf{D}u(\boldsymbol{y})|}{|\boldsymbol{x} - \boldsymbol{y}|^{n-1}} \mathrm{d}\boldsymbol{y} \leqslant \int_{B(\boldsymbol{x},r)} \frac{|\mathbf{D}u(\boldsymbol{y})|}{|\boldsymbol{x} - \boldsymbol{y}|^{n-1}} \mathrm{d}\boldsymbol{y},$$

同乘以 s^{n-1} 并在 $[0,r]$ 积分得

$$\int_{B(x,r)} |u(\boldsymbol{y}) - u(\boldsymbol{x})| \mathrm{d}\boldsymbol{y} = \int_0^r \int_{\partial B(0,1)} |u(\boldsymbol{x} + s\boldsymbol{\omega}) - u(\boldsymbol{x})| \mathrm{d}S_{\omega} s^{n-1} \mathrm{d}s$$

$$\leqslant \frac{r^n}{n}\int_{B(x,r)}\frac{|\mathbf{D}u(\boldsymbol{y})|}{|\boldsymbol{x}-\boldsymbol{y}|^{n-1}}\mathrm{d}\boldsymbol{y},$$

即得 (2.2.28) 式.

第 2 步. 固定 $\boldsymbol{x}\in\mathbb{R}^n$, 应用 (2.2.28) 式可得

$$\begin{aligned}|u(\boldsymbol{x})| &\leqslant C(n)\int_{B(x,1)}\frac{|\mathbf{D}u(\boldsymbol{y})|}{|\boldsymbol{x}-\boldsymbol{y}|^{n-1}}\mathrm{d}\boldsymbol{y}+C(n)\|u\|_{L^p(B(x,1))}\\ &\leqslant C(n)\left(\int_{B(x,1)}|\mathbf{D}u(\boldsymbol{y})|^p\mathrm{d}\boldsymbol{y}\right)^{\frac{1}{p}}\left(\int_{B(x,1)}\frac{\mathrm{d}\boldsymbol{y}}{|\boldsymbol{x}-\boldsymbol{y}|^{(n-1)p'}}\right)^{1-\frac{1}{p}}+C(n)\|u\|_{L^p(\mathbb{R}^n)},\\ &\leqslant C(n)\|u\|_{W^{1,p}(\mathbb{R}^n)},\end{aligned}$$

其中, $1/p+1/p'=1, p'=p/(p-1)$, 而且最后一个估计式成立是由于 $p>n$ 暗示 $(n-1)\cdot p/(p-1)<n$, 从而有下面的广义积分收敛:

$$\int_{B(x,1)}\frac{\mathrm{d}\boldsymbol{y}}{|\boldsymbol{x}-\boldsymbol{y}|^{(n-1)p'}}<+\infty.$$

因此, 存在常数 $C=C(n)$, 使得对任意 $\boldsymbol{x}\in\mathbb{R}^n$ 有 $|u(\boldsymbol{x})|\leqslant C\|u\|_{W^{1,p}(\mathbb{R}^n)}$ 成立, 从而

$$\sup_{\boldsymbol{x}\in\mathbb{R}^n}|u(\boldsymbol{x})|\leqslant C(n)\|u\|_{W^{1,p}(\mathbb{R}^n)}. \tag{2.2.29}$$

第 3 步. 对任意 $\boldsymbol{x},\boldsymbol{y}\in\mathbb{R}^n, \boldsymbol{x}\neq\boldsymbol{y}$. 记 $r=|\boldsymbol{x}-\boldsymbol{y}|$, 让 $W=B(\boldsymbol{x},r)\cap B(\boldsymbol{y},r)$, 则

$$|u(\boldsymbol{x})-u(\boldsymbol{y})|\leqslant \fint_W|u(\boldsymbol{x})-u(\boldsymbol{z})|\,\mathrm{d}\boldsymbol{z}+\fint_W|u(\boldsymbol{y})-u(\boldsymbol{z})|\,\mathrm{d}\boldsymbol{z}.$$

由 (2.2.28) 式知

$$\begin{aligned}\fint_W|u(\boldsymbol{x})-u(\boldsymbol{z})|\,\mathrm{d}\boldsymbol{z} &\leqslant C(n)\fint_{B(\boldsymbol{x},r)}|u(\boldsymbol{x})-u(\boldsymbol{z})|\,\mathrm{d}\boldsymbol{z}\\ &\leqslant C(n)\int_{B(\boldsymbol{x},r)}\frac{|\mathbf{D}u(\boldsymbol{z})|}{|\boldsymbol{x}-\boldsymbol{z}|^{n-1}}\mathrm{d}\boldsymbol{z}\\ &\leqslant C(n)\left(\int_{B(\boldsymbol{x},r)}|\mathbf{D}u(\boldsymbol{z})|^p\,\mathrm{d}\boldsymbol{z}\right)^{\frac{1}{p}}\left(\int_{B(\boldsymbol{x},r)}\frac{\mathrm{d}\boldsymbol{z}}{|\boldsymbol{x}-\boldsymbol{z}|^{\frac{(n-1)p}{p-1}}}\right)^{1-\frac{1}{p}}\\ &\leqslant C(n)r^{1-\frac{n}{p}}\|\mathbf{D}u\|_{L^p(\mathbb{R}^n)}.\end{aligned}$$

同理,

$$\fint_W|u(\boldsymbol{y})-u(\boldsymbol{z})|\,\mathrm{d}\boldsymbol{z}\leqslant C(n)r^{1-\frac{n}{p}}\|\mathbf{D}u\|_{L^p(\mathbb{R}^n)}.$$

于是

$$|u(\boldsymbol{x})-u(\boldsymbol{y})| \leqslant C(n)r^{1-\frac{n}{p}}\|\mathbf{D}u\|_{L^p(\mathbb{R}^n)}=C(n)|\boldsymbol{x}-\boldsymbol{y}|^{1-\frac{n}{p}}\|\mathbf{D}u\|_{L^p(\mathbb{R}^n)},$$

因此

$$[u]_{C^{0,1-\frac{n}{p}}(\mathbb{R}^n)}=\sup_{\boldsymbol{x}\neq\boldsymbol{y}}\frac{|u(\boldsymbol{x})-u(\boldsymbol{y})|}{|\boldsymbol{x}-\boldsymbol{y}|^{1-\frac{n}{p}}}\leqslant C\|\mathbf{D}u\|_{L^p(\mathbb{R}^n)}, \tag{2.2.30}$$

综合 (2.2.29) 式, (2.2.30) 式得 (2.2.27) 式.

定理 2.14 设 Ω 为 $\mathbb{R}^n$ 中的有界开集, $\partial\Omega\in C^1, n<p<+\infty, u\in W^{1,p}(\Omega)$, 则

$$W^{1,p}(\Omega)\hookrightarrow C^{0,\gamma}(\overline{\Omega}),\quad \gamma=1-\frac{n}{p}$$

且

$$\|u\|_{C^{0,\gamma}(\overline{\Omega})}\leqslant C(n,p,\Omega)\|u\|_{1,p,\Omega}. \tag{2.2.31}$$

注 2.42 空间 $W^{1,p}(\Omega)$ 中的函数 u 实际上是 $\overline{\Omega}$ 上的几乎处处连续函数.

证明 因 $\partial\Omega\in C^1$, 由延拓定理知存在延拓算子 $P: W^{1,p}(\Omega)\mapsto W^{1,p}(\mathbb{R}^n)$ 满足

$$\begin{cases} P: u\in W^{1,p}(\Omega)\mapsto Pu\in W^{1,p}(\mathbb{R}^n), \\ Pu(\boldsymbol{x})=u(\boldsymbol{x}),\quad \boldsymbol{x}\in\Omega, & (2.2.32)\\ \|Pu\|_{1,p,\mathbb{R}^n}\leqslant C\|u\|_{1,p,\Omega},\quad C=C(p,\Omega). & (2.2.33)\end{cases}$$

又由 $Pu\in W^{1,p}(\mathbb{R}^n)$ 知存在 $u_k\in C_0^\infty(\mathbb{R}^n)$, 使得

$$\|u_k-Pu\|_{1,p,\mathbb{R}^n}\to 0,\quad k\to\infty. \tag{2.2.34}$$

由于 $u_k\in C_0^\infty(\mathbb{R}^n)$, 所以 $u_k\in C^1(\mathbb{R}^n)\cap W^{1,p}(\mathbb{R}^n)$. 由 (2.2.27) 式知

$$|u_k(\boldsymbol{x})-u_k(\boldsymbol{y})|\leqslant C\|u_k\|_{W^{1,p}(\mathbb{R}^n)}|\boldsymbol{x}-\boldsymbol{y}|^{1-\frac{n}{p}}.$$

结合 (2.2.34) 式易知在任何有界区域上, $\{u_k\}$ 一致有界且等度一致连续. 由 Arzela 定理知存在子序列 $\{u_{k_i}\}$ 满足

$$u_{k_i}(\boldsymbol{x})\to v(\boldsymbol{x}),\quad i\to\infty \text{ 在任何有界区域上一致成立}$$

且函数 $v(\boldsymbol{x})$ 满足

$$|v(\boldsymbol{x})-v(\boldsymbol{y})|\leqslant C\|Pu\|_{W^{1,p}(\mathbb{R}^n)}|\boldsymbol{x}-\boldsymbol{y}|^{1-\frac{n}{p}}.$$

这证明了 $v(\boldsymbol{x})\in C^{0,\gamma}(\overline{\Omega})$ 且

$$\lim_{k\to\infty}\|u_k\|_{C^{0,\gamma}(\overline{\Omega})}=\|v\|_{C^{0,\gamma}(\overline{\Omega})}. \tag{2.2.35}$$

由 (2.2.32) 式和 (2.2.34) 式知存在 $\{u_{k_i}\}$ 的子序列 (仍记为 $\{u_{k_i}\}$) 满足

$$u_{k_i}(\boldsymbol{x}) \to u(\boldsymbol{x}), \quad i \to \infty \text{ a.e. 于 } \Omega,$$

于是 $u(\boldsymbol{x}) = v(\boldsymbol{x})$ a.e. 于 Ω, 而且 $v(\boldsymbol{x}) \in C^{0,\gamma}(\overline{\Omega})$. 这时认为 $u(\boldsymbol{x})$ 等价于 $v(\boldsymbol{x})$, 即改变 $u(\boldsymbol{x})$ 在 Ω 的零测度集上的定义后满足 $u(\boldsymbol{x}) \in C^{0,\gamma}(\overline{\Omega})$. 这就是对于 $W^{1,p}(\Omega)$ 中函数 $u(\boldsymbol{x})$ 属于 $C^{0,\gamma}(\overline{\Omega})$ 的含义.

最后, 由 (2.2.32) 式 ~(2.2.35) 式可得

$$\begin{aligned}\|u\|_{C^{0,\gamma}(\overline{\Omega})} &= \lim_{k\to\infty} \|u_k\|_{C^{0,\gamma}(\overline{\Omega})} \leqslant \lim_{k\to\infty} \|u_k\|_{C^{0,\gamma}(\mathbb{R}^n)} \\ &\leqslant C(n,p) \lim_{k\to\infty} \|u_k\|_{1,p,\mathbb{R}^n} \leqslant C\|u\|_{1,p,\Omega}.\end{aligned}$$

注 2.43 重复上面的证明过程可知如果 $u \in W^{k,p}(\mathbb{R}^n)$, $u \in W_0^{k,p}(\Omega)$, 或者 $u \in W^{k,p}(\Omega), \partial\Omega \in C^k$, 那么当 $kp > n$ 时有 $u \in C^{k-[n/p]-1,\gamma}(\overline{\Omega})$, 其中,

$$\gamma = \begin{cases} \left[\dfrac{n}{p}\right] + 1 - \dfrac{n}{p}, & \dfrac{n}{p} \text{ 不是整数}, \\ \text{任何 } (0,1) \text{ 内的数}, & \dfrac{n}{p} \text{ 是整数} \end{cases}$$

且

$$\|u\|_{C^{k-[n/p]-1,\gamma}(\overline{\Omega})} \leqslant C\|u\|_{W_0^{k,p}(\Omega)},$$

这里 $C = C(k,p,n,\gamma,\Omega)$.

推论 2.4(Sobolev 引理) 设 $u \in W_0^{1,p}(\Omega)$, 则当 $p > n$ 时 $u(x)$ 是连续的且

$$\sup|u| \leqslant C_3(\Omega,n,p)\left(\sum_{i=1}^n \|\partial_{x_i} u\|_{L^p(\Omega)}^p\right)^{\frac{1}{p}}.$$

3. $W^{m,p}(\Omega)$ 空间中的嵌入

除了 $\partial\Omega \in C^1$ 有上面的嵌入关系, 其他类型的 Ω 是否也有嵌入定理? 另外 $p = n$ 情况如何, 下面回答这两个问题. 这里应该强调嵌入结论严重依赖于区域的形状. $W^{m,p}(\Omega)$ 空间中的嵌入定理首先由 Sobolev 在 1938 年就星形区域 (即 Ω 中存在一个球 B, 使得由 $\overline{B}$ 上任一点引出的每一半射线都只与 $\partial\Omega$ 交于一点) 建立, 然后由 E. Gagliardo 于 1958 年推广到较一般的区域.

首先给出区域的几何性质方面的一个定义.

定义 2.30 在 $\mathbb{R}^n$ 中给定一个以原点为中心的单位开球 B_1 及一个不包含原点的开集 B_2, 集合

$$C_0 = B_1 \cap \{\lambda\boldsymbol{x} \mid \boldsymbol{x} \in B_2, \lambda > 0\}$$

称为**顶点在原点的有限锥**, 集合

$$C_{\boldsymbol{x}} = \boldsymbol{x} + C_0 = \{\boldsymbol{x} + \boldsymbol{y} \,|\, \boldsymbol{y} \in C_0 \}$$

称为**顶点在 $\boldsymbol{x}$ 的有限锥**. 若区域 $C_{\boldsymbol{y}}$ 经刚体运动 (旋转和平移) 可与 $C_{\boldsymbol{x}}$ 重合, 则称$\boldsymbol{C_y}$ **与** $\boldsymbol{C_x}$ **全等**.

定义 2.31 如果存在有限锥 C_0, 使得 Ω 中每一点 $\boldsymbol{x}$ 都是 Ω 内一个全等于 C_0 的有限锥的顶点, 则称$\boldsymbol{\Omega}$ **具有锥性质**.

现在给出一般的 Sobolev 嵌入结论 (其证明参见文献 (Adams, 1983)).

定理 2.15 设 Ω 具有锥性质, $\Omega \subset \mathbb{R}^n, 1 \leqslant p < +\infty$, 则有下列嵌入关系:

(1) 设 $mp < n$, 则

$$\begin{cases} W^{m,p}(\Omega) \hookrightarrow L^q(\Omega), & p \leqslant q \leqslant \dfrac{np}{n-mp}, \\ W^{j+m,p}(\Omega) \hookrightarrow W^{j,q}(\Omega), & p \leqslant q \leqslant \dfrac{np}{n-mp}; \end{cases}$$

(2) 设 $mp = n$, 则 $W^{m,p}(\Omega) \hookrightarrow L^q(\Omega), p \leqslant q < +\infty$, 而且 $W^{n,1}(\Omega) \hookrightarrow L^q(\Omega), p \leqslant q \leqslant +\infty$;

(3) 设 $mp > n$, 则

$$W^{j+m,p}(\Omega) \hookrightarrow C_B^j(\Omega),$$

这里 $C_B^j(\Omega) = \left\{u \in C^j(\Omega) \,|\mathrm{D}^{\boldsymbol{\alpha}} u \in L^\infty(\Omega), |\boldsymbol{\alpha}| \leqslant j \right\}$.

注 2.44 $W^{m,p}$ 换为 $W_0^{m,p}$ 空间, 则上述结论对任何区域 Ω 都对.

注 2.45 嵌入 "$\hookrightarrow$" 表示连续嵌入.

注 2.46 如果 $\partial\Omega$ 光滑 (如 Ω 具有强局部 Lipschitz 性质, 参见文献 (Adams, 1983)), 则有

(3)′ 设 $mp > n > (m-1)p$, 则

$$W^{j+m,p}(\Omega) \hookrightarrow C^{j,\alpha}(\overline{\Omega}), \quad 0 < \alpha \leqslant m - \frac{n}{p};$$

(3)″ 设 $n = (m-1)p$, 则

$$W^{j+m,p}(\Omega) \hookrightarrow C^{j,\alpha}(\overline{\Omega}), \quad 0 < \alpha < 1;$$

如果 $p = 1, n = m-1$, 则

$$W^{j+m,1}(\Omega) \hookrightarrow C^{j,\alpha}(\overline{\Omega}), \quad 0 < \alpha \leqslant 1$$

或

$$W^{j+n+1,1}(\Omega) \hookrightarrow C^{j,\alpha}(\overline{\Omega}), \quad \text{对任意 } \alpha \text{ 满足 } 0 < \alpha \leqslant 1.$$

注 2.47 嵌入结论是否成立依赖于区域的有界性和区域的形状, 在应用中应该特别注意这一点.

2.2.7 紧性 —— 嵌入与紧嵌入

算子的紧性是非常重要的, 因为一个紧算子把有界集映成紧集 (准紧集), 那么 $W^{m,p}(\Omega)$ 的嵌入是不是紧的呢? 下面将证明 $W^{1,p}(\Omega)$ 可以紧嵌入到 $L^q(\Omega)$, 对任何 $1 \leqslant q < p^* = \dfrac{pn}{n-p}, p < n$. 这一紧性结果在线性和非线性泛函分析对偏微分方程的应用中将是重要的.

赋范空间 X 的子集 A 叫做紧的, 如果 A 中的每个点列包含一个子序列, 该子序列在 X 中收敛到 A 中的一个元素. 紧集是闭有界集, 但闭有界集不一定是紧集, 除非 X 是有限维的. A 叫做准紧 (precompact) 的, 如果其闭包 $\overline{A}$ 是紧的.

X 到 Y 中的一个算子 f 叫做紧的, 如果算子 f 将 X 中的任意有界集映为 Y 中的准紧集. 如果 f 是连续而且紧的算子, 则称 f 是完全连续算子. 如果算子 f 将 X 中的任意有界集映为 Y 中的有界集, 则称算子 f 是有界的.

显然, 每个紧算子是有界算子, 每个有界线性算子是连续算子. 因此, 每个紧线性算子是完全连续的.

定义 2.32　设 X 和 Y 是 Banach 空间, $X \subset Y$. 说 X 紧嵌入到 Y, 记作

$$X \subsetneqq\subsetneqq Y,$$

如果

(1) $\|x\|_Y \leqslant C\|x\|_X \ (\forall x \in X)$, 对某个常数 C;

(2) X 中的每一个有界列在 Y 中是准紧的.

定理 2.16(Rellich-Kondrachov 紧性定理)　设 Ω 是 $\mathbb{R}^n$ 中的有界开子集, $\partial\Omega \in C^1$, 又设 $1 \leqslant p < n$, 则对任何 $1 \leqslant q < p* = \dfrac{pn}{n-p}$, 嵌入 $W^{1,p}(\Omega) \subsetneqq L^q(\Omega)$ 是紧的.

注 2.48　当 $q = p*$ 时, 嵌入 $W^{1,p}(\Omega) \subsetneqq L^{p^*}(\Omega)$ 不是紧的 (可以有反例).

注 2.49　当 Ω 为无界区域时, 上述嵌入不是紧的, 而且嵌入 $W_0^{1,p}(\Omega) \subsetneqq L^q(\Omega)$ 也不是紧的. 但当 Ω 为无界区域时, 设 Ω_0 是 Ω 的有界子集, 则对任何 $1 \leqslant q < p* = \dfrac{pn}{n-p}$, 嵌入 $W_0^{1,p}(\Omega) \subsetneqq L^q(\Omega_0)$ 总是紧的.

证明　第 1 步. 固定 $1 \leqslant q < p^*$, 因为 Ω 是有界的, 由嵌入定理和 Hölder 不等式知

$$W^{1,p}(\Omega) \subsetneqq L^q(\Omega), \quad \|u\|_{L^q(\Omega)} \leqslant C(\Omega)\|u\|_{W^{1,p}(\Omega)}.$$

留下的只需证明：如果 $\{u_m\}_{m=1}^{\infty}$ 是 $W^{1,p}(\Omega)$ 中的有界序列, 则存在子列 $\{u_{m_j}\}_{j=1}^{\infty}$ 在 $L^q(\Omega)$ 中收敛.

第 2 步. 由延拓定理和逼近定理, 不失一般性, 可设 $\Omega=\mathbb{R}^n,\{u_{m_j}\}_{m=1}^{\infty}$ 在 $\mathbb{R}^n$ 的某个有界开子集 V 有紧支集且

$$\sup_m \|u_m\|_{W^{1,p}(V)}<+\infty. \tag{2.2.36}$$

第 3 步. 首先研究光滑函数列

$$u_m^{\varepsilon}=\rho_{\varepsilon}*u_m,\quad \varepsilon>0,m=1,2\cdots,$$

其中, ρ_{ε} 是通常的磨光核 (mollifier). 取 ε 适当小, 可设 $\{u_m^{\varepsilon}\}_{m=1}^{\infty}$ 在 V 中有紧支集.

第 4 步. 首先断言

$$u_m^{\varepsilon}\to u_m,\quad \varepsilon\to 0, \text{在} L^q(V) \text{中关于} m \text{一致地}. \tag{2.2.37}$$

为此, 注意到如果 u_m 是光滑的, 则

$$\begin{aligned}u_m^{\varepsilon}(\boldsymbol{x})-u_m(\boldsymbol{x})&=\int_{B(0,1)}\rho(\boldsymbol{y})\left(u_m(\boldsymbol{x}-\varepsilon\boldsymbol{y})-u_m(\boldsymbol{x})\right)\mathrm{d}\boldsymbol{y}\\&=\int_{B(0,1)}\rho(\boldsymbol{y})\int_0^1\frac{\mathrm{d}}{\mathrm{d}t}u_m(\boldsymbol{x}-\varepsilon t\boldsymbol{y})\,\mathrm{d}t\mathrm{d}\boldsymbol{y}\\&=-\varepsilon\int_{B(0,1)}\rho(\boldsymbol{y})\int_0^1 \mathrm{D}u_m(\boldsymbol{x}-\varepsilon t\boldsymbol{y})\,\boldsymbol{y}\mathrm{d}t\mathrm{d}\boldsymbol{y}.\end{aligned}$$

这样

$$\begin{aligned}\int_V|u_m^{\varepsilon}(\boldsymbol{x})-u_m(\boldsymbol{x})|\mathrm{d}\boldsymbol{x}&\leqslant\varepsilon\int_{B(0,1)}\left(\rho(\boldsymbol{y})\int_0^1\int_V|\mathrm{D}u_m(\boldsymbol{x}-\varepsilon t\boldsymbol{y})|\,\mathrm{d}\boldsymbol{x}\mathrm{d}t\right)\mathrm{d}\boldsymbol{y}\\&\leqslant\varepsilon\int_V|\mathrm{D}u_m(\boldsymbol{z})|\mathrm{d}\boldsymbol{z}.\end{aligned}$$

使用逼近定理, 这个估计对 $u_m\in W^{1,p}(V)$ 也成立. 因此

$$\|u_m^{\varepsilon}-u_m(\boldsymbol{x})\|_{L^1(V)}\leqslant\varepsilon\|\mathrm{D}u_m\|_{L^1(V)}\leqslant C\varepsilon\|\mathrm{D}u_m\|_{L^p(V)}, \tag{2.2.38}$$

这里用到 V 是有界的. 应用 (2.2.36) 式到 (2.2.38) 式可得

$$u_m^{\varepsilon}\to u_m,\quad \varepsilon\to 0, \text{在} L^1(V) \text{中关于} m \text{一致地}. \tag{2.2.39}$$

又由 $1\leqslant q<p*$, 使用 L^p 中的内插不等式

$$\|u\|_{L^q(\Omega)}\leqslant\|u\|_{L^1(\Omega)}^{\theta}\|u\|_{L^{p^*}(\Omega)}^{1-\theta},\quad \frac{1}{q}=\theta+\frac{1-\theta}{p^*},\theta\in(0,1),1\leqslant q<p^*$$

得

$$\|u_m^\varepsilon - u_m\|_{L^q(V)} \leqslant \|u_m^\varepsilon - u_m\|_{L^1(V)}^\theta \|u_m^\varepsilon - u_m\|_{L^{p^*}(V)}^{1-\theta}. \tag{2.2.40}$$

因此使用 (2.2.36) 式和 Sobolev 不等式, 由 (2.2.40) 式可得

$$\|u_m^\varepsilon - u_m\|_{L^q(V)} \leqslant C \|u_m^\varepsilon - u_m\|_{L^1(V)}^\theta, \tag{2.2.41}$$

然后论断 (2.2.37) 可以从 (2.2.39) 式, (2.2.41) 式推出.

第 5 步. 接着断言

$$\text{对每一个固定的} \varepsilon > 0, \text{序列} \{u_m^\varepsilon\}_{m=1}^\infty \text{一致有界且等度连续}. \tag{2.2.42}$$

事实上, 如果 $\boldsymbol{x} \in \mathbb{R}^n$, 则

$$|u_m^\varepsilon(\boldsymbol{x})| \leqslant \int_{B(\boldsymbol{x},\varepsilon)} \rho_\varepsilon(\boldsymbol{x}-\boldsymbol{y}) |u_m(\boldsymbol{y})| \mathrm{d}\boldsymbol{y} \leqslant \|\rho_\varepsilon\|_{L^\infty(\mathbb{R}^n)} \|u_m\|_{L^1(V)} \leqslant \frac{C}{\varepsilon^n} < +\infty, \quad \forall m = 1, 2\cdots.$$

类似地有

$$\begin{aligned}|\mathrm{D}u_m^\varepsilon(\boldsymbol{x})| &\leqslant \int_{B(\boldsymbol{x},\varepsilon)} |\mathrm{D}\rho_\varepsilon(\boldsymbol{x}-\boldsymbol{y})| |u_m(\boldsymbol{y})| \mathrm{d}\boldsymbol{y} \\ &\leqslant \|\mathrm{D}\rho_\varepsilon\|_{L^\infty(\mathbb{R}^n)} \|u_m\|_{L^1(V)} \leqslant \frac{C}{\varepsilon^{n+1}} < +\infty, \quad \forall m = 1, 2\cdots.\end{aligned}$$

论断 (2.2.42) 容易从这两估计中导出.

第 6 步. 现在固定 $\delta > 0$, 将证明存在子列 $\{u_{m_j}\}_{j=1}^\infty \subset \{u_m\}_{m=1}^\infty$, 使得

$$\lim_{j,k\to\infty} \sup \|u_{m_j} - u_{m_k}\|_{L^q(V)} \leqslant \delta. \tag{2.2.43}$$

为证之, 先用论断 (2.2.37) 来选 $\varepsilon > 0$ 适当小, 使得

$$\|u_m^\varepsilon - u_m\|_{L^q(V)} \leqslant \frac{\delta}{2}, \quad \forall m = 1, 2, \cdots. \tag{2.2.44}$$

注意 $\{u_m\}$ 及 $\{u_m^\varepsilon\}$ 在 $V \subset \mathbb{R}^n$ 有紧支集, 因此由 (2.2.42) 式和 Arzela-Ascoli 紧性准则知存在 $\{u_{m_j}\}_{j=1}^\infty \subset \{u_m\}_{j=1}^\infty$ 在 V 上一致连续, 于是

$$\lim_{j,k\to\infty} \sup \left\|u_{m_j}^\varepsilon - u_{m_k}^\varepsilon\right\|_{L^q(V)} = 0. \tag{2.2.45}$$

由 (2.2.44) 式, (2.2.45) 式可得

$$\lim_{j,k\to\infty} \sup \|u_{m_j} - u_{m_k}\|_{L^q(V)} \leqslant \delta.$$

这证明了 (2.2.43) 式.

第 7 步. 在论断 (2.2.43) 中取 $\delta=1,\dfrac{1}{2},\dfrac{1}{3},\cdots$, 使用标准的对角法讨论可选取子列 $\{u_{m_l}\}_{l=1}^{\infty}\subset\{u_m\}_{m=1}^{\infty}$ 满足

$$\lim_{j,k\to\infty}\sup\|u_{m_l}-u_{m_k}\|_{L^q(V)}=0.$$

由 $L^q(V)$ 的完备性知 $\{u_{m_l}\}_{l=1}^{\infty}$ 的收敛性.

上述结论可以推广到更一般的结论.

定理 2.17(一般的 Rellich-Kondrachov 紧性定理) 设 Ω 是 $\mathbb{R}^n$ 中的一个区域, Ω_0 是 Ω 的有界子区域, Ω_0^k 是 Ω_0 与 $\mathbb{R}^n$ 中一个 $k(1\leqslant k\leqslant n)$ 维超平面的交集. 又设 j,m 是整数, $j\geqslant 0,m\geqslant 1,p$ 是实数, $1\leqslant p<\infty$.

(1) 设 Ω 有界具有锥性质或 $\partial\Omega\in C^m$, 则

(i) $W^{j+m,p}(\Omega)\subsetneq\subsetneq W^{j,q}(\Omega_0^k)$, $\quad 0<n-mp<k\leqslant n,1\leqslant q<\dfrac{kp}{n-mp}$;

(ii) $W^{j+m,p}(\Omega)\subsetneq\subsetneq W^{j,q}(\Omega_0^k)$, $\quad mp=n,1\leqslant k\leqslant n,1\leqslant q<\infty$;

(iii) $W^{j+m,p}(\Omega)\subsetneq\subsetneq C_B^j(\Omega_0)$, $\quad mp>n$;

(iv) $W^{j+m,p}(\Omega)\subsetneq\subsetneq W^{j,q}(\Omega_0^k)$, $\quad mp>n,1\leqslant q\leqslant\infty$;

(2) 设 $\partial\Omega\in C^m$, 则

(i) $W^{j+m,p}(\Omega)\subsetneq\subsetneq C^j(\overline{\Omega_0})$, $\quad mp>n$;

(ii) $W^{j+m,p}(\Omega)\subsetneq\subsetneq C^{j,\lambda}(\overline{\Omega_0})$, $\quad mp>n\geqslant(m-1)p,0<\lambda<m-\dfrac{n}{p}$.

(3) 将上述结论中的 W 换为 W_0, 则对 $\mathbb{R}^n$ 中任意区域 Ω, 上述嵌入都是紧的.

注 2.50 如果 Ω 是有界的, 定理叙述中的 Ω_0 可以等于 Ω. 但当 Ω_0 为无界区域时, 上述紧嵌入结论不成立, 同时嵌入 $W_0^{j+m,p}(\Omega)\subsetneq W^{j,q}(\Omega)$ 也不是紧的.

注 2.51 当 Ω 有界, $\partial\Omega\in C^1$ 时, 对任意 $1\leqslant p\leqslant\infty$, 嵌入 $W^{1,p}(\Omega)\subset L^p(\Omega)$ 总是紧的 (使用 (1)(i)(ii)(iv)). 同理, 对任意 $m>0,1\leqslant p\leqslant\infty$, 嵌入 $W^{m+1,p}(\Omega)\subset W^{m,p}(\Omega)$ 也总是紧的.

注 2.52 一般的临界嵌入也都不是紧的, 如当 $p>n$ 时, 嵌入

$$W^{1,p}(\mathbb{R}^n)\subsetneq C^{0,\gamma}(\mathbb{R}^n),\quad \gamma=1-\frac{n}{p}$$

不是紧的.

2.2.8 Poincaré 不等式

现在显示怎样用前面的紧性论断推出一个重要的不等式, 即 Poincaré 不等式. 注意这个不等式是否成立与区域的有界性有关.

记号 $u_\Omega=\dfrac{1}{|\Omega|}\displaystyle\int_\Omega u(\boldsymbol{y})\,\mathrm{d}\boldsymbol{y}$ 表示 u 在 Ω 上的平均, 其中, $|\Omega|$ 表示区域 Ω 的体

积 (Lebesgue 测度).

定理 2.18(Poincaré 不等式) 设 Ω 是 $\mathbb{R}^n$ 中的有界开子集, $\partial\Omega \in C^1$, 又设 $1 \leqslant p \leqslant +\infty$, 则存在与 u 无关的常数 $C = C(n,p,\Omega) > 0$, 使得

$$\|u - u_\Omega\|_{L^p(\Omega)} \leqslant C\|\mathrm{D}u\|_{L^p(\Omega)} \tag{2.2.46}$$

对每一个函数 $u \in W^{1,p}(\Omega)$ 成立.

注 2.53 (2.2.46) 式的重要性在于其右边只有 u 的梯度出现, 而不是 $W^{1,p}(\Omega)$ 范数出现.

证明 (反证法) 假设论断不对, 则 $\forall k = 1,2,\cdots$, 存在 $u_k \in W^{1,p}(\Omega)$ 满足

$$\|u_k - (u_k)_\Omega\|_{L^p(u)} > k\|\mathrm{D}u_k\|_{L^p(\Omega)}. \tag{2.2.47}$$

定义

$$\nu_k = \frac{u_k - (u_k)_\Omega}{\|u_k - (u_k)_\Omega\|_{L^p(\Omega)}}, \quad k = 1,2\cdots,$$

则

$$(\nu_k)_\Omega = 0, \quad \|\nu_k\|_{L^p(\Omega)} = 1 \tag{2.2.48}$$

且 (2.2.47) 式暗含

$$\|\mathrm{D}\nu_k\|_{L^p(\Omega)} < \frac{1}{k}, \quad k = 1,2\cdots. \tag{2.2.49}$$

特别 $\{\nu_k\}_{k=1}^\infty$ 在 $W^{1,p}(\Omega)$ 中有界. 由紧性结论对任意 $1 \leqslant p \leqslant \infty$, 嵌入 $W^{1,p}(\Omega) \subset L^p(\Omega)$ 总是紧的知存在子列 $\{v_{k_j}\}_{j=1}^\infty$ 和 $\nu \in L^p(\Omega)$,

$$\nu_{k_j} \to \nu \quad 在L^p(\Omega)中强收敛. \tag{2.2.50}$$

由 (2.2.48) 式知

$$\nu_\Omega = 0, \quad \|\nu\|_{L^p(\Omega)} = 1. \tag{2.2.51}$$

另一方面, 使用 (2.2.49) 式, (2.2.50) 式可知对每一个 $i = 1,\cdots,n, v$ 和 $\phi \in C_0^\infty(\Omega)$ 有

$$\int_\Omega v\phi_{x_i}\mathrm{d}\boldsymbol{x} = \lim_{k_j\to\infty}\int_\Omega v_{k_j}\phi_{x_j}\mathrm{d}\boldsymbol{x} = -\lim_{k_j\to\infty}\int_\Omega v_{k_jx_j}\phi\mathrm{d}\boldsymbol{x} = 0.$$

于是 $\nu \in W^{1,p}(\Omega)$ 且 $\mathrm{D}\nu = 0$, a.e 于 Ω, 于是 ν 是常数. 再由 (2.2.51) 式中 $\nu_\Omega = 0$ 知 $\nu \equiv 0$, a.e 于 Ω, 这与 $\|\nu\|_{L^p(\Omega)} \equiv 1$ 矛盾. 于是 (2.2.46) 式成立.

特别当 $\Omega = B(x,r)$ 时有

推论 2.5(球上的 Poincaré 不等式) 设 $1 \leqslant p \leqslant +\infty$, 则存在常数 $C = C(n,p)$, 使得

$$\left\|u - (u)_{B(\boldsymbol{x},r)}\right\|_{L^p(B(\boldsymbol{x},r))} \leqslant C(n,p)\, r \|\mathbf{D}u\|_{L^p(B(\boldsymbol{x},r))} \tag{2.2.52}$$

对任意开球 $B(\boldsymbol{x},r) \subset \mathbb{R}^n$ 和 $u \in W^{1,p}(B(\boldsymbol{x},r))$.

证明 (1) 情形 Ω 为开单位球 $B(0,1)$ 时, 由定理 2.18 可得结论.

(2) 一般情形. 如果 $u \in W^{1,p}(B(\boldsymbol{x},r))$, 记

$$\nu(\boldsymbol{y}) = u(\boldsymbol{x} + r\boldsymbol{y}), \quad \boldsymbol{y} \in B(0,1),$$

则

$$\nu \in W^{1,p}(B(0,1))$$

且

$$\left\|\nu - (\nu)_{B(0,1)}\right\|_{L^p(B(0,1))} \leqslant C\|\mathbf{D}\nu\|_{L^p(B(0,1))}, \quad C = C(n,p).$$

换回原变量 $\boldsymbol{x}$, 即得 (2.2.52) 式.

注 2.54 若 $u \in W_0^{1,p}(\Omega)$, 则

$$\|u\|_{L^p(\Omega)} \leqslant C(n,p,\Omega)\|\mathbf{D}u\|_{L^p(\Omega)}.$$

证明 只证明 $p=2$ 情形, 对于一般情形可以类似地证明. 设 $u \in C_0^\infty(\Omega)$, 令 u 在 Ω 外取 0 值, 则 $u \in C_0^\infty(\mathbb{R}^n)$. 不妨设 $\Omega = \{(\boldsymbol{x}', x_n) \,|\, a < x_n < a+b\}$ (Ω 为一带形区域).

因为 $u(\boldsymbol{x}',t)$ 在 $t \notin (a, a+b)$ 时为 0, 故由 Newton-Leibniz 公式得

$$u(\boldsymbol{x}', x_n) = \int_a^{x_n} \mathrm{D}_n u(\boldsymbol{x}', t)\,\mathrm{d}t,$$

由 Cauchy-Schwarz 不等式得

$$|u(\boldsymbol{x}', x_n)|^2 \leqslant b\int_a^{a+b} |\mathrm{D}_n u(\boldsymbol{x}',t)|^2 \mathrm{d}t.$$

对 $x_n \in (a, a+b)$ 积分可得

$$\int_a^{a+b} |u(\boldsymbol{x}', x_n)|^2\,\mathrm{d}x_n \leqslant b^2 \int_a^{a+b} |\mathrm{D}_n u(\boldsymbol{x}',t)|^2\,\mathrm{d}t,$$

再对 $\boldsymbol{x}'$ 积分得

$$\int_\Omega |u(\boldsymbol{x})|^2\,\mathrm{d}\boldsymbol{x} \leqslant b^2 \int_\Omega |\mathrm{D}_n u(\boldsymbol{x})|^2\,\mathrm{d}\boldsymbol{x} \leqslant b^2 \int_\Omega |\mathbf{D}u|^2\,\mathrm{d}\boldsymbol{x},$$

即

$$\|u\|_{L^2} \leqslant b\,\|\mathbf{D}u\|_{L^2}.$$

由逼近定理知对 $u \in W_0^{1,2}(\Omega) = H_0^1(\Omega)$ 成立.

注 2.55 由 Poincaré 不等式可以推导 $W_0^{m,p}(\Omega)$ 上的一个等价范数, 即 $W_0^{m,p}(\Omega)$ 的范数 $\|\cdot\|_{m,p,\Omega}$ 与范数 $|\cdot|_{m,p,\Omega} = \left(\sum_{|\boldsymbol{\alpha}|=m} \|\mathrm{D}^{\boldsymbol{\alpha}}u\|_{0,p,\Omega}\right)^{\frac{1}{p}}$ 等价. 事实上, 假设 $\Omega \subset \mathbb{R}^n$ 是一个有界区域, 或 Ω 是夹在两个平行的超平面之间 (称 Ω 为有限宽的). 不妨设 $\Omega = \{(\boldsymbol{x}', x_n)\,|a < x_n < a+b\}$. 对任意 $u \in C_0^\infty(\Omega)$ 有

$$u(\boldsymbol{x}', x_n) = \int_a^{x_n} \mathrm{D}_n u(\boldsymbol{x}', t)\,\mathrm{d}t.$$

由 Hölder 不等式得

$$\begin{aligned}
\|u\|_p^p &= \int_{\mathbb{R}^{n-1}} \mathrm{d}\boldsymbol{x}' \int_a^{a+b} |u(\boldsymbol{x}', x_n)|^p\,\mathrm{d}x_n \\
&\leqslant \int_{\mathbb{R}^{n-1}} \mathrm{d}\boldsymbol{x}' \int_a^{a+b} t^{p-1}\mathrm{d}t \int_a^{a+b} |\mathrm{D}_n u(\boldsymbol{x}', t)|^p\,\mathrm{d}t \\
&\leqslant \frac{b^p}{p} \int_\Omega |\mathbf{D}u|^p \mathrm{d}x \\
&\leqslant \frac{b^p}{p} |u|_{1,p,\Omega},
\end{aligned}$$

对 $\mathrm{D}^\alpha u(|\alpha| \leqslant m-1)$ 连续地使用上面的不等式可得

$$|u|_{m,p,\Omega} \leqslant \|u\|_{m,p,\Omega} \leqslant K|u|_{m,p,\Omega}, \quad \forall u \in C_0^\infty(\Omega).$$

利用完备性可知上面不等式对任意 $u \in W_0^{m,p}(\Omega)$ 成立.

注 2.56 Poincaré 不等式对一般的无界区域不成立, 但对有限宽的无界区域成立.

推论 2.6 设 Ω 是 $\mathbb{R}^n$ 中的有界开子集, $\partial\Omega \in C^1$, $u \in W^{1,p}(\Omega), 1 \leqslant p \leqslant \infty$, $\mathbf{D}u = 0$, 则 $u = C$, a.e. 于 Ω, 其中, C 为某个常数.

2.2.9 差商与 Sobolev 空间

1. 差商与 $W^{1,p}$ 空间

当研究偏微分方程时, 需要用差商来近似弱导数, 以便得到解的正则性 (即光滑性).

设 $u : \Omega \to \mathbb{R}$ 是局部可积函数且 $\Omega' \subset\subset \Omega, \Omega$ 有界, 其边界为 $\partial\Omega$.

定义 2.33 (1) 称

$$\mathrm{D}_i^h u(\boldsymbol{x})=\frac{u(\boldsymbol{x}+h\boldsymbol{e}_i)-u(\boldsymbol{x})}{h},\ i=1,2\cdots,\ \boldsymbol{x}\in\Omega',\quad h\in\mathbb{R},0<|h|<\mathrm{dist}(\Omega',\partial\Omega)$$

为 u**在第**i**个方向高为**h**的差商**.

(2) $\mathbf{D}^h u=(\mathrm{D}_1^h u,\cdots,\mathrm{D}_n^h u)$**称为**$u$**的差商**.

定理 2.19(差商与弱导数的关系) (1) 设 $1\leqslant p<+\infty, u\in W^{1,p}(\Omega)$, 则对任意 $\Omega'\subset\subset\Omega$ 有

$$\left\|\mathbf{D}^h u\right\|_{L^p(\Omega')}\leqslant C\left\|\mathbf{D}u\right\|_{L^p(\Omega)} \tag{2.2.53}$$

对某个常数 C 和所有的 $0<|h|<\frac{1}{2}\mathrm{dist}(\Omega',\partial\Omega)$;

(2) 设 $1<p<+\infty, u\in L^p(\Omega')$ 且存在 $C>0$, 使得

$$\left\|\mathbf{D}^h u\right\|_{L^p(\Omega')}\leqslant C \tag{2.2.54}$$

对所有的 $0<|h|<\frac{1}{2}\mathrm{dist}(\Omega',\partial\Omega)$, 则 $u\in W^{1,p}(\Omega')$ 且 $\|\mathbf{D}u\|_{L^p(\Omega')}\leqslant C$.

注 2.57 论断 (2) 对 $p=1$ 时是错的 (有反例).

证明 第 1 步. 设 $1\leqslant p<\infty$, 也设 u 是光滑的. 现对任意 $\boldsymbol{x}\in\Omega, i=1,2\cdots,n, 0<|h|<\frac{1}{2}\mathrm{dist}(\Omega',\partial\Omega)$ 有

$$u(\boldsymbol{x}+h\boldsymbol{e}_i)-u(\boldsymbol{x})=\int_0^1 u_{x_i}(\boldsymbol{x}+th\boldsymbol{e}_i)\mathrm{d}t\cdot h\boldsymbol{e}_i,$$

因此

$$|u(\boldsymbol{x}+h\boldsymbol{e}_i)-u(\boldsymbol{x})|\leqslant|h|\int_0^1|\mathbf{D}u(\boldsymbol{x}+th\boldsymbol{e}_i)|\mathrm{d}t.$$

这样

$$\begin{aligned}\int_{\Omega'}\left|\mathbf{D}^h u\right|^p\mathrm{d}\boldsymbol{x}&\leqslant C\sum_{i=1}^n\int_{\Omega'}\int_0^1|\mathbf{D}u(\boldsymbol{x}+th\boldsymbol{e}_i)|^p\,\mathrm{d}t\mathrm{d}\boldsymbol{x}\\&\leqslant C\sum_{i=1}^n\int_0^1\int_{\Omega'}|\mathbf{D}u(\boldsymbol{x}+th\boldsymbol{e}_i)|^p\,\mathrm{d}\boldsymbol{x}\mathrm{d}t\\&\leqslant C\sum_{i=1}^n\int_0^1\int_{\Omega}|\mathbf{D}u|^p\,\mathrm{d}\boldsymbol{x}\mathrm{d}t\leqslant C\int_{\Omega}|\mathbf{D}u|^p\mathrm{d}\boldsymbol{x}.\end{aligned}$$

由光滑逼近可知此式对 $u\in W^{1,p}(\Omega)$ 也对, 从而结论 (2.2.53) 式成立.

第 2 步. 设 (2.2.54) 式对 $0<|h|<\frac{1}{2}\mathrm{dist}(\Omega',\partial\Omega)$ 和某个常数 C 成立, 取 $\phi\in C_0^\infty(\Omega')$, 对适当小的 h 有

$$\int_{\Omega'}u(\boldsymbol{x})\frac{\phi(\boldsymbol{x}+h\boldsymbol{e}_i)-\phi(\boldsymbol{x})}{h}\mathrm{d}\boldsymbol{x}=-\int_{\Omega'}\frac{u(\boldsymbol{x})-u(\boldsymbol{x}-h\boldsymbol{e}_i)}{h}\phi(\boldsymbol{x})\mathrm{d}\boldsymbol{x},$$

即差商分部积分公式

$$\int_{\Omega'} u\mathrm{D}_i^h\phi\mathrm{d}\boldsymbol{x} = -\int_{\Omega'} \mathrm{D}_i^{-h}u\phi\mathrm{d}\boldsymbol{x}$$

由估计式 (2.2.54) 知

$$\sup_h \left\|\mathrm{D}_i^{-h}u\right\|_{L^p(\Omega')} < +\infty.$$

于是由于 $1 < p < +\infty$, 由 L^p 中的弱收敛知存在 $\nu_i \in L^p(\Omega')$ 及 $h_k \to 0(k \to \infty)$, 使得

$$\mathrm{D}_i^{-h_k}u \rightharpoonup \nu_i \text{在} L^p(\Omega') \text{中弱收敛}.$$

这样

$$\int_{\Omega'} u\phi_{x_i}\mathrm{d}\boldsymbol{x} = \lim_{h_k\to 0}\int_{\Omega'} u\mathrm{D}_i^{h_k}\phi\mathrm{d}\boldsymbol{x} = -\lim_{h_k\to 0}\int_{\Omega'} \mathrm{D}_i^{-h_k}u\cdot\phi\mathrm{d}\boldsymbol{x} = -\int_{\Omega'}\nu_i\phi\mathrm{d}\boldsymbol{x}.$$

注意这里用到 $\left\|\mathbf{D}^h\phi\right\|_{L^p(\Omega')} \leqslant C\left\|\mathbf{D}\phi\right\|_{L^p(\Omega)} < +\infty, \forall\phi \in C_0^\infty(\Omega')$ 及任意适当小的 h. 于是 $\nu_i = u_{x_i}$, 从而 $\mathbf{D}u \in L^p(\Omega')$, 又 $u \in L^p(\Omega')$, 所以 $u \in W^{1,p}(\Omega')$.

最后使用 L^p 范数关于弱收敛的下半连续性知对任意的 $\Omega' \subset\subset \Omega$ 有

$$\left\|\nu_i\right\|_{L^p(\Omega')} \leqslant \varliminf_{h_k\to 0}\left\|\mathrm{D}_i^{-h_k}u\right\|_{L^p(\Omega')} \leqslant C < +\infty,$$

故

$$\left\|\mathbf{D}u\right\|_{L^p(\Omega')} \leqslant C < +\infty.$$

2. Lipschitz连续函数与$W^{1,\infty}(\Omega)$

使用差商技巧, 可以用 Lipschitz 连续函数来刻画 Sobolev 空间 $W^{1,\infty}(\Omega)$ 如下:

定理 2.20($W^{1,\infty}$的刻画) 设 Ω 是有界开集, $\partial\Omega \in C^1$, 则 $u : \Omega \to \mathbb{R}$ 是 Lipschitz 连续函数的充要条件是 $u \in W^{1,\infty}(\Omega)$.

证明 参见文献 (Evans, 1998).

2.2.10 时空 Sobolev 空间

下面介绍一些关于时间的 Sobolev 空间, 这些空间将在发展型 (抛物型和双曲型等) 偏微分方程解的研究中发挥重要的作用.

设 $I = (0,T), 0 < T < \infty$, $\Omega_T = \Omega \times (0,T)$, X 是实 Banach 空间, 其范数为 $\|\cdot\|_X$.

定义 2.34 (1) 映射 $f : t \in I \mapsto f(t) \in X$ 称为**定义在I上, 取值在 Banach 空间X的抽象函数或函数**, 简记为 $f : I \mapsto X$;

(2) 如果函数 $f: I \mapsto X$ 在 t_0 满足 $\|f(t)-f(t_0)\|_X \to 0(t\to t_0)$, 则称 f 在 $t=t_0$**连续**. 如果 f 在区间 I 的每一点皆连续, 则称 **f在区间I上连续**;

(3) 如果在 $t_0\in I$, 存在 $b\in X$, 使得 $\left\|\dfrac{f(t_0+h)-f(t_0)}{h}-b\right\|_X \to 0(h\to 0)$, 则称 $f(t)$**在$t=t_0$可微**, b 叫做 $f(t)$ 在 t_0 的导数, 记为 $f'(t_0)=b$. 如果 f 在区间 I 的每一点皆可微, 则称 **f在区间I上可微**. 类似地, 可以定义 $f''(t),\cdots,f^{(n)}(t)$ 等.

例如, 给定二元函数 $f(x,t)=t\sin x$, 对 a.e. $t\in[0,\infty)$, $f(\cdot,t)\in L^2((0,2\pi))$, 故 $f(t)=f(\cdot,t)$ 是定义在 $[0,\infty)$ 上, 取值在 Banach 空间 $L^2((0,2\pi))$ 的抽象函数且 $f'(t)=\sin x$. 由此可以理解抽象函数为重写二元函数 $f(x,t)$,

$$f(x,t)=f\left[x\right](t): t\in I\to X \text{ 对于给定的} t\in I: f(t)\in X,$$

此时 $\|f(t)\|_X=g(t)$ 是定义在 I 上的函数.

定义 2.35 (1) 设 $\{A_i\}_{i=1}^{\infty}$ 是区间 I 的互不相交的有有限 Lebesgue 测度 $|A_i|$ 的一组子集, $\{b_i\}_{i=1}^{\infty}$ 是 X 中的一组点, 由 $f(t)=\sum\limits_{i=1}^{m}\chi_{A_i}(t)b_i$ 定义的 $I\mapsto X$ 上的函数称为**简单函数**, 这里 χ_{A_i} 表示集合 A_i 的特征函数, 它在 A_i 上取值为 1, 在 A_i 外取值为 0;

(2) 设映射 f 是 $I\mapsto X$ 上 a.e. 定义的 (抽象) 函数, 若在 I 上存在简单函数列 f_n, 使得 $\|f_n(t)-f(t)\|_X\to 0(n\to\infty)$ a.e. $t\in I$ 成立, 则**称f在I上强可测**. 若对任意的 $F\in X^*=X'$(X 的对偶空间), 数值函数 $F(f(t))=<F,f(t)>$ 可测, 则**称f在I上弱可测**;

(3) 设 $f(t)=\sum\limits_{i=1}^{m}\chi_{A_i}(t)b_i$ 是 I 到 X 上的简单函数, 则定义 f 在 I 上的 Bochner 积分为

$$\int_I f(t)\mathrm{d}t=\sum_{i=1}^{m}b_i|A_i|;$$

(4) 设 f 是 $I\mapsto X$ 上的函数, 若存在简单函数列 f_n, 满足

$$\|f_n(t)-f(t)\|_X\to 0 \text{ a.e.} t\in I,\quad \int_I\|f_n(t)-f(t)\|_X\mathrm{d}t\to 0, n\to\infty,$$

则称 **f在I上 Bochner 可积**且其 Bochner 积分为 $\displaystyle\int_I f(t)\mathrm{d}t=\lim_{n\to\infty}\int_I f_n(t)\mathrm{d}t$.

容易验证, Bochner 积分定义中的 f 强可测, 极限 $\displaystyle\lim_{n\to\infty}\int_I f_n(t)\mathrm{d}t$ 存在且不依赖于序列 f_n 的选取.

定理 2.21(Bochner)　强可测函数 f Bochner 可积的充要条件是 $\|f(t)\|_X$ 在 I 上 Lebesgue 可积, 而且 f 在 I 上 Bochner 可积, 则 $\left\|\int_I f(t)\mathrm{d}t\right\|_X \leqslant \int_I \|f(t)\|_X \mathrm{d}t$.

定理 2.21 的证明参见文献 (Yosida, 1965).

以 Bochner 积分作工具, 可以定义时空空间.

定义 2.36　(1) $L^p(\Omega_T)=\left\{u(\boldsymbol{x},t)|u(\boldsymbol{x},t)\text{在}\Omega_T\text{上可测且}\|u(\boldsymbol{x},t)\|_{L^p(\Omega_T)}<\infty\right\}$, 其中,

$$\|u(\boldsymbol{x},t)\|_{L^p(\Omega_T)}=\|u(\boldsymbol{x},t)\|_{p,\Omega_T}=\begin{cases}\left(\displaystyle\int_{\Omega_T}|u(\boldsymbol{x},t)|^p\mathrm{d}\boldsymbol{x}\mathrm{d}t\right)^{\frac{1}{p}}, & 1\leqslant p<\infty,\\ \displaystyle\operatorname*{ess\,sup}_{0\leqslant t\leqslant I}|u(\boldsymbol{x},t)|, & p=\infty;\end{cases}$$

(2) 空间

$$\begin{aligned}L^p(0,T;X)=\{&f:(0,T)\to X|\text{定义在}(0,T),\text{取值在}X\text{中的强可测函数且满足}\\ &\left(\int_0^T\|f(t)\|_X^p\,\mathrm{d}t\right)^{\frac{1}{p}}<+\infty,\text{如果}1\leqslant p<+\infty\text{或}\operatorname*{ess\,sup}_{0\leqslant t\leqslant T}\|f(t)\|_X\\ &<+\infty,\text{如果}p=+\infty\},\end{aligned}$$

其范数定义为 $\|f\|_{L^p(0,T;X)}=\begin{cases}\left(\displaystyle\int_0^T\|f(t)\|_X^p\mathrm{d}t\right)^{\frac{1}{p}}<+\infty, & 1\leqslant p<+\infty,\\ \displaystyle\operatorname*{ess\,sup}_{0\leqslant t\leqslant T}\|f(t)\|_X<+\infty, & p=+\infty.\end{cases}$

特别地, $L^2(0,T;L^2(\Omega))=L^2(\Omega\times I)$. 注意也可以定义 $f\in L^p(0,T;X)$ 如下:

设 f 在 I 上强可测, $p\geqslant 1$, 若 $\|f(t)\|_X\in L^p(I)$, 则称 $f\in L^p(0,T;X)$.

若对任意的 $I'\subset\subset I$ 有 $f\in L^p(I';X)$, 则记为 $f\in L^p_{\mathrm{loc}}(I;X)$.

定义 2.37　(1) 空间 $C([0,T];X)=\left\{\text{满足}\|f\|_{C([0,T];X)}=\max\limits_{0\leqslant t\leqslant T}\|f(t)\|_X<+\infty\text{的连续函数}f:[0,T]\to X\text{的全体}\right\}$, 对于非负整数 $k\geqslant 0$, 空间

$$C^k([0,T];X)=\left\{\begin{array}{l}\text{所有满足}\|f\|_{C^k([0,T];X)}=\displaystyle\sum_{i=0}^{k}\max_{0\leqslant t\leqslant T}\left\|f^{(i)}(t)\right\|_X<+\infty\\ \text{的直到}k\text{次连续可微函数}:[0,T]\to X\text{的全体}\end{array}\right\};$$

(2) 空间 $C^1([0,T];X)=\{\text{满足}\|f\|_{C^1([0,T];X)}=\max\limits_{0\leqslant t\leqslant T}(\|f(t)\|_X+\|f'(t)\|_X)<+\infty\text{的连续可微函数}f:[0,T]\to X\text{的全体}\}$;

(3) 空间 $C^{2k,k}\left(\overline{\Omega_T}\right)=\left\{f(\boldsymbol{x},t)|\mathrm{D}_t^r\mathrm{D}_{\boldsymbol{x}}^{\boldsymbol{s}}f\in C\left(\overline{\Omega_T}\right),\text{其中},2r+|\boldsymbol{s}|\leqslant 2k\right\}$, 其中, $r\geqslant 0,\boldsymbol{s}$ 为多重指标, 引入范数为

$$|f|_{\Omega_T}^{(2k)}=\sum_{0\leqslant 2r+|\boldsymbol{s}|\leqslant 2k}\max_{\Omega_T}|\mathrm{D}_t^r\mathrm{D}_{\boldsymbol{x}}^{\boldsymbol{s}}f|.$$

特别地, $C^{2,1}\left(\overline{\Omega_T}\right)=\left\{f(x,t)|f,f_{\boldsymbol{x}},f_t,f_{\boldsymbol{xx}}\in C\left(\overline{\Omega_T}\right)\right\}$;

(4) 空间 $C^{2k+\alpha,k+\frac{\alpha}{2}}\left(\overline{\Omega_T}\right)=\{f(\boldsymbol{x},t)|f\in C^{2k,k}\left(\overline{\Omega_T}\right),H_{\alpha,\frac{\alpha}{2}}\left(\mathrm{D}_t^r\mathrm{D}_{\boldsymbol{x}}^{\boldsymbol{s}}f\right)<\infty,2r+|\boldsymbol{s}|=2k\}$, 其中, $r\geqslant 0,\boldsymbol{s}$ 为多重指标, 引入范数

$$|f|_{\Omega_T}^{(2k+\alpha)}=\sum_{0\leqslant 2r+|\boldsymbol{s}|\leqslant 2k}\max_{\Omega_T}|\mathrm{D}_t^r\mathrm{D}_{\boldsymbol{x}}^{\boldsymbol{s}}f|+\sum_{2r+|\boldsymbol{s}|=2k}H_{\alpha,\frac{\alpha}{2}}(\mathrm{D}_t^r\mathrm{D}_{\boldsymbol{x}}^{\boldsymbol{s}}f),$$

其中, $H_{\alpha,\frac{\alpha}{2}}(f)=\sup\left\{\dfrac{|f(\boldsymbol{x},t)-f(\boldsymbol{y},s)|}{|\boldsymbol{x}-\boldsymbol{y}|^{\alpha}+|t-s|^{\frac{\alpha}{2}}}\middle|\boldsymbol{x},\boldsymbol{y}\in\Omega,s,t\in(0,T)\text{且}(\boldsymbol{x},s)\neq(\boldsymbol{y},t)\right\}$.

(5) 对于非负整数 $k\geqslant 0$, 空间

$$C^{k,\gamma}([0,T];X)=\left\{f(x,t)\left|\begin{array}{l}\|f\|_{C^{k,\gamma}([0,T];X)}=\displaystyle\sum_{0\leqslant l\leqslant k}\max_{0\leqslant t\leqslant T}\|\mathrm{D}_t^l u(\cdot,t)\|_X\\ +\displaystyle\sup_{\substack{t\neq s\\ t,s\in[0,T]}}\frac{\|\mathrm{D}_t^k u(\cdot,t)-\mathrm{D}_t^k u(\cdot,s)\|_X}{|t-s|^{\gamma}}<+\infty\end{array}\right.\right\};$$

(6) 对于非负整数 $m,k\geqslant 0$ 和实数 $\alpha,\gamma\in(0,1)$, 空间

$$C^{m+\alpha,k+\gamma}\left(\overline{\Omega_T}\right)=\left\{f\left|\begin{array}{l}f\in C^{k,\gamma}([0,T];C(\overline{\Omega}))\cap C([0,T];C^{m+\alpha}(\overline{\Omega})),\\ \|f\|_{C^{m+\alpha,k+\gamma}\left(\overline{\Omega_T}\right)}=\|f\|_{C^{k,\gamma}([0,T];C(\overline{\Omega}))}\\ \qquad+\|f\|_{C([0,T];C^{m+\alpha}(\overline{\Omega}))}<+\infty\end{array}\right.\right\}.$$

注意区别 $C([0,T];X)$ 和 $L^{\infty}(0,T;X)$, 二者是完全不同的. 显然 $f\in C([0,T];X)$ 等价于 $\lim\limits_{t\to t_0}\|f(t)\|_X=\|f(t_0)\|_X,\forall t_0\in[0,T]$. 而且, 可以证明当 $m=2k,\gamma=\dfrac{\alpha}{2}$ 时由 (4) 和 (6) 两种途径定义的空间 $C^{2k+\alpha,k+\frac{\alpha}{2}}\left(\overline{\Omega_T}\right)$ 是等价的, 其证明参考 (陈亚浙, 2003).

也可以引入 Sobolev 时空空间, 这需要引入弱导数, 区别于前面的导数.

定义 2.38 设 $u\in L^1(0,T;X)$, 称 $v\in L^1(0,T;X)$ 是 u 的弱导数, 记为 $u'=v$, 如果

$$\int_0^T u(t)\phi'(t)\mathrm{d}t=-\int_0^T v(t)\varphi(t)\mathrm{d}t,\quad\forall\phi\in C_0^{\infty}(0,T).$$

注 2.58 定义 2.38 中的积分为 Bochner 积分, 被积函数为抽象函数.

定义 2.39 (1) 空间 $W^{1,p}(0,T;X)=\{f\in L^p(0,T;X)\,|\,f'\in L^p(0,T;X)\}$ 赋以范数

$$\|f\|_{W^{1,p}(0,T;X)}=\begin{cases}\left(\int_0^T(\|f(t)\|_X^p+\|f'(t)\|_X^p\,\mathrm{d}t\right)^{\frac{1}{p}}<+\infty, & 1\leqslant p<+\infty,\\ \operatorname*{ess\,sup}_{0\leqslant t\leqslant T}(\|f(t)\|_X+\|f'(t)\|_X)<+\infty, & p=+\infty\end{cases}$$

后得到的空间, 称为 Sobolev 空间 $W^{1,p}(0,T;X)$;

(2) $H^1(0,T;X)=W^{1,2}(0,T;X)$;

(3) $W_p^{2k,k}(\Omega_T)=\{f(\boldsymbol{x},t)|f\in L^p(\Omega_T),\mathrm{D}_t^r\mathrm{D}_{\boldsymbol{x}}^{\boldsymbol{s}}f\in L^p(\Omega_T),\text{其中},2r+|\boldsymbol{s}|\leqslant 2k\}$, 其中, $r\geqslant 0,\boldsymbol{s}$ 为多重指标, 引入范数 $\|u\|_{p,\Omega_T}^{(2k)}=\sum\limits_{0\leqslant 2r+|\boldsymbol{s}|\leqslant 2k}\|\mathrm{D}_t^r\mathrm{D}_{\boldsymbol{x}}^{\boldsymbol{s}}u\|_{p,\Omega_T}$, 其中, $\|\mathrm{D}_t^r\mathrm{D}_{\boldsymbol{x}}^{\boldsymbol{s}}u\|_{p,\Omega_T}=\left(\int_0^T\int_n|\mathrm{D}_{\boldsymbol{t}}^r\mathrm{D}_{\boldsymbol{x}}^{\boldsymbol{s}}u|^p\,\mathrm{d}\boldsymbol{x}\mathrm{d}t\right)^{\frac{1}{p}}$.

类似地, 可以定义高阶的整数阶 Sobolev 空间 $W^{m,p}(0,T;X)$, 而且可以证明上面定义的空间都是 Banach 空间.

定理 2.22(抽象函数微积分) 设 $f\in W^{1,p}(0,T;X),1\leqslant p\leqslant\infty$, 则

(1) $f\in C([0,T];X)$, 这里是在嵌入意义下的连续函数;

(2) $f(t)=f(s)+\displaystyle\int_s^t f'(\tau)\mathrm{d}\tau,\forall 0\leqslant s\leqslant t\leqslant T$;

(3) 存在常数 $C=C(T)$, 使得

$$\max_{0\leqslant t\leqslant T}||f(t)||_X\leqslant C||f||_{W^{1,p}(0,T;X)}.$$

定理 2.23(特殊空间上的抽象微积分) 设 $u\in L^2(0,T;H_0^1(\Omega))$, $u'\in L^2(0,T;H^{-1}(\Omega))$, 则

(1) $u\in C([0,T];L^2(\Omega))$;

(2) 算子 $t\mapsto\|u(t)\|_{L^2(\Omega)}^2$ 是绝对连续的且

$$\frac{\mathrm{d}}{\mathrm{d}t}\|u(t)\|_{L^2(\Omega)}^2=2\langle u'(t),u(t)\rangle\quad\text{a.e. }0\leqslant t\leqslant T;$$

(3) 存在常数 $C=C(T)$, 使得

$$\max_{0\leqslant t\leqslant T}\|u(t)\|_{L^2(\Omega)}\leqslant C(\|u\|_{L^2(0,T;H_0^1(\Omega))}+\|u'\|_{L^2(0,T;H^{-1}(\Omega))}).$$

一般地,

定理 2.24(抽象微积分的一般结论)　设 Ω 是 $\mathbb{R}^n$ 中的有界开集, $\partial\Omega \in C^{m+2}$, m 为非负整数, 又设 $u \in L^2(0,T;H^{m+2}(\Omega))$, $u' \in L^2(0,T;H^m(\Omega))$, 则

(1) $u \in C([0,T];H^{m+1}(\Omega))$;

(2) 存在常数 $C = C(T,\Omega,m)$, 使得

$$\max_{0\leqslant t\leqslant T}\|u(t)\|_{H^{m+1}(\Omega)} \leqslant C(\|u\|_{L^2(0,T;H^{m+2}(\Omega))} + \|u\|_{L^2(0,T;H^m(\Omega))}).$$

定理 2.22～ 定理 2.24 的证明参见文献 (Evans, 1998).

命题 2.22(Lions-Aubin 引理)　设 B_0, B, B_1 是三个 Banach 空间, B_0, B_1 是自反空间, $B_0 \subset B \subset B_1$, B_0 可以紧嵌入到 B(即 B_0 中的有界集在 B 中是紧的), 记

$$W = \left\{ v |\, v \in L^{p_0}(0,T;B_0), \frac{\partial v}{\partial t} \in L^{p_1}(0,T;B_1) \right\},\ T为有限, 1 < p_i < +\infty, i = 0,1,$$

则嵌入 $W \to L^{p_0}(0,T;B)$ 是紧的 (紧的也称为致密的).

作为这一节的结束, 给出广义抽象函数的定义.

定义 2.40　$C_0^\infty(I) \mapsto X$ 的一个连续线性映射 f 称为一个 X 值广义函数. f 在 $\varphi \in C_0^\infty(I)$ 的取值记为 $f(\varphi) = \langle f, \varphi\rangle$. 此时的广义函数实际上是泛函的推广. X 值广义函数组成的空间记作 $\wp'(I;X)$. 定义 $f \in \wp'(I;X)$ 的广义导数 f' 为

$$\langle f', \varphi\rangle = -\langle f, \varphi'\rangle, \quad \forall\varphi \in C_0^\infty(I).$$

例 2.16　设 $f \in L^1_{\text{loc}}(I;X)$, 映射 $\varphi \mapsto \int_I \varphi(t)f(t)\mathrm{d}t$ 定义一个 $C_0^\infty(I) \mapsto X$ 的线性连续映射, 从而是一个 X 值广义函数, 仍记为 f, 即 $f(\varphi) = \langle f, \varphi\rangle = \int_I \varphi(t)f(t)\mathrm{d}t$.

2.3　$L^2(\mathbb{R}^n)$ 中的 Fourier 变换

前面学习的 Sobolev 空间 H^m, 要求 m 是整数 (可以求整数阶导数). 如何定义分数阶导数的 Sobolev 空间 $H^s = W^{s,2}$(s 为分数)? 定义的基本工具是 $L^2(\mathbb{R}^n)$ 中的 Fourier 变换. 为此先给出速降函数空间的定义.

定义 2.41　称函数集

$$S = \left\{u \in C^\infty(\mathbb{R}^n) \,\middle|\, \forall\boldsymbol{\alpha},\boldsymbol{\beta} \in \mathbb{Z}_+^n, \left|\boldsymbol{x}^{\boldsymbol{\beta}}\ \mathbf{D}^{\boldsymbol{\alpha}}u\ \right| \leqslant M_{\boldsymbol{\alpha\beta}}, \forall\boldsymbol{x} \in \mathbb{R}^n \right\}$$

为速减函数集, 其中, $M_{\boldsymbol{\alpha\beta}}$ 表示一个正常数. S 中的函数称为速减函数, 也记为 $S = S(\mathbb{R}^n)$.

注 2.59 速降函数是 C^∞ 函数类中任何阶导数都以任意代数阶衰减速率减到 0 的函数.

注 2.60 速降条件 $\forall \boldsymbol{\alpha}, \boldsymbol{\beta} \in \mathbb{Z}_+^n, \left|\boldsymbol{x}^{\boldsymbol{\beta}} \mathrm{D}^{\boldsymbol{\alpha}} u\right| \leqslant M_{\boldsymbol{\alpha\beta}}, \forall \boldsymbol{x} \in \mathbb{R}^n$ 等价于下列条件之一:

(1) 对任意非负整数 k 与多重指标 $\boldsymbol{\alpha} \in \mathbb{Z}_+^n$, $\left(1+|\boldsymbol{x}|^2\right)^k \mathrm{D}^{\boldsymbol{\alpha}} u$ 在 $\mathbb{R}^n$ 上有界;

(2) 对任意非负整数 k 及任意多重指标 $\boldsymbol{\alpha} \in \mathbb{Z}_+^n$, $\lim\limits_{|\boldsymbol{x}| \to \infty} \left\|\left(1+|\boldsymbol{x}|^2\right)^k \mathrm{D}^{\boldsymbol{\alpha}} u\right\| = 0$.

事实上, 由 (2) 知 $\left(1+|x|^2\right)^k \mathrm{D}^{\boldsymbol{\alpha}} u$ 在 $\mathbb{R}^n$ 上有界, 即 (1) 成立. 反之, 若 (1) 成立, 由于

$$
\begin{aligned}
\left(1+|\boldsymbol{x}|^2\right)^k \mathrm{D}^{\boldsymbol{\alpha}} u &= \frac{1}{|\boldsymbol{x}|^2} \sum_{i=1}^n x_i^2 \left(1+|\boldsymbol{x}|^2\right)^k \mathrm{D}^{\alpha} u \\
&\leqslant \frac{1}{|\boldsymbol{x}|^2} \left(1+|\boldsymbol{x}|^2\right)^k \mathrm{D}^{\boldsymbol{\alpha}} u \leqslant \frac{M_{\boldsymbol{\alpha\beta}}}{|\boldsymbol{x}|^2} \to 0, \quad |x| \to \infty,
\end{aligned}
$$

即 (2) 成立. 于是 (1) 与 (2) 等价.

又由于只要 $|\boldsymbol{x}| > 1$ 时有

$$
|\boldsymbol{x}|^{2k} < \left(1+|\boldsymbol{x}|^2\right)^k < 2^k |\boldsymbol{x}|^{2k},
$$

于是 $\boldsymbol{x}^{\boldsymbol{\beta}} \mathrm{D}^{\boldsymbol{\alpha}} u$ 在 $\mathbb{R}^n$ 上的有界性与 $(1+|\boldsymbol{x}|^2)^k \mathrm{D}^{\boldsymbol{\alpha}} u$ 在 $\mathbb{R}^n$ 上的有界性等价.

例 2.17 $\mathrm{e}^{-|\boldsymbol{x}|^2} \in S(\mathbb{R}^n)$.

事实上, 对任意多重指标 $\boldsymbol{\alpha}, \boldsymbol{\beta} \in \mathbb{Z}_+^n$, $\boldsymbol{x}^{\boldsymbol{\beta}} \mathrm{D}^{\boldsymbol{\alpha}} (\mathrm{e}^{-|\boldsymbol{x}|^2})$ 都是形如 $C_\gamma \boldsymbol{x}^\gamma \mathrm{e}^{-|\boldsymbol{x}|^2}$ 的项之和. 当 $|\boldsymbol{x}| \to \infty$ 时 $|\boldsymbol{x}|^\gamma \mathrm{e}^{-|\boldsymbol{x}|^2} \to 0$. 于是 $|\boldsymbol{x}^\gamma \mathrm{e}^{-|\boldsymbol{x}|^2}| \leqslant M_\gamma$, 故 $\mathrm{e}^{-|\boldsymbol{x}|^2} \in S(\mathbb{R}^n)$.

例 2.18 $C_0^\infty(\mathbb{R}^n) \subset S(\mathbb{R}^n) \subset C^\infty(\mathbb{R}^n)$. 这是因为 $C_0^\infty(\mathbb{R}^n)$ 中的函数在边界附近为 0, $\boldsymbol{x}^{\boldsymbol{\beta}} \mathrm{D}^{\boldsymbol{\alpha}} u$ 在边界附近为 0, 于是有界.

例 2.19 若 $u \in S(\mathbb{R}^n)$, 则 $\boldsymbol{x}^{\boldsymbol{\beta}} \mathrm{D}^{\boldsymbol{\alpha}} u \in S(\mathbb{R}^n)$ 且对任自然数 m 都有

$$
|u(\boldsymbol{x})| \leqslant M_{\boldsymbol{\alpha\beta}} |\boldsymbol{x}|^{-m}.
$$

这一性质被称为函数 u 以代数速率衰减.

例 2.20 对 $1 \leqslant p < +\infty, S(\mathbb{R}^n) \subset L^p(\mathbb{R}^n)$.

事实上, 设 $\phi \in S(\mathbb{R}^n)$, 则

$$
\begin{aligned}
\int_{\mathbb{R}^n} |\phi(\boldsymbol{x})|^p \mathrm{d}\boldsymbol{x} &= \int_{\mathbb{R}^n} \left(1+|\boldsymbol{x}|^2\right)^{-n-1} \left(1+|\boldsymbol{x}|^2\right)^{n+1} |\phi(\boldsymbol{x})|^p \mathrm{d}\boldsymbol{x} \\
&\leqslant \sup_{\mathbb{R}^n} \left(1+|\boldsymbol{x}|^2\right)^{n+1} |\phi(\boldsymbol{x})|^p \int_{\mathbb{R}^n} \left(1+|\boldsymbol{x}|^2\right)^{-n-1} \mathrm{d}\boldsymbol{x} < +\infty.
\end{aligned}
$$

注 2.61 S 在 $L^p\,(p\geqslant 1)$ 中是稠密的. 这是因为 $C_0^\infty(\mathbb{R}^n)\subset S(\mathbb{R}^n)\subset L^p(\mathbb{R}^n)$ 且 $C_0^\infty(\mathbb{R}^n)$ 在 $L^p(\mathbb{R}^n)$ 中稠密.

注 2.62 对于 $\{\varphi_v\}\subset S(\mathbb{R}^n)$, 说 $\{\varphi_v\}$ 在 $S(\mathbb{R}^n)$ 内当 $v\to\infty$ 时收敛于 0, 记作 $\varphi_v\to 0(S(\mathbb{R}^n))$, 是指对任意的多重指标 $\boldsymbol{\alpha},\boldsymbol{\beta}\in\mathbb{Z}_+^n$, $\sup\limits_{\mathbb{R}^n}|\boldsymbol{x}^{\boldsymbol{\beta}}\mathrm{D}^{\boldsymbol{\alpha}}(\varphi_v(\boldsymbol{x}))|\to 0(v\to\infty)$. $S(\mathbb{R}^n)$ 上的线性连续泛函的全体称为 $S'(\mathbb{R}^n)$ 广义函数. 比较 $S'(\mathbb{R}^n)$ 和 $\wp'(\mathbb{R}^n)$ 可得 $S'(\mathbb{R}^n)\subset\wp'(\mathbb{R}^n)$. 事实上, 若 $T\in S'(\mathbb{R}^n)$, 则 T 是定义在 $S(\mathbb{R}^n)$ 上的连续线性泛函, 由于 $C_0^\infty(\mathbb{R}^n)\subset S(\mathbb{R}^n)$, 所以对任意 $\varphi\in C_0^\infty(\mathbb{R}^n)$, 对偶积 $\langle T,\varphi\rangle$ 有意义, 而且如果 $\varphi_v\to 0(C_0^\infty(\mathbb{R}^n))$, 则 $\varphi_v\to 0(S(\mathbb{R}^n))$, 故 $\langle T,\varphi_v\rangle\to 0(v\to\infty)$, 即 T 是 $C_0^\infty(\mathbb{R}^n)$ 上的连续线性泛函, 这样就说明了 $T\in\wp'(\mathbb{R}^n)$. 所以, $S'(\mathbb{R}^n)\subset\wp'(\mathbb{R}^n)$. 下面进一步说明 $S'(\mathbb{R}^n)$ 一一对应于 $\wp'(\mathbb{R}^n)$ 的一个子集. 若在 $S'(\mathbb{R}^n)$ 中有两个元素 T_1,T_2 对应于 $\wp'(\mathbb{R}^n)$ 中的同一个元素 T, 则 $T_1-T_2\in S'(\mathbb{R}^n)$ 对应于 $\wp'(\mathbb{R}^n)$ 中的元素 0(线性映射). 因为 $S'(\mathbb{R}^n)\subset\wp'(\mathbb{R}^n)$, 所以 T_1-T_2 是 $\wp'(\mathbb{R}^n)$ 中的零元素, 即对任意 $\varphi\in C_0^\infty(\mathbb{R}^n),\langle T_1-T_2,\varphi\rangle=0$. 由于 $C_0^\infty(\mathbb{R}^n)$ 在 $S(\mathbb{R}^n)$ 中稠密, 故通过逼近可知对任意 $\varphi\in S(\mathbb{R}^n)$ 也有 $\langle T_1-T_2,\varphi\rangle=0$, 这说明 T_1-T_2 也是 $S'(\mathbb{R}^n)$ 中的零元素. 这就证明了包含映射 $S'(\mathbb{R}^n)\subset\wp'(\mathbb{R}^n)$ 是一一的. 对于 $T\in S'(\mathbb{R}^n)$ 时的对偶积 $\langle T,\varphi\rangle$ 有和 $T\in\wp'(\mathbb{R}^n)$ 时的对偶积 $\langle T,\varphi\rangle$ 有同样的表达式.

由于 $S(\mathbb{R}^n)\subset L^p(\mathbb{R}^n),p\geqslant 1$. 因此可对 $S(\mathbb{R}^n)$ 中函数定义 Fourier 变换.

定义 2.42 对 $u\in L^1(\mathbb{R}^n)$, 称函数

$$\hat{u}(\boldsymbol{\zeta})=Fu(\boldsymbol{\zeta})=(2\pi)^{-\frac{n}{2}}\int_{\mathbb{R}^n}u(\boldsymbol{x})\mathrm{e}^{-\mathrm{i}\boldsymbol{x}\boldsymbol{\zeta}}\mathrm{d}\boldsymbol{x} \tag{2.3.1}$$

为 u 的 Fourier 变换, 其中, $\boldsymbol{x}\boldsymbol{\zeta}=\boldsymbol{x}\cdot\boldsymbol{\zeta}=\sum\limits_{i=1}^n x_i\zeta_i$. 称

$$\check{\hat{u}}(\boldsymbol{x})=\check{F}\hat{u}(\boldsymbol{x})=(2\pi)^{-\frac{n}{2}}\int_{\mathbb{R}^n}\hat{u}(\boldsymbol{\zeta})\mathrm{e}^{\mathrm{i}\boldsymbol{x}\boldsymbol{\zeta}}\mathrm{d}\boldsymbol{\zeta}\text{为}\hat{u}(\boldsymbol{\zeta})$$

的 Fourier 逆变换.

注 2.63 有的书上不带积分因子 $(2\pi)^{-\frac{n}{2}}$, 此时

$$\check{\hat{u}}(\boldsymbol{x})=\check{F}\hat{u}(\boldsymbol{x})=(2\pi)^n\int_{\mathbb{R}^n}\hat{u}(\boldsymbol{\zeta})\mathrm{e}^{\mathrm{i}\boldsymbol{x}\boldsymbol{\zeta}}\mathrm{d}\boldsymbol{\zeta}.$$

例 2.21 证明 $F\left(\mathrm{e}^{-\frac{|\boldsymbol{x}|^2}{2}}\right)=\mathrm{e}^{-\frac{|\boldsymbol{\zeta}|^2}{2}}$.

证明

$$\begin{aligned}F\left(\mathrm{e}^{-\frac{|\boldsymbol{x}|^2}{2}}\right)&=(2\pi)^{-\frac{n}{2}}\int_{\mathbb{R}^n}e^{-\frac{|\boldsymbol{x}|^2}{2}}\mathrm{e}^{-\mathrm{i}\boldsymbol{x}\boldsymbol{\zeta}}\mathrm{d}\boldsymbol{x}=(2\pi)^{-\frac{n}{2}}\prod_{j=1}^n\int_{\mathbb{R}^1}\mathrm{e}^{-\frac{|t|^2}{2}}\mathrm{e}^{-\mathrm{i}t\zeta_j}\mathrm{d}t\\&=(2\pi)^{-\frac{n}{2}}\prod_{j=1}^n\int_{\mathbb{R}^1}\mathrm{e}^{-\frac{1}{2}(t+\mathrm{i}\zeta_j)^2}\mathrm{e}^{-\frac{\zeta_j^2}{2}}\mathrm{d}t=(2\pi)^{-\frac{n}{2}}\prod_{j=1}^n e^{-\frac{|\zeta_j|^2}{2}}\int_{\mathbb{R}^1}\mathrm{e}^{-\frac{1}{2}\zeta^2}\mathrm{d}\zeta\end{aligned}$$

$$= (2\pi)^{-\frac{n}{2}} \mathrm{e}^{-\frac{|\zeta|^2}{2}} \cdot (2\pi)^{\frac{n}{2}} = \mathrm{e}^{-\frac{|\zeta|^2}{2}}.$$

定理 2.25　若 $u \in S(\mathbb{R}^n)$, 则 $\hat{u} \in S(\mathbb{R}^n)$.

证明　设 $u \in S(\mathbb{R}^n)$, 则

$$\hat{u}(\boldsymbol{\zeta}) = (2\pi)^{-\frac{n}{2}} \int_{\mathbb{R}^n} u(\boldsymbol{x}) \mathrm{e}^{-\mathrm{i}\boldsymbol{x}\boldsymbol{\zeta}} \mathrm{d}\boldsymbol{x}.$$

在积分号下求微商可得

$$\begin{aligned}
\left|\boldsymbol{\zeta}^\beta \mathrm{D}_{\boldsymbol{\zeta}}^\alpha \hat{u}(\boldsymbol{\zeta})\right| &= \left| (2\pi)^{-\frac{n}{2}} \int_{\mathbb{R}^n} \boldsymbol{\zeta}^\beta u(\boldsymbol{x}) (-\mathrm{i}\boldsymbol{x})^\alpha \mathrm{e}^{-\mathrm{i}x\boldsymbol{\zeta}} \mathrm{d}\boldsymbol{x} \right| \\
&= \left|(2\pi)^{-\frac{n}{2}} \int_{\mathbb{R}^n} \boldsymbol{x}^\alpha u(\boldsymbol{x}) (-\mathrm{i}\boldsymbol{\zeta})^\beta \mathrm{e}^{-\mathrm{i}\boldsymbol{x}\boldsymbol{\zeta}} \mathrm{d}\boldsymbol{x}\right| \\
&= \left|(2\pi)^{-\frac{n}{2}} \int_{\mathbb{R}^n} \boldsymbol{x}^\alpha u(\boldsymbol{x}) \mathrm{D}_{\boldsymbol{x}}^\beta \left(\mathrm{e}^{-\mathrm{i}\boldsymbol{x}\boldsymbol{\zeta}} \mathrm{d}\boldsymbol{x}\right)\right|.
\end{aligned}$$

分部积分, 注意到 $\boldsymbol{x}^\alpha u(\boldsymbol{x})$ 的速降性 (任意阶导数 $|\boldsymbol{x}| \to \infty$ 时为 0) 得

$$\left|\boldsymbol{\zeta}^\beta \mathrm{D}_{\boldsymbol{\zeta}}^\alpha \hat{u}(\boldsymbol{\zeta})\right| = \left|(2\pi)^{-\frac{n}{2}} \int_{\mathbb{R}^n} \mathrm{D}_{\boldsymbol{x}}^\beta (\boldsymbol{x}^\alpha u(\boldsymbol{x})) \mathrm{e}^{-\mathrm{i}\boldsymbol{x}\boldsymbol{\zeta}} \mathrm{d}\boldsymbol{x}\right| \leqslant M_{\alpha\beta} < +\infty,$$

所以

$$\hat{u}(\boldsymbol{\zeta}) \in S(\mathbb{R}^n).$$

关于 Fourier 变换和 Fourier 逆变换, 有下面重要的关系.

定理 2.26　若 $u \in S$, 则 $\check{u}(\boldsymbol{x}) = u(\boldsymbol{x})$.

证明　第 1 步. 先证对任意 $u, \nu \in S$ 有

$$\int_{\mathbb{R}^n} \hat{u}(\boldsymbol{\zeta}) \nu(\varepsilon\boldsymbol{\zeta}) \mathrm{e}^{\mathrm{i}\boldsymbol{x}\boldsymbol{\zeta}} \mathrm{d}\boldsymbol{\zeta} = \int_{\mathbb{R}^n} u(\boldsymbol{x} + \varepsilon\boldsymbol{y}) \hat{\nu}(\boldsymbol{y}) \mathrm{d}\boldsymbol{y}. \tag{2.3.2}$$

事实上, 由 $\hat{u}$ 的定义知

$$\begin{aligned}
\text{(2.3.2)式的左边} &= \int_{\mathbb{R}^n} \nu(\varepsilon\boldsymbol{\zeta}) \mathrm{e}^{\mathrm{i}\boldsymbol{x}\boldsymbol{\zeta}} \int_{\mathbb{R}^n} (2\pi)^{-\frac{n}{2}} u(\boldsymbol{y}) \mathrm{e}^{-\mathrm{i}\boldsymbol{y}\boldsymbol{\zeta}} \mathrm{d}\boldsymbol{y} \mathrm{d}\boldsymbol{\zeta} \\
&= \int_{\mathbb{R}^n} \int_{\mathbb{R}^n} (2\pi)^{-\frac{n}{2}} \nu(\varepsilon\boldsymbol{\zeta}) \mathrm{e}^{-\mathrm{i}(\boldsymbol{y}-\boldsymbol{x})\boldsymbol{\zeta}} \mathrm{d}\boldsymbol{\zeta} \cdot u(\boldsymbol{y}) \mathrm{d}\boldsymbol{y} \\
&= \int_{\mathbb{R}^n} \int_{\mathbb{R}^n} (2\pi)^{-\frac{n}{2}} \nu(t) \mathrm{e}^{-\mathrm{i}\frac{\boldsymbol{y}-\boldsymbol{x}}{\varepsilon} t} \cdot \varepsilon^{-n} \mathrm{d}t \cdot u(\boldsymbol{y}) \mathrm{d}\boldsymbol{y} \\
&= \int_{\mathbb{R}^n} \hat{\nu}\left(\frac{\boldsymbol{y}-\boldsymbol{x}}{\varepsilon}\right) \varepsilon^{-n} u(\boldsymbol{y}) \mathrm{d}\boldsymbol{y} \\
&= \int_{\mathbb{R}^n} \hat{\nu}(\boldsymbol{z}) u(\boldsymbol{x} + \varepsilon\boldsymbol{z}) \mathrm{d}\boldsymbol{z} = \text{(2.3.2)式的右边},
\end{aligned}$$

在这里用到 Fubini 交换积分次序定理.

第 2 步. 在 (2.3.2) 式中取 $\nu(\boldsymbol{x}) = \mathrm{e}^{-\frac{|\boldsymbol{x}|^2}{2}} \in S$ 得

$$\int_{\mathbb{R}^n} \hat{u}(\boldsymbol{\zeta})\mathrm{e}^{-\frac{\varepsilon^2|\boldsymbol{\zeta}|^2}{2}}\mathrm{e}^{\mathrm{i}\boldsymbol{x}\boldsymbol{\zeta}}\mathrm{d}\boldsymbol{\zeta} = \int_{\mathbb{R}^n} u(\boldsymbol{x}+\varepsilon\boldsymbol{y})\mathrm{e}^{-\frac{|\boldsymbol{\zeta}|^2}{2}}\mathrm{d}\boldsymbol{y}.$$

两边分别被 $|\hat{u}(\boldsymbol{\zeta})|$ 和 $M\mathrm{e}^{-\frac{|\boldsymbol{\zeta}|^2}{2}}$ 所控制, 由 Lebesgue 控制收敛定理, 令 $\varepsilon \to 0$ 在积分号下求极限可得

$$\int_{\mathbb{R}^n} \hat{u}(\boldsymbol{\zeta})\mathrm{e}^{\mathrm{i}\boldsymbol{x}\boldsymbol{\zeta}}\mathrm{d}\boldsymbol{\zeta} = \int_{\mathbb{R}^n} u(\boldsymbol{x})\,\mathrm{e}^{-\frac{|\boldsymbol{\zeta}|^2}{2}}\mathrm{d}\boldsymbol{y} = (2\pi)^{\frac{n}{2}}u(\boldsymbol{x}).$$

推论 2.7 对任意 $u,\nu \in S$ 有

$$\int_{\mathbb{R}^n} \hat{u}\nu\mathrm{d}\boldsymbol{x} = \int_{\mathbb{R}^n} u\hat{\nu}\mathrm{d}\boldsymbol{x}. \tag{2.3.3}$$

证明 在 (2.3.3) 式中令 $\boldsymbol{x}=0, \varepsilon=1$ 即得.

利用 (2.3.3) 式可得下列 Parseval 不等式:

定理 2.27(Parseval 不等式) 设 $u,\nu \in S$, 则 $\|\hat{u}\|_{L^2(\mathbb{R}^n)} = \|u\|_{L^2(\mathbb{R}^n)}, (u,\nu) = (\hat{u},\hat{\nu})$, 其中, (u,ν) 是 L^2 中的内积.

证明 在 (2.3.3) 式中令 $\hat{\nu}=\bar{u}$, 则由反演公式得

$$\nu(\boldsymbol{x}) = \check{\hat{\nu}}(\boldsymbol{x}) = \check{\bar{u}} = (2\pi)^{-\frac{n}{2}}\int_{\mathbb{R}^n}\bar{u}(\boldsymbol{\zeta})\mathrm{e}^{\mathrm{i}\boldsymbol{x}\boldsymbol{\zeta}}\mathrm{d}\boldsymbol{\zeta} = (2\pi)^{-\frac{n}{2}}\overline{\int_{\mathbb{R}^n}u(\boldsymbol{\zeta})\,\mathrm{e}^{-\mathrm{i}\boldsymbol{x}\boldsymbol{\zeta}}\mathrm{d}\boldsymbol{\zeta}} = \check{\bar{u}}.$$

于是 $\int_{\mathbb{R}^n}\hat{u}\check{\bar{u}}\mathrm{d}\boldsymbol{x} = \int_{\mathbb{R}^n}u\bar{u}\mathrm{d}\boldsymbol{x}$, 即 $\|\hat{u}\|_{L^n(\mathbb{R}^n)} = \|u\|_{L^2(\mathbb{R}^n)}$.

在 (2.3.3) 式中取 u 为 $\overleftarrow{\hat{u}}$ 得

$$\int_{\mathbb{R}^n}\check{\bar{u}}\nu\mathrm{d}\boldsymbol{x} = \int_{\mathbb{R}^n}\bar{\hat{u}}\hat{\nu}\mathrm{d}\boldsymbol{x},$$

而 $\hat{\bar{\hat{u}}} = \left(\begin{matrix}\hat{}\\ -\\ u\end{matrix}\right)^{\check{}} = \bar{u}$, 于是 $\int_{\mathbb{R}^n}\bar{u}\nu\mathrm{d}\boldsymbol{x} = \int_{\mathbb{R}^n}\bar{\hat{u}}\hat{\nu}\mathrm{d}\boldsymbol{x}$.

另外 Fourier 变换具有下述重要性质:

定理 2.28 Fourier 变换将卷积运算变成乘法运算, 反之, 将乘法运算变成卷积运算, 即

$$F(f*g) = (2\pi)^{-\frac{n}{2}}F(f)\cdot F(g), \quad F(f\cdot g) = F(f)*F(g),$$

其中, $f*g = \int_{\mathbb{R}^n}f(\boldsymbol{y})\,g(\boldsymbol{x}-\boldsymbol{y})\,\mathrm{d}\boldsymbol{y}$ 叫做 f与g的卷积.

证明 设 $f,g\in S(\mathbb{R}^n)$, 则 $(f*g)(\boldsymbol{x})=\int_{\mathbb{R}^n}f(\boldsymbol{x}-\boldsymbol{t})g(\boldsymbol{t})\mathrm{d}\boldsymbol{t}$,

$$\begin{aligned}F(f*g)&=(2\pi)^{-\frac{n}{2}}\int_{\mathbb{R}^n}\left(\int_{\mathbb{R}^n}f(\boldsymbol{x}-\boldsymbol{t})g(\boldsymbol{t})\mathrm{d}\boldsymbol{t}\right)\mathrm{e}^{-\mathrm{i}\boldsymbol{x}\cdot\boldsymbol{\zeta}}\mathrm{d}\boldsymbol{x}\\&=\int_{\mathbb{R}^n}g(\boldsymbol{t})\int_{\mathbb{R}^n}(2\pi)^{-\frac{n}{2}}f(\boldsymbol{x}-\boldsymbol{t})\mathrm{e}^{-\mathrm{i}\boldsymbol{x}\cdot\boldsymbol{\zeta}}\mathrm{d}\boldsymbol{x}\mathrm{d}\boldsymbol{t}\\&=\int_{R^n}g(t)(2\pi)^{-\frac{n}{2}}\int_{\mathbb{R}^n}f(\boldsymbol{x})\mathrm{e}^{-\mathrm{i}(\boldsymbol{x}+\boldsymbol{t})\cdot\boldsymbol{\zeta}}\mathrm{d}\boldsymbol{x}\mathrm{d}\boldsymbol{t}\\&=(2\pi)^{-\frac{n}{2}}\cdot\int_{\mathbb{R}^n}(2\pi)^{-\frac{n}{2}}g(\boldsymbol{t})\mathrm{e}^{-\mathrm{i}\boldsymbol{t}\cdot\boldsymbol{\zeta}}\mathrm{d}\boldsymbol{t}\int_{\mathbb{R}^n}(2\pi)^{-\frac{n}{2}}f(\boldsymbol{x})\mathrm{e}^{-\mathrm{i}\boldsymbol{x}\boldsymbol{\zeta}}\mathrm{d}\boldsymbol{x}\\&=(2\pi)^{-\frac{n}{2}}F(f)\cdot F(g).\end{aligned}$$

同理可证第二个公式.

现在已在 $L^2(\mathbb{R}^n)$ 的一个稠密子集 S 上定义了一个保范数的 Fourier 变换, 由通常的线性算子扩张的办法可在 L^2 上定义 Fourier 变换 $\Big($注意积分 $\int_{\mathbb{R}^n}u(\boldsymbol{x})\mathrm{e}^{-\mathrm{i}\boldsymbol{x}\boldsymbol{\zeta}}\mathrm{d}\boldsymbol{x}$ 当 $u(\boldsymbol{x})\in L^2(\mathbb{R}^n)$ 时无意义, 故不能直接用此积分来定义 L^2 上的 Fourier 变换$\Big)$.

定理 2.29 定义在 S 上的 Fourier 变换可扩张为 $L^2(\mathbb{R}^n)$ 到 $L^2(\mathbb{R}^n)$ 上的 Fourier 变换且反演公式、Parseval 等式及 (2.3.3) 式成立.

证明 任取 $u\in L^2(\mathbb{R}^n)$, 想定义 u 的 Fourier 变换 Fu 如下: 由 S 在 $L^2(\mathbb{R}^n)$ 中的稠密性, 存在 $u_k\in S$, 使得 $\|u_k-u\|_{L^2(\mathbb{R}^n)}\to 0\,(k\to\infty)$. 由 S 上的 Parseval 等式

$$\|\hat{u}_k-\hat{u}_l\|_{L^2(\mathbb{R}^n)}=\|u_k-u_l\|_{L^2(\mathbb{R}^n)}\to 0,\quad k,l\to\infty.$$

于是 $\hat{u}_k$ 是 $L^2(\mathbb{R}^n)$ 中的 Canchy 列, 由 $L^2(\mathbb{R}^n)$ 的完备性知存在 $\hat{u}^*\in L^2(\mathbb{R}^n)$, 使得

$$\|\hat{u}_k-\hat{u}^*\|_{L^2(\mathbb{R}^n)}\to 0,\quad k\to\infty.$$

下证 $\hat{u}^*$ 的唯一性. 要证任一收敛于 u 的 S 中函数到 u_k 都收敛于 $\hat{u}^*$, 即 $\hat{u}^*$ 与 $\{u_k\}$ 的选取无关.

假设唯一性成立, 现在就可以定义 u 的 Fourier 变换为

$$F:L^2(\mathbb{R}^n)\to L^2(\mathbb{R}^n),\quad u\to Fu=\hat{u}^*\text{且当}u\in S\text{时},\quad \hat{u}=Fu\overset{\Delta}{=}\hat{u}^*,$$

而且由 S 中 Parseval 等式得

$$\|\hat{u}^*\|_{L^2(\mathbb{R}^n)}=\|\hat{u}^*\|_{L^2(\mathbb{R}^n)}=\lim_{k\to\infty}\|\hat{u}_k\|_{L^2(\mathbb{R}^n)}=\lim_{k\to\infty}\|u_k\|_{L^2(\mathbb{R}^n)}=\|u\|_{L^2(\mathbb{R}^n)}.$$

在 (2.3.3) 式中令 $u = u_k$ 得

$$\int_{\mathbb{R}^n} \hat{u}_k \nu \mathrm{d}\boldsymbol{x} = \int_{\mathbb{R}^n} u_k \hat{\nu} \mathrm{d}\boldsymbol{x}, \quad \forall \nu \in S(\mathbb{R}^n),$$

令 $k \to \infty$ 得

$$\int_{\mathbb{R}^n} \hat{u}^* \nu \mathrm{d}\boldsymbol{x} = \int_{\mathbb{R}^n} u \hat{\nu} \mathrm{d}\boldsymbol{x}, \quad \forall \nu \in S(\mathbb{R}^n) \subset L^2(\mathbb{R}^n). \tag{2.3.4}$$

由此即得 $\hat{u}^*$ 的唯一性. 若不然, 对任何收敛于 u 的 S 中函数列 $\tilde{u}_k$, 其 Fourier 变换 $\hat{\tilde{u}}_k$ 收敛于 $\hat{\tilde{u}}^*$(在 $L^2(\mathbb{R}^n)$ 意义下), 则由 (2.3.4) 式知

$$\int_{\mathbb{R}^n} \hat{u}^* \nu \mathrm{d}\boldsymbol{x} = \int_{\mathbb{R}^n} u \hat{\nu} \mathrm{d}\boldsymbol{x}, \quad \int_{\mathbb{R}^n} \hat{\tilde{u}}^* \nu \mathrm{d}\boldsymbol{x} = \int_{\mathbb{R}^n} u \hat{\nu} \mathrm{d}\boldsymbol{x}.$$

于是

$$\int_{\mathbb{R}^n} \left(\hat{u}^* - \hat{\tilde{u}}^*\right) \nu \mathrm{d}\boldsymbol{x} = 0, \quad \forall \nu \in S(\mathbb{R}^n).$$

由 S 在 $L^2(\mathbb{R}^n)$ 中的稠密性知 $\hat{\tilde{u}}^* = \hat{u}^*$. 于是可定义 $\hat{u}^*$ 为 u 在 $L^2(\mathbb{R}^n)$ 中的 Fourier 变换, 即

$$F: L^2(\mathbb{R}^n) \to L^2(\mathbb{R}^n),$$

$$u \mapsto F(u) = \hat{u}^*,$$

而且 $\|u\|_{L^2(\mathbb{R}^n)} = \|\hat{u}^*\|_{L^2(\mathbb{R}^n)}$. 注意 $\hat{u}^*$ 表示 u 在 L^2 中的 Fourier 变换, 仍可记为 $\hat{u}$. 于是 (2.3.4) 式可改写为

$$\int_{\mathbb{R}^n} \hat{u} \nu \mathrm{d}\boldsymbol{x} = \int_{\mathbb{R}^n} u \hat{\nu} \mathrm{d}\boldsymbol{x}, \quad u, \hat{u} \in L^2(\mathbb{R}^n), \quad \nu \in S(\mathbb{R}^n). \tag{2.3.5}$$

再取 $\nu_k \in S(\mathbb{R}^n), \|\nu_k - \nu\|_{L^2} \to 0 \quad (k \to \infty), \nu \in L^2(\mathbb{R}^n)$. 于是由 Parseval 等式知 $\hat{\nu}_k \to \hat{\nu}$ 在 $L^2(\mathbb{R}^n)$ 中且由 (2.3.5) 式知

$$\int_{\mathbb{R}^n} \hat{u} \nu_k \mathrm{d}\boldsymbol{x} = \int_{\mathbb{R}^n} u \hat{\nu}_k \mathrm{d}\boldsymbol{x}, \quad u, \hat{u} \in L^2(\mathbb{R}^n).$$

令 $k \to \infty$ 得

$$\int_{\mathbb{R}^n} \hat{u} \nu \mathrm{d}\boldsymbol{x} = \int_{\mathbb{R}^n} u \hat{\nu} \mathrm{d}\boldsymbol{x}, \quad u, \nu \in L^2(\mathbb{R}^n).$$

于是 (2.3.3) 式对任何 $u, \nu \in L^2(\mathbb{R}^n)$ 成立.

类似可证反演公式对 $L^2(\mathbb{R}^n)$ 中的函数成立, $(\hat{u})^{\check{}} = u$, 类似可扩张 Fourier 逆变换. 最后指出 $L^2(\mathbb{R}^n)$ 中的 Fourier 变换是映上的. 任取 $\nu \in L^2(\mathbb{R}^n)$, 令 $u = \check{\nu}$, 由反演公式知

$$\hat{u} = (\check{\nu})^{\hat{}} = \nu.$$

于是 $\nu \in L^2(\mathbb{R}^n)$ 的 Fourier 变换原象为 $\check{\nu} \in L^2(\mathbb{R}^n)$.

注 2.64　$L^1(\mathbb{R}^n)$ 中的 Fourier 变换可由积分公式 (2.3.1) 来定义, 但 $L^2(\mathbb{R}^n)$ 中的 Fourier 变换无积分形式的定义公式, 它只是 $L^1(\mathbb{R}^n)$ 中 Fourier 变换的扩张变换, 但若 $L^2(\mathbb{R}^n) \cap L^1(\mathbb{R}^n) \subset L^1(\mathbb{R}^n)$ 可用同样的公式定义.

注 2.65　$L^2(\mathbb{R}^n)$ 中的 Fourier 变换定义的基本思想是借助于 Parseval 等式通过扩张变换而得到, 而 Parseval 等式只对 $L^2(\mathbb{R}^n)$ 中的函数才成立, 因此这种定义 Fourier 变换的方法不能推广到一般的 $L^p(\mathbb{R}^n)\,(p \geqslant 1)$. 如何定义 $L^p(\mathbb{R}^n)\,(p \geqslant 1)$ 中的 Fourier 变换是一个值得研究的问题.

由 $L^2(\mathbb{R}^n)$ 中 Fourier 变换的性质可得

定理 2.30　设 $u, \mathrm{D}^{\boldsymbol{\alpha}} u \in L^2(\mathbb{R}^n)$, 则

$$\widehat{\mathrm{D}^{\boldsymbol{\alpha}} u}(\zeta) = \mathrm{i}^{|\boldsymbol{\alpha}|} \boldsymbol{\zeta}^{\boldsymbol{\alpha}} \hat{u}(\boldsymbol{\zeta}). \tag{2.3.6}$$

又若 $u \in L^2(\mathbb{R}^n)$, $\boldsymbol{\zeta}^{\boldsymbol{\alpha}} \hat{u} \in L^2(\mathbb{R}^n)$, 则弱导数 $\mathrm{D}^{\boldsymbol{\alpha}} u$ 存在且属于 $L^2(\mathbb{R}^n)$.

证明　由弱导数定义知对任意 $\phi \in C_0^\infty(\mathbb{R}^n)$,

$$\int_{\mathbb{R}^n} (\mathrm{D}^{\boldsymbol{\alpha}} u) \phi \mathrm{d}\boldsymbol{x} = (-1)^{|\boldsymbol{\alpha}|} \int_{\mathbb{R}^n} u \mathrm{D}^{\boldsymbol{\alpha}} \phi \mathrm{d}\boldsymbol{x}. \tag{2.3.7}$$

对任意 $\phi \in S(\mathbb{R}^n)$, 令 $\phi_k = \phi \zeta\left(\dfrac{\boldsymbol{x}}{k}\right)$, 其中, $\zeta\left(\dfrac{\boldsymbol{x}}{k}\right)$ 为截断函数, 则 $\phi_k \in C_0^\infty(\mathbb{R}^n)$. 在 (2.3.7) 式中取 $\phi = \phi_k$ 得

$$\int_{\mathbb{R}^n} \mathrm{D}^{\boldsymbol{\alpha}} u \phi_k \mathrm{d}\boldsymbol{x} = (-1)^{|\boldsymbol{\alpha}|} \int_{\mathbb{R}^n} u \mathrm{D}^{\boldsymbol{\alpha}} \phi_k \mathrm{d}\boldsymbol{x}. \tag{2.3.8}$$

由于当 $k \to \infty$ 时, 在 $L^2(\mathbb{R}^n)$ 中 ϕ_k 和 $\mathrm{D}^{\boldsymbol{\alpha}} \phi_k$ 分别趋于 ϕ 和 $\mathrm{D}^{\boldsymbol{\alpha}} \phi$, 于是在 (2.3.8) 式中令 $k \to \infty$ 可得 (2.3.7) 式对 $\phi \in S(\mathbb{R}^n)$ 成立. 由 $L^2(\mathbb{R}^n)$ 中 Fourier 变换的性质得

$$\begin{aligned}
\int_{\widehat{\mathrm{D}^{\boldsymbol{\alpha}} u}} \phi \mathrm{d}\boldsymbol{x} &= \int_{\mathbb{R}^n} \mathrm{D}^{\boldsymbol{\alpha}} u \hat{\phi} \mathrm{d}\boldsymbol{x} = (-1)^{|\boldsymbol{\alpha}|} \int_{\mathbb{R}^n} u \widehat{\mathrm{D}^{\boldsymbol{\alpha}} \phi} \mathrm{d}\boldsymbol{x} \\
&= (-1)^{|\boldsymbol{\alpha}|} \int_{\mathbb{R}^n} u(\boldsymbol{x}) \mathrm{D}_{\boldsymbol{x}}^{\boldsymbol{\alpha}} \left((2\pi)^{-\frac{n}{2}} \int_{\mathbb{R}^n} \phi(\boldsymbol{\zeta}) \mathrm{e}^{-\mathrm{i}\boldsymbol{x}\boldsymbol{\zeta}} \mathrm{d}\boldsymbol{\zeta} \right) \mathrm{d}\boldsymbol{x} \\
&= (-1)^{|\boldsymbol{\alpha}|} \int_{\mathbb{R}^n} u(\boldsymbol{x}) (2\pi)^{-\frac{n}{2}} \int_{\mathbb{R}^n} \phi(\zeta) (-\mathrm{i})^{|\boldsymbol{\alpha}|} \boldsymbol{\zeta}^{\boldsymbol{\alpha}} \mathrm{e}^{-\mathrm{i}\boldsymbol{x}\boldsymbol{\zeta}} \mathrm{d}\boldsymbol{\zeta} \mathrm{d}\boldsymbol{x} \\
&= \mathrm{i}^{|\boldsymbol{\alpha}|} \int_{\mathbb{R}^n} \hat{u}(\boldsymbol{\zeta}) \boldsymbol{\zeta}^{\boldsymbol{\alpha}} \phi(\zeta) \mathrm{d}\boldsymbol{\zeta}.
\end{aligned}$$

由于 S 在 $L^2(\mathbb{R}^n)$ 中稠密, (2.3.6) 式得证.

因 $\boldsymbol{\zeta}^{\boldsymbol{\alpha}} \hat{u} \in L^2(\mathbb{R}^n)$, 令 $u_{\boldsymbol{\alpha}} = \left(\mathrm{i}^{|\boldsymbol{\alpha}|} \boldsymbol{\zeta}^{\boldsymbol{\alpha}} \hat{u}\right)^{\vee}$, 下证 $u_{\boldsymbol{\alpha}} = \mathrm{D}^{\boldsymbol{\alpha}} u$.

事实上, 使用公式 $\int_{\mathbb{R}^n} u\bar{v}\mathrm{d}\boldsymbol{x}=\int_{\mathbb{R}^n}\hat{u}\bar{\hat{v}}\mathrm{d}\boldsymbol{x}$ 可得对 $\phi\in C_0^\infty(\mathbb{R}^n)$,

$$\begin{aligned}\int_{\mathbb{R}^n}\mathrm{D}^{\boldsymbol{\alpha}}\phi\bar{u}\mathrm{d}\boldsymbol{x}=\int_{\mathbb{R}^n}\widehat{\mathrm{D}^{\boldsymbol{\alpha}}\phi}\bar{\hat{u}}\mathrm{d}\boldsymbol{\zeta}&=\int_{\mathbb{R}^n}\mathrm{i}^{|\boldsymbol{\alpha}|}\boldsymbol{\zeta}^{\boldsymbol{\alpha}}\hat{\phi}\cdot\bar{\hat{u}}\mathrm{d}\boldsymbol{\zeta}\\&=\int_{\mathbb{R}^n}\hat{\phi}\cdot\mathrm{i}^{|\boldsymbol{\alpha}|}\boldsymbol{\zeta}^{\boldsymbol{\alpha}}\bar{\hat{u}}\mathrm{d}\boldsymbol{\zeta}\\&=(-1)^{|\boldsymbol{\alpha}|}\int_{\mathbb{R}^n}\hat{\phi}\cdot\left[\left(\left(-\mathrm{i}\right)^{|\boldsymbol{\alpha}|}\boldsymbol{\zeta}^{\boldsymbol{\alpha}}\bar{\hat{u}}\right)^{\vee}\right]^{\wedge}\mathrm{d}\boldsymbol{\zeta}\\&=(-1)^{|\boldsymbol{\alpha}|}\int_{\mathbb{R}^n}\hat{\phi}\cdot\left[\left(\overline{\mathrm{i}^{|\boldsymbol{\alpha}|}\boldsymbol{\zeta}^{\boldsymbol{\alpha}}\hat{u}}\right)^{\vee}\right]^{\wedge}\mathrm{d}\boldsymbol{\zeta}\\&=(-1)^{|\boldsymbol{\alpha}|}\int_{\mathbb{R}^n}\phi\cdot u_{\boldsymbol{\alpha}}\mathrm{d}\boldsymbol{x}.\end{aligned}$$

因为 u,ϕ 是实函数, 于是 $\int_{\mathbb{R}^n}\mathrm{D}^{\boldsymbol{\alpha}}\phi\cdot u\mathrm{d}\boldsymbol{x}=(-1)^{|\boldsymbol{\alpha}|}\int_{\mathbb{R}^n}\phi\cdot u_{\boldsymbol{\alpha}}\mathrm{d}\boldsymbol{x}$, 即 $u_{\boldsymbol{\alpha}}$ 是 u 的 $\boldsymbol{\alpha}$ 阶弱导数且 $u_{\boldsymbol{\alpha}}=\mathrm{D}^{\boldsymbol{\alpha}}u$.

推论 2.8(H^m, m 为非负整数的等价范数) 设 m 为非负整数, 则 $L^2(\mathbb{R}^n)$ 中函数 $u\in H^m(\mathbb{R}^n)$ 的充要条件是

$$\left(1+|\boldsymbol{\zeta}|^2\right)^{\frac{m}{2}}\hat{u}\in L^2(\mathbb{R}^n)\tag{2.3.9}$$

且

$$\frac{1}{C}\|u\|_{H^m(\mathbb{R}^n)}\leqslant\left\|\left(1+|\boldsymbol{\zeta}|^2\right)^{\frac{m}{2}}\hat{u}\right\|_{L^2(\mathbb{R}^n)}\leqslant C\|u\|_{H^m(\mathbb{R}^n)}.\tag{2.3.10}$$

证明 因 $u\in L^2(\mathbb{R}^n)$, 故 $\hat{u}\in L^2(\mathbb{R}^n)$, 于是只需证明 (2.3.10) 式成立. 由于

$$\begin{aligned}\|u\|_{H^m(\mathbb{R}^n)}^2=\sum_{|\boldsymbol{\alpha}|\leqslant m}\|\mathrm{D}^{\boldsymbol{\alpha}}u\|_{L^2(\mathbb{R}^n)}^2&=\sum_{|\boldsymbol{\alpha}|\leqslant m}\left\|\widehat{\mathrm{D}^{\boldsymbol{\alpha}}u}\right\|_{L^2(\mathbb{R}^n)}^2\\&=\sum_{|\boldsymbol{\alpha}|\leqslant m}\|\boldsymbol{\zeta}^{\boldsymbol{\alpha}}\hat{u}\|_{L^2(\mathbb{R}^n)}^2=\int\sum_{|\boldsymbol{\alpha}|\leqslant m}|\boldsymbol{\zeta}^{\boldsymbol{\alpha}}|^2|\hat{u}|^2\mathrm{d}\boldsymbol{\zeta}.\end{aligned}$$

又由多项式展开定理知

$$\begin{aligned}\left(1+|\boldsymbol{\zeta}|^2\right)^m&=\left(1+\zeta_1^2+\zeta_2^2+\cdots+\zeta_n^2\right)^m\\&=\sum_{\alpha_0+\alpha_1+\cdots+\alpha_m=m}\frac{m!}{\alpha_0!\alpha_1!\cdots\alpha_n!}\zeta_1^{2\alpha_1}\cdots\zeta_n^{2\alpha_n}\\&\triangleq\sum_{|\boldsymbol{\alpha}|\leqslant m}\mathrm{C}_m^{\boldsymbol{\alpha}}\zeta_1^{2\alpha_1}\cdots\zeta_n^{2\alpha_n}=\sum_{|\boldsymbol{\alpha}|\leqslant m}\mathrm{C}_m^{\boldsymbol{\alpha}}\left(\boldsymbol{\zeta}^{\boldsymbol{\alpha}}\right)^2.\end{aligned}$$

因此

$$\sum_{|\boldsymbol{\alpha}|\leqslant m}(\boldsymbol{\zeta}^{\boldsymbol{\alpha}})^2\leqslant\left(1+|\boldsymbol{\zeta}|^2\right)^m\leqslant C\sum_{|\boldsymbol{\alpha}|\leqslant m}(\boldsymbol{\zeta}^{\boldsymbol{\alpha}})^2.$$

于是 (2.3.10) 式成立. 由 (2.3.10) 式立得 (2.3.9) 式.

这样 $H^m(\mathbb{R}^n)$ 中的范数可定义为

$$\|u\|_{H^m(\mathbb{R}^n)}=\left\|\left(1+|\boldsymbol{\zeta}|^2\right)^{\frac{m}{2}}\hat{u}\right\|_{L^2(\mathbb{R}^n)}.$$

受此启发, 将推广此定义到分数次 $H^s(\mathbb{R}^n)$, 其中, s 为实数.

2.4 实指数的 Sobolev 空间 $H^s(\mathbb{R}^n)$ 和 $H^s(\varOmega)$

2.4.1 实指数的 Sobolev 空间 $\boldsymbol{H^s(\mathbb{R}^n)}$ 的定义及其性质

首先回忆整数次的 Sobolev 空间的概念. 设 m 为非负整数, 则 $u\in H^m(\mathbb{R}^n)$ 等价于对任意满足 $|\boldsymbol{\alpha}|\leqslant m$ 的多重指标 $\boldsymbol{\alpha}$, $\mathrm{D}^{\boldsymbol{\alpha}}u\in L^2(\mathbb{R}^n)$. 由 Fourier 变换的性质知 $\mathrm{D}^{\boldsymbol{\alpha}}u\in L^2(\mathbb{R}^n)$ 等价于 $\boldsymbol{\xi}^{\boldsymbol{\alpha}}\hat{u}\in L^2(\mathbb{R}^n)$, 其中, $|\boldsymbol{\alpha}|\leqslant m$. 而后者又等价于 $\left(1+\boldsymbol{\xi}^2\right)^{\frac{m}{2}}\hat{u}(\boldsymbol{\xi})\in L^2(\mathbb{R}^n)$. 由此出发可以给出正实数次的 Sobolev 空间的定义.

定义 2.43　设 s 是非负实数, 则定义 Sobolev 空间 $H^s(\mathbb{R}^n)$ 为

$$H^s(\mathbb{R}^n)=\left\{u\in L^2(\mathbb{R}^n)\,\middle|\,\left(1+|\boldsymbol{\xi}|^2\right)^{\frac{s}{2}}\hat{u}(\boldsymbol{\xi})\in L^2(\mathbb{R}^n)\right\},\tag{2.4.1}$$

在 $H^s(\mathbb{R}^n)$ 中引入内积如下:

设 $u,v\in H^s(\mathbb{R}^n)$, 则它们的内积为

$$(u,v)_{H^s}=\int_{\mathbb{R}^n}\left(1+\boldsymbol{\xi}^2\right)^s\hat{u}(\boldsymbol{\xi})\bar{\hat{v}}(\boldsymbol{\xi})\,\mathrm{d}\boldsymbol{\xi}.$$

于是 $H^s(\mathbb{R}^n)$ 中元素的范数为

$$\begin{aligned}\|u\|_s=\|u\|_{s,\mathbb{R}^n}=\|u\|_{H^s(\mathbb{R}^n)}&\triangleq\left(\int_{\mathbb{R}^n}\left(1+|\boldsymbol{\xi}|^2\right)^s|\hat{u}(\boldsymbol{\xi})|^2\,\mathrm{d}\boldsymbol{\xi}\right)^{\frac{1}{2}}\\&=\left\|\left(1+|\boldsymbol{\xi}|^2\right)^{\frac{s}{2}}\hat{u}(\boldsymbol{\xi})\right\|_{L^2(\mathbb{R}^n)}.\end{aligned}$$

特别当 $s=0$ 时, 由 Parseval 等式得

$$\|u\|_{H^0}=\|\hat{u}\|_{L^2(\mathbb{R}^n)}=\|u\|_{L^2(\mathbb{R}^n)},$$

所以 $H^0(\mathbb{R}^n)=L^2(\mathbb{R}^n)$. 当 s 为非负整数 m 时, $H^s(\mathbb{R}^n)$ 的定义与前面定义一致.

从定义 2.43 立即可得

(1) 对任意非负实数 t, s, 当 $t \leqslant s$ 时有 $H^s(\mathbb{R}^n) \subseteq H^t(\mathbb{R}^n)$;

(2) 对任意非负实数 s, $H^s(\mathbb{R}^n)$ 是 Hilbert 空间.

为此, 只要证明 $H^s(\mathbb{R}^n)$ 是完备的. 设 $\{f_j\}$ 是 $H^s(\mathbb{R}^n)$ 中的 Cauchy 列, 则由定义 2.43 知 $\left(1+|\boldsymbol{\xi}|^2\right)^{\frac{s}{2}} \hat{f}_j(\boldsymbol{\xi})$ 是 $L^2(\mathbb{R}^n)$ 中的 Cauchy 列, 由 $L^2(\mathbb{R}^n)$ 的完备性知存在函数 $g(\boldsymbol{\xi}) \in L^2(\mathbb{R}^n)$, 使得

$$\left(1+|\boldsymbol{\xi}|^2\right)^{\frac{s}{2}} \hat{f}_j(\boldsymbol{\xi}) \to g(\boldsymbol{\xi}) \ \text{在} L^2(\mathbb{R}^n) \text{中}. \tag{2.4.2}$$

令

$$\hat{f}(\boldsymbol{\xi}) = \left(1+|\boldsymbol{\xi}|^2\right)^{-\frac{s}{2}} g(\boldsymbol{\xi}), \tag{2.4.3}$$

则

$$||\hat{f}(\boldsymbol{\xi})||_{L^2(\mathbb{R}^n)} = \left(\int_{\mathbb{R}^n} (1+|\boldsymbol{\xi}|^2)^{-s} |g(\boldsymbol{\xi})|^2 \mathrm{d}\boldsymbol{x}\right)^{\frac{1}{2}} \leqslant ||g(\boldsymbol{\xi})||_{L^2(\mathbb{R}^n)} < \infty,$$

即 $\hat{f}(\boldsymbol{\xi}) \in L^2(\mathbb{R}^n)$. 再令 $f(\boldsymbol{x}) = \check{f}(\boldsymbol{x})$, 由 $L^2(\mathbb{R}^n)$ 中 Fourier 逆变换的映上性知 $f(\boldsymbol{x}) \in L^2(\mathbb{R}^n)$. 又因 $\left(1+|\boldsymbol{\xi}|^2\right)^{\frac{s}{2}} \hat{f}(\boldsymbol{\xi}) = g(\boldsymbol{\xi}) \in L^2(\mathbb{R}^n)$, 故 $f(\boldsymbol{x}) \in H^s(\mathbb{R}^n)$, 而且由 $H^s(\mathbb{R}^n)$ 中范数的定义并使用 (2.4.2) 式和 (2.4.3) 式易证

$$\|f_j - f\|_{H^s(\mathbb{R}^n)} \to 0, \quad j \to \infty.$$

(3) $S(\mathbb{R}^n)$ 在 $H^s(\mathbb{R}^n)\,(s \geqslant 0)$ 中是稠密的, 从而 $C_0^\infty(\mathbb{R}^n)$ 在 $H^s(\mathbb{R}^n)\,(s \geqslant 0)$ 中是稠密的.

对此, 首先证明对任意 $f \in H^s(\mathbb{R}^n)$ 及 $\varepsilon > 0$, 存在 $\psi \in S(\mathbb{R}^n)$, 使得

$$\|f - \psi\|_{H^s} < \varepsilon. \tag{2.4.4}$$

利用定义 2.43 及 $S(\mathbb{R}^n)$ 在 $L^2(\mathbb{R}^n)$ 内的稠密性知对任意 $f \in H^s(\mathbb{R}^n)$ 及 $\varepsilon > 0$, 必存在 $g(\boldsymbol{\xi}) \in S(\mathbb{R}^n)$, 使得

$$\left\|\left(1+|\boldsymbol{\xi}|^2\right)^{\frac{s}{2}} \hat{f}(\boldsymbol{\xi}) - g(\boldsymbol{\xi})\right\| < \varepsilon. \tag{2.4.5}$$

令 $\psi(\boldsymbol{x}) = F^{-1}\left[(1+|\boldsymbol{\xi}|^2)^{-\frac{s}{2}} g(\boldsymbol{\xi})\right]$(显然 $\psi \in S(\mathbb{R}^n)$), 则 (2.4.5) 式可写为

$$\left\|\left(1+|\boldsymbol{\xi}|^2\right)^{\frac{s}{2}} (\hat{f}(\boldsymbol{\xi}) - \hat{\psi}(\boldsymbol{\xi}))\right\| < \varepsilon,$$

即

$$\|f(\boldsymbol{x}) - \psi(\boldsymbol{x})\|_{H^s} < \varepsilon,$$

从而 (2.4.4) 式成立.

再证明 $C_0^\infty(\mathbb{R}^n)$ 在 $S(\mathbb{R}^n)$ 中关于范数 $\|\cdot\|_{H^s}$ 稠密, 即对任意 $\psi \in S(\mathbb{R}^n)$ 及 $\varepsilon > 0$, 存在 $\phi \in C_0^\infty(\mathbb{R}^n)$, 使得

$$\|\psi - \phi\|_{H^s} < \varepsilon. \tag{2.4.6}$$

由于 $\psi \in S(\mathbb{R}^n)$, 所以对任何自然数 m, $\psi \in S(\mathbb{R}^n) \subset H^m(\mathbb{R}^n)$, 由 $C_0^\infty(\mathbb{R}^n)$ 在 $H^m(\mathbb{R}^n)$ 的稠密性知对 $\varepsilon > 0$, 存在 $\phi \in C_0^\infty(\mathbb{R}^n)$, 使得

$$\|\psi - \phi\|_{H^m} < \varepsilon.$$

对于给定的 $s \geqslant 0$, 取自然数 m, 使得 $m \geqslant s \geqslant 0$, 从而由 $H^s(\mathbb{R}^n)$ 的范数定义知

$$\|\psi - \phi\|_{H^s} \leqslant \|\psi - \phi\|_{H^m} < \varepsilon,$$

即 (2.4.6) 式成立.

综合可得对任意 $f \in H^s(\mathbb{R}^n)$ 及 $\varepsilon > 0$, 由 (2.4.4) 式和 (2.4.6) 式得

$$\|f - \phi\|_{H^s} \leqslant \|f - \psi\|_{H^s} + \|\psi - \phi\|_{H^s} < 2\varepsilon,$$

即 $C_0^\infty(\mathbb{R}^n)$ 在 $H^s(\mathbb{R}^n)\,(s \geqslant 0)$ 中是稠密的.

2.4.2 空间 $H^{-s}(\mathbb{R}^n), s > 0$

定义 2.44 对于 $s > 0$, 定义 $H^{-s}(\mathbb{R}^n) = (H^s(\mathbb{R}^n))'$, 其中, $(H^s(\mathbb{R}^n))'$ 为 $H^s(\mathbb{R}^n)$ 的对偶空间.

另外也引入负实数次 Sobolev 空间 $(H^{-s}(\mathbb{R}^n))^*, s > 0$ 为

$$(H^{-s}(\mathbb{R}^n))^* = \left\{ f \in S'(\mathbb{R}^n) \,\middle|\, \left(1 + |\boldsymbol{\xi}|^2\right)^{-\frac{s}{2}} \hat{f}(\boldsymbol{\xi}) \in L^2(\mathbb{R}^n) \right\}, \tag{2.4.7}$$

其范数和内积的定义与正实数次 Sobolev 空间的定义相同.

本小节的主要目的是证明

$$H^{-s}(\mathbb{R}^n)\left(= (H^s(\mathbb{R}^n))'\right) 与 (H^{-s}(\mathbb{R}^n))^* 等距同构.$$

设 $f \in H^{-s}(\mathbb{R}^n) = (H^s(\mathbb{R}^n))'$, 则由 Riesz 表示定理知存在唯一的 $\omega \in H^s(\mathbb{R}^n)$, 使对任意 $\phi \in H^s(\mathbb{R}^n)$ 有

$$\langle f, \phi \rangle = \langle \phi, \omega \rangle = \int_{\mathbb{R}^n} \left(1 + |\boldsymbol{\xi}|^2\right)^s \hat{\phi}(\boldsymbol{\xi})\, \hat{\omega}(\boldsymbol{\xi})\, \mathrm{d}\boldsymbol{\xi} \quad 且 \quad \|f\|_{(H^s)'} = \|\omega\|_{H^s}. \tag{2.4.8}$$

令 $v=F^{-1}\left[(1+|\boldsymbol{\xi}|^2)^s\hat{\omega}(\boldsymbol{\xi})\right]$, 则 $v\in S'(\mathbb{R}^n)$. 由于 $\omega\in H^s(\mathbb{R}^n)$, 故 $(1+|\boldsymbol{\xi}|^2)^{\frac{s}{2}}\hat{\omega}(\boldsymbol{\xi})\in L^2(\mathbb{R}^n)$, 则 $\left(1+|\boldsymbol{\xi}|^2\right)^{-\frac{s}{2}}\hat{v}=\left(1+|\boldsymbol{\xi}|^2\right)^{\frac{s}{2}}\hat{\omega}\in L^2(\mathbb{R}^n)$, 即 $v\in(H^{-s}(\mathbb{R}^n))^*$ 且有

$$\langle f,\phi\rangle=\int_{\mathbb{R}^n}\hat{\phi}(\boldsymbol{\xi})\,\bar{\hat{v}}(\boldsymbol{\xi})\,\mathrm{d}\boldsymbol{\xi}=(v,\phi),$$

这里 $\langle\cdot,\cdot\rangle$ 和 $(\cdot,\cdot)$ 分别表示对偶积和 $L^2(\mathbb{R}^n)$ 中的内积. 由 (2.4.8) 式知

$$\begin{aligned}\|f\|_{(H^s)'}=\|\omega\|_{H^s}&=\left(\int_{\mathbb{R}^n}\left(1+|\boldsymbol{\xi}|^2\right)^s\left|\hat{\omega}(\boldsymbol{\xi})\right|^2\mathrm{d}\boldsymbol{\xi}\right)^{\frac{1}{2}}\\&=\left(\int_{\mathbb{R}^n}\left(1+|\boldsymbol{\xi}|^2\right)^{-s}|\hat{v}(\boldsymbol{\xi})|^2\,\mathrm{d}\boldsymbol{\xi}\right)^{\frac{1}{2}}=\|v\|_{(H^{-s})^*}\end{aligned}$$

这说明 $(H^s(\mathbb{R}^n))'$ 上任意元素 f 对应于 $(H^{-s}(\mathbb{R}^n))^*$ 内的一个元素且两者范数相等 (等距在上的).

反之, 若 $v\in(H^{-s}(\mathbb{R}^n))^*$, 则对任意 $\phi\in H^s(\mathbb{R}^n)$, 定义泛函

$$\begin{aligned}|F_v(\phi)|&\triangleq|(v,\phi)|\triangleq\left|\int_{\mathbb{R}^n}\bar{\hat{v}}(\boldsymbol{\xi})\,\hat{\phi}(\boldsymbol{\xi})\,\mathrm{d}\boldsymbol{\xi}\right|=\left|\int_{\mathbb{R}^n}(1+|\boldsymbol{\xi}|^2)^{-\frac{s}{2}}\bar{\hat{v}}(\boldsymbol{\xi})\left(1+|\boldsymbol{\xi}|^2\right)^{\frac{s}{2}}\hat{\phi}(\boldsymbol{\xi})\,\mathrm{d}\boldsymbol{\xi}\right|\\&\leqslant\left(\int_{\mathbb{R}^n}(1+|\boldsymbol{\xi}|^2)^{-s}\left|\bar{\hat{v}}(\boldsymbol{\xi})\right|^2\right)^{\frac{1}{2}}\left(\int_{\mathbb{R}^n}\left(1+|\xi|^2\right)^s|\hat{\phi}(\boldsymbol{\xi})|^2\mathrm{d}\boldsymbol{\xi}\right)^{\frac{1}{2}}\\&=\|v\|_{(H^{-s})^*}\|\phi\|_{H^s},\end{aligned}$$

故有

$$\|F_v\|_{(H^s)'}\leqslant\|v\|_{(H^{-s})^*}.$$

因此每个 $v\in(H^{-s}(\mathbb{R}^n))^*$ 都生成 $H^s(\mathbb{R}^n)$ 上一个线性连续泛函 F_v.

综上所述, 由 (2.4.7) 式定义的 $(H^{-s}(\mathbb{R}^n))^*$ 与 $H^s(\mathbb{R}^n)$ 的对偶空间 $(H^s(\mathbb{R}^n))'=H^{-s}(\mathbb{R}^n)$ 是等距同构的, 视为同一个空间, 即 $(H^{-s}(\mathbb{R}^n))^*=(H^s(\mathbb{R}^n))'=H^{-s}(\mathbb{R}^n)$.

推论 2.9 对于 $s>0$, $f\in H^{-s}(\mathbb{R}^n)$, 则存在 $\hat{f}$ 满足

$$\left(1+|\boldsymbol{\xi}|^2\right)^{-\frac{s}{2}}\hat{f}(\boldsymbol{\xi})\in L^2(\mathbb{R}^n).$$

而且, 对任意 $\varphi\in H^s(\mathbb{R}^n)$ 有

$$\langle f,\phi\rangle=\int_{\mathbb{R}^n}\bar{\hat{f}}(\boldsymbol{\xi})\,\hat{\phi}(\boldsymbol{\xi})\,\mathrm{d}\boldsymbol{\xi},\quad||f||_{-s}=||(1+|\boldsymbol{\xi}|^2)^{-\frac{s}{2}}\hat{f}||_{L^2}.$$

证明 取 $\hat{f}=\hat{v}$ 即可.

注 2.66 推论 2.9 中的 $\hat{f}(\boldsymbol{\xi})$ 可以定义为 $H^{-s}(\mathbb{R}^n)\,(s>0)$ 空间中函数 $f(x)$ 的 Fourier 变换.

2.4.3　$H^s(\mathbb{R}^n)$ 中的嵌入定理

现在来讨论 $H^s(\mathbb{R}^n)$ 到连续可微函数空间的嵌入关系.

定理 2.31　设实数 $s>\dfrac{n}{2}+k$, n 是空间维数, k 为非负整数, 则 $H^s(\mathbb{R}^n)$ 可以嵌入到 $C^k(\mathbb{R}^n)$ 中且嵌入算子是连续的.

证明　首先就 $k=0$ 的情形来证明, 即要证明若 $f\in H^s(\mathbb{R}^n)$, 其中, $s>n/2$, 则 $f\in C(\mathbb{R}^n)$ 且存在常数 $C>0$, 使得

$$\|f\|_{C(\mathbb{R}^n)}\leqslant C\|f\|_{H^s(\mathbb{R}^n)}. \tag{2.4.9}$$

由 $f\in H^s(\mathbb{R}^n)$ 得

$$\left(1+|\boldsymbol{\zeta}|^2\right)^{\frac{s}{2}}\hat{f}(\boldsymbol{\zeta})\in L^2(\mathbb{R}^n).$$

因 $s>n/2$, 故 $\left(1+|\boldsymbol{\zeta}|^2\right)^{-\frac{s}{2}}\in L^2(\mathbb{R}^n)$, 从而 $\hat{f}(\boldsymbol{\zeta})=\left(1+|\boldsymbol{\zeta}|^2\right)^{-\frac{s}{2}}\cdot\left(1+|\boldsymbol{\zeta}|^2\right)^{\frac{s}{2}}\hat{f}(\boldsymbol{\zeta})\in L^1(\mathbb{R}^n)$, 所以在 $L^2(\mathbb{R}^n)$ 意义下的反演公式和 $L^1(\mathbb{R}^n)$ 意义下的反演公式是相同的, 从而对任意 $\boldsymbol{x}_0\in\mathbb{R}^n$ 有

$$\begin{aligned}|f(\boldsymbol{x})-f(\boldsymbol{x}_0)|&=\left|\frac{1}{(2\pi)^{n/2}}\int_{\mathbb{R}^n}\left(\mathrm{e}^{\mathrm{i}\boldsymbol{x}\boldsymbol{\zeta}}-\mathrm{e}^{\mathrm{i}\boldsymbol{x}_0\boldsymbol{\zeta}}\right)\hat{f}(\boldsymbol{\zeta})\,\mathrm{d}\boldsymbol{\zeta}\right|\\&\leqslant\frac{1}{(2\pi)^{n/2}}\int_{\mathbb{R}^n}\left|\mathrm{e}^{\mathrm{i}(\boldsymbol{x}-\boldsymbol{x}_0)\cdot\boldsymbol{\zeta}}-1\right|\left|\hat{f}(\boldsymbol{\zeta})\right|\mathrm{d}\boldsymbol{\zeta}\\&\leqslant\frac{1}{(2\pi)^{n/2}}\left(\max_{|\boldsymbol{\zeta}|\leqslant A}\left|\mathrm{e}^{\mathrm{i}(\boldsymbol{x}-\boldsymbol{x}_0)\cdot\boldsymbol{\zeta}}-1\right|\int_{|\boldsymbol{\zeta}|\leqslant A}\left|\hat{f}(\boldsymbol{\zeta})\right|\mathrm{d}\boldsymbol{\zeta}\right.\\&\qquad\left.+2\int_{|\boldsymbol{\zeta}|>A}\left|\hat{f}(\boldsymbol{\zeta})\right|\mathrm{d}\boldsymbol{\zeta}\right),\end{aligned}$$

其中, A 为待定的常数.

因 $\hat{f}(\boldsymbol{\zeta})\in L^1(\mathbb{R}^n)$, 故对任意 $\varepsilon>0,\exists A>0$, 使得

$$\frac{2}{(2\pi)^{n/2}}\int_{|\boldsymbol{\zeta}|>A}|f(\boldsymbol{\zeta})|\,\mathrm{d}\boldsymbol{\zeta}<\frac{\varepsilon}{2}. \tag{2.4.10}$$

对此固定的 A, 取 $\delta>0$ 充分小, 使得当 $|\boldsymbol{x}-\boldsymbol{x}_0|<\delta$ 时有

$$\frac{1}{(2\pi)^{n/2}}\max_{|\boldsymbol{\zeta}|\leqslant A}\left|\mathrm{e}^{\mathrm{i}(\boldsymbol{x}-\boldsymbol{x}_0)\cdot\boldsymbol{\zeta}}-1\right|\cdot\int_{|\boldsymbol{\zeta}|\leqslant A}\left|\hat{f}(\boldsymbol{\zeta})\right|\mathrm{d}\boldsymbol{\zeta}\leqslant\frac{\varepsilon}{2}. \tag{2.4.11}$$

合并 (2.4.10) 式, (2.4.11) 式可知 $\forall\varepsilon>0,\exists\delta>0$, 只要 $|\boldsymbol{x}-\boldsymbol{x}_0|<\delta$ 都有 $|f(\boldsymbol{x})-f(\boldsymbol{x}_0)|<\varepsilon$, 于是 $f(\boldsymbol{x})$ 在 $\boldsymbol{x}=\boldsymbol{x}_0$ 点连续. 由 $\boldsymbol{x}_0$ 的任意性知 $f\in C(\mathbb{R}^n)$.

再证 (2.4.9) 式. 由于

$$
\begin{aligned}
|f(\boldsymbol{x})|^2 &= \left|\frac{1}{(2\pi)^{n/2}}\int_{\mathbb{R}^n} \mathrm{e}^{\mathrm{i}\boldsymbol{x}\boldsymbol{\zeta}}\hat{f}(\boldsymbol{\zeta})\,\mathrm{d}\boldsymbol{\zeta}\right|^2 \\
&\leqslant \left(\frac{1}{(2\pi)^{n/2}}\int_{\mathbb{R}^n}\left|\hat{f}(\boldsymbol{\zeta})\right|\mathrm{d}\boldsymbol{\zeta}\right)^2 \\
&= \left(\frac{1}{(2\pi)^{n/2}}\int_{\mathbb{R}^n}\left(1+|\boldsymbol{\zeta}|^2\right)^{-\frac{s}{2}}\left(1+|\boldsymbol{\zeta}|^2\right)^{\frac{s}{2}}\left|\hat{f}(\boldsymbol{\zeta})\right|\mathrm{d}\boldsymbol{\zeta}\right)^2 \\
&\leqslant \frac{1}{(2\pi)^n}\int_{\mathbb{R}^n}\left(1+|\boldsymbol{\zeta}|^2\right)^{s}\left|\hat{f}(\boldsymbol{\zeta})\right|^2\mathrm{d}\boldsymbol{\zeta}\cdot\int_{\mathbb{R}^n}\left(1+|\boldsymbol{\zeta}|^2\right)^{-s}\mathrm{d}\boldsymbol{\zeta} \\
&= C\|f\|_{H^s}^2,
\end{aligned}
$$

这证明了 (2.4.9) 式.

当 k 为正整数时, 由 $\widehat{\mathrm{D}_j f} = \mathrm{i}\zeta_j \hat{f}$ 且当 $f \in H^s(\mathbb{R}^n)$ 时, $\mathrm{D}_j f \in H^{s-1}(\mathbb{R}^n)$. 于是当 $s > \dfrac{n}{2}+k$, $f \in H^s(\mathbb{R}^n)$ 时对任意 $|\boldsymbol{\alpha}| \leqslant k$, 有 $\mathrm{D}^{\boldsymbol{\alpha}} f \in H^{s-|\boldsymbol{\alpha}|}(\mathbb{R}^n) \subset H^{s-k}(\mathbb{R}^n)$. 由 $s-k > \dfrac{n}{2}$ 及前面的结论知对任意 $|\boldsymbol{\alpha}| \leqslant k$, 有 $\mathrm{D}^{\boldsymbol{\alpha}} f \in C(\mathbb{R}^n)$, 即 $f \in C^k(\mathbb{R}^n)$ 且对任意 $|\boldsymbol{\alpha}| \leqslant k$, 由 (2.4.9) 式得

$$
\begin{aligned}
\|\mathrm{D}^{\boldsymbol{\alpha}} f\|_{C(\mathbb{R}^n)} &\leqslant M\|\mathrm{D}^{\boldsymbol{\alpha}} f\|_{H^{s-|\boldsymbol{\alpha}|}} \leqslant M\left(\int_{\mathbb{R}^n}|\boldsymbol{\zeta}|^{2|\boldsymbol{\alpha}|}\left(1+|\boldsymbol{\zeta}|^2\right)^{s-|\boldsymbol{\alpha}|}\left|\hat{f}(\boldsymbol{\zeta})\right|^2\mathrm{d}\boldsymbol{\zeta}\right)^{\frac{1}{2}} \\
&\leqslant M\left(\int_{\mathbb{R}^n}\left(1+|\boldsymbol{\zeta}|^2\right)^{s}\left|\hat{f}(\boldsymbol{\zeta})\right|^2\mathrm{d}\boldsymbol{\zeta}\right)^{\frac{1}{2}} = M\|f\|_{H^s},
\end{aligned}
$$

其中, M 为常数. 于是当 $s > \dfrac{n}{2}+k$ 时, $\|f\|_{C^k(\mathbb{R}^n)} \leqslant C\|f\|_{H^s(\mathbb{R}^n)}$, 即嵌入算子是连续的.

更一般地,

定理 2.32 设 $s = k+\dfrac{n}{2}+\lambda, \lambda \in (0,1), k \in \mathbb{Z}_+$, 则 $H^s(\mathbb{R}^n) \subset C^{k,\lambda}(\mathbb{R}^n)$ 且对任意 $f \in H^s(\mathbb{R}^n)$ 有

$$
|\mathrm{D}^{\boldsymbol{\alpha}} f(\boldsymbol{x})| \to 0, \quad |\boldsymbol{x}| \to +\infty, \forall \boldsymbol{\alpha} \in \mathbb{Z}_+, |\boldsymbol{\alpha}| \leqslant k. \tag{2.4.12}
$$

证明 第 1 步. 由 Riemann-Lebesgue 定理证明 (2.4.12) 式成立.

同于定理 2.31, 有反演公式

$$
f(\boldsymbol{x}) = \frac{1}{(2\pi)^{n/2}}\int_{\mathbb{R}^n}\hat{f}(\boldsymbol{\zeta})\,\mathrm{e}^{\mathrm{i}\boldsymbol{x}\boldsymbol{\zeta}}\mathrm{d}\boldsymbol{\zeta}.
$$

在积分号下形式求导得

$$
\mathrm{D}^{\boldsymbol{\alpha}} f(\boldsymbol{x}) = \frac{1}{(2\pi)^{n/2}}\int_{\mathbb{R}^n}\hat{f}(\boldsymbol{\zeta})\,\mathrm{i}^{|\boldsymbol{\alpha}|}\boldsymbol{\zeta}^{\boldsymbol{\alpha}}\mathrm{e}^{\mathrm{i}\boldsymbol{x}\boldsymbol{\zeta}}\mathrm{d}\boldsymbol{\zeta}.
$$

现在验证 $\hat{f}\boldsymbol{\zeta}^{\boldsymbol{\alpha}} \in L^1(\mathbb{R}^n)$, 从而求导和积分可以交换顺序, 即上述求导有意义, 而且 $\mathrm{D}^{\boldsymbol{\alpha}}f(\boldsymbol{x})$ 连续, 同时使用 Riemann-Lebesgue 定理知 (2.4.12) 式成立. 事实上, 当 $|\boldsymbol{\alpha}| \leqslant k$ 时, 若 $|\boldsymbol{\zeta}| \geqslant 1$, 则有

$$\begin{aligned}\int_{|\boldsymbol{\zeta}|>1}\left|\left(1+|\boldsymbol{\zeta}|^2\right)^{-\frac{s}{2}}\boldsymbol{\zeta}^{\boldsymbol{\alpha}}\right|^2 \mathrm{d}\boldsymbol{\zeta} &\leqslant \int_{|\boldsymbol{\zeta}|>1}|\boldsymbol{\zeta}|^{2(-s+m)}\mathrm{d}\boldsymbol{\zeta}\\ &= \int_{|\boldsymbol{\zeta}|>1}|\boldsymbol{\zeta}|^{-n-2\lambda}\mathrm{d}\boldsymbol{\zeta} = \omega_n\int_1^{\infty} r^{-n-2\lambda}r^{n-1}\mathrm{d}r = \frac{\omega_n}{2\lambda},\end{aligned}$$

从而 $\boldsymbol{\zeta}^{\boldsymbol{\alpha}}(1+|\boldsymbol{\zeta}|^2)^{-\frac{s}{2}} \in L^2(\mathbb{R}^n)$. 又 $\left(1+|\boldsymbol{\zeta}|^2\right)^{\frac{s}{2}}\hat{f}(\boldsymbol{\zeta}) \in L^2(\mathbb{R}^n)$, 故 $\hat{f}(\boldsymbol{\zeta})\boldsymbol{\zeta}^{\boldsymbol{\alpha}} \in L^1(\mathbb{R}^n)$.

第 2 步. 验证 $\mathrm{D}^{\boldsymbol{\alpha}}f(x)$ 的 Hölder 连续性. 设 $|\boldsymbol{\alpha}| = k$ 有

$$\begin{aligned}&|\mathrm{D}^{\boldsymbol{\alpha}}f(\boldsymbol{x}) - \mathrm{D}^{\boldsymbol{\alpha}}f(\boldsymbol{x}_0)|\\ =&\left|\frac{1}{(2\pi)^{n/2}}\int_{\mathbb{R}^n}\mathrm{i}^{|\boldsymbol{\alpha}|}\boldsymbol{\zeta}^{\boldsymbol{\alpha}}\left(\mathrm{e}^{\mathrm{i}\boldsymbol{x}\boldsymbol{\zeta}} - \mathrm{e}^{\mathrm{i}\boldsymbol{x}_0\boldsymbol{\zeta}}\right)\hat{f}(\boldsymbol{\zeta})\,\mathrm{d}\boldsymbol{\zeta}\right|\\ \leqslant&\frac{1}{(2\pi)^{n/2}}\int_{\mathbb{R}^n}|\boldsymbol{\zeta}^{\boldsymbol{\alpha}}\hat{f}(\boldsymbol{\zeta})||\mathrm{e}^{\mathrm{i}(\boldsymbol{x}-\boldsymbol{x}_0)\boldsymbol{\zeta}} - 1|\mathrm{d}\boldsymbol{\zeta}\\ \leqslant&\frac{1}{(2\pi)^{n/2}}\int_{\mathbb{R}^n}|\hat{f}(\boldsymbol{\zeta})||\boldsymbol{\zeta}|^{k+\frac{n}{2}+\lambda}\frac{|\mathrm{e}^{\mathrm{i}(\boldsymbol{x}-\boldsymbol{x}_0)\boldsymbol{\zeta}} - 1|}{|\boldsymbol{\zeta}|^{\frac{n}{2}+\lambda}}\mathrm{d}\boldsymbol{\zeta}\\ =&\frac{1}{(2\pi)^{n/2}}\int_{\mathbb{R}^n}|\hat{f}(\boldsymbol{\zeta})||\boldsymbol{\zeta}|^{s}\frac{|\mathrm{e}^{\mathrm{i}(\boldsymbol{x}-\boldsymbol{x}_0)\boldsymbol{\zeta}} - 1|}{|\boldsymbol{\zeta}|^{\frac{n}{2}+\lambda}}\mathrm{d}\boldsymbol{\zeta}\\ \leqslant&C||f||_{H^s}(I(\boldsymbol{x}-\boldsymbol{x}_0))^{\frac{1}{2}},\end{aligned}$$

其中,

$$I(\boldsymbol{x}-\boldsymbol{x}_0) = \int_{\mathbb{R}^n}\frac{\left|\mathrm{e}^{\mathrm{i}(\boldsymbol{x}-\boldsymbol{x}_0)\boldsymbol{\zeta}} - 1\right|^2}{|\boldsymbol{\zeta}|^{n+2\lambda}}\mathrm{d}\boldsymbol{\zeta} = C(n,\lambda)\,|\boldsymbol{x}-\boldsymbol{x}_0|^{2\lambda}, \tag{2.4.13}$$

从而证明了 $\mathrm{D}^{\boldsymbol{\alpha}}f(\boldsymbol{x})$ 的 Hölder 连续性.

第 3 步. (2.4.13) 式的证明. 设矩阵变换 $\boldsymbol{R}$ 为 $\mathbb{R}^n$ 中的一个旋转, $\boldsymbol{R}^{\mathrm{T}}$ 为 $\boldsymbol{R}$ 的转置, 则

$$\begin{aligned}I(\boldsymbol{R}(\boldsymbol{x}-\boldsymbol{x}_0)) &= \int_{\mathbb{R}^n}\frac{\left|\mathrm{e}^{\mathrm{i}(\boldsymbol{R}(\boldsymbol{x}-\boldsymbol{x}_0))\boldsymbol{\zeta}} - 1\right|^2}{|\boldsymbol{\zeta}|^{n+2\lambda}}\mathrm{d}\boldsymbol{\zeta} = \int_{\mathbb{R}^n}\frac{\left|\mathrm{e}^{\mathrm{i}(\boldsymbol{x}-\boldsymbol{x}_0)(\boldsymbol{R}^{\mathrm{T}}\boldsymbol{\zeta})} - 1\right|^2}{|\boldsymbol{\zeta}|^{n+2\lambda}}\mathrm{d}\boldsymbol{\zeta}\\ &= \int_{\mathbb{R}^n}\frac{\left|\mathrm{e}^{\mathrm{i}(\boldsymbol{x}-\boldsymbol{x}_0)\boldsymbol{\zeta}'} - 1\right|^2}{|\boldsymbol{\zeta}'|^{n+2\lambda}}\mathrm{d}\boldsymbol{\zeta}' = I(\boldsymbol{x}-\boldsymbol{x}_0),\end{aligned}$$

即 $I(\boldsymbol{x}-\boldsymbol{x}_0)$ 的值在旋转 $\boldsymbol{R}$ 下不变. 现取旋转 $\boldsymbol{R}$ 将 $\boldsymbol{x}-\boldsymbol{x}_0$ 旋转到 $\boldsymbol{x}_1$ 轴上, 记 $\boldsymbol{e}=(1,0,\cdots,0)$, 则

$$I(\boldsymbol{x}-\boldsymbol{x}_0)=I(|\boldsymbol{x}-\boldsymbol{x}_0|\boldsymbol{e})=\int_{\mathbb{R}^n}\frac{\left|\mathrm{e}^{\mathrm{i}|\boldsymbol{x}-\boldsymbol{x}_0|\boldsymbol{e}\boldsymbol{\zeta}}-1\right|^2}{|\boldsymbol{\zeta}|^{n+2\lambda}}\mathrm{d}\boldsymbol{\zeta}.$$

作变量替换 $|\boldsymbol{x}-\boldsymbol{x}_0|\boldsymbol{\zeta}=\boldsymbol{\zeta}'$ 可得

$$I(\boldsymbol{x}-\boldsymbol{x}_0)=|\boldsymbol{x}-\boldsymbol{x}_0|^{2\lambda}\int_{\mathbb{R}^n}\frac{\left|\mathrm{e}^{\mathrm{i}\boldsymbol{e}\boldsymbol{\zeta}'}-1\right|^2}{|\boldsymbol{\zeta}'|^{n+2\lambda}}\mathrm{d}\boldsymbol{\zeta}'=|\boldsymbol{x}-\boldsymbol{x}_0|^{2\lambda}I(\boldsymbol{e}),$$

而且

$$\begin{aligned}I(\boldsymbol{e})&=\int_{\mathbb{R}^n}\frac{\left|\mathrm{e}^{\mathrm{i}\boldsymbol{e}\boldsymbol{\zeta}}-1\right|^2}{|\boldsymbol{\zeta}|^{n+2\lambda}}\mathrm{d}\boldsymbol{\zeta}=\int_{|\boldsymbol{\zeta}|\leqslant 1}\frac{\left|\mathrm{e}^{\mathrm{i}\boldsymbol{e}\boldsymbol{\zeta}}-1\right|^2}{|\boldsymbol{\zeta}|^{n+2\lambda}}\mathrm{d}\boldsymbol{\zeta}+\int_{|\boldsymbol{\zeta}|>1}\frac{\left|\mathrm{e}^{\mathrm{i}\boldsymbol{e}\boldsymbol{\zeta}}-1\right|^2}{|\boldsymbol{\zeta}|^{n+2\lambda}}\mathrm{d}\boldsymbol{\zeta}\\&\leqslant C\left(\int_{|\boldsymbol{\zeta}|\leqslant 1}\frac{1}{|\boldsymbol{\zeta}|^{n+2\lambda-2}}\mathrm{d}\boldsymbol{\zeta}+\int_{|\boldsymbol{\zeta}|>1}\frac{1}{|\boldsymbol{\zeta}|^{n+2\lambda}}\mathrm{d}\boldsymbol{\zeta}\right)=C(n,\lambda)<+\infty.\end{aligned}$$

2.4.4 $\boldsymbol{H^s}(\mathbb{R}^n)$ 范数的内插

定理 2.33 设 s_1 和 s_2 是两个非负实数, $s_1<s_2$, $\theta\in(0,1)$, $u\in H^{s_2}(\mathbb{R}^n)$, 则

$$\|u\|_{\theta s_1+(1-\theta)s_2}\leqslant\|u\|_{s_1}^{\theta}\|u\|_{s_2}^{1-\theta},\quad s_1\leqslant\theta s_1+(1-\theta)s_2\leqslant s_2.$$

证明

$$\begin{aligned}\|u\|_{\theta s_1+(1-\theta)s_2}&=\left(\int_{\mathbb{R}^n}|\hat{u}|^2\left(1+|\boldsymbol{\zeta}|^2\right)^{\theta s_1+(1-\theta)s_2}\mathrm{d}\boldsymbol{\zeta}\right)^{\frac{1}{2}}\\&=\left(\int_{\mathbb{R}^n}|\hat{u}|^{2(\theta+(1-\theta))}\left(1+|\boldsymbol{\zeta}|^2\right)^{\theta s_1+(1-\theta)s_2}\mathrm{d}\boldsymbol{\zeta}\right)^{\frac{1}{2}}\\&=\left(\int_{\mathbb{R}^n}\left(|\hat{u}|^2\left(1+|\boldsymbol{\zeta}|^2\right)^{s_1}\right)^{\theta}\left(|\hat{u}|^2\left(1+|\boldsymbol{\zeta}|^2\right)^{s_2}\right)^{1-\theta}\mathrm{d}\boldsymbol{\zeta}\right)^{\frac{1}{2}}\\&\leqslant\left(\int_{\mathbb{R}^n}\left(|\hat{u}|^2\left(1+|\boldsymbol{\zeta}|^2\right)^{s_1}\mathrm{d}\boldsymbol{\zeta}\right)^{\frac{\theta}{2}}\left(\int_{\mathbb{R}^n}|\hat{u}|^2\left(1+|\boldsymbol{\zeta}|^2\right)^{s_2}\right)\mathrm{d}\boldsymbol{\zeta}\right)^{\frac{1-\theta}{2}}\\&\qquad\text{(Hölder不等式)}\\&=\|u\|_{s_1}^{\theta}\|u\|_{s_2}^{1-\theta}.\end{aligned}$$

推论 2.10 设 $0\leqslant s_1<s_2<s_3$, 则对任意正数 ε, 存在 $C(\varepsilon)>0$, 使得 $\forall u\in H^{s_3}(\mathbb{R}^n)$ 有

$$\|u\|_{s_2}\leqslant\varepsilon\|u\|_{s_3}+C(\varepsilon)\|u\|_{s_1}.$$

证明 存在 $\theta\in(0,1)$, 使得 $s_2=\theta s_1+(1-\theta)s_3$. 于是由定理 2.33 知

$$\begin{aligned}\|u\|_{s_2} &\leqslant \|u\|_{s_1}^{\theta}\|u\|_{s_3}^{1-\theta} = \left(\left(\frac{\varepsilon}{1-\theta}\right)^{\frac{\theta-1}{\theta}}\|u\|_{s_1}\right)^{\theta}\left(\frac{\varepsilon}{1-\theta}\|u\|_{s_3}\right)^{1-\theta} \\ &\leqslant \varepsilon\|u\|_{s_3} + \theta\cdot\left(\frac{\varepsilon}{1-\theta}\right)^{\frac{\theta-1}{\theta}}\|u\|_{s_1} = \varepsilon\|u\|_{s_3} + C(\varepsilon)\|u\|_{s_1},\end{aligned}$$

这里使用了 Young 不等式 $ab \leqslant \dfrac{a^p}{p} + \dfrac{b^q}{q}, p = \dfrac{1}{\theta}, q = \dfrac{1}{1-\theta}$.

2.4.5 $H^s(\mathbb{R}^n)$ 的等价范数

通过 Fourier 变换定义 $H^s(\mathbb{R}^n)$ 中函数的范数简单明了, 易于计算推导, 但我们知道 Fourier 变换的一个大的缺点是对有界区域上的函数无法定义 Fourier 变换, 因此有必要给出 $H^s(\mathbb{R}^n)$ 的一个等价范数.

定理 2.34(H^s 的等价范数)　设 $u \in H^s(\mathbb{R}^n), s = m+\gamma, m \in \mathbb{Z}_+, \gamma \in (0,1)$, 则存在常数 $C = C(n,s)$, 使得

$$\begin{aligned}\frac{1}{C}\|u\|_{H^s(\mathbb{R}^n)}^2 &\leqslant \sum_{|\boldsymbol{\alpha}|\leqslant m}\int_{\mathbb{R}^n}|D^{\boldsymbol{\alpha}}u|^2\mathrm{d}\boldsymbol{x} \\ &\quad + \sum_{|\boldsymbol{\alpha}|=m}\iint_{\mathbb{R}^n\times\mathbb{R}^n}\frac{|\mathrm{D}^{\boldsymbol{\alpha}}u(\boldsymbol{x})-\mathrm{D}^{\boldsymbol{\alpha}}u(\boldsymbol{y})|^2}{|\boldsymbol{x}-\boldsymbol{y}|^{n+2\gamma}}\mathrm{d}\boldsymbol{x}\mathrm{d}\boldsymbol{y} \\ &\leqslant C\|u\|_{H^s(\mathbb{R}^n)}^2. \end{aligned}\tag{2.4.14}$$

证明　第 1 步. $u \in H^s(\mathbb{R}^n), s = m+\gamma, m \in \mathbb{Z}_+, \gamma \in (0,1)$ 的充要条件是

$$u \in H^m(\mathbb{R}^n), \quad \mathrm{D}^{\boldsymbol{\alpha}}u \in H^{\gamma}(\mathbb{R}^n), \quad \forall|\boldsymbol{\alpha}| = m,$$

并且存在常数 $C > 0$, 使得

$$\begin{aligned}&\frac{1}{C}\left(\|u\|_{H^m(\mathbb{R}^n)}^2 + \sum_{|\boldsymbol{\alpha}|=m}\|\mathrm{D}^{\boldsymbol{\alpha}}u\|_{H^{\gamma}(\mathbb{R}^n)}^2\right)^{1/2} \\ &\leqslant \|u\|_{H^s(\mathbb{R}^n)}^2 \\ &\leqslant C\left(\|u\|_{H^m(\mathbb{R}^n)}^2 + \sum_{|\boldsymbol{\alpha}|=m}\|\mathrm{D}^{\boldsymbol{\alpha}}u\|_{H^{\gamma}(\mathbb{R}^n)}^2\right)^{\frac{1}{2}}.\end{aligned}\tag{2.4.15}$$

注意到 $|(\mathrm{D}^{\boldsymbol{\alpha}}u)^\wedge| = |\boldsymbol{\zeta}^{\boldsymbol{\alpha}}\hat{u}|$, 由不等式

$$\left(1+|\boldsymbol{\zeta}|^2\right)^m \leqslant \left(1+|\boldsymbol{\zeta}|^2\right)^{m+\gamma}$$

和

$$|\boldsymbol{\zeta}|^{2m}\left(1+|\boldsymbol{\zeta}|^2\right)^{\gamma} \leqslant \left(1+|\boldsymbol{\zeta}|^2\right)^{m+\gamma}$$

得必要性. 由不等式

$$\left(1+|\zeta|^2\right)^{m+\gamma} \leqslant 2^\gamma \left(1+|\zeta|^2\right)^m + 2^m |\zeta|^{2m} \left(1+|\zeta|^2\right)^\gamma$$

得充分性.

第 2 步. 对于 $f \in H^\gamma(\mathbb{R}^n), \gamma \in (0,1)$ 有

$$\|f\|^2_{H^s(\mathbb{R}^n)} \leqslant \int_{\mathbb{R}^n} |\hat{f}|^2(1+|\zeta|^{2s})\mathrm{d}\zeta \leqslant 2\|f\|^2_{H^s(\mathbb{R}^n)}. \tag{2.4.16}$$

对于 (2.4.16) 式的第一个不等式, 使用 $H^\gamma(\mathbb{R}^n)$ 范数的定义, 只需证明代数不等式

$$\left(1+|\zeta|^2\right)^\gamma \leqslant 1+|\zeta|^{2\gamma}.$$

这是因为易于验证函数 $g(x) = (1+x)^\gamma - (1+x^\gamma)$ 当 $x \geqslant 0$ 是非负的. 而对于 (2.4.16) 式的第二个不等式, 只需证明代数不等式

$$1+|\zeta|^{2\gamma} \leqslant 2(1+|\zeta|^2)^\gamma.$$

分别考虑 $|\zeta| \leqslant 1$ 和 $|\zeta| > 1$ 易得上述不等式.

第 3 步. 对于 $f \in L^2(\mathbb{R}^n), \gamma \in (0,1)$, 存在常数 $C = C(n,\gamma) > 0$ 有

$$\int_{\mathbb{R}^n} |\hat{f}|^2(1+|\zeta|^{2\gamma})\mathrm{d}\zeta = \int_{\mathbb{R}^n} |f|^2\mathrm{d}\boldsymbol{x} + C(n,\gamma)\iint_{\mathbb{R}^n\times\mathbb{R}^n} \frac{|f(\boldsymbol{x})-f(\boldsymbol{y})|^2}{|\boldsymbol{x}-\boldsymbol{y}|^{n+2\gamma}}\mathrm{d}\boldsymbol{x}\mathrm{d}\boldsymbol{y}. \tag{2.4.17}$$

由 Parseval 等式得

$$\int_{\mathbb{R}^n} |\hat{f}|^2\mathrm{d}\zeta = \int_{\mathbb{R}^n} |f|^2\mathrm{d}\boldsymbol{x}.$$

留下的只需证明

$$I \triangleq \iint_{\mathbb{R}^n\times\mathbb{R}^n} \frac{|f(\boldsymbol{x})-f(\boldsymbol{y})|^2}{|\boldsymbol{x}-\boldsymbol{y}|^{n+2\gamma}}\mathrm{d}\boldsymbol{x}\mathrm{d}\boldsymbol{y} = (C(n,\gamma))^{-1}\int_{\mathbb{R}^n} |\hat{f}|^2|\zeta|^{2\gamma}\mathrm{d}\zeta.$$

作变量变换, 使用 Parseval 等式可得

$$\begin{aligned}
I &\triangleq \iint_{\mathbb{R}^n\times\mathbb{R}^n} \frac{|f(\boldsymbol{x})-f(\boldsymbol{y})|^2}{|\boldsymbol{x}-\boldsymbol{y}|^{n+2\gamma}}\mathrm{d}\boldsymbol{x}\mathrm{d}\boldsymbol{y} \\
&= \int_{\mathbb{R}^n}\int_{\mathbb{R}^n} \frac{|f(\boldsymbol{x}+\boldsymbol{y})-f(\boldsymbol{y})|^2}{|\boldsymbol{x}|^{n+2\gamma}}\mathrm{d}\boldsymbol{x}\mathrm{d}\boldsymbol{y} \\
&= \int_{\mathbb{R}^n} \frac{\|f(\boldsymbol{x}+\boldsymbol{y})-f(\boldsymbol{y})\|^2_{L^2_{\boldsymbol{y}}(\mathbb{R}^n)}}{|\boldsymbol{x}|^{n+2\gamma}}\mathrm{d}\boldsymbol{x} \\
&= \int_{\mathbb{R}^n} \frac{\|(f(\boldsymbol{x}+\boldsymbol{y})-f(\boldsymbol{y}))\hat{}\,(\zeta)\|^2_{L^2_{\zeta}(\mathbb{R}^n)}}{|\boldsymbol{x}|^{n+2\gamma}}\mathrm{d}\boldsymbol{x}
\end{aligned}$$

$$
\begin{aligned}
&= \int_{\mathbb{R}^n} \frac{\|(f(\boldsymbol{x}+\boldsymbol{y}))\hat{}(\boldsymbol{\zeta}) - (f(\boldsymbol{y}))\hat{}(\boldsymbol{\zeta})\|^2_{L^2_{\boldsymbol{\zeta}}(\mathbb{R}^n)}}{|\boldsymbol{x}|^{n+2\gamma}} \mathrm{d}\boldsymbol{x} \\
&= \int_{\mathbb{R}^n} |\hat{f}(\boldsymbol{\zeta})|^2 \int_{\mathbb{R}^n} \frac{|\mathrm{e}^{\mathrm{i}\boldsymbol{x}\cdot\boldsymbol{\zeta}} - 1|^2}{|x|^{n+2\gamma}} \mathrm{d}\boldsymbol{x}\mathrm{d}\boldsymbol{\zeta} \\
&= (C(n,\gamma))^{-1} \int_{\mathbb{R}^n} |\hat{f}|^2 |\boldsymbol{\zeta}|^{2\gamma} \mathrm{d}\boldsymbol{\zeta}.
\end{aligned}
$$

这里再次用到积分 (2.4.13).

在 (2.4.16) 式和 (2.4.17) 式中取 $f(\boldsymbol{x}) = \mathrm{D}^{\boldsymbol{\alpha}} u(\boldsymbol{x}), |\boldsymbol{\alpha}| = m$, 然后合并 (2.4.15) 式 $\sim$(2.4.17) 式易得定理 2.34.

这样, $H^s(\mathbb{R}^n)$ 中范数可定义为

$$
\begin{aligned}
\|u\|_{H^s(\mathbb{R}^n)} = \Bigg(& \sum_{|\boldsymbol{\alpha}| \leqslant m} \int_{\mathbb{R}^n} |\mathrm{D}^{\boldsymbol{\alpha}} u|^2 \mathrm{d}\boldsymbol{x} \\
&+ \sum_{|\boldsymbol{\alpha}| = m} \iint_{\mathbb{R}^n \times \mathbb{R}^n} \frac{|\mathrm{D}^{\boldsymbol{\alpha}} u(\boldsymbol{x}) - \mathrm{D}^{\boldsymbol{\alpha}} u(\boldsymbol{y})|^2}{|\boldsymbol{x} - \boldsymbol{y}|^{n+2\gamma}} \mathrm{d}\boldsymbol{x}\mathrm{d}\boldsymbol{y} \Bigg)^{1/2}.
\end{aligned}
\tag{2.4.18}
$$

受此启发, 将推广此定义到任意区域 Ω 上的分数次 Sobolev 空间 $H^s(\Omega)$.

注 2.67　区别范数 (2.4.18) 与 $C^{m,\gamma}(\mathbb{R}^n)$, 它们是不同的, 但非常类似.

2.5　任意区域 Ω 上的分数次 Sobolev 空间 $H^s(\Omega)$

2.5.1　任意区域 Ω 上的分数次 Sobolev 空间 $H^s(\Omega)$ 的定义

偏微分方程既要讨论整个空间 $\mathbb{R}^n$ 上的问题, 同时也要讨论一般区域 Ω 上的问题, 因此有必要讨论任意区域 Ω 上的分数次 Sobolev 空间. 现给出 $H^s(\Omega)$ 的定义.

定义 2.45　设 Ω 是 $\mathbb{R}^n$ 中的任意区域, 对于实数 $s = m+\gamma, m \in \mathbb{Z}_+, \gamma \in (0,1)$, 定义

$$
H^s(\Omega) = \left\{ u \in H^m(\Omega) \,\middle|\, \frac{\mathrm{D}^{\boldsymbol{\alpha}} u(\boldsymbol{x}) - \mathrm{D}^{\boldsymbol{\alpha}} u(\boldsymbol{y})}{|\boldsymbol{x} - \boldsymbol{y}|^{\frac{n}{2}+\gamma}} \in L^2(\Omega \times \Omega), \forall \boldsymbol{\alpha} \in \mathbb{Z}^n_+, |\boldsymbol{\alpha}| = m \right\},
$$

其范数和内积分别定义为

$$
\|u\|^2_{s,\Omega} = \|u\|^2_{H^s(\Omega)} = \sum_{|\boldsymbol{\alpha}| \leqslant m} \int_\Omega |\mathrm{D}^{\boldsymbol{\alpha}} u(\boldsymbol{x})|^2 \mathrm{d}\boldsymbol{x} + \sum_{|\boldsymbol{\alpha}| \leqslant m} \int_\Omega \int_\Omega \frac{|\mathrm{D}^{\boldsymbol{\alpha}} u(\boldsymbol{x}) - \mathrm{D}^{\boldsymbol{\alpha}} u(\boldsymbol{y})|^2}{|\boldsymbol{x} - \boldsymbol{y}|^{n+2\gamma}} \mathrm{d}\boldsymbol{x}\mathrm{d}\boldsymbol{y},
$$

$$
(u,v)_{s,\Omega} = \sum_{|\boldsymbol{\alpha}| \leqslant m} \int_\Omega \mathrm{D}^{\boldsymbol{\alpha}} u(\boldsymbol{x}) \overline{\mathrm{D}^{\boldsymbol{\alpha}} v(\boldsymbol{x})} \mathrm{d}\boldsymbol{x}
$$

$$+\sum_{|\boldsymbol{\alpha}|\leqslant m}\int_\Omega\int_\Omega \frac{(\mathrm{D}^{\boldsymbol{\alpha}}u(\boldsymbol{x})-\mathrm{D}^{\boldsymbol{\alpha}}u(\boldsymbol{y}))\cdot\overline{\mathrm{D}^{\boldsymbol{\alpha}}v(\boldsymbol{x})-\mathrm{D}^{\boldsymbol{\alpha}}v(\boldsymbol{y})}}{|\boldsymbol{x}-\boldsymbol{y}|^{n+2\gamma}}\mathrm{d}\boldsymbol{x}\mathrm{d}\boldsymbol{y}$$

注 2.68 当 Ω 是 $\mathbb{R}^n$ 中的有界区域时, 如果 $u\in H^s(\Omega), s>0$, 则对任意 $0<\varepsilon\leqslant\gamma$ 有 $u\in H^{s-\varepsilon}(\Omega)$.

定理 2.35 对 $s>0$, $H^s(\Omega)$ 是可分的 Hilbert 空间.

证明 只证 $H^s(\Omega)$ 的完备性, 可分性留作习题. 设 $\{u_k\}$ 为 $H^s(\Omega)$ 中的任一 Cauchy 列, 即 $\|u_k-u_l\|_{s,\Omega}\to 0(k,l\to\infty)$, 于是 $\|u_k-u_l\|_{m,\Omega}\to 0(k,l\to\infty)$. 由 $H^m(\Omega)$ 的完备性知存在 $u\in H^m(\Omega)$, 使得 $\|u_k-u\|_{m,\Omega}\to 0(k\to\infty)$. 又对 $|\boldsymbol{\alpha}|=m$,

$$\left\|\frac{\mathrm{D}^{\boldsymbol{\alpha}}u_k(\boldsymbol{x})-\mathrm{D}^{\boldsymbol{\alpha}}u_k(\boldsymbol{y})}{|\boldsymbol{x}-\boldsymbol{y}|^{\frac{n}{2}+\gamma}}-\frac{\mathrm{D}^{\boldsymbol{\alpha}}u_l(\boldsymbol{x})-\mathrm{D}^{\boldsymbol{\alpha}}u_l(\boldsymbol{y})}{|\boldsymbol{x}-\boldsymbol{y}|^{\frac{n}{2}+\gamma}}\right\|_{L^2(\Omega\times\Omega)}\to 0,\quad k,l\to+\infty.$$

由 $L^2(\Omega\times\Omega)$ 的完备性知存在 $v_{\boldsymbol{\alpha}}(\boldsymbol{x},\boldsymbol{y})\in L^2(\Omega\times\Omega)$, 使得当 $|\boldsymbol{\alpha}|\equiv m$ 时有

$$\left\|\frac{\mathrm{D}^{\boldsymbol{\alpha}}u_k(\boldsymbol{x})-\mathrm{D}^{\boldsymbol{\alpha}}u_k(\boldsymbol{y})}{|\boldsymbol{x}-\boldsymbol{y}|^{\frac{n}{2}+\gamma}}-v_{\boldsymbol{\alpha}}(\boldsymbol{x},\boldsymbol{y})\right\|_{L^2(\Omega\times\Omega)}\to 0,\quad k\to\infty.\tag{2.5.1}$$

现证明

$$v_{\boldsymbol{\alpha}}(\boldsymbol{x},\boldsymbol{y})=\frac{\mathrm{D}^{\boldsymbol{\alpha}}u(\boldsymbol{x})-\mathrm{D}^{\boldsymbol{\alpha}}u(\boldsymbol{y})}{|\boldsymbol{x}-\boldsymbol{y}|^{\frac{n}{2}+\gamma}}\quad \text{a.e.}\quad \Omega\times\Omega.\tag{2.5.2}$$

由于 $\|u_k-u\|_{m,\Omega}\to 0(k\to\infty)$, 故存在子列 $\{u_{k_j}\}_{j=1}^\infty$, 使得 $\mathrm{D}^{\boldsymbol{\alpha}}u_{k_j}(\boldsymbol{x})-\mathrm{D}^{\boldsymbol{\alpha}}u_{k_j}(\boldsymbol{y})\to \mathrm{D}^{\boldsymbol{\alpha}}u(\boldsymbol{x})-\mathrm{D}^{\boldsymbol{\alpha}}u(\boldsymbol{y})(j\to\infty)$a.e 于 $\Omega\times\Omega$(事实上, $\mathrm{D}^{\boldsymbol{\alpha}}u_{k_j}\to\mathrm{D}^{\boldsymbol{\alpha}}u$ a.e 于 Ω), 从而当 $k\to\infty$ 时,

$$\frac{\mathrm{D}^{\boldsymbol{\alpha}}u_{k_j}(\boldsymbol{x})-\mathrm{D}^{\boldsymbol{\alpha}}u_{k_j}(\boldsymbol{y})}{|\boldsymbol{x}-\boldsymbol{y}|^{\frac{n}{2}+\gamma}}\to\frac{\mathrm{D}^{\boldsymbol{\alpha}}u(\boldsymbol{x})-\mathrm{D}^{\boldsymbol{\alpha}}u(\boldsymbol{y})}{|\boldsymbol{x}-\boldsymbol{y}|^{\frac{n}{2}+\gamma}}\ \text{a.e于}\Omega.\tag{2.5.3}$$

另一方面, 由 (2.5.1) 式可得

$$\left\|\frac{\mathrm{D}^{\boldsymbol{\alpha}}u_{k_j}(\boldsymbol{x})-\mathrm{D}^{\boldsymbol{\alpha}}u_{k_j}(\boldsymbol{y})}{|\boldsymbol{x}-\boldsymbol{y}|^{\frac{n}{2}+\gamma}}-v_{\boldsymbol{\alpha}}(\boldsymbol{x},\boldsymbol{y})\right\|_{L^2(\Omega\times\Omega)}\to 0,\quad j\to\infty.$$

于是

$$\frac{\mathrm{D}^{\boldsymbol{\alpha}}u_{k_j}(\boldsymbol{x})-\mathrm{D}^{\boldsymbol{\alpha}}u_{k_j}(\boldsymbol{y})}{|\boldsymbol{x}-\boldsymbol{y}|^{\frac{n}{2}+\lambda}}-v_{\boldsymbol{\alpha}}(\boldsymbol{x},\boldsymbol{y})\to 0,\quad j\to\infty\ \text{a.e于}\Omega.\tag{2.5.4}$$

由 (2.5.3) 式和 (2.5.4) 式可得 (2.5.2) 式, 由此可得 $u\in H^s(\Omega)$ 且当 $j\to\infty$ 时,

$$\|u_{k_j}-u\|_{s,\Omega}\to 0,$$

所以

$$\|u_k - u\|_{s,\Omega} \leqslant \|u_k - u_{k_j}\|_{s,\Omega} + \|u_{k_j} - u\|_{s,\Omega} \to 0, \quad k,j \to \infty,$$

从而 $H^s(\Omega)$ 完备.

定义 2.46 对 $s \geqslant 0$, 定义

$$H_0^s(\Omega) = \{u \in H^s(\Omega) | \exists u_k \in C_0^\infty(\Omega), \text{使得} \|u_k - u\|_{s,\Omega} \to 0 (k \to \infty)\},$$
$$H^{-s}(\Omega) = (H^s(\Omega))', \quad s > 0.$$

注 2.69 由于 $C_0^\infty(\mathbb{R}^n)$ 在 $H^s(\Omega)$ 中稠密, 故 $H_0^s(\mathbb{R}^n) = H^s(\mathbb{R}^n)$, 但若 $\Omega \neq \mathbb{R}^n$ 时, $H_0^s(\Omega) \neq H^s(\Omega)$.

对于 $H^s(\Omega)$, 与 $H^m(\Omega)$ 类似的逼近和延拓定理为

定理 2.36 当 $s \geqslant 0$ 时, $C^\infty(\Omega) \cap H^s(\Omega)$ 在 $H^s(\Omega)$ 中稠密. 又设 $\Omega \subset \mathbb{R}^n$ 为有界区域, $\partial\Omega \in C^{m+1}, s = m + \gamma, m \in \mathbb{Z}_+, \gamma \in (0,1)$, 则 $C^{m+1}(\Omega)$ 在 $H^s(\Omega)$ 中稠密.

定理 2.37 设 $\Omega \subset \mathbb{R}^n$ 为有界区域, $\partial\Omega \in C^{m+1}, s = m+\gamma, m \in \mathbb{Z}_+, \gamma \in (0,1)$, 则存在有界延拓算子 P: $H^s(\Omega) \to H^s(\mathbb{R}^n)$ 满足 $Pu = u, \boldsymbol{x} \in \Omega; \|Pu\|_{H^s(\mathbb{R}^n)} \leqslant M\|u\|_{H^s(\Omega)}$, 其中, M 为正常数.

略去上述两个定理的证明, 有兴趣的读者可参见文献 (王耀东, 1989).

注 2.70 同样可以用

$$\|u\|_{W^{s,p}(\Omega)} = \left\{ \sum_{|\boldsymbol{\alpha}| \leqslant m} \int_\Omega |\mathrm{D}^{\boldsymbol{\alpha}} u(\boldsymbol{x})|^p \,\mathrm{d}\boldsymbol{x} + \sum_{|\boldsymbol{\alpha}| = m} \int_\Omega \int_\Omega \frac{|\mathrm{D}^{\boldsymbol{\alpha}} u(\boldsymbol{x}) - \mathrm{D}^{\boldsymbol{\alpha}} u(\boldsymbol{y})|^p}{|\boldsymbol{x} - \boldsymbol{y}|^{(\frac{n}{2}+\gamma)p}} \mathrm{d}\boldsymbol{x}\mathrm{d}\boldsymbol{y} \right\}^{\frac{1}{p}}$$

给的范数来定义一般的分数次空间 $W^{s,p}(\Omega)$, 其中, $s = m + \gamma, 0 < \gamma < 1, m$ 是非负整数.

2.5.2 $\boldsymbol{H^s}(\Omega)$ 中的嵌入定理

定理 2.38 设 Ω 是 $\mathbb{R}^n$ 中的有界区域, $s = m + \dfrac{n}{2} + \gamma, m \in \mathbb{Z}_+, \gamma \in (0,1), \partial\Omega \in C^{[s]+1}$, 则有连续嵌入 $H^s(\Omega) \hookrightarrow C^{m,\gamma}(\overline{\Omega})$.

证明 由延拓定理 2.37 知存在有界延拓算子 P: $H^s(\Omega) \to H^s(\mathbb{R}^n)$ 满足 $Pu = u, \boldsymbol{x} \in \Omega, \|Pu\|_{H^s(\mathbb{R}^n)} \leqslant M\|u\|_{H^s(\Omega)}$. 再由 $H^s(\mathbb{R}^n)$ 中的嵌入定理可得

$$\|u\|_{C^{m,\gamma}(\Omega)} = \|Pu\|_{C^{m,\gamma}(\Omega)} \leqslant \|Pu\|_{C^{m,\gamma}(\mathbb{R}^n)} \leqslant M\|Pu\|_{H^s(\mathbb{R}^n)} \leqslant M\|u\|_{H^s(\Omega)}.$$

定理 2.39 设 Ω 是 $\mathbb{R}^n$ 中的有界区域, $\partial\Omega \in C^{[s]+1}, s > 0, 0 < \varepsilon \leqslant s$, 则嵌入 $H^s(\Omega) \hookrightarrow H^{s-\varepsilon}(\Omega)$ 是紧的, 即对 $H^s(\Omega)$ 中的任一有界序列 $\{u_k\}$, 存在子序列 u_{k_i} 和 $u \in H^s(\Omega)$ 满足 $\|u_{k_i} - u\|_{s-\varepsilon,\Omega} \to 0 (i \to \infty)$.

证明 设 $u_k \in H^s(\Omega), \|u_k\|_{s,\Omega} \leqslant C, \forall k = 1,2,\cdots$. 由延拓定理知存在 $v_k \in H^s(\mathbb{R}^n), \|v_k\|_{s,\mathbb{R}^n} \leqslant M\|u_k\|_{s,\Omega} (\leqslant MC), v_k = u_k$ a.e. 于 Ω 且 $\operatorname{supp} v_k \subset \Omega_1$, Ω_1 是

某个有界区域. 由于 $H^s(\mathbb{R}^n)$ 为可分的 Hilbert 空间, 于是 $H^s(\mathbb{R}^n)$ 中的任一有界集必有一个弱收敛的子列, 仍记为 v_k, 不妨设 $v_k \rightharpoonup 0(k\to\infty)$. 要证明在 $H^{s-\varepsilon}(\mathbb{R}^n)$ 中 $v_k\to 0(k\to\infty)$. 记 $\hat{v}_k$ 为 v_k 的 Fourier 变换, 则问题化为证明

$$X_k \equiv \int (1+|\boldsymbol{\xi}|^2)^{s-\varepsilon}\left|\hat{v}_k(\boldsymbol{\xi})\right|^2 \mathrm{d}\boldsymbol{\xi} \to 0, \quad k\to\infty.$$

设 $M>0$ 为一待定常数, 分解 X_k 为两部分, 即

$$\begin{aligned}X_k &= \int_{|\boldsymbol{\xi}|\geqslant M}\left(1+|\boldsymbol{\xi}|^2\right)^{s-\varepsilon}\left|\hat{v}_k(\boldsymbol{\xi})\right|^2 \mathrm{d}\boldsymbol{\xi} + \int_{|\boldsymbol{\xi}|\leqslant M}(1+|\boldsymbol{\xi}|^2)^{s-\varepsilon}\left|\hat{v}_k(\boldsymbol{\xi})\right|^2\mathrm{d}\boldsymbol{\xi}\\
&\leqslant (1+M^2)^{-\varepsilon}\int_{|\boldsymbol{\xi}|\geqslant M}(1+|\boldsymbol{\xi}|^2)^{s-\varepsilon}\left|\hat{v}_k(\boldsymbol{\xi})\right|^2 \mathrm{d}\boldsymbol{\xi} + (1+M^2)^{s-\varepsilon}\int_{|\boldsymbol{\xi}|\leqslant M}\left|\hat{v}_k(\boldsymbol{\xi})\right|^2\mathrm{d}\boldsymbol{\xi}\\
&\leqslant C(1+M^2)^{-\varepsilon} + (1+M^2)^{s-\varepsilon}\int_{|\boldsymbol{\xi}|\leqslant M}\left|\hat{v}_k(\boldsymbol{\xi})\right|^2\mathrm{d}\boldsymbol{\xi}.\end{aligned}$$

任给 $\delta>0$, 存在 $M_0>0$, 当 $M\geqslant M_0$ 时有 $C(1+M^2)^{-\varepsilon}<\dfrac{\delta}{2}$, 特别取定一个 $M\geqslant M_0$, 则有

$$\left|\hat{v}_k(\boldsymbol{\xi})\right| = \left|(2\pi)^{-\frac{n}{2}}\int_{\Omega_1} v_k(\boldsymbol{x})\mathrm{e}^{-\mathrm{i}\boldsymbol{x}\boldsymbol{\xi}}\mathrm{d}\boldsymbol{x}\right| \leqslant (2\pi)^{-\frac{n}{2}}\left\|v_k(\boldsymbol{x})\right\|_{L^2(\Omega_1)}\left|\Omega_1\right|^{\frac{1}{2}} \leqslant M < +\infty.$$

由于在 $H^s(\mathbb{R}^n)$ 中, $v_k \rightharpoonup 0(k\to\infty)$, 于是对 a.e. 的 $\boldsymbol{\xi}\in\mathbb{R}^n$, $\hat{v}_k\to 0(k\to\infty)$. 由 Lebesgue 控制收敛定理知对取定的 $M\geqslant M_0$, $(1+M^2)^{s-\varepsilon}\displaystyle\int_{|\boldsymbol{\xi}|\leqslant M}\left|\hat{v}_k(\boldsymbol{\xi})\right|^2\mathrm{d}\boldsymbol{\xi}\to 0(k\to\infty)$, 因此对 $\forall\delta>0$, 存在 $M>0$ 充分大及 $k_0=k_0(M)$, 使得当 $k\geqslant k_0$ 时有 $|X_k|<\dfrac{\delta}{2}+\dfrac{\delta}{2}=\delta$.

注 2.71 当 $v_k\to v(k\to\infty)$, 记 $v_k - v = \{\tilde{v}_k\}$, 则 $\tilde{v}_k\to 0(k\to\infty)$.

2.5.3 范数内插

定理 2.40 设 $\theta\leqslant s_1<s_2$, Ω 是 $\mathbb{R}^n$ 中的有界区域, $\partial\Omega\in C^{[s_2]+1}$, 则存在常数 $M=M(n,s_1,s_2,\theta,\Omega)$, 使得

$$\|u\|_{\theta s_1+(1-\theta)s_2,\Omega}\leqslant c\,\|u\|_{s_1}^{\theta}\,\|u\|_{s_2}^{1-\theta}, \quad \forall u\in H^{s_2}(\Omega).$$

证明 设 P 是 $H^{s_2}(\Omega)$ 到 $H^{s_2}(\mathbb{R}^n)$ 的延拓算子, 则易知 $\forall 0<s<s_2$, 它也是 $H^s(\Omega)$ 到 $H^s(\mathbb{R}^n)$ 上的延拓算子. 由 $H^s(\mathbb{R}^n)$ 的范数内插不等式有

$$\begin{aligned}\|u\|_{\theta s_1+(1-\theta)s_2,\Omega} &= \|Pu\|_{\theta s_1+(1-\theta)s_2,\Omega}\leqslant \|Pu\|_{\theta s_1+(1-\theta)s_2,\mathbb{R}^n}\\
&\leqslant \|Pu\|_{s_1,\mathbb{R}^n}^{\theta}\,\|Pu\|_{s_2,\mathbb{R}^n}^{1-\theta}\leqslant \|u\|_{s_1,\Omega}^{\theta}\,\|u\|_{s_2,\Omega}^{1-\theta}.\end{aligned}$$

2.6　迹与迹算子

一个 $H^s(\mathbb{R}^n)$ 或 $H^s(\Omega)$(甚至更一般的广义函数) 中的函数在低维流形上的取值未必有意义, 即使对于 L^p 中的函数也是如此, 因为 L^p 中的元素在一个零测度集上可以任意改变其值, 所以在低维流形上的值是不确定的, 但在偏微分方程边值问题的研究中, 恰好要涉及 Sobolev 空间中的函数在低维流形上的 "广义取值". 本节将讨论 Sobolev 空间中函数在区域 Ω 的边界 $\partial\Omega$ 上的 "广义取值" 问题, 即对偏微分方程至关重要的迹的概念. 迹是区域 $\overline{\Omega}$ 上的连续函数在边界 $\partial\Omega$ 上的取值的通常概念的推广, 主要解决的问题是给定一个 Sobolev 空间中的函数, 如何定义在 $\partial\Omega$ 或区域 Ω 的子流形上的 "广义取值"? 这种 Sobolev 空间中的函数在边界或区域 Ω 的子流形上的 "广义取值" 称为在边界上的迹. 下面给出迹的一个准确定义.

首先讨论 $H^m(\mathbb{R}^n)$ 与 $H^m(\mathbb{R}^n_+)$ 中的函数在 $n-1$ 维超平面 $x_n=0$ 上的迹, 然后再给出一般边界区域上迹的概念.

定理 2.41(迹定理)　设 m 为非负整数, $u\in H^m(\mathbb{R}^n)$, 则存在唯一函数 $\gamma u\in H^{m-\frac{1}{2}}(\mathbb{R}^{n-1})$ 满足条件

$$\lim_{m\to\infty}||u_k(\boldsymbol{x}',x_n=0)-\gamma u||_{H^{m-\frac{1}{2}}(\mathbb{R}^{n-1})}=0 \tag{2.6.1}$$

且成立

$$\|\gamma u\|_{H^{m-\frac{1}{2}}(\mathbb{R}^{n-1})}\leqslant C\|u\|_{H^m(\mathbb{R}^n)},\quad C\text{为常数}, \tag{2.6.2}$$

其中, $u_k\in C_0^\infty(\mathbb{R}^n)$ 为在 $H^m(\mathbb{R}^n)$ 中收敛到 u 的任一序列. 将这样的函数 $\gamma u\in H^{m-1/2}(\mathbb{R}^{n-1})$ 定义为 $H^m(\mathbb{R}^n)$ 中函数 u 在 $x_n=0$ 上的迹.

证明　先对 $u\in C_0^\infty(\mathbb{R}^n)$ 来定义 $x_n=0$ 上的迹, 并证明 (2.6.2) 式成立. 记 $\boldsymbol{x}'=(x_1,\cdots,x_{n-1})$, 则 $u(\boldsymbol{x})=u(\boldsymbol{x}',x_n)$ 在 $x_n=0$ 上的取值

$$\gamma u\equiv u(\boldsymbol{x}',0), \tag{2.6.3}$$

可以定义为 $u(\boldsymbol{x})$ 在 $x_n=0$ 上的迹. 这是因为由 (2.6.3) 式定义的函数 $\gamma u\in H^{m-1/2}(\mathbb{R}^{n-1})$ 且对于在 $H^m(\mathbb{R}^n)$ 中收敛到 u 的任一序列 $u_k\in C_0^\infty(\mathbb{R}^n)$ 都有

$$\lim_{m\to\infty}||u_k(\boldsymbol{x}',x_n=0)-\gamma u||_{H^{m-\frac{1}{2}}(\mathbb{R}^{n-1})}=0.$$

为了证明这个事实, 现证明 (2.6.2) 式对于 $u\in C_0^\infty(\mathbb{R}^n)$ 成立.

用 $\hat{u}(\boldsymbol{\xi}',x_n)$ 表示 u 关于 $\boldsymbol{x}'$ 的 Fourier 变换, 则 $\hat{u}(\boldsymbol{\xi}',x_n)$ 关于 $\boldsymbol{\xi}'$ 是速降函数且当 $|x_n|$ 充分大时, $\hat{u}(\boldsymbol{\xi}',x_n)=0$. 故

$$\left|\hat{u}(\boldsymbol{\xi}',0)\right|^2=-\int_0^\infty\frac{\partial}{\partial x_n}\left|\hat{u}(\boldsymbol{\xi}',x_n)\right|^2\mathrm{d}x_n,$$

两边乘以 $(1+|\boldsymbol{\xi}'|^2)^{m-\frac{1}{2}}$, 并对 $\boldsymbol{\xi}'$ 积分得

$$\begin{aligned}
\|\gamma u\|^2_{H^{m-\frac{1}{2}}(\mathbb{R}^{n-1})} &= \|u(\boldsymbol{x}',0)\|_{H^{m-\frac{1}{2}}(\mathbb{R}^{n-1})} = \int_{\mathbb{R}^{n-1}}(1+|\boldsymbol{\xi}'|^2)^{m-\frac{1}{2}}|\hat{u}(\boldsymbol{\xi}',0)|^2\,\mathrm{d}\boldsymbol{\xi}' \\
&= -\int_{\mathbb{R}^{n-1}}(1+|\boldsymbol{\xi}'|^2)^{m-\frac{1}{2}}\int_0^\infty \frac{\partial}{\partial x_n}|\hat{u}(\boldsymbol{\xi}',x_n)|^2\,\mathrm{d}x_n\mathrm{d}\boldsymbol{\xi}' \\
&\leqslant 2\int_{\mathbb{R}^{n-1}}\int_0^\infty \left(1+|\boldsymbol{\xi}'|^2\right)^{\frac{m}{2}}|\hat{u}(\boldsymbol{\xi}',x_n)|(1+|\boldsymbol{\xi}'|^2)^{\frac{m}{2}-\frac{1}{2}} \\
&\quad\times\left|\frac{\partial\hat{u}(\boldsymbol{\xi}',x_n)}{\partial x_n}\right|\mathrm{d}x_n\mathrm{d}\boldsymbol{\xi}' \\
&\leqslant 2\left(\int_{\mathbb{R}^{n-1}}\int_0^\infty(1+|\boldsymbol{\xi}'|^2)^m|\hat{u}(\boldsymbol{\xi}',x_n)|^2\,\mathrm{d}x_n\mathrm{d}\boldsymbol{\xi}'\right)^{\frac{1}{2}} \\
&\quad\times\left(\int_{\mathbb{R}^{n-1}}\int_0^\infty(1+|\boldsymbol{\xi}'|^2)^{m-1}\left|\frac{\partial\hat{u}(\boldsymbol{\xi}',x_n)}{\partial x_n}\right|^2\mathrm{d}x_n\mathrm{d}\boldsymbol{\xi}'\right)^{\frac{1}{2}} \\
&= 2\left(\int_0^\infty\|u(\cdot,x_n)\|^2_{H^m(\mathbb{R}^n-1)}\,\mathrm{d}x_n\right)^{\frac{1}{2}} \\
&\quad\times\left(\int_0^\infty\left\|\frac{\partial u}{\partial x_n}(\cdot,x_n)\right\|^2_{H^{m-1}(\mathbb{R}^{n-1})}\mathrm{d}\boldsymbol{x}_n\right)^{\frac{1}{2}} \\
&\leqslant 2\|u\|_{H^m(\mathbb{R}^n)}\|u\|_{H^m(\mathbb{R}^n)} = 2\|u\|^2_{H^m(\mathbb{R}^n)}.
\end{aligned}\tag{2.6.4}$$

于是 (2.6.2) 式成立.

设 $u_k\in C_0^\infty(\mathbb{R}^n)$ 为在 $H^m(\mathbb{R}^n)$ 中收敛到 u 的任一序列, 则由 (2.6.4) 式知

$$\begin{aligned}
\|u_k(\boldsymbol{x}',x_n=0)-\gamma u\|_{H^{m-\frac{1}{2}}(\mathbb{R}^n-1)} &= \|\gamma(u_k-u)\|_{H^{m-\frac{1}{2}}(\mathbb{R}^{n-1})} \\
&\leqslant C\|u_k-u\|_{H^m(\mathbb{R}^n)}\to 0,\quad k\to\infty,
\end{aligned}\tag{2.6.5}$$

从而 (2.6.1) 式对于 $u\in C_0^\infty(\mathbb{R}^n)$ 成立. 同时由 (2.6.5) 式易知对于在 $H^m(\mathbb{R}^n)$ 中收敛到 u 的另一序列 $v_k\in C_0^\infty(\mathbb{R}^n)$. 显然迹是唯一的, 即 $\gamma u\equiv u(x',0)$, 而且 $u\in C_0^\infty(\mathbb{R}^n)$ 的迹可由 (2.6.3) 式来定义.

如果 $u\in H^m(\mathbb{R}^n)$, 则存在 $\{u_j\}\subset C_0^\infty(\mathbb{R}^n)$, 使得当 $j\to\infty$ 时在 $H^m(\mathbb{R}^n)$ 中有 $u_j\to u$, 从而 $\{u_j\}$ 是 $H^m(\mathbb{R}^n)$ 中的 Cauchy 列, 由 (2.6.2) 式知

$$\|\gamma u_j-\gamma u_k\|_{H^{m-\frac{1}{2}}(\mathbb{R}^n-1)}=\|\gamma(u_j-u_k)\|_{H^{m-\frac{1}{2}}(\mathbb{R}^{n-1})}\leqslant 2\|u_j-u_k\|_{H^m(\mathbb{R}^n)}\to 0,\ j,k\to\infty,$$

即 $\{\gamma u_j\}$ 是 $H^{m-\frac{1}{2}}(\mathbb{R}^{n-1})$ 中的 Cauchy 列, 由 $H^{m-\frac{1}{2}}(\mathbb{R}^{n-1})$ 的完备性知存在 $v\in H^{m-\frac{1}{2}}(\mathbb{R}^{n-1})$ 使得当 $j\to\infty$ 时有 $\gamma u_j\to v$ 在 $H^{m-\frac{1}{2}}(\mathbb{R}^{n-1})$ 中. 容易看出 v 与 $\{u_j\}$ 的选取无关. 事实上, 对任意 $\{\tilde{u}_j\}\subset C_0^\infty(\mathbb{R}^n)$, 在 $H^m(\mathbb{R}^n)$ 中有 $\tilde{u}_j\to u(j\to\infty)$. 同

上可证明存在 $\tilde{v} \in H^{m-\frac{1}{2}}(\mathbb{R}^{n-1})$, 使得当 $j \to \infty$ 时在 $H^{m-\frac{1}{2}}(\mathbb{R}^{n-1})$ 中有 $\gamma \tilde{u}_j \to \tilde{v}$. 下面证明 $\tilde{v} = v$. 这是因为

$$\begin{aligned}\|\tilde{v} - v\|_{H^{m-\frac{1}{2}}(\mathbb{R}^{n-1})} &= \|\tilde{v} - \gamma\tilde{u}_j + \gamma\tilde{u}_j - \gamma u_j + \gamma u_j - v\|_{H^{m-\frac{1}{2}}(\mathbb{R}^{n-1})} \\ &\leqslant \|\tilde{v} - \gamma\tilde{u}_j\|_{H^{m-\frac{1}{2}}(\mathbb{R}^{n-1})} \\ &\quad + \|\gamma\tilde{u}_j - \gamma u_j\|_{H^{m-\frac{1}{2}}(\mathbb{R}^{n-1})} + \|\gamma u_j - v\|_{H^{m-\frac{1}{2}}(\mathbb{R}^{n-1})},\end{aligned}$$

而

$$\begin{aligned}\|\gamma\tilde{u}_j - \gamma u_j\|_{H^{m-\frac{1}{2}}(\mathbb{R}^{n-1})} &\leqslant C\|\tilde{u}_j - u_j\|_{H^m(\mathbb{R}^n)} \\ &\leqslant C\|\tilde{u}_j - u\|_{H^m(\mathbb{R}^n)} + C\|u_j - u\|_{H^m(\mathbb{R}^n)} \to 0, \quad j \to \infty.\end{aligned}$$

最后在 $\|\gamma u_j\|_{H^{m-\frac{1}{2}}(\mathbb{R}^{n-1})} \leqslant C\|u_j\|_{H^m(\mathbb{R}^n)}$ 中令 $j \to \infty$ 可得 (2.6.2) 式对于 $u \in H^m(\mathbb{R}^n)$ 成立. 于是可以定义 u 在 $x_n = 0$ 上的迹为 $\gamma u = v$. 这就证明了定理 2.41.

注 2.72　定理证明过程的第一步是证明对于 $u \in C_0^\infty(\mathbb{R}^n)$ 定义算子 $\gamma u = u(\boldsymbol{x}', 0) \in C_0^\infty(\mathbb{R}^{n-1})$ 且 $\|\gamma u\|_{H^{m-\frac{1}{2}}(\mathbb{R}^{n-1})} \leqslant C\|u\|_{H^m(\mathbb{R}^n)}$. 此时称算子 $\gamma: C_0^\infty(\mathbb{R}^n) \to C_0^\infty(\mathbb{R}^n), u \mapsto \gamma u = u(\boldsymbol{x}', 0)$ 为 $C_0^\infty(\mathbb{R}^n)$ 上的 (零阶) 迹算子.

由于 $C_0^\infty(\mathbb{R}^n)$ 在 $H^m(\mathbb{R}^n)$ 中稠密, 而 $C_0^\infty(\mathbb{R}^{n-1})$ 在 $H^{m-\frac{1}{2}}(\mathbb{R}^{n-1})$ 中稠密, 于是由 Hahn-Banach 延拓定理可得

定理 2.42(迹定理的一般形式)　定义在 $C_0^\infty(\mathbb{R}^n)$ 上的迹算子

$$\boldsymbol{\gamma} = (\gamma_0, \cdots, \gamma_{m-1}), \quad \gamma_j u(\boldsymbol{x}') = \frac{\partial^j u(\boldsymbol{x}', 0)}{\partial x_n^j}$$

可以扩张为 $H^m(\mathbb{R}^n)$ 到 $\prod\limits_{j=0}^{m-1} H^{m-j-\frac{1}{2}}(\mathbb{R}^{n-1}) = H^{m-\frac{1}{2}}(\mathbb{R}^{n-1}) \times H^{m-1-\frac{1}{2}}(\mathbb{R}^{n-1}) \times \cdots \times H^{\frac{1}{2}}(\mathbb{R}^{n-1})$ 上的有界线性算子.

证明　多次使用定理 2.41 即可. 例如, 由于

$$\gamma_j u(\boldsymbol{x}') = \frac{\partial^j u(\boldsymbol{x}', 0)}{\partial x_n^j} = \gamma_0 \frac{\partial^j u(\boldsymbol{x})}{\partial x_n^j},$$

所以

$$\|\gamma_j u\|_{H^{m-j-\frac{1}{2}}(\mathbb{R}^n)} = \left\|\gamma_0 \frac{\partial^j u(\boldsymbol{x})}{\partial x_n^j}\right\|_{H^{m-j-\frac{1}{2}}(\mathbb{R}^{n-1})} \leqslant C\left\|\frac{\partial^j u}{\partial x_n^j}\right\|_{H^{m-j}(\mathbb{R}^n)} \leqslant \|u\|_{H^m(\mathbb{R}^n)}.$$

另外在定理 2.41 的证明过程中, 并不用到 u 在整个空间 $\mathbb{R}^n$ 内的值, 只用到了 u 在 $\mathbb{R}_+^n = \{x \in \mathbb{R}^n \,|x_n > 0\}$ 上的值及 $\hat{u}(\boldsymbol{\xi}, x_n)$ 的速减性, 于是对于 $H^m(\mathbb{R}_+^n)$ 中的函数也有迹定理.

定理 2.43 设 m 为非负整数, $u \in H^m(\mathbb{R}_+^n)$, 则可以定义 u 在 $x_n = 0$ 上的迹 γu 且存在常数 C, 使得 $\|\gamma u\|_{H^{m-\frac{1}{2}}(\mathbb{R}^{n-1})} \leqslant C\|u\|_{H^m(\mathbb{R}_+^n)}$.

证明 作函数列 $\{g_k\}$ 满足 $g_k \in C_0^\infty(\mathbb{R}^n)$ 且 $g_k = \begin{cases} 1, & \boldsymbol{x} \in B(0,k), \\ 0, & \boldsymbol{x} \in B(0,k+1), \end{cases}$ 则易证对任一 $u \in H^m(\mathbb{R}_+^n)$, 当 $k \to \infty$ 时有

$$g_k u \to u \text{ 在} H^m(\mathbb{R}_+^n)\text{中},$$

即当 k 充分大时有

$$\|g_k u - u\|_{H^m(\mathbb{R}_+^n)} < \frac{1}{2^k}, \tag{2.6.6}$$

又 $C_0^\infty(\bar{\mathbb{R}}_+^n)$ 在 $H^m(\mathbb{R}_+^n)$ 中是稠密的, 故存在 $\{\varepsilon_k\}$, 使得

$$\left\|J_{\varepsilon_k}^+(g_k u) - g_k u\right\|_{H^m(\mathbb{R}_+^n)} < \frac{1}{2^k}, \tag{2.6.7}$$

其中,

$$\begin{aligned} J_{\varepsilon_k}^+ v = &\int_{\mathbb{R}_+^n} \rho\left(\frac{x_1 - x_1'}{\varepsilon}\right) \cdots \rho\left(\frac{x_{n-1} - x_{n-1}'}{\varepsilon}\right) \\ &\times \rho\left(\frac{x_n - x_n' + 2\varepsilon}{\varepsilon}\right) v(\boldsymbol{x}')\mathrm{d}\boldsymbol{x}', \quad \boldsymbol{x}' = (x_1', \cdots, x_n'). \end{aligned}$$

由 (2.6.6) 式及 (2.6.7) 式知当 $k \to \infty$ 时有 $u_k = J_{\varepsilon k}^+(g_k u) \to u(H^m(\mathbb{R}_+^n))$. 由于 $g_k u$ 在 $|\boldsymbol{x}|$ 充分大时为零, 故 u_k 当 $|\boldsymbol{x}|$ 充分大时也为零. 故可用定理 2.41 的方法证明 u_k 在 $x_n = 0$ 上的迹 γu_k 满足

$$\|\gamma u_k\|_{H^{m-\frac{1}{2}}(\mathbb{R}^{n-1})} \leqslant C\|u_k\|_{H^m(\mathbb{R}_+^n)}, \quad \|\gamma u_k - \gamma u_{k'}\|_{H^{m-\frac{1}{2}}(\mathbb{R}^{n-1})} \leqslant C\|u_k - u_k'\|_{H^m(\mathbb{R}_+^n)},$$

即存在 $v \in H^{m-1/2}(\mathbb{R}^{n-1})$, 使得当 $k \to \infty$ 时 $\gamma u_k \to v$(在 $H^{m-1/2}(\mathbb{R}^{n-1})$ 中), 定义 u 在 $x_n = 0$ 上的迹为 v 且 $\|\gamma u\|_{H^{m-\frac{1}{2}}(\mathbb{R}^{n-1})} \leqslant C\|u\|_{H^m(\mathbb{R}_+^n)}$.

通过局部化、光滑化和平直化技巧, 上面结果可以推广到有界区域.

定理 2.44($H^m(\Omega)$ 的迹) 设有界区域 Ω 的边界 $\partial\Omega \in C^m$, 则定义在 $C^m(\overline{\Omega})$ 上的迹算子

$$\boldsymbol{\gamma} u = (\gamma_0 u, \cdots, \gamma_{m-1} u) \triangleq \left(u\Big|_{\partial\Omega}, \frac{\partial u}{\partial \boldsymbol{\nu}}\Big|_{\partial\Omega}, \cdots, \frac{\partial^{m-1} u}{\partial \boldsymbol{\nu}^{m-1}}\Big|_{\partial\Omega}\right)$$

可以扩张为 $H^m(\Omega)$ 到 $\prod\limits_{j=0}^{m-1} H^{m-j-\frac{1}{2}}(\partial\Omega)$ 上的有界线性算子, 仍记为 $\boldsymbol{\gamma}$, 其中, $\boldsymbol{\nu}$ 为区域 Ω 的边界 $\partial\Omega$ 上任意点处的单位外法向, $\dfrac{\partial^j u}{\partial \boldsymbol{\nu}^j} = \dfrac{\partial}{\partial \boldsymbol{\nu}}\left(\dfrac{\partial^{j-1} u}{\partial \boldsymbol{\nu}^{j-1}}\right), j = 1, \cdots, m-$

1, 这里 γ_j 称为 j 次迹算子, $\gamma_j u$ 称为 u 在 $\partial\Omega$ 上的 j 次迹.

证明　参见文献 (王耀东, 1989).

注 2.73　对于适当光滑的区域 Ω, 空间 $H^s(\partial\Omega)$ 可以视为 $\partial\Omega\in\mathbb{R}^{n-1}$ 上的分数次 Sobolev 空间. 也可以用如下定义: 设 $s>0$, $B_1(0)$ 是 $\mathbb{R}^n_y$ 中的单位球, 有界区域 Ω 的边界 $\partial\Omega\in C^{[s]+1}$, 取定 $\partial\Omega$ 的一个开覆盖 $\{O_i|i=1,\cdots,N\}$, 变换 $\{\varphi_i|i=1,\cdots,N\}$ 满足

$$\varphi_i,\varphi_i^{-1}\in C^{[s]+1},\quad \varphi_i(O_i)=B_1(0),$$
$$\varphi_i(\Omega\cap O_i)=B_1^+(0)=B_1(0)\cap\{y_n>0\},\quad \varphi_i(\partial\Omega\cap O_i)=\Sigma=B_1(0)\cap\{y_n=0\},$$

取定一个从属于 $\{O_i|i=1,\cdots,N\}$ 的单位分解 $\{\alpha_i|i=1,\cdots,N\}$. 设 u 是任一定义在 $\partial\Omega$ 上的函数, 令 $(\alpha_i u)\circ\varphi_i^{-1}(\boldsymbol{y})$ 在 Σ 外取零值, 若这样得到的函数 $(\alpha_i u)\circ\varphi_i^{-1}(\boldsymbol{y}',y_n=0)\in H^s(\mathbb{R}^{n-1}_{\boldsymbol{y}'}), i=1,\cdots,N$, 则称 $u\in H^s(\partial\Omega)$, 并定义它的范数为

$$||u||^2_{s,\partial\Omega}=\sum_{i=1}^{s}||(\alpha_i u)\circ\varphi_i^{-1}(\boldsymbol{y}',y_n=0)||_{s,\mathbb{R}^{n-1}}.$$

有了迹算子的概念后, 可以用迹算子来刻画 $H_0^m(\Omega)$ 中的函数在边界上的广义取值.

定理 2.45($H_0^m(\Omega)$ 的刻画)　设 Ω 是 $\mathbb{R}^n$ 中的有界区域, $\partial\Omega\in C^m$, 则

$$H_0^m(\Omega)=\mathrm{Ker}\boldsymbol{\gamma}\triangleq\left\{u\in H^m(\Omega)\middle|\boldsymbol{\gamma}u=\left(u\Big|_{\partial\Omega},\frac{\partial u}{\partial\boldsymbol{\nu}}\Big|_{\partial\Omega},\cdots,\frac{\partial^{m-1}u}{\partial\boldsymbol{\nu}^{m-1}}\Big|_{\partial\Omega}\right)(0,\cdots,0)\right\}.$$

例如, $H_0^1(\Omega)=\{u\in H^1(\Omega)\,|\gamma_0 u=0\}$, 即 $H_0^1(\Omega)$ 是 $H^1(\Omega)$ 中在 $\partial\Omega$ 上零次迹取 0 的函数全体. 这样以后对于有界区域上偏微分方程在 Sobolev 空间中的求解问题, 边界条件 $\left(u\Big|_{\partial\Omega},\frac{\partial u}{\partial\boldsymbol{\nu}}\Big|_{\partial\Omega},\cdots,\frac{\partial^{m-1}u}{\partial\boldsymbol{\nu}^{m-1}}\Big|_{\partial\Omega}\right)=(0,\cdots,0)$ 实际上表示 u 在 $\partial\Omega$ 上的 $0,\cdots,m-1$ 次迹都为零. 但为了记号简单, 今后将不再区别这两个记号, 只是在不同的问题中它们表示的意义不同, 即对于 $u\in C(\overline{\Omega})$, $u|_{\partial\Omega}=0$ 表示 u 在区域 Ω 的边界 $\partial\Omega$ 上的取值, 而对于 $u\in H^s(\Omega)$, $u|_{\partial\Omega}=0$ 表示 u 在区域 Ω 的边界 $\partial\Omega$ 上的迹.

对于 $W^{1,p}(\Omega)$, $W_0^{1,p}(\Omega)$ 中的函数 u, 同样可以定义 u 在 $\partial\Omega$ 上的迹 $u|_{\partial\Omega}$, 即有

定理 2.46($W^{1,p}(\Omega)$ 的零次迹)　设 Ω 是 $\mathbb{R}^n$ 中的有界开集, $\partial\Omega\in C^1$, 则存在一个有界线性算子

$$\gamma_0:W^{1,p}(\Omega)\mapsto L^p(\partial\Omega),$$

使得

(1) 如果 $u \in W^{1,p}(\Omega) \cap C(\overline{\Omega})$, 那么 $\gamma_0 u = u|_{\partial\Omega}$;

(2) 存在只依赖于 p 和 Ω 的常数 $C > 0$, 使得对任意 $u \in W^{1,p}(\Omega)$ 有

$$||\gamma_0 u||_{L^p(\partial\Omega)} \leqslant C||u||_{W^{1,p}(\Omega)}.$$

定理 2.47($W_0^{1,p}(\Omega)$ 的零次迹刻画) 设 Ω 是 $\mathbb{R}^n$ 中的有界开集, $\partial\Omega \in C^1$. 又设 $u \in W^{1,p}(\Omega)$, 则 $u \in W_0^{1,p}(\Omega)$ 的充要条件是在 $\partial\Omega$ 上 $u|_{\partial\Omega} \triangleq \gamma_0 u = 0$.

定理 2.46 和定理 2.47 的证明参见文献 (Evans, 1998).

注 2.74 $W_0^{m,p}(\Omega) = \left\{ u \in W^{m,p}(\Omega) \,\middle|\, \left(u, \dfrac{\partial u}{\partial \boldsymbol{\nu}}, \cdots, \dfrac{\partial^{m-1} u}{\partial \boldsymbol{\nu}^{m-1}}\right)\bigg|_{\partial\Omega} = (0, \cdots, 0) \right\}$.

习 题 二

1. 如果 $v > 0$, $u \in C^1((0,T))$ 且 $\displaystyle\int_0^T |u'(t)|t^v \mathrm{d}t < +\infty$, 则 $\displaystyle\lim_{t\to 0+} |u(t)|t^v = 0$.

2. 设 u 是一个 $(0,\infty)$ 上 a.e. 有定义的数值函数, 令 $g(t) = \dfrac{1}{t}\displaystyle\int_0^t f(\xi)\mathrm{d}\xi$. 若 $1 \leqslant p < +\infty$, $\dfrac{1}{p} + v = \theta < 1$, 则 $\displaystyle\int_0^\infty t^{vp}|g(t)|^p \mathrm{d}t \leqslant \frac{1}{(1-\theta)^p}\int_0^\infty t^{vp}|f(t)|^p \mathrm{d}t$.

3. 设 Ω 是 $\mathbb{R}^n$ 的可测集, $E \subset \Omega$, 则当 $p \geqslant 1$ 时有

$$\left(\int_\Omega |f(\boldsymbol{x})|^p \,\mathrm{d}\boldsymbol{x}\right)^{\frac{1}{p}} \leqslant \left(\int_E |f(\boldsymbol{x})|^p \,\mathrm{d}\boldsymbol{x}\right)^{\frac{1}{p}} + \left(\int_{\Omega\setminus E} |f(\boldsymbol{x})|^p \,\mathrm{d}\boldsymbol{x}\right)^{\frac{1}{p}}.$$

当 $0 < p < 1$ 时, 上式反号.

提示: 分解 $\boldsymbol{x} = \boldsymbol{y} + \boldsymbol{z}$, 使得在 E 上有 $\boldsymbol{z} \equiv 0 (\boldsymbol{x} = \boldsymbol{y})$, 而在 $\Omega\setminus E$ 上 $\boldsymbol{y} \equiv 0 (\boldsymbol{x} = \boldsymbol{z})$,

$$\begin{aligned}
\left(\int_\Omega |\boldsymbol{x}|^p \,P\mathrm{d}\boldsymbol{x}\right)^{\frac{1}{p}} &= \left(\int_\Omega |\boldsymbol{y}+\boldsymbol{z}|^p \,P\mathrm{d}\boldsymbol{x}\right)^{\frac{1}{p}} \leqslant \left(\int_\Omega |\boldsymbol{y}|^p \,P\mathrm{d}\boldsymbol{x}\right)^{\frac{1}{p}} + \left(\int_\Omega |\boldsymbol{z}|^p \,P\mathrm{d}\boldsymbol{x}\right)^{\frac{1}{p}} \\
&= \left(\int_E |\boldsymbol{y}|^p \,P\mathrm{d}\boldsymbol{x}\right)^{\frac{1}{p}} + \left(\int_{\Omega\setminus E} |\boldsymbol{z}|^p \,P\mathrm{d}\boldsymbol{x}\right)^{\frac{1}{p}} \\
&= \left(\int_E |\boldsymbol{x}|^p \,P\mathrm{d}\boldsymbol{x}\right)^{\frac{1}{p}} + \left(\int_{\Omega\setminus E} |\boldsymbol{x}|^p \,P\mathrm{d}\boldsymbol{x}\right)^{\frac{1}{p}}.
\end{aligned}$$

4. 设 $1/p + 1/q = 1, p > 1, q > 1$, 试证明代数方程 $x^p/p + y^q/q = xy$ 有解的充要条件是 $y = x^{p-1}$.

5. 设 $u \in L^p(a,b), u' \in L^p(a,b), p \geqslant 1$, 试证明 u 在任意有限区间 $[c,d] \subset (a,b)$ 上绝对连续.

6. 如果 $v > 0$, $p \geqslant 1$, $u \in C^1((0,T))$, 则

(1) $\displaystyle\int_0^T |u(t)|^p t^{v-1}\mathrm{d}t \leqslant \frac{v+1}{vT}\int_0^T |u(t)|^p t^v \mathrm{d}t + \frac{p}{v}\int_0^T |u(t)|^{p-1}|u'(t)|t^v \mathrm{d}t$;

(2) $\sup\limits_{0<t<T}|u(t)|^p \leqslant \dfrac{2}{T}\displaystyle\int_0^T |u(t)|^p \mathrm{d}t + p\int_0^T |u(t)|^{p-1}|u'(t)|\mathrm{d}t$;

(3) $\sup\limits_{0<t<T}|u(t)|^p t^\upsilon \leqslant \dfrac{\upsilon+3}{T}\displaystyle\int_0^T |u(t)|^p t^\upsilon \mathrm{d}t + 2p\int_0^T |u(t)|^{p-1}|u'(t)|t^\upsilon \mathrm{d}t$.

7. 证明 $\delta(x) \notin L^1_{\mathrm{loc}}(\Omega)$.

8. 证明 $\left(\prod\limits_{|\boldsymbol{\alpha}|\leqslant m} L^p(\Omega)\right)' = \prod\limits_{|\boldsymbol{\alpha}|\leqslant m} L^{p'}(\Omega), \dfrac{1}{p}+\dfrac{1}{p'}=1$. 对于一般的乘积空间, 结论是否成立?

9. 证明 $u = \ln^{\ln\left(1+\frac{1}{|\boldsymbol{x}|}\right)} \in W^{1,n}(B(0,1))$, 但 $u \notin L^\infty(B(0,1))$.

10. 证明

$$\int_{B(\boldsymbol{x},r)} f(\boldsymbol{y})\,\mathrm{d}\boldsymbol{y} = \int_0^r \int_{\partial B(0,1)} f(\boldsymbol{x}+r\boldsymbol{\omega})\,\mathrm{d}S_\omega r^{n-1}\mathrm{d}r,$$

$$\int_{\partial B(\boldsymbol{x},r)} f(\boldsymbol{y})\,\mathrm{d}S_y = \int_{\partial B(0,1)} f(\boldsymbol{x}+r\boldsymbol{\omega})\, r^{n-1}\mathrm{d}S_\omega,$$

其中, $B(\boldsymbol{x},r)$ 表示 $\mathbb{R}^n$ 中以 $\boldsymbol{x}$ 为圆心、以 r 为半径的球, $\partial B(\boldsymbol{x},r)$ 表示球 $B(\boldsymbol{x},r)$ 的球面.

11. 设 $u, v \in C^m(\Omega)$, 则有 Leibniz 求导公式

$$\mathrm{D}^{\boldsymbol{\alpha}}(uv) = \sum_{\boldsymbol{\beta}\leqslant\boldsymbol{\alpha}} \begin{pmatrix} \boldsymbol{\alpha} \\ \boldsymbol{\beta} \end{pmatrix} \mathrm{D}^{\boldsymbol{\beta}} u \mathrm{D}^{\boldsymbol{\alpha}-\boldsymbol{\beta}} v,$$

其中, $\boldsymbol{\alpha} = (\alpha_1, \cdots, \alpha_n) \in \mathbb{Z}^n_+, \boldsymbol{\beta} = (\beta_1, \cdots, \beta_n) \in \mathbb{Z}^n_+$, $\boldsymbol{\beta} \leqslant \boldsymbol{\alpha} \Leftrightarrow \beta_i \leqslant \alpha_i, i = 1, \cdots, n$. $\boldsymbol{\alpha} - \boldsymbol{\beta} = (\alpha_1 - \beta_1, \cdots, \alpha_n - \beta_n)$. 更进一步设 $u \in W^{m,p}(\Omega), v \in C^m(\Omega)$, 则 Leibniz 求导公式仍成立.

12. 若 $u \in H^1(\Omega)$, 则 $u^+, u^-, |u| \in H^1(\Omega)$ 且有求导公式

$$\frac{\partial u^+}{\partial x_i} = \begin{cases} \dfrac{\partial u}{\partial x_i}, & u > 0, \\ 0, & u \leqslant 0, \end{cases} \qquad \frac{\partial u^-}{\partial x_i} = \begin{cases} 0, & u \geqslant 0, \\ -\dfrac{\partial u}{\partial x_i}, & u < 0. \end{cases}$$

13. 设 $u \in W^{m,p}(\Omega)$, $\alpha \in C^m(\overline{\Omega})$, Ω 为有界区域, 则 $\alpha u \in W^{m,p}(\Omega)$.

14. 设 f 满足 Lipschitz 条件, 即

$$|f(t_1) - f(t_2)| \leqslant L|t_1 - t_2|, \quad \forall t_1, t_2 \in \mathbb{R}^1,$$

又设 $u \in W^{1,p}(\Omega)$, 则 $f(u) \in W^{1,p}(\Omega)$ 且

$$\frac{\partial f}{\partial x_i} = f'(u)\frac{\partial u}{\partial x_i},$$

其中, 规定 $\dfrac{\partial u}{\partial x_i} = 0$ 时, $f'(u)\dfrac{\partial u}{\partial x_i} = 0$.

15. 若 $u \in W^{m,p}(\mathbb{R}^n), m - \dfrac{n}{p} = \lambda \in (0,1)$, 则存在常数 $C = C(n,m,p)$, 使得

$$\frac{|u(\boldsymbol{x}) - u(\boldsymbol{y})|}{|\boldsymbol{x}-\boldsymbol{y}|^\lambda} \leqslant C\sum_{i=1}^n \left\| \frac{\partial u}{\partial x_i} \right\|_{L^p(\mathbb{R}^n)}.$$

16. 若 $u \in W_0^{m,p}(\Omega), 1/q = 1/p - m/n > 0$, 则 $u \in L^q(\Omega)$.

17. 设 $\Omega \in \mathbb{R}^n$, Ω 是有界区域, $\partial\Omega \in C^m$, 证明

$$H_0^m(\Omega) = \left\{u \in H^m(\Omega) \,\middle|\, u\text{在}\Omega\text{外取零值的延拓}\widetilde{u} \in H^m(\mathbb{R}^n)\right\}.$$

18. $u \in H^s(\mathbb{R}^n) \cap C_0^\infty(\mathbb{R}^n)$, 证明 $\boldsymbol{\gamma} u(\boldsymbol{x}') = u(\boldsymbol{x}', 0)$ 满足

$$\|\boldsymbol{\gamma} u\|_{s-\frac{1}{2},\mathbb{R}^{n-1}} \leqslant C\|u\|_{s,\mathbb{R}^n}, \quad s > \frac{1}{2}.$$

19. 设 $u \in H^1(\Omega)$, 则 $u \in H^s(\Omega), s \in (0,1)$.

20. 若 $H^s \subset C^k(\mathbb{R}^n) = \left\{u \in C^k(\mathbb{R}^n) \middle| \mathrm{D}^{\boldsymbol{\alpha}} u\text{在}\mathbb{R}^n\text{有界}, \forall |\boldsymbol{\alpha}| \leqslant k\right\}$, 则 $s > k + n/2$.

21. 设 Ω 是 $\mathbb{R}^n$ 中的有界区域, $\partial\Omega \in C^\infty$, 证明 $H^s(\Omega) \subset L^p(\Omega)$, 其中, $1/q = 1/2 - s/n > 0$, $0 < s < n/2$.

22. 若 $u \in L^2(\mathbb{R}^n), \boldsymbol{\xi}^{\boldsymbol{\alpha}} \hat{u} \in L^2(\mathbb{R}^n)$, 则弱导数 $\mathrm{D}^{\boldsymbol{\alpha}} u \in L^2(\mathbb{R}^n)$ 存在.

23. 对于一般的 $p \geqslant 1$, 如果 $u \in W_0^{1,p}(\Omega)$, 那么

$$\|u\|_{L^p(\Omega)} \leqslant C(n,p,\Omega)\|\mathbf{D}u\|_{L^p(\Omega)}.$$

24. 固定 $\alpha > 0$, $\Omega = B(0,1)$ 为开球, 证明存在 $C = C(n,\alpha)$, 使得如果 $|\{\boldsymbol{x} \in U \subset \Omega \mid u(\boldsymbol{x}) = 0\}| \geqslant \alpha$, 则对任意 $u \in H^1(\Omega)$, 有

$$\int_\Omega u^2 \mathrm{d}\boldsymbol{x} \leqslant C\int_\Omega |\mathbf{D}u|^2 \mathrm{d}\boldsymbol{x}.$$

25. 试证明 $\lim\limits_{|h|\to 0}\int_{\Omega'} \mathrm{D}_i^h \phi \cdot u \mathrm{d}\boldsymbol{x} = \int \mathrm{D}_i \phi \cdot u \mathrm{d}\boldsymbol{x}$ 对任意 $\phi \in C_0^\infty(\Omega')$ 及 $u \in L^p(\Omega)$ 成立.

26. 试证明如果 $u \in W^{1,\infty}(\mathbb{R}^n)$ 且 u 有紧支集, 则 $|u(\boldsymbol{x}) - u(\boldsymbol{y})| \leqslant \|\mathbf{D}u\|_{L^\infty(\mathbb{R}^n)}|\boldsymbol{x} - \boldsymbol{y}|$.

27. 设 $u \in W^{1,p}(\mathbb{R}^n), 1 \leqslant p \leqslant \infty$, $\mathbf{D}u = 0$, 则 $u = C$, a.e.于$\mathbb{R}^n$, 其中, C 为某个常数.

28. 若 $k \geqslant k', \alpha \geqslant \alpha', k + \alpha \geqslant k' + \alpha'$, 则 $C^{k+\alpha}(\overline{\Omega})$ 中的有界集是 $C^{k'+\alpha'}(\overline{\Omega})$ 中的列紧集, 即若 $\|f_n\|_{C^{k+\alpha}(\overline{\Omega})} \leqslant M$, 则存在 $f \in C^{k'+\alpha'}(\overline{\Omega})$, 使得

$$\|f_{n_l} - f\|_{C^{k'+\alpha'}(\overline{\Omega})} \to 0, \quad l \to +\infty.$$

29. 试证明空间 $W_p^{2k,k}(\Omega_T), C^{2k,k}(\overline{\Omega}_T), C^{2k+\alpha,k+\frac{\alpha}{2}}(\overline{\Omega}_T)$ 都是 Banach 空间.

30. 设 H 是 Hilbert 空间, $u_k \to u\text{在}L^2(0,T;H)$ 且 $\operatorname*{ess\,sup}\limits_{0\leqslant t\leqslant T}\|u_k(t)\|_H \leqslant C(k = 1,2,\cdots)$, 则 $\operatorname*{ess\,sup}\limits_{0\leqslant t\leqslant T}\|u(t)\| \leqslant C$且 $\|u_k(t)\|_H \to \|u(t)\|_H$.

31. B 是一个 Banach 空间, $u \in C([a,b];B)$, 证明 f 在 $[a,b]$ 一致连续, 即任给 $\varepsilon > 0$, 存在 $\delta > 0$, 使对任意 $t_1, t_2 \in [a,b]$, $|t_1 - t_2| < \delta$ 有

$$\|u(t_1) - u(t_2)\|_B < \varepsilon.$$

32. B 是 Hilbert 空间, $s \in (1/2, 3/2)$, 证明

$$H^s(\mathbb{R}^1;B) \subsetneq C^{s-1/2}(\mathbb{R}^1;B).$$

33. 证明 $L^2(\mathbb{R}^1;B)$ 有平移连续性, 即对 $u\in L^2(\mathbb{R}^1;B)$ 有

$$\int_{\mathbb{R}^1}\|u(t+h)-u(t)\|_B^2\mathrm{d}t\to 0,\quad h\to 0.$$

34. Ω 是边界光滑的区域,

$$W^m(0,T;\Omega)=\left\{u\in L^2\left(0,T;H^{m+1}(\Omega)\right)\middle|\,u'\in L^2\left(v,T;H^{m-1}(\Omega)\right)\right\},$$

证明

$$W^m(0,T;\Omega)\subsetneq C^0([0,T];H^m(\Omega)).$$

35. 设 $u\in L^2(\mathbb{R}^n)$, 证明 $L^2(\mathbb{R}^n)$ 中 Fourier 变换的平移性质 $u(\hat{\boldsymbol{x}}+\boldsymbol{y})=\mathrm{e}^{-\mathrm{i}\boldsymbol{y}\cdot\boldsymbol{\zeta}}u(\hat{\boldsymbol{x}})$.

36. 证明不等式

$$\left(1+|\boldsymbol{\zeta}|^2\right)^{m+\gamma}\leqslant 2^\gamma\left(1+|\boldsymbol{\zeta}|^2\right)^m+2^m|\boldsymbol{\zeta}|^{2m}\left(1+|\boldsymbol{\zeta}|^2\right)^\gamma,\quad m\in\mathbb{Z}_+,\gamma\in(0,1),\boldsymbol{\zeta}\in\mathbb{R}^n.$$

37. 设 Ω 是 $\mathbb{R}^n$ 中的任意区域, 证明对 $s>0$, $H^s(\Omega)$ 是可分的.

38. 设 $\partial\Omega\in C^1, u\in W^{1,p}(\Omega), v\in W^{1,q}(\Omega), p\geqslant 1, q\geqslant 1$, 则 $uv\in W^{1,r}(\Omega)$, 其中, 如果 $1/p+1/q-1/n>0$, 那么 $1/r=1/p+1/q-1/n$, 而如果 $1/p+1/q-1/n<0$, 那么 $1/r=\max\{1/p,1/q\}$, 而且

$$\frac{\partial}{\partial x_i}(uv)=u\frac{\partial v}{\partial x_i}+v\frac{\partial u}{\partial x_i}.$$

提示: 证明用到 Sobolev 嵌入定理.

39. 设 $\partial\Omega\in C^1, u\in W^{1,p}(\Omega), v\in W^{1,q}(\Omega), p\geqslant 1, q\geqslant 1$ 且 $1/p+1/q\leqslant 1+1/n$, 则有分部积分公式

$$\int_\Omega u\frac{\partial v}{\partial x_i}\mathrm{d}\boldsymbol{x}=-\int_\Omega v\frac{\partial u}{\partial x_i}\mathrm{d}\boldsymbol{x}+\int_{\partial\Omega}u\cos(\boldsymbol{n},x_i)\mathrm{d}S_x,$$

其中, $\boldsymbol{n}$ 是 $\partial\Omega$ 的单位外法向量.

40. 设 Ω_1,Ω_2 为 $\mathbb{R}^n$ 中的开集, $\Omega_1\cap\Omega_2=\varnothing, \partial\Omega_1\cap\partial\Omega_2\neq\varnothing, \Omega=\Omega_1\cup\Omega_2$. 若 $u_1\in W^{1,p}(\Omega_1), u_2\in W^{1,p}(\Omega_2)$, 在 $\partial\Omega_1\cap\partial\Omega_2$ 上有 $u_1(\boldsymbol{x})=u_2(\boldsymbol{x})$, 则 $u=\begin{cases}u_1, & \boldsymbol{x}\in\Omega_1,\\ u_2, & \boldsymbol{x}\in\Omega_2\end{cases}$ 属于 $W^{1,p}(\Omega)$.

41. 若 $u\in W^{1,p}(\Omega)$, 则 $\tilde{u}=\begin{cases}u, & u\leqslant k,\\ k, & u>k\end{cases}\in W^{1,p}(\Omega)$.

第 3 章　二阶线性椭圆型方程

本章首先给出二阶线性椭圆型偏微分方程的定义, 其次在 Sobolev 空间中讨论二阶线性椭圆型偏微分方程弱解的定义、存在性以及正则性, 最后讨论线性椭圆型方程的 Schauder 作法. 在这些问题的讨论中, 重点介绍处理二阶线性椭圆方程时常用的两种不同技巧: 一是 Sobolev 空间中的能量方法, 二是最大值原理.

3.1　二阶线性椭圆型方程的定义

3.1.1　二阶线性椭圆型方程的基本概念

本章主要研究二阶线性椭圆型偏微分方程的三类边值问题

$$\begin{cases} Lu = f, & \boldsymbol{x} \in \Omega, \\ u = g, & \boldsymbol{x} \in \partial\Omega, \end{cases} \tag{3.1.1}$$

$$\begin{cases} Lu = f, & \boldsymbol{x} \in \Omega, \\ \dfrac{\partial u}{\partial \boldsymbol{\nu}} = g, & \boldsymbol{x} \in \partial\Omega, \end{cases} \tag{3.1.2}$$

$$\begin{cases} Lu = f, & \boldsymbol{x} \in \Omega, \\ a\dfrac{\partial u}{\partial \boldsymbol{\nu}} + bu = g, & \boldsymbol{x} \in \partial\Omega, \end{cases} \tag{3.1.3}$$

其中, Ω 是 $\mathbb{R}^n$ 中的有界开集, $u = u(\boldsymbol{x})$ 是未知函数, $f : \Omega \to \mathbb{R}$ 和 $g : \partial\Omega \to \mathbb{R}$ 是给定的已知函数, L 是二阶线性偏微分算子, 具有下面的散度型形式:

$$Lu = -\sum_{i,j=1}^{n} (a^{ij}(\boldsymbol{x})u_{x_i})_{x_j} + \sum_{i=1}^{n} b^i(\boldsymbol{x})u_{x_i} + c(\boldsymbol{x})u \tag{3.1.4}$$

或非散度型形式

$$Lu = -\sum_{i,j=1}^{n} a^{ij}(\boldsymbol{x})u_{x_i x_j} + \sum_{i=1}^{n} b^i(\boldsymbol{x})u_{x_i} + c(\boldsymbol{x})u, \tag{3.1.5}$$

$a^{ij}, b^i, c(i, j = 1 \cdots, n)$ 定义在 Ω 上的已知函数, $\boldsymbol{\nu}$ 是 $\partial\Omega$ 的外法向量, $\dfrac{\partial u}{\partial \boldsymbol{\nu}}=\nabla u \cdot \boldsymbol{\nu}$ 表示沿着外法向 $\boldsymbol{\nu}$ 方向的方向导数, a, b 满足 $a = 0$, $b = 1$ 或 $a = 1$, $b(\boldsymbol{x}) \geqslant 0$.

如果 L 取散度形式 (3.1.4), 则称偏微分方程 $Lu = f$ 是**散度**(divergence)**型的**;

如果 L 取非散度形式 (3.1.5), 则称偏微分方程 $Lu=f$ 是**非散度**(non-divergence)**型的**;

条件 $u=g, \boldsymbol{x}\in\partial\Omega$ 称为**第一边界条件**或**狄利克雷**(Dirichlet)**边界条件**(当 $g=0$ 时称为**第一齐次边界条件**), 对应的边值问题 (3.1.1) 称为**第一边值问题**或**狄利克雷边值问题**;

条件 $\dfrac{\partial u}{\partial \boldsymbol{n}}=g, \boldsymbol{x}\in\partial\Omega$称为**第二边界条件**或**诺伊曼**(Neumann)**边界条件**(当 $g=0$ 时称为**第二齐次边界条件**), 对应的问题 (3.1.2) 称为**第二边值问题**或**诺伊曼边值问题**;

当 $a=1, b(\boldsymbol{x})\geqslant 0$ 且不恒为零时, 条件 $a\dfrac{\partial u}{\partial \boldsymbol{n}}+bu=g, \boldsymbol{x}\in\partial\Omega$称为**第三边界条件**或**混合边界条件, 或罗宾**(Robin)**边界条件**(当 $g=0$ 时称为**第三齐次边界条件**), 对应的问题 (3.1.3) 称为**第三边值问题**或**混合边值问题.**

注 3.1　如果 $a^{ij}(\boldsymbol{x})\in C^1(\overline{\Omega})$, 则形式 (3.1.4) 和形式 (3.1.5) 可以相互转化. 事实上, 如果 $a^{ij}(\boldsymbol{x})\in C^1(\overline{\Omega})$, 散度型算子可改写为

$$Lu=-\sum_{i,j=1}^{n}a^{ij}(\boldsymbol{x})u_{x_ix_j}+\sum_{i=1}^{n}\tilde{b}^i(\boldsymbol{x})u_{x_i}+c(\boldsymbol{x})u,$$

其中,

$$\tilde{b}^i(\boldsymbol{x})=b^i-\sum_{i,j=1}^{n}a^{ij}(\boldsymbol{x})_{x_j},\quad i=1,\cdots,n. \tag{3.1.6}$$

显然 (3.1.6) 式是非散度型的. 但以后将会发现, 写成这两种形式各有其优点. 散度形式对于能量方法是方便的, 易于进行分部积分, 而非散度形式对于最大值原理技巧是方便的. 通常也假设对称条件

$$a^{ij}(\boldsymbol{x})=a^{ji}(\boldsymbol{x}).$$

为了便于验证一个偏微分方程是椭圆的, 给出二阶椭圆型偏微分方程的另一个定义, 它与第 1 章中的定义是等价的.

定义 3.1　如果存在一个常数 $\theta>0$, 使得

$$\sum_{i,j=1}^{n}a^{ij}(\boldsymbol{x})\xi_i\xi_j\geqslant\theta\,|\boldsymbol{\xi}|^2\ \text{a.e. } \boldsymbol{x}\in\Omega\text{及所有的}\boldsymbol{\xi}\in\mathbb{R}^n, \tag{3.1.7}$$

则称偏微分算子 L 是**一致椭圆的**(简称**椭圆的**).

注 3.2　定义 3.1 中的条件 (3.1.7) 称为**椭圆性条件**, 它等价于对任意 $\boldsymbol{x}\in\Omega$, 对称矩阵 $\boldsymbol{A}(\boldsymbol{x})=(a^{ij}(\boldsymbol{x}))_{n\times n}$ 是正定的且最小特征根大于等于 θ. 因此这一定义和引言中的定义是等价的.

例如, 算子 $L=-\Delta$ 是椭圆型算子. 这是因为 $a^{ij}(\boldsymbol{x})=\delta^{ij}(\boldsymbol{x}), b^i=0, c=0$, 显然有

$$\sum_{i,j=1}^{n} a^{ij}(\boldsymbol{x})\xi_i\xi_j = \sum_{i,j=1}^{n} \delta^{ij}(\boldsymbol{x})\xi_i\xi_j = \sum_{i=1}^{n} \xi_i^2 = |\boldsymbol{\xi}|^2.$$

一般的二阶椭圆型偏微分方程实际上是位势方程 $-\Delta u = 0$ 或 $-\Delta u = f$ 的推广, 这样可以给出二阶椭圆型方程的物理解释: u 表示在区域 Ω 内稳态情形一些量 (如浓度) 的密度, 二阶项 $\boldsymbol{A} : \mathrm{D}^2 u = \sum\limits_{i,j=1}^{n} a^{ij}(\boldsymbol{x})u_{x_i x_j}$ 表示 u 在 Ω 内的扩散; $\boldsymbol{A}(\boldsymbol{x}) = (a^{ij}(\boldsymbol{x}))_{n\times n}$ 表示扩散程度; $\boldsymbol{F} = -\boldsymbol{A}\mathbf{D}u$ 表示扩散流密度 (diffusive flux density), 椭圆性条件暗含 $\boldsymbol{F} - -\boldsymbol{A}\boldsymbol{D}u \leqslant 0$, 它表示流从高浓度向低浓度扩散. 一阶项 $\boldsymbol{b}\cdot\mathbf{D}u = \sum\limits_{i=1}^{n} b^i(\boldsymbol{x})u_{x_i}$ 表示在区域 Ω 内的输运, cu 表示局部流的产生或消耗 (由于反应的原因).

非线性的二阶椭圆型方程在变分学及微分几何中自然产生, 以后将介绍一些相应的模型和方程.

注 3.3 对于复系数偏微分算子 (3.1.4) 或 (3.1.5), 也可以定义它的椭圆性如下: 如果 $a^{ij}(\boldsymbol{x})$ 满足

$$\mathrm{Re} a^{ij}(\boldsymbol{x})\xi_i\xi_j \geqslant \theta |\boldsymbol{\xi}|^2 \ \text{ a.e. } \boldsymbol{x} \in \Omega, \forall \boldsymbol{\xi} \in \mathbb{R}^n,$$

则称 L 是**一致椭圆的**.

3.1.2 第一边值问题弱解的定义

考虑 Dirichlet 边值问题

$$\begin{cases} Lu = f, & \boldsymbol{x} \in \Omega, \\ u = 0, & \boldsymbol{x} \in \partial\Omega, \end{cases} \tag{3.1.8}$$

其中, L 为散度型算子 (3.1.4).

假设 $a^{ij}, b^i, c \in L^\infty(\overline{\Omega}), i, j = 1\cdots, n$, Ω 是 $\mathbb{R}^n$ 中的有界光滑区域, $f \in L^2(\Omega)$.

为了定义弱解, 假设 u 是光滑的, $Lu = f$ 两边乘以检验函数 $v \in C_0^\infty(\Omega)$, 在 Ω 上分部积分得

$$\int_\Omega \left(\sum_{i,j=1}^{n} a^{ij}(\boldsymbol{x})u_{x_i}v_{x_j} + \sum_{i=1}^{n} b^i u_{x_i} v + c(\boldsymbol{x})uv \right) \mathrm{d}\boldsymbol{x} = \int_\Omega fv\mathrm{d}\boldsymbol{x}. \tag{3.1.9}$$

因为 $C_0^\infty(\Omega)$ 在 $H_0^1(\Omega)$ 中稠密, 通过逼近 (即对于给定的 $v \in H_0^1(\Omega)$, 取 $v_k \in C_0^\infty(\Omega)$, 使得 $v_k \to v$ 在 $H_0^1(\Omega)$ 中强收敛) 知 (3.1.9) 式对任意 $v \in H_0^1(\Omega)$ 成立, 而且只要 $u \in H_0^1(\Omega)$, (3.1.9) 式对任意 $v \in H_0^1(\Omega)$ 有意义且由 $H_0^1(\Omega)$ 的定义知 $\gamma_0 u = u|_{\partial\Omega} = 0$.

定义 3.2 对于散度型椭圆算子 L,

(1) 定义其**双线性型**$\boldsymbol{B}(\cdot,\cdot)$ 为

$$B(u,v)=\int_\Omega \sum_{i,j=1}^n a^{ij}(\boldsymbol{x})u_{x_i}v_{x_j}+\sum_{i=1}^n b^i u_{x_i}v+c(\boldsymbol{x})uv\mathrm{d}\boldsymbol{x},\quad u,v\in H_0^1(\Omega); \tag{3.1.10}$$

(2) 称 u 是边值问题 (3.1.8) 的**弱解**, 如果

$$B(u,v)=(f,v),\quad \forall v\in H_0^1(\Omega), \tag{3.1.11}$$

其中, $(\cdot,\cdot)$ 表示 $L^2(\Omega)$ 中的内积.

注 3.4　称 (3.1.11) 式为 (3.1.8) 式的变分形式, 因为 $B(\cdot,\cdot)$ 与变分密切相关. 一般地, 考虑第一边值问题

$$\begin{cases}Lu=f^0-\displaystyle\sum_{i=1}^n f^i_{x_i}, & \boldsymbol{x}\in\Omega,\\ u=0, & \boldsymbol{x}\in\partial\Omega,\end{cases} \tag{3.1.12}$$

其中,$f^i\in L^2(\Omega), i=0,1,\cdots,n$. 此时由 $H^{-1}(\Omega)$ 的定义知 $f=f^0-\displaystyle\sum_{i=1}^n f^i_{x_i}\in H^{-1}(\Omega)$.

定义 3.3　称 $u\in H_0^1(\Omega)$ 是问题 (3.1.12) 的一个弱解, 如果

$$B(u,v)=\langle f,v\rangle,\quad \forall v\in H_0^1(\Omega),$$

其中, $\langle f,v\rangle=\displaystyle\int_\Omega\left(f^0v+\sum_{i=1}^n f^iv_{x_i}\right)\mathrm{d}\boldsymbol{x}$, $\langle\cdot,\cdot\rangle$ 表示 $H^{-1}(\Omega)$ 与 $H_0^1(\Omega)$ 的对偶积.

注 3.5　上面只给出了零 Dirichlet 边界条件对应的第一边值问题弱解的定义, 注意在上述定义中考虑的空间为 $H_0^1(\Omega)$, 因此不需要 $\partial\Omega$ 的光滑性. 对于一般的 Dirichlet 边界条件, 只要 $\partial\Omega\in C^1$, 可定义第一边值问题

$$\begin{cases}Lu=f, & \boldsymbol{x}\in\Omega,\\ u=g, & \boldsymbol{x}\in\partial\Omega\end{cases} \tag{3.1.13}$$

的弱解. 由于 g 只在 $\partial\Omega$ 上有定义, 故不能直接作变换. 但因 $u=g,\boldsymbol{x}\in\partial\Omega$ 表示在迹意义下成立, 因此 g 可看成是某个 $H^1(\Omega)$ 函数 ω 在 $\partial\Omega$ 上的迹, 即存在 $\omega\in H^1(\Omega)$ 且 $\omega|_{\partial\Omega}=g$. 此时可以定义 $u=\tilde{u}+\omega$ 是问题 (3.1.13) 的弱解, 这里 $\tilde{u}=u-\omega\in H_0^1(\Omega)$ 是边值问题

$$\begin{cases}L\tilde{u}=\tilde{f}, & \boldsymbol{x}\in\Omega,\\ \tilde{u}=0, & \boldsymbol{x}\in\partial\Omega\end{cases}$$

的弱解, 其中, $\tilde{f}=f-L\omega\in H^{-1}(\Omega)$. 以后也将给出其他边值问题弱解的定义.

3.2 第一边值问题弱解的存在性

椭圆型方程弱解存在性的第一基本原理是基于泛函分析理论中的 Lax-Milgram 定理. 这个定理本质上就是 Hilbert 空间上有界泛函的 Riesz 表示定理的一个应用. 下面叙述复值和实值 Lax-Milgram 定理. 只证明复值 Lax-Milgram 定理, 对于实值 Lax-Milgram 定理, 其证明和复值 Lax-Milgram 定理的证明是类似的, 这留给读者作为练习.

3.2.1 Lax-Milgram 定理

给定一个复 Hilbert 空间 H, 其内积和范数分别用 $(\cdot,\cdot)$ 和 $\|\cdot\|$ 表示, 以 H' 记 H 上的所有有界共轭线性泛函组成的空间. 所谓 f 是 H 上的共轭线性泛函, 是指它是 $H\to\mathbb{C}$ 的映射, 满足

$$f(c_1u_1+c_2u_2)=\bar{c}_1f(u_1)+\bar{c}_2f(u_2),\quad \forall u_1,u_2\in H, c_1,c_2\in\mathbb{C},$$

其中, $\bar{c}$ 表示 c 的共轭复数. 显然, f 是共轭线性泛函的充分必要条件是 $\bar{f}$ 是线性泛函. 若 $f\in H', v\in H$, 则以 $\langle f,v\rangle$ 或 (f,v) 记 $f(v)$, 并称为 f 和 v 的对偶积.

定理 3.1(复值 Lax-Milgram 定理) 设 $a(u,v)$ 是 $H\times H\to\mathbb{C}$ 上的泛函, 它具有

(1) 共轭双线性, 即

$$\begin{cases}a(c_1u_1+c_2u_2,v)=c_1a(u_1,v)+c_2a(u_2,v), & \forall u_1,u_2,v\in H, c_1,c_2\in\mathbb{C},\\ a(u,c_1v_1+c_2v_2)=\bar{c}_1a(u,v_1)+\bar{c}_2a(u,v_2), & \forall u,v_1,v_2\in H, c_1,c_2\in\mathbb{C};\end{cases}\tag{3.2.1}$$

(2) 有界性, 即存在常数 M, 使得

$$|a(u,v)|\leqslant M\|u\|\|v\|,\quad \forall u,v\in H;\tag{3.2.2}$$

(3) 强制性, 即存在常数 $\delta>0$, 使得

$$|a(v,v)|\geqslant\delta\|v\|^2,\quad \forall v\in H,\tag{3.2.3}$$

则对任意 $f\in H'$, 存在唯一的 $u\in H$, 使得

$$a(u,v)=\langle f,v\rangle,\quad \forall v\in H\tag{3.2.4}$$

且有估计

$$\|u\|\leqslant\delta^{-1}\|f\|.\tag{3.2.5}$$

证明 固定 $u\in H$, 由 $a(u,v)$ 对第二个变量 v 的共轭线性知映射 $a(u,\cdot): v\to a(u,v)$ 是 H 上的共轭线性泛函. 由有界性知 $a(u,\cdot)$ 是 H 上的有界共轭线性泛函且

$$\|a(u,\cdot)\|_{H'}\leqslant M\|u\|.\tag{3.2.6}$$

由 Hilbert 空间关于有界线性泛函的 Riesz 表示定理知存在唯一的 $Au \in H$ 满足

$$a(u,v) = (Au, v), \quad \forall v \in H \tag{3.2.7}$$

且有

$$\|Au\| = \|a(u,\cdot)\|_{H^1} \leqslant M\|u\|. \tag{3.2.8}$$

首先断言 A 是 H 到自身的线性算子. 实际上, 由 A 的定义知

$$a(u_1,v) = (Au_1,v), \quad a(u_2,v) = (Au_2,v), \quad \forall v \in H.$$

由 $a(u,v)$ 对第一个变量的线性性质知对任意复数 c_1 和 c_2,

$$\begin{aligned} a(c_1u_1 + c_2u_2, v) &= c_1 a(u_1,v) + c_2 a(u_2,v) \\ &= c_1(Au_1,v) + c_2(Au_2,v) \\ &= (c_1Au_1 + c_2Au_2, v), \quad \forall v \in H. \end{aligned}$$

由 A 的定义知

$$A(c_1u_1 + c_2u_2) = c_1Au_1 + c_2Au_2.$$

于是 $A \in L(H)$, 这里 $L(H)$ 表示 H 到自身的所有有界线性算子按算子范数组成的 Banach 空间. 由 (3.2.8) 式可知

$$\|A\|_{L(H)} \leqslant M. \tag{3.2.9}$$

根据 $a(u,v)$ 的强制性有

$$\|Au\|\|u\| \geqslant |(Au,u)| = |a(u,u)| \geqslant \delta\|u\|^2,$$

故得

$$\|Au\| \geqslant \delta\|u\|. \tag{3.2.10}$$

由 (3.2.10) 式看出 $u \neq 0$ 时,$Au \neq 0$, 由于 A 是线性算子, 这表明 A 是一个单射. A 的值域 $R(A) = AH$ 是 H 的闭线性子空间. 实际上, 设 $Au_n \to v(n \to \infty)$, 由 (3.2.10) 式得

$$\|u_n - u_m\| \leqslant \delta^{-1}\|Au_n - Au_m\| \to 0, \quad n,m \to \infty.$$

由 H 的完备性知存在 $u \in H$, $u_n \to u\ (n \to \infty)$. 由 (3.2.8) 式得

$$\|Au_n - Au\| = \|A(u_n - u)\| \leqslant M\|u_n - u\| \to 0, \quad n \to \infty.$$

由极限唯一性得 $Au = v$, 即 $v \in R(A)$. 接着断言 A 是满射, 即 $R(A) = H$. 因为否则, $R(A)$ 是 H 的真闭子空间, 由正交分解定理, 存在 $v \neq 0$ 满足

$$(Au, v) = 0, \quad \forall u \in H.$$

特别取 $u = v$, 由强制性得

$$0 = (Av, v) \geqslant \delta \|v\|^2.$$

由此 $v = 0$, 矛盾. 故 $AH = R(A) = H$. A 既是单射又是满射, 故逆算子 A^{-1} 存在, $A^{-1} \in L(H)$, 由 (3.2.10) 式得

$$\left\|A^{-1}\right\|_{L(H)} \leqslant \delta^{-1}. \tag{3.2.11}$$

对于 $f \in H'$, 由 Riesz 表示定理, 存在唯一元素 $Jf \in H$, 使得

$$\langle f, v\rangle = (Jf, v), \quad \forall v \in H \tag{3.2.12}$$

且 $\|Jf\| = \|f\|_{H^1}$. 由于 $R(A) = H$, 存在 $u \in H$, 使得

$$Au = Jf,$$

$$a(u, v) = (Au, v) = (Jf, v) = \langle f, v\rangle,$$

即 (3.2.4) 式成立, 并且

$$\|u\| = \left\|A^{-1}Jf\right\| \leqslant \delta^{-1}\|Jf\| = \delta^{-1}\|f\|_{H^1}.$$

注 3.6 Lax-Milgram 定理表明, 有界共轭双线性型 $a(u, v)$ 满足强制条件时, 若 u 跑遍 H, 则 $a(u, \cdot)$ 跑遍 H', 这正是 Riesz 表示定理断言的内积 $(\cdot, \cdot)$ 的性质, 即在表示有界线性泛函的意义下, $a(u, v)$ 和 (u, v) 的作用是一样的. 定理 3.1 通常应用于复值椭圆型方程解的存在性讨论. 对于实值椭圆方程解的存在性问题, 通常使用下面的实值 Lax-Milgram 定理.

定理 3.2(实值 Lax-Milgram 定理) 假设 H 是一个实 Hilbert 空间, 其内积和范数分别用 $(\cdot, \cdot)$ 和 $\|\cdot\|$ 表示 H' 为 H 的对偶空间. 设 $a(u, v)$ 是 $H \times H \to \mathbb{R}$ 上的泛函, 它具有

(1) 双线性, 即

$$\begin{cases} a(c_1u_1 + c_2u_2, v) = c_1a(u_1, v) + c_2a(u_2, v), & \forall u_1, u_2, v \in H, c_1, c_2 \in \mathbb{R}, \\ a(u, c_1v_1 + c_2v_2) = c_1a(u, v_1) + c_2a(u, v_2), & \forall u, v_1, v_2 \in H, c_1, c_2 \in \mathbb{R}; \end{cases} \tag{3.2.13}$$

(2) 有界性, 即存在常数 M, 使得

$$|a(u, v)| \leqslant M\|u\|\|v\|, \quad \forall u, v \in H; \tag{3.2.14}$$

(3) 强制性, 即存在常数 $\delta > 0$, 使得

$$|a(v, v)| \geqslant \delta\|v\|^2, \quad \forall v \in H, \tag{3.2.15}$$

则对任意 $f \in H'$, 存在唯一的 $u \in H$, 使得

$$a(u,v) = \langle f, v\rangle, \quad \forall v \in H \tag{3.2.16}$$

且有估计

$$\|u\| \leqslant \delta^{-1}\|f\|. \tag{3.2.17}$$

证明留作练习.

下面讨论 Lax-Milgram 定理的一种特殊情形及一般推广.

当 $a(u,v)$ 满足实对称条件

$$a(u,v) = a(v,u)$$

时, 把 $a(u,v)$ 看成 H 上的内积, 相应范数 $\sqrt{a(u,u)}$ 跟原来的范数 $\|u\| = \sqrt{(u,u)}$ 等价, Lax-Milgram 定理就是 Riesz 表示定理. 此时可以给出 Riesz 表示定理的另一个基于变分原理的证明.

定理 3.3 设 $a(u,v)$ 是实 Hilbert 空间 H 上的实有界、对称、强制双线性型, 则对于任意 $f \in H'$, 存在唯一的 $u \in H$ 满足

$$a(u,v) = (f,v), \quad \forall v \in H, \tag{3.2.18}$$

并且 $u \in H$ 是下列问题的解:

$$I(u) = \min_{v\in H} I(v) = \min_{v\in H}\left(\frac{1}{2}a(v,v) - (f,v)\right). \tag{3.2.19}$$

通常称问题 (3.2.19) 为**变分问题**.

证明 证明的基本想法是先证明变分问题 (3.2.19) 有解 $u \in H$, 再证明该解一定是 (3.2.18) 式的解.

设 u_n 是极小序列, 即当 $n \to \infty$ 时有

$$I(u_n) \to I_0 = \inf_{v\in H} I(v)$$

(这容易由下确界的定义得到极小序列的存在性). 由于强制性,

$$\begin{aligned} I(v) =& \frac{1}{2}a(v,v) - (f,v) \geqslant \frac{\delta}{2}\|v\|^2 - \|f\|\|v\| \\ \geqslant& \frac{\delta}{2}\|v\|^2 - \left(\frac{\delta}{2}\|v\|^2 + \frac{1}{2\delta}\|f\|^2\right) = -\frac{1}{2\delta}\|f\|^2, \end{aligned}$$

其中, $\|f\| = \|f\|_{H'}$, 故 I_0 为实数. 由于 $a(u,v)$ 是对称双线性型, 故平行四边形等式成立, 即

$$a(u_n - u_m, u_n - u_m)$$

$$
\begin{aligned}
&=2\left(a\left(u_n,u_n\right)+a\left(u_m,u_m\right)\right)-a\left(u_n+u_m,u_n+u_m\right)\\
&=2\left(a\left(u_n,u_n\right)+a\left(u_m,u_m\right)\right)-4a\left(\frac{u_n+u_m}{2},\frac{u_n+u_m}{2}\right)\\
&=4\left(I\left(u_n\right)+I\left(u_m\right)+\left(f,u_n\right)+\left(f,u_m\right)\right)-8\left(I\left(\frac{u_n+u_m}{2}\right)+\left(f,\frac{u_n+u_m}{2}\right)\right)\\
&=4\left(I\left(u_n\right)+I\left(u_m\right)\right)-8I\left(\frac{u_n+u_m}{2}\right)\\
&\leqslant 4\left(I\left(u_n\right)+I\left(u_m\right)\right)-8I_0, \qquad (3.2.20)
\end{aligned}
$$

$$0\leqslant \lim a\left(u_n-u_m,u_n-u_m\right)\leqslant \overline{\lim} a\left(u_n-u_m,u_n-u_m\right)\leqslant 0.$$

于是有

$$\lim a\left(u_n-u_m,u_n-u_m\right)=0,$$

从而由强制性,

$$\|u_n-u_m\|^2\leqslant \frac{1}{\delta}a(u_n-u_m,u_n-u_m)\to 0.$$

由 H 完备性, 存在 $u\in H$, 使得

$$\|u_n-u\|\to 0,\quad n\to\infty.$$

于是当 $n\to\infty$ 时有

$$I\left(u_n\right)\to I\left(u\right)=I_0,$$

即存在 $u\in H$, 使得 (3.2.19) 式成立. 这里使用了 $I(\cdot)$ 关于 H 中范数的连续性, 这是因为

$$
\begin{aligned}
|I(u_n)-I_0| &=|I(u_n)-I(u)|\\
&=\left|\frac{1}{2}(a(u_n,u_n)-a(u,u))-(f,u_n-u)\right|\\
&=\left|\frac{1}{2}(a(u_n-u,u_n)+a(u,u_n-u))-(f,u_n-u)\right|\\
&\leqslant M(||u_n-u||||u_n||+||u||||u_n-u||)+||f||_{H'}||u_n-u||\\
&\to 0\quad n\to\infty.
\end{aligned}
$$

为了得到方程 (3.2.18), 考虑数值函数

$$\varphi\left(t\right)=I\left(u+tv\right),$$

其中, $v\in H$ 任意取定. 由 $I(u)$ 为 $I(v)$ 对于任意的 $v\in H$ 时的最小值知 $\varphi(t)$ 在 $t=0$ 处取最小值 $I(u)$. 由费马 (Fermat) 引理知

$$0=\varphi'(0)=\frac{\mathrm{d}}{\mathrm{d}t}\left(\frac{1}{2}a(u+tv,u+tv)-(f,u+tv)\right)\bigg|_{t=0}$$

$$
\begin{aligned}
&=\frac{\mathrm{d}}{\mathrm{d}t}\left\{\left(\frac{1}{2}a(u,u)-(f,u)\right)+t(a(u,v)-(f,v))+\frac{t^2}{2}a(v,v)\right\}\Bigg|_{t=0}\\
&=a(u,v)-(f,v),
\end{aligned}
$$

即

$$
a(u,v)=(f,v),\quad f\in H'.
$$

注 3.7 可以证明椭圆型方程的弱解问题 (3.2.18) 与变分问题 (3.2.19) 等价. 但应该注意这里需要双线性型 $a(u,v)$ 是实对称的, 这是变分法的重要缺陷.

若考虑闭凸集上的极值问题, 就引出变分不等方程的重要概念.

定理 3.4(Lions-Stampacchia 定理) 设 K 是实 Hilbert 空间 H 内的闭凸集, $a(u,v)$ 是 H 上的实有界、对称、强制双线性型, f 是 H 上的有界线性泛函, 则存在唯一的 u 满足

$$
u\in K,\quad a(u,v-u)\geqslant(f,v-u),\quad \forall v\in K. \tag{3.2.21}
$$

(3.2.21) 式称为**变分不等方程**.

证明 在闭凸集 $K\subset H$ 上, 考虑变分问题

$$
I(u)=\min_{v\in K}I(v)=\min_{v\in K}\left(\frac{1}{2}a(v,v)-(f,v)\right).
$$

沿用定理 3.3 的证明, 由 $u_n,u_m\in K$ 和 K 的凸性知

$$
\frac{u_n+u_m}{2}\in K.
$$

同样得 (3.2.20) 式和 u_n 的收敛性. 由 K 的闭性知极限 $u\in K$, 并且 $I(u)$ 是 $I(v)$ 在 K 上的最小值. 对任意 $v\in K$, 考虑数值函数

$$
\varphi(t)=I(u+t(v-u))=I((1-t)u+tv),\quad t\in[0,1],
$$

φ 在 $[0,1]$ 的左端点 $t=0$ 取得最小值, 于是

$$
\varphi'(0)\geqslant 0.
$$

这给出 (3.2.21) 式. 这样就证明了定理的存在性部分.

下证唯一性. 设 u_1 和 u_2 是两个解, 则有

$$
\begin{aligned}
a(u_1,u_2-u_1)\geqslant(f,u_2-u_1),\\
a(u_2,u_1-u_2)\geqslant(f,u_1-u_2),
\end{aligned}
$$

两式相加得

$$
-a(u_1-u_2,u_1-u_2)\geqslant 0.
$$

由强制性有

$$\delta \|u_1 - u_2\|^2 \leqslant a(u_1 - u_2, u_1 - u_2) \leqslant 0,$$

故

$$\|u_1 - u_2\| = 0, \quad u_1 = u_2.$$

3.2.2 能量估计

本小节假设由 (3.1.4) 式定义的算子 L 是椭圆的, 也假设 $a^{ij}, b^i, c \in L^\infty(\overline{\Omega}), i, j = 1, \cdots, n$, Ω 是 $\mathbb{R}^n$ 中的有界光滑区域.

考虑双线性型 $B(\cdot,\cdot)$ 具有下面形式:

$$B(u,v) = \int_\Omega \sum_{i,j=1}^n a^{ij}(\boldsymbol{x}) u_{x_i} v_{x_j} + \sum_{i=1}^n b^i(\boldsymbol{x}) u_{x_i} v + c(\boldsymbol{x}) uv \mathrm{d}\boldsymbol{x}, \quad u, v \in H_0^1(\Omega),$$

验证其满足 Lax-Milgram 定理的假设.

定理 3.5(能量估计) 存在常数 $\alpha, \beta > 0, \gamma \geqslant 0$, 使得对于 $u, v \subset H_0^1(\Omega)$ 有

$$|B(u,v)| \leqslant \alpha \|u\|_{H_0^1(\Omega)} \|v\|_{H_0^1(\Omega)}$$

且

$$\beta \|u\|_{H_0^1(\Omega)}^2 \leqslant B(u,v) + \gamma \|u\|_{L^2(\Omega)}.$$

证明 第 1 步. 使用 Hölder 不等式, 直接计算可得

$$\begin{aligned}|B(u,v)| \leqslant & \sum_{i,j=1}^n \|a^{ij}(\boldsymbol{x})\|_{L^\infty} \int_\Omega |\mathbf{D}u||\mathbf{D}v| \mathrm{d}\boldsymbol{x} \\ & + \sum_{i=1}^n \|b^i\|_{L^\infty} \int_\Omega |\mathbf{D}u||v| \mathrm{d}\boldsymbol{x} + \|c\|_{L^\infty} \int_\Omega |u||v| \mathrm{d}\boldsymbol{x} \\ \leqslant & \alpha \|u\|_{H_0^1(\Omega)} \|v\|_{H_0^1(\Omega)}.\end{aligned}$$

第 2 步. 由椭圆型条件知

$$\begin{aligned}\theta \int_\Omega |\mathbf{D}u|^2 \mathrm{d}\boldsymbol{x} \leqslant & \int_\Omega \sum_{i,j=1}^n a^{ij}(\boldsymbol{x}) u_{x_i} u_{x_j} \mathrm{d}x \\ = & B(u,u) - \int_\Omega \left(\sum_{i=1}^n b^i u_{x_i} u + c(\boldsymbol{x}) uu \right) \mathrm{d}\boldsymbol{x} \\ \leqslant & B(u,u) + \sum_{i=1}^n \|b^i\|_{L^\infty} \int_\Omega |\mathbf{D}u||u| \mathrm{d}\boldsymbol{x} + \|c\|_{L^\infty} \int_\Omega u^2 \mathrm{d}\boldsymbol{x}.\end{aligned}$$

使用带 ε 的 Cauchy 不等式得

$$\int_{\Omega}|\mathbf{D}u||u|\mathrm{d}\boldsymbol{x}\leqslant\varepsilon\int_{\Omega}|\mathbf{D}u|^2\mathrm{d}\boldsymbol{x}+\frac{1}{4\varepsilon}\int_{\Omega}u^2\mathrm{d}\boldsymbol{x},\quad\forall\varepsilon>0.$$

于是取 $\varepsilon:\varepsilon\sum_{i=1}^{n}\left\|b^i\right\|_{L^\infty}<\theta/2$, 则有

$$\frac{\theta}{2}\int|\mathbf{D}u|^2\mathrm{d}\boldsymbol{x}\leqslant B(u,u)+C\int_{\Omega}u^2\mathrm{d}\boldsymbol{x},$$

其中, $C\geqslant 0$.

结合 Poincaré不等式 $\|u\|_{L^2(\Omega)}\leqslant C_0\|\mathbf{D}u\|_{L^2(\Omega)}, u\in H_0^1(\Omega)$ 可得

$$\begin{aligned}\frac{\theta}{4C_0^2}\|u\|_{L^2(\Omega)}^2+\frac{\theta}{4}\|\mathbf{D}u\|_{L^2(\Omega)}^2\leqslant&\frac{\theta}{4}\int_{\Omega}|\mathbf{D}u|^2\,\mathrm{d}x+\frac{\theta}{4}\int_{\Omega}|\mathbf{D}u|^2\,\mathrm{d}\boldsymbol{x}\\\leqslant&B(u,u)+C\int_{\Omega}u^2\mathrm{d}\boldsymbol{x},\end{aligned}$$

即

$$\beta\|u\|_{H_0^1(\Omega)}^2\leqslant B(u,u)+\gamma\|u\|_{L^2(\Omega)}^2$$

对某个 $\beta>0,\gamma\geqslant 0$ 成立.

注 3.8　如果 $\gamma>0$, 则 $B(\cdot,\cdot)$ 不满足 Lax-Milgram 定理的强制性条件. 因此, 下面的弱解存在性结论必须排除这种情形. 从上面的证明可知当 $b^i=0,c\geqslant 0$, 即 $B(u,v)=\int_{\Omega}\sum_{i,j=1}^{n}a^{ij}(\boldsymbol{x})u_{x_i}v_{x_j}+c(\boldsymbol{x})uv\mathrm{d}\boldsymbol{x}$ 时, 强制性成立.

定理 3.6(弱解的第一存在定理)　存在 $\gamma\geqslant 0$, 使得对于任意 $\mu\geqslant\gamma$ 及 $f\in L^2(\Omega)$, 第一椭圆边值问题

$$\begin{cases}Lu+\mu u=f, & \boldsymbol{x}\in\Omega,\\u=0, & \boldsymbol{x}\in\partial\Omega\end{cases}\tag{3.2.22}$$

存在唯一的弱解 $u\in H_0^1(\Omega)$.

证明　取定理 3.5 中 $\gamma\geqslant 0$, 当 $\mu\geqslant\gamma$ 时, 定义双线性型

$$B_\mu(u,v)=B(u,v)+\mu(u,v),\quad u,v\in H_0^1(\Omega),$$

其中, $(\cdot,\cdot)$ 表示 L^2 中的内积.

考虑算子 $L_\mu u=Lu+\mu u$. 由 $B(u,v)$ 的性质知

$$|B_\mu(u,v)|\leqslant\alpha\|u\|_{H_0^1(\Omega)}\|v\|_{H_0^1(\Omega)}+\beta\|u\|_{H_0^1(\Omega)}\|v\|_{H_0^1(\Omega)},$$

这验证了 $B_\mu(u,v)$ 的有界性.

再由 $B(u,v)$ 的性质知

$$\begin{aligned}|B_\mu(u,u)| \geqslant & B(u,u)+\mu(u,u)\\ \geqslant & \theta \|u\|^2_{H_0^1(\Omega)}-\gamma\|u\|^2_{L^2(\Omega)}+\mu\|u\|^2_{L^2(\Omega)} \geqslant \theta\|u\|^2_{H_0^1(\Omega)},\end{aligned}$$

这验证了 $B_\mu(u,v)$ 的强制性.

令

$$\langle f,v\rangle=(f,v)_{L^2(\Omega)}=\int_\Omega fv\mathrm{d}\boldsymbol{x}.$$

由于 $f\in L^2$, 所以 f 是 $L^2(\Omega)$ 上的有界线性泛函, 自然是 $H_0^1(\Omega)$ 上的有界线性泛函. 由 Lax-Milgram 定理知存在 $u\in H_0^1(\Omega)$, 使得

$$B_\mu(u,v)=\langle f,v\rangle,\quad \forall v\in H_0^1(\Omega).$$

于是 $u\in H_0^1(\Omega)$ 是 (3.2.22) 式的一个弱解.

注 3.9 若 $f\in H^{-1}$, 则上述结论仍成立.

推论 3.1 若 $f\in H^{-1}$, $c\geqslant 0$, 则椭圆边值问题

$$\begin{cases}-\Delta u=f, & x\in\Omega,\\ u=0, & x\in\partial\Omega\end{cases}$$

或

$$\begin{cases}-\Delta u+cu=f, & x\subset\Omega,\\ u-0, & x\in\partial\Omega\end{cases}$$

存在唯一解 $u\in H_0^1(\Omega)$.

证明 使用能量估计可得强制性, 见注 3.8, 从而由 Lax-Milgram 定理易得结论.

注 3.10 使用此结论讨论解的存在性时, 需要判断 b^i 是否为 0 以及 c 是否是非负的. 这也就是说, 并非所有的线性椭圆型方程都有解.

一般地有

定理 3.7 设区域 Ω 的边界 $\partial\Omega\in C^1$, 由 $Lu=-\sum\limits_{i,j=1}^n(a^{ij}(\boldsymbol{x})u_{x_i})_{x_j}+\sum\limits_{i=1}^n b^i(\boldsymbol{x})u_{x_i}+c(\boldsymbol{x})u$ 生成的双线性型 $a(u,v)=\displaystyle\int_\Omega\left(a^{ij}(\boldsymbol{x})\frac{\partial u}{\partial x_i}\frac{\partial v}{\partial x_i}+b^j(\boldsymbol{x})\frac{\partial u}{\partial x_{x_j}}v+c(\boldsymbol{x})uv\right)\mathrm{d}\boldsymbol{x}$ 的系数本性有界且在 $H_0^1(\Omega)$ 上强制. 如果 $g\in H^{1/2}(\partial\Omega)$, $f=f_0-\dfrac{\partial f_i}{\partial x_i}, f_0,\cdots,f_n\in L^2(\Omega)$, 则存在唯一的 $u\in H^1(\Omega)$ 满足

$$\begin{cases}Lu=f, & x\in\Omega,\\ \gamma_0u=g, & x\in\partial\Omega\end{cases}\quad \text{在}H^{-1}(\Omega)\text{意义下}. \tag{3.2.23}$$

证明　由迹定理知存在 $\omega \in H^1(\Omega)$, 使得 $\gamma_0\omega = g$, γ_0 是 $\partial\Omega$ 上的零阶迹算子, 令 $u = u_0 + \omega$, 则 u_0 满足 $u_0 \in H_0^1(\Omega)$ 且

$$a(u_0, v) = (f, v) - a(\omega, v) = \tilde{f}(v), \quad \forall v \in H_0^1(\Omega). \tag{3.2.24}$$

由 Lax-Milgram 定理知存在 $u_0 \in H_0^1(\Omega)$ 满足 (3.2.24) 式, 从而 $u = u_0 + \omega$ 满足 (3.2.23) 式.

3.3　二阶线性椭圆型方程的其他边值问题

在 Dirichlet 边值问题中, 边界 $u|_{\partial\Omega} = 0$ 可以由 $u \in H_0^1(\Omega)$ 来体现. 对于其他边值问题如何体现边界条件?

3.3.1　弱解定义的基本思想

设 $\partial\Omega \in C^2$, $u \in C^2(\Omega) \cap C^1(\overline{\Omega})$ 满足 Poisson 方程和 Neumann 边界条件

$$\begin{cases} -\Delta u = f, & \boldsymbol{x} \in \Omega, \\ \dfrac{\partial u}{\partial \boldsymbol{\nu}} = g, & \boldsymbol{x} \in \partial\Omega, \end{cases}$$

其中, $\boldsymbol{\nu}$ 是区域 Ω 的边界 $\partial\Omega$ 的外法向.

方程两边同乘以检验函数 $v \in C^1(\Omega)$, 由 Green 公式知

$$\int_\Omega \mathbf{D}u \cdot \mathbf{D}v \mathrm{d}\boldsymbol{x} = \int_\Omega f v \mathrm{d}\boldsymbol{x} = \int_{\partial\Omega} g v \mathrm{d}\Gamma, \quad \forall v \in C^1(\Omega),$$

注意当 $u \in H^1(\Omega)$ 时, $\left.\dfrac{\partial u}{\partial \boldsymbol{\nu}}\right|_{\partial\Omega} = g$无意义, 但若取 $g \in (H^{1/2}(\partial\Omega))'$, 即 $g \in H^{-1/2}(\partial\Omega)$, 积分 $\int_{\partial\Omega} g v \mathrm{d}\Gamma$ 代之为对偶积 $(g, v) = \langle g, \gamma_0 v\rangle$, 这里 $\langle\cdot,\cdot\rangle$ 表示 $H^{-1/2}(\partial\Omega)$ 和 $H^{1/2}(\partial\Omega)$ 的对偶积. 当 $u \in H^1(\Omega)$ 满足

$$\int_\Omega \mathbf{D}u \cdot \mathbf{D}v \mathrm{d}\boldsymbol{x} = \int_\Omega f v \mathrm{d}\boldsymbol{x} + \langle g, \gamma_0 v\rangle$$

时, 自然就认为 $\dfrac{\partial u}{\partial \boldsymbol{\nu}} = g$ 在 $\partial\Omega$ 上成立. 问题是 u 属于什么空间时可以定义 $\left.\dfrac{\partial u}{\partial \boldsymbol{\nu}}\right|_{\partial\Omega}$? 如何定义弱解?

为此, 引进两个新空间

$$H_\Delta^0(\Omega) = \left\{ u \in L^2(\Omega) \,\middle|\, \Delta u = \sum_{i=1}^n \frac{\partial^2 u}{\partial x_i^2} \in L^2(\Omega) \right\}$$

和

$$H_{\Delta}^{1}(\Omega)=\left\{u\in H^{1}(\Omega)\,\middle|\,\Delta u=\sum_{i=1}^{n}\frac{\partial^{2}u}{\partial x_{i}^{2}}\in L^{2}(\Omega)\right\},$$

其范数分别为

$$\|u\|_{H_{\Delta}^{0}(\Omega)}=(\|u\|_{L^{2}(\Omega)}^{2}+\|\Delta u\|_{L^{2}(\Omega)}^{2})^{\frac{1}{2}}$$

和

$$\|u\|_{H_{\Delta}^{1}(\Omega)}=(\|u\|_{H^{1}(\Omega)}^{2}+\|\Delta u\|_{L^{2}(\Omega)}^{2})^{\frac{1}{2}},$$

其中, $\dfrac{\partial^{2}u}{\partial x_{i}^{2}}$ 是弱导数.

首先可以证明

引理 3.1 $C^{\infty}(\Omega)$ 在 $H_{\Delta}^{0}(\Omega)$ 及 $H_{\Delta}^{1}(\Omega)$ 中稠密.

证明留作练习.

由引理 3.1 可证

定理 3.8 设 $\Omega\subset\mathbb{R}^{n}$ 是有界区域, $\partial\Omega\in C^{2}$, 则映射

$$u\mapsto(\gamma_{0}u,\gamma_{1}u)=\left(u\big|_{\partial\Omega},\frac{\partial u}{\partial\boldsymbol{\nu}}\bigg|_{\partial\Omega}\right),\quad u\in C^{\infty}(\overline{\Omega})$$

可唯一地扩张为 $H_{\Delta}^{0}(\Omega)$ 到 $H^{-1/2}(\partial\Omega)\times H^{-3/2}(\partial\Omega)$ 内的连续映射, 其中, $H^{-3/2}(\partial\Omega)=(H^{3/2}(\partial\Omega))'$.

映射

$$u\mapsto\frac{\partial u}{\partial\boldsymbol{\nu}}\bigg|_{\partial\Omega},\quad u\in C^{\infty}(\overline{\Omega})$$

可唯一地扩张为 $H_{\Delta}^{1}(\Omega)$ 到 $H^{-1/2}(\partial\Omega)$ 内的连续映射.

证明 设 $u\in H_{\Delta}^{0}(\Omega)$, 对

$$\varphi=(\varphi_{0},\varphi_{1})\in H^{\frac{3}{2}}(\partial\Omega)\times H^{\frac{1}{2}}(\partial\Omega),$$

记

$$Z_{u}(\varphi)=(\Delta u,R\varphi)_{0,\Omega}-(u,\Delta R\varphi)_{0,\Omega},\tag{3.3.1}$$

其中, R 为 $H^{\frac{3}{2}}(\partial\Omega)\times H^{\frac{1}{2}}(\partial\Omega)$ 到 $H^{2}(\Omega)$ 的提升算子, 使得

$$\gamma_{0}(R\varphi)=\varphi_{0},\quad\gamma_{1}(R\varphi)=\varphi_{1}.$$

由 (3.3.1) 式定义的 $Z_{u}(\varphi)$ 的值与提升算子 R 的选取无关. 事实上, 设

$$v_{1},v_{2}\in H^{2}(\Omega),\quad\gamma_{0}v_{1}=\gamma_{0}v_{2}=\varphi_{0},\quad\gamma_{1}v_{1}=\gamma_{1}v_{2}=\varphi_{1}.$$

令 $\varpi = v_1 - v_2$, 则有

$$\gamma_0 \varpi = \gamma_1 \varpi = 0.$$

于是 $\varpi \in H_0^2(\Omega)$, 由 Green 公式并结合逼近推理即知

$$(\Delta u, \varpi)_{0,\Omega} - (u, \Delta \varpi)_{0,\Omega} = 0.$$

这就证明了 $Z_u(\varphi)$ 是由 u 和 φ 唯一确定的. 线性泛函

$$\varphi \to Z_u(\varphi) : H^{\frac{3}{2}}(\partial\Omega) \times H^{\frac{1}{2}}(\partial\Omega) \to C$$

是有界的, 这由下列不等式推出:

$$\begin{aligned} |Z_u(\varphi)| &\leqslant \|\Delta u\|_{0,\Omega} \|R\varphi\|_{0,\Omega} + \|u\|_{0,\Omega} \|\Delta R\varphi\|_{0,\Omega} \\ &\leqslant C \|u\|_{0,\Delta} \|R\varphi\|_{2,\Omega} \\ &\leqslant C \|R\| \|u\|_{0,\Delta} \|\varphi\|_{H^{\frac{3}{2}}} (\partial\Omega) \times H^{\frac{1}{2}}(\partial\Omega). \end{aligned} \tag{3.3.2}$$

由乘积空间上有界线性泛函表示定理可知存在

$$\gamma_0 u \in H^{-\frac{1}{2}}(\partial\Omega), \quad \gamma_1 u \in H^{-\frac{3}{2}}(\partial\Omega),$$

使得

$$Z_u(\varphi) = (\gamma_1 u, \varphi_0) - (\gamma_0 u, \varphi_1)$$

且由 (3.3.2) 式可得

$$\begin{aligned} \|\gamma_0 u\|_{-\frac{1}{2},\partial\Omega} \leqslant \|Z_u\| \leqslant C \|R\| \|u\|_{0,\Delta}, \\ \|\gamma_1 u\|_{-\frac{3}{2},\partial\Omega} \leqslant \|Z_u\| \leqslant C \|R\| \|u\|_{0,\Delta}. \end{aligned}$$

这说明 $u \to (\gamma_0 u, \gamma_1 u)$ 从 $H_\Delta^0(\Omega)$ 到 $H^{-1/2}(\partial\Omega) \times H^{-3/2}(\partial\Omega)$ 连续. 当 $u \in C^\infty(\overline{\Omega})$ 时, 若 $\varphi_0 \in C^\infty(\overline{\Omega})$, 则由 Green 公式, 对 $\varphi = (\varphi_0, \Delta\varphi_0)$ 有

$$\begin{aligned} Z_u(\varphi) &= \int_\Omega \Delta u \varphi_0 \mathrm{d}\boldsymbol{x} - \int_\Omega u \Delta\varphi_0 \mathrm{d}\boldsymbol{x} \\ &= \int_{\partial\Omega} \frac{\partial u}{\partial \boldsymbol{v}} \varphi_0 \mathrm{d}\Gamma - \int_{\partial\Omega} u \frac{\partial \varphi_0}{\partial \boldsymbol{v}} \mathrm{d}\Gamma, \end{aligned}$$

所以 $\gamma_0 u = u\big|_{\partial\Omega}, \gamma_1 u = \left.\dfrac{\partial u}{\partial \boldsymbol{v}}\right|_{\partial\Omega}$. 由连续性, 对任意 $u \in H_\Delta^0(\Omega)$, 存在 $u_n \in C^\infty(\overline{\Omega})$, 使

$$\left\|\gamma_0 u - u_n\big|_{\partial\Omega}\right\|_{-\frac{1}{2},\partial\Omega} \to 0, \quad \left\|\gamma_1 u - \left.\frac{\partial u_n}{\partial \boldsymbol{v}}\right|_{\partial\Omega}\right\|_{-\frac{3}{2},\partial\Omega} \to 0.$$

推论 3.2　(1) 若 $u \in H^0_\Delta(\Omega)$, 则可定义迹 $\gamma_0 u (= u|_{\partial\Omega}) \in H^{-1/2}(\partial\Omega)$ 和 $\gamma_1 u = \left.\dfrac{\partial u}{\partial \boldsymbol{\nu}}\right|_{\partial\Omega} \in H^{-3/2}(\partial\Omega)$;

(2) 若 $u \in H^1_\Delta(\Omega)$, 则可以定义迹 $\gamma_1 u = \left.\dfrac{\partial u}{\partial \boldsymbol{\nu}}\right|_{\partial\Omega} \in H^{-1/2}(\partial\Omega)$;

(3) 若 $u \in H^0_\Delta(\Omega)$, $v \in H^2(\Omega)$, 则有

$$\gamma_1 u \in H^{-\frac{3}{2}}(\partial\Omega), \quad \gamma_0 v \in H^{\frac{3}{2}}(\partial\Omega), \quad \gamma_0 u \in H^{-\frac{1}{2}}(\partial\Omega), \quad \gamma_1 v \in H^{\frac{1}{2}}(\partial\Omega)$$

且成立 Green 公式

$$(\Delta u, v)_{L^2(\Omega)} - (u, \Delta v)_{L^2(\Omega)} = \langle \gamma_1 u, \gamma_0 v\rangle_{(H^{-3/2}, H^{3/2}), \partial\Omega} - \langle \gamma_0 u, \gamma_1 v\rangle_{(H^{-1/2}, H^{1/2}), \partial\Omega};$$

(4) 若 $u \in H^1_\Delta(\Omega)$, $v \in H^1(\Omega)$, 则 $\gamma_1 u \in H^{-1/2}(\partial\Omega)$, $\gamma_0 v \in H^{1/2}(\partial\Omega)$ 且

$$(\Delta u, v)_{L^2(\Omega)} = \langle \gamma_1 u, v\rangle_{\partial\Omega} - \int_\Omega \mathbf{D}u \cdot \mathbf{D}v \mathrm{d}\boldsymbol{x}.$$

3.3.2　其他边值问题弱解定义的一些例子

下面以一些典型的边值问题为例, 给出第二或第三椭圆边值问题弱解的定义和存在性结果.

例 3.1　设 $\partial\Omega \in C^2$, 在 $H^1(\Omega)$ 上考虑双线性型

$$a(u,v) = \int_\Omega \left(\frac{\partial u}{\partial x_{x_i}} \frac{\partial v}{\partial x_{x_i}} + uv \right) \mathrm{d}\boldsymbol{x}.$$

对 $f \in L^2$, $g \in H^{-1/2}(\partial\Omega)$, 定义线性泛函 $F(v) = \int_\Omega f v \mathrm{d}\boldsymbol{x} + (g, \gamma_0 v)$, 其中, $(g, \gamma_0 v)$ 表示 $H^{-1/2}(\partial\Omega)$ 与 $H^{1/2}(\partial\Omega)$ 的对偶积. 以验证 $F(v)$ 是 $H^1(\Omega)$ 上的有界线性泛函. 显然 $a(v,v) = \|v\|^2_{H^1(\Omega)}$, 于是 $a(u,v)$ 满足有界性和强制性. 由 Lax-Milgram 定理知存在 $u \in H^1(\Omega)$, 使得

$$a(u,v) = F_1(v), \quad \forall v \in H^1(\Omega). \tag{3.3.3}$$

现在推导方程 (3.3.3) 的解 $u \in H^1(\Omega)$ 所满足的微分方程.

首先取 (3.3.3) 式中的检验函数为 $v \in H^1_0(\Omega)$, 此时 $\gamma_0 v = 0$. 于是 (3.3.3) 式变为

$$a(u,v) = \int_\Omega f v \mathrm{d}\boldsymbol{x}, \quad \forall v \in H^1_0(\Omega),$$

即

$$\int_\Omega \left(\frac{\partial u}{\partial x_i} \frac{\partial v}{\partial x_i} + uv \right) \mathrm{d}\boldsymbol{x} = \int_\Omega f v \mathrm{d}\boldsymbol{x}, \quad \int_\Omega \left(-\frac{\partial^2 u}{\partial x_i^2} + u \right) v \mathrm{d}\boldsymbol{x} = \int_\Omega f v \mathrm{d}\boldsymbol{x}.$$

于是在 $H^{-1}(\Omega)$ 意义下成立 $-\Delta u+u=f$ 且 $u\in H^1(\Omega)$.

由于 $u\in H^1(\Omega)$, $f\in L^2$, 于是 $\Delta u\in L^2(\Omega)$. 故 $u\in H^1_\Delta(\Omega)$, 从而

$$-\Delta u+u=f\ 在L^2(\Omega)意义下$$

成立. 又由于 $\partial\Omega\in C^2$, 故可以定义迹 $\gamma_1 u=\dfrac{\partial u}{\partial \boldsymbol{\nu}}\in H^{1-1-\frac{1}{2}}(\partial\Omega)$. 上述方程两边同乘以 $v\in H^1(\Omega)$, 由 Green 公式得

$$\int_\Omega\left(\frac{\partial u}{\partial x_i}\frac{\partial v}{\partial x_i}+uv\right)\mathrm{d}\boldsymbol{x}-\left(\frac{\partial u}{\partial \boldsymbol{\nu}}\bigg|_{\partial\Omega},v\bigg|_{\partial\Omega}\right)_{(H^{-\frac{1}{2}}(\partial\Omega),H^{-\frac{1}{2}}(\partial\Omega))}=\int_\Omega fv\mathrm{d}\boldsymbol{x}.\quad(3.3.4)$$

比较 (3.3.3) 式和 (3.3.4) 式得

$$\left(\frac{\partial u}{\partial \boldsymbol{\nu}}\bigg|_{\partial\Omega},v\bigg|_{\partial\Omega}\right)_{(H^{-\frac{1}{2}}(\partial\Omega),H^{-\frac{1}{2}}(\partial\Omega))}=(g\,|_{\partial\Omega},\gamma_0 v),\quad \forall v\in H^1(\Omega).$$

由 $\gamma_0 v=v|_{\partial\Omega}$ 的任意性知 $\dfrac{\partial u}{\partial \nu}\bigg|_{\partial\Omega}=g\,|_{\partial\Omega}$, 即 u 满足 Neumann 边界条件. 由此可得

定理 3.9　设 $\partial\Omega\in C^2$, $f\in L^2(\Omega)\subset H^{-1}(\Omega)$, $g\in H^{-1/2}(\partial\Omega)$, 则第二椭圆边值问题

$$\begin{cases}-\Delta u+u=f, & x\in\Omega,\\ \dfrac{\partial u}{\partial \boldsymbol{\nu}}=g, & x\in\partial\Omega\end{cases}$$

存在唯一弱解 $u\in H^1(\Omega)$, 这里弱解意义为 $u\in H^1(\Omega)$ 满足

$$a(u,v)=F(v)=\int_\Omega fv\mathrm{d}\boldsymbol{x}+(g,\gamma_0 v)_{(H^{-\frac{1}{2}}(\partial\Omega),H^{-\frac{1}{2}}(\partial\Omega))},\quad \forall v\in H^1(\Omega).$$

例 3.2　取 $V=\left\{v\in H^1(\Omega)\,|\gamma_0 v\,|_{\Gamma_1}=0\right\}$, $\Gamma_1\subset\partial\Omega$, 其中, $\partial\Omega\in C^2$, Γ_1 为 $\partial\Omega$ 的开子集. $|\Gamma_1|=\Gamma_1$ 的测度为正, 定义 V 上的双线性型

$$a(u,v)=\int_\Omega\frac{\partial u}{\partial x_i}\frac{\partial v}{\partial x_i}\mathrm{d}\boldsymbol{x}.$$

首先易证 $a(u,v)$ 在 V 上是有界的, 再证 $a(u,v)$ 在 V 上是强制的, 即存在 $\delta>0$, 使得

$$\int\sum_{i=1}^n\left|\frac{\partial u}{\partial x_i}\right|^2\mathrm{d}\boldsymbol{x}\geqslant\delta\left\|u\right\|^2_{H^1(\Omega)},\quad \forall u\in V.$$

若不然, 存在 $u_m\in V$ 满足 $\|u_m\|^2_{H'(\Omega)}=1$, 使得

$$\int\sum_{i=1}^n\left|\frac{\partial u_m}{\partial x_i}\right|^2\mathrm{d}\boldsymbol{x}\leqslant\frac{1}{m},\quad m=1,2\cdots.\qquad(3.3.5)$$

由嵌入 $H^1(\Omega)\subsetneq\subsetneq L^2(\Omega)$ 的紧性和 $H^1(\Omega)$ 中有界集的弱紧性可设

$u_m\to u$ 在 $H^1(\Omega)$ 中弱收敛意义下, $u_m\to u$ 在 $L^2(\Omega)$ 中强收敛意义下. 由 $\gamma_0 u_m|_{\Gamma_1}=0$, 易知 $\gamma_0 u|_{\Gamma_1}=0$.

由 (3.3.5) 式知 $\dfrac{\partial u_m}{\partial x_i}\to 0(m\to\infty)$ 在 $L^2(\Omega)$ 中强收敛, 于是 $\dfrac{\partial u_m}{\partial x_i}$ 在 $L^2(\Omega)$ 中弱收敛于 0.

对于 $\varphi\in C_0^\infty(\Omega)$ 有 $0=\lim\limits_{m\to\infty}\displaystyle\int_\Omega\frac{\partial u_m}{\partial x_i}\varphi\mathrm{d}\boldsymbol{x}=-\lim\limits_{m\to\infty}\int_\Omega u_m\frac{\partial\varphi}{\partial x_i}\mathrm{d}\boldsymbol{x}=-\int_\Omega u\frac{\partial\varphi}{\partial x_i}\mathrm{d}\boldsymbol{x}$. 由弱导数的定义知 $\mathbf{D}u=0$ a.e. 于 Ω. 于是 $u=c$ a.e. 于 Ω, 又 $\gamma_0 u|_{\Gamma_1}=0$ 知 $u\equiv 0$ a.e. 于 Ω. 于是 u_m 在 $H^1(\Omega)$ 中收敛于 $0(m\to\infty)$, 这与 $\|u_m\|^2_{H'(\Omega)}=1$ 矛盾.

由 Lax-Milgram 定理知对任意 $f\in L^2(\Omega)$, 存在唯一的 $u\in V$, 使得 $a(u,v)=(f,v)_{L^2(\Omega)},\forall v\in V$, 记 $\Gamma_2=\partial\Omega\backslash\Gamma_1$, 则类似于例 3.1 可知 u 是下列混合问题的弱解 (在 $H^{-1}(\Omega)$ 意义下):

$$\begin{cases}-\Delta u=f, & \boldsymbol{x}\in\Omega,\\ u\big|_{\Gamma_1}=0, & \boldsymbol{x}\in\Gamma_1,\\ \dfrac{\partial u}{\partial\boldsymbol{\nu}}\Big|_{\Gamma_2}=0, & \boldsymbol{x}\in\Gamma_2.\end{cases}$$

例 3.3 取双线性型

$$a(u,v)=\int_\Omega\frac{\partial u}{\partial x_i}\frac{\partial v}{\partial x_i}\mathrm{d}\boldsymbol{x}+\int_{\partial\Omega}c(\boldsymbol{x})\gamma_0 u\gamma_0 v\mathrm{d}\Gamma,\quad u,v\in H^1(\Omega),$$

其中, $c(\boldsymbol{x})\geqslant c_0>0$ a.e. 于 Ω, 于是 $a(u,v)$ 在 $H^1(\Omega)$ 上有界强制. 若 $f\in L^2(\Omega)$, 则由 Lax-Milgram 定理知存在唯一的 $u\in H^1(\Omega)$ 满足变分方程

$$a(u,v)=(f,v)_{L^2(\Omega)},\quad \forall v\in H^1(\Omega).$$

同于例 3.1 可知 u 是第三椭圆边值问题

$$\begin{cases}-\Delta u=f, & \boldsymbol{x}\in\Omega,\\ \dfrac{\partial u}{\partial\boldsymbol{\nu}}+c(\boldsymbol{x})\gamma_0 u=0, & \boldsymbol{x}\in\partial\Omega\end{cases}$$

的弱解.

3.4 极值原理

本节给出证明椭圆方程解的唯一性的另外一种方法, 称之为椭圆方程的极值原理. 这是一种和前面学习的 Lax-Milgram 方法完全不同的方法. 极值原理分古典解极值原理及弱解极值原理, 二者的基本原理是不同的.

3.4.1 古典解的极值原理

本节学习二阶椭圆方程古典解的极值原理, 极值原理方法基于下列数学分析事实: 如果一个 C^2 函数在开集 Ω 的内部某点 $\boldsymbol{x}_0 \in \Omega$ 取到最大值, 则 $\mathbf{D}u(\boldsymbol{x}_0) = 0, \mathbf{D}^2 u(\boldsymbol{x}_0) \leqslant 0$. 这里 $\mathbf{D}^2 u(\boldsymbol{x}_0) \leqslant 0$ 是指 Hesse 对称矩阵 $\mathbf{D}^2 u = (u_{x_i x_j})_{n\times n}$ 在 $\boldsymbol{x}_0$ 点是非正定的.

考虑非散度型椭圆算子

$$Lu = -\sum_{i,j=1}^{n} a^{ij}(\boldsymbol{x}) u_{x_i x_j} + \sum_{i=1}^{n} b^i u_{x_i} + c(\boldsymbol{x})u,$$

假设 $a^{ij}(\boldsymbol{x}), b^i, c$ 是连续的, L 是一致椭圆的, $a^{ij}(\boldsymbol{x}) = a^{ji}(\boldsymbol{x}), i,j = 1,\cdots,n$.

1. 弱极值原理

首先给出解函数在边界上取最大值或最小值的条件. 设 Ω 是 $\mathbb{R}^n$ 中的有界开集.

定理 3.10($c(\boldsymbol{x}) \equiv 0$ 情形的弱极值原理) 设 $u \in C^2(\Omega) \cap C(\Omega)$ 且在 Ω 上 $c(\boldsymbol{x}) \equiv 0$.

(1) 如果 $Lu \leqslant 0$ 在 Ω 上成立, 则 $\max\limits_{\overline{\Omega}} u = \max\limits_{\partial\Omega} u$;

(2) 如果 $Lu \geqslant 0$ 在 Ω 上成立, 则 $\min\limits_{\overline{\Omega}} u = \min\limits_{\partial\Omega} u$.

注 3.11 若 u 满足 $Lu \leqslant 0$, 称 u 为 $Lu = 0$ 的一个下解, 反之称为上解. 定理 3.10 显示了下解在 $\partial\Omega$ 上取到最大值, 上解在 $\partial\Omega$ 上取到最小值.

证明 第 1 步. 先设 $Lu < 0$ 在 Ω 上成立, 证明若存在 $\boldsymbol{x}_0 \in \overline{\Omega}$, 使得 $u(\boldsymbol{x}_0) = \max\limits_{\overline{\Omega}} u$, 则必然有 $\boldsymbol{x}_0 \in \partial\Omega$.

若不然, 假设 $\boldsymbol{x}_0 \in \Omega$, 使得 $u(\boldsymbol{x}_0) = \max\limits_{\overline{\Omega}} u$, 将导出矛盾.

由极值的必要条件知在这个最大值点 $\boldsymbol{x}_0 \in \Omega$ 有

$$\mathbf{D}u(\boldsymbol{x}_0) = 0 \tag{3.4.1}$$

和

$$\mathbf{D}^2 u(\boldsymbol{x}_0) \leqslant 0. \tag{3.4.2}$$

根据椭圆性, 矩阵 $\boldsymbol{A} = (a^{ij}(\boldsymbol{x}_0))$ 是对称正定的, 于是存在正交非奇异矩阵 $\boldsymbol{O} = (o_{ij})$, 使得

$$\boldsymbol{OAO}^{\mathrm{T}} = \mathrm{diag}(d_1, \cdots, d_n), \quad \boldsymbol{OO}^{\mathrm{T}} = \boldsymbol{I} \tag{3.4.3}$$

且 $d_k > 0, k = 1,2,\cdots,n$. 记 $\boldsymbol{y} = \boldsymbol{x}_0 + O(\boldsymbol{x} - \boldsymbol{x}_0)$, 则

$$u_{x_i} = \sum_{k=1}^{n} u_{y_k} o_{k_i}, \quad u_{x_i x_j} = \sum_{k,l=1}^{n} u_{y_k y_l} o_{ki} o_{lj}, \quad i,j = 1,\cdots,n.$$

使用 (3.4.3) 式在 $\boldsymbol{x}_0$ 点有

$$\sum_{i,j=1}^{n} a^{ij}(\boldsymbol{x}_0)u_{x_ix_j} = \sum_{k,l=1}^{n}\sum_{i,j=1}^{n} a^{ij}(\boldsymbol{x}_0)u_{y_ky_l}o_{k_i}o_{l_j} = \sum_{k=1}^{n} d_k u_{y_ky_k}. \tag{3.4.4}$$

另一方面, 由于 $\boldsymbol{x} = \boldsymbol{x}_0 + \boldsymbol{O}^{\mathrm{T}}(\boldsymbol{y} - \boldsymbol{x}_0)$, 则

$$u_{y_i} = \sum_{k=1}^{n} u_{x_k}o_{ik}, \quad u_{y_iy_j} = \sum_{k,l=1}^{n} o_{ik}u_{x_kx_l}o_{jl}, \quad i,j = 1,\cdots,n.$$

由 (3.4.2) 式知

$$u_{y_ky_k} = \sum_{i,j=1}^{n} o_{ki}u_{x_ix_j}o_{j_k} = (o_{k_1},\cdots,o_{k_n})(\mathbf{D}^2u)_{i,j}(o_{k_1},\cdots,o_{k_n})^{\mathrm{T}} \leqslant 0, \quad k = 1,\cdots,n. \tag{3.4.5}$$

结合 (3.4.1) 式, (3.4.4) 式和 (3.4.5) 式可知在 $\boldsymbol{x}_0$ 点, $Lu = -\sum\limits_{i,j=1}^{n} a^{ij}(x_0)u_{x_ix_j} + \sum\limits_{i=1}^{n} b^i u_{x_i} \geqslant 0$, 这与 $Lu < 0$, 矛盾, 于是 $\boldsymbol{x}_0 \in \partial\Omega$.

第 2 步. 若 $Lu \leqslant 0$, 令 $u^{\varepsilon}(\boldsymbol{x}) = u(\boldsymbol{x}) + \varepsilon \mathrm{e}^{\lambda x_1}, \boldsymbol{x} \in \Omega, \lambda > 0$ 待定, $\varepsilon > 0$ 是任意的. 注意一致椭圆性 $\sum\limits_{i,j=1}^{n} a^{ij}(\boldsymbol{x})\xi^i\xi^j \geqslant \theta|\boldsymbol{\xi}|^2$ 暗含 $a^{ii}(\boldsymbol{x}) \geqslant \theta > 0$. 于是在 Ω 上有

$$Lu^{\varepsilon}(\boldsymbol{x}) = Lu(\boldsymbol{x}) + \varepsilon L(\mathrm{e}^{\lambda x_1}) \leqslant \varepsilon \mathrm{e}^{\lambda x_1}\left[-\lambda^2 a^{11} + \lambda b^1\right] \leqslant \varepsilon \mathrm{e}^{\lambda x_1}\left[-\lambda^2\theta + \lambda\|b\|_{L^\infty}\right] < 0,$$

如果取 $\lambda > 0$ 充分大. 于是由第 1 步的结论知

$$\max_{\overline{\Omega}} u^{\varepsilon} = \max_{\partial\Omega} u^{\varepsilon},$$

从而

$$u + \varepsilon \mathrm{e}^{\lambda x_1} \leqslant \max_{\overline{\Omega}} u^{\varepsilon} = \max_{\partial\Omega} u^{\varepsilon} \leqslant \max_{\partial\Omega} u + \varepsilon \max_{\partial\Omega} \mathrm{e}^{\lambda x_1}, \quad \boldsymbol{x} \in \Omega.$$

令 $\varepsilon \to 0$ 得 $\max\limits_{\overline{\Omega}} u \leqslant \max\limits_{\partial\Omega} u$. 显然 $\max\limits_{\overline{\Omega}} u \geqslant \max\limits_{\partial\Omega} u$. 将两者结合即得结论

$$\max_{\overline{\Omega}} u = \max_{\partial\Omega} u.$$

第 3 步. 因为 u 是上解, $-u$ 是下解, 于是 $\max\limits_{\overline{\Omega}}(-u) = \max\limits_{\partial\Omega}(-u)$, 即 $\min\limits_{\overline{\Omega}} u = \min\limits_{\partial\Omega} u$.

下面讨论 $c \geqslant 0$ 情形, 记 $u^+ = \max\{u, 0\}, u^- = \min\{u, 0\}$.

定理 3.11($c \geqslant 0$ 情形的弱极值原理) 设 $u \in C^2(\Omega) \cap C(\Omega)$ 且在 Ω 内 $c \geqslant 0$.

(1) 如果在 Ω 内有 $Lu \leqslant 0$, 则 $\max\limits_{\overline{\Omega}} u \leqslant \max\limits_{\partial\Omega}(u^+)$;

(2) 如果在 Ω 内有 $Lu \geqslant 0$, 则 $\min\limits_{\overline{\Omega}} u \geqslant \min\limits_{\partial\Omega}(u^-)$.

证明 (1) 第 1 步. 先设 $Lu < 0$ 在 Ω 上成立, 证明结论成立.

若在 Ω 上 $u \leqslant 0$ 恒成立, 则结论显然成立. 因此只需证明若存在 $\boldsymbol{x}_0 \in \overline{\Omega}$, 使得 $u(\boldsymbol{x}_0) = \max\limits_{\overline{\Omega}} u > 0$, 则必然有 $\boldsymbol{x}_0 \in \partial\Omega$.

若不然, 假设 u 在内点 $\boldsymbol{x}_0 \in \Omega$ 取到非负最大值, 则同于定理 3.10 的证明的第 1 步和第 2 步可得

$$Lu\left|_{\boldsymbol{x}=\boldsymbol{x}_0}\right. = \left[-\sum_{i,j=1}^{n} a^{ij}(\boldsymbol{x}_0)u_{x_ix_j} + \sum_{i=1}^{n} b^i(\boldsymbol{x}_0)u_{x_i} + c(\boldsymbol{x}_0)u(\boldsymbol{x}_0)\right]\Bigg|_{\boldsymbol{x}=\boldsymbol{x}_0} \geqslant 0,$$

矛盾, 因此 u 不能在内点 $\boldsymbol{x}_0 \in \Omega$ 取到非负最大值结论成立.

第 2 步. 对 $Lu \leqslant 0$, 令 $u^\varepsilon(\boldsymbol{x}) = u(\boldsymbol{x}) + \varepsilon \mathrm{e}^{\lambda x_1}, \boldsymbol{x} \in \Omega$, 则只要 λ 充分大就有

$$\begin{aligned} Lu^\varepsilon(\boldsymbol{x}) =& Lu(\boldsymbol{x}) + \varepsilon L(e^{\lambda x_1}) \\ \leqslant& \varepsilon \mathrm{e}^{\lambda x_1}\left[-\lambda^2 a^{11} + \lambda b^1 + c(\boldsymbol{x})\right] \\ \leqslant& \varepsilon \mathrm{e}^{\lambda x_1}\left[-\lambda^2\theta + \lambda \|b\|_{L_\infty} + \|c\|_{L_\infty}\right] < 0. \end{aligned}$$

于是由第 1 步的结论知 $\max\limits_{\bar{\Omega}}(u^\varepsilon) \leqslant \max\limits_{\partial\Omega}(u^\varepsilon)^+$, 令 $\varepsilon \to 0$ 得证.

(2) 注意 $(-u)^+ = -u^-$, 将 (1) 应用到 $-u$, (2) 得证.

2. 强最大值原理

注意定理 3.11 的结论只是说 u 的非负最大值一定在边界上达到, 问题是 u 是否还可同时在 Ω 的内点处也达到最大值? 下面将证明下解不能在内点取到最大值, 除非 u 是常数; 上解 u 不能在内点取到最小值, 除非 u 是常数. 这个结论就是强极值原理, 其证明依赖于边界点引理.

引理 3.2(Hopf 引理或边界点引理) 设 $u \in C^2(\Omega) \cap C(\overline{\Omega})$ 且在 Ω 上 $c \equiv 0$ 又设在 Ω 内 $Lu \leqslant 0$ 且存在点 $\boldsymbol{x}^0 \in \partial\Omega$, 使得 $u(\boldsymbol{x}^0) > u(\boldsymbol{x}), \forall \boldsymbol{x} \in \Omega$. 再设 Ω 满足在 $\boldsymbol{x}^0$ 点的内球条件, 即存在一个开球 $B \subset \Omega$, 使得 $\boldsymbol{x}^0 \in \partial B$, 则 $\dfrac{\partial u}{\partial \boldsymbol{\nu}}(\boldsymbol{x}^0) > 0$, 其中, $\boldsymbol{\nu}$ 是 $\partial\Omega$ 在 $\boldsymbol{x}^0$ 点的外法向, 而且, 如果 $u(\boldsymbol{x}^0) \geqslant 0$, 则对于 $c \geqslant 0$ 时, 上述结论也成立, 上解有类似结论.

证明 参考文献 (Evans. 1998).

Hopf 引理是强极值原理证明的基本工具.

定理 3.12($c \equiv 0$ 情形的强极值原理) 设 $u \in C^2(\Omega) \cap C(\overline{\Omega})$ 且在 Ω 内 $c \equiv 0$, Ω 是有界的连通开集.

(1) 如果在 Ω 内有 $Lu \leqslant 0$ 且 u 在 Ω 的内点取到 $\overline{\Omega}$ 上的最大值, 则在 Ω 内 $u \equiv$ 常数;

(2) 如果在 Ω 内有 $Lu \geqslant 0$ 且 u 在 Ω 的内点取到 $\overline{\Omega}$ 上的最小值, 则在 Ω 内 $u \equiv$ 常数.

证明 (1) 记 $M = \max\limits_{\overline{\Omega}} u, C \triangleq \{\boldsymbol{x} \in \Omega \,|u(\boldsymbol{x}) = M\}$, 则如果 $u \neq M$, 那么令

$$V = \{\boldsymbol{x} \in \Omega \,|u(\boldsymbol{x}) < M\}.$$

显然 C 是闭集, V 是开集且 $\Omega = C \cup V$. 现在选取 $y \in V$, 使得 $\mathrm{dist}(y, C) < \mathrm{dist}(y, \partial\Omega)$, 作以 y 为圆心的内点位于 V 内的最大球 B, 则存在 $\boldsymbol{x}^0 \in C$ 且 $\boldsymbol{x}^0 \in \partial B$. 显然 V 满足 $\boldsymbol{x}^0$ 点的内球条件, 由 Hopf 引理知 $\dfrac{\partial u}{\partial \boldsymbol{\nu}}(\boldsymbol{x}^0) > 0$. 但另一方面, u 在内点 $\boldsymbol{x}^0 \in \Omega$ 达到最大值有 $\mathbf{D}u(\boldsymbol{x}^0) = 0$, 从而 $\dfrac{\partial u}{\partial \boldsymbol{\nu}}(\boldsymbol{x}^0) = 0$ 矛盾. 故 $u \equiv M$.

(2) 在 (1) 中取 u 为 $-u$ 即得结论.

如果 L 中的零阶项 c 是非负的, 则有

定理 3.13($c \geqslant 0$ 情形的强极值原理) 设 $u \in C^2(\Omega) \cap C(\overline{\Omega})$, 在 Ω 内 $c \geqslant 0$, Ω 是有界的连通开集.

(1) 如果在 Ω 内有 $Lu \leqslant 0$ 且 u 在 Ω 的内点达到 u 在 $\overline{\Omega}$ 上的非负最大值, 则 $u \equiv M$;

(2) 如果在 Ω 内有 $Lu \geqslant 0$ 且 u 在 Ω 的内点达到 u 在 $\overline{\Omega}$ 上的非正最小值, 则 $u \equiv M$.

证明和定理 3.12 完全一样, 只是使用 $c \geqslant 0$ 情形的 Hopf 引理.

3. Harnack 不等式

Harnack 不等式是说对于非负解, 至少在区域的内部其值是可比较的. 设

$$Lu = -\sum_{i,j=1}^{n} a^{ij}(\boldsymbol{x}) u_{x_i x_j} + \sum_{i=1}^{n} b^i(\boldsymbol{x}) u_{x_i} + c(\boldsymbol{x}) u.$$

定理 3.14(Harnack 不等式) 设 $u \geqslant 0$ 是 $Lu = 0$ 的 $C^2(\overline{\Omega})$ 解, 又设 $V \subset\subset \Omega$ 是连通的, 则存在正常数 C, 使得

$$\sup_V u \leqslant C \inf_V u,$$

其中, C 只依赖于区域 V 和 L 的系数.

证明略.

3.4.2 弱解的极值原理与 De Giorgi 迭代

注意强解的极值原理基于古典导数的两个重要性质, 一是解在该点的梯度为零向量, 解在该点的二阶导数组成的 Hessian 矩阵半负定, 这两个性质对弱解都不成立, 因为弱解可以不连续, 更不用说连续求导了.

为建立弱解的极值原理, 唯有依靠变分方程本身的力量, 即选择解的截断函数为检验函数, 证明解的正部或负部为零函数, 从而断定解非正或非负. 首先介绍这种方法的基本思想.

设 $u \in H_0^1(\Omega)$ 满足方程 $-\Delta u = f$, 其中, f 是 $L^2(\Omega)$ 中的非负函数, 要证明在 Ω 内 u 几乎处处非负.

注意由弱解的定义知

$$\int_\Omega \mathbf{D}u\mathbf{D}v\mathrm{d}\boldsymbol{x} = \int_\Omega \sum_{i=1}^n a^{ij}(\boldsymbol{x})\frac{\partial u}{\partial x_i}\frac{\partial v}{\partial x_j}\mathrm{d}\boldsymbol{x} = \int_\Omega fv\mathrm{d}\boldsymbol{x}, \quad \forall v \in H_0^1(\Omega). \tag{3.4.6}$$

回忆

$$u^+ = \max\{u, 0\}, \quad u^- = \min\{u, 0\},$$

即

$$u^+ = \begin{cases} u, & u > 0, \\ 0, & u \leqslant 0, \end{cases} \qquad u^- = \begin{cases} u, & u < 0, \\ 0, & u \geqslant 0, \end{cases}$$

则 $u = u^+ + u^-$. 由于 u^+, u^- 在 $u = 0$ 的集合上连续, 故当 $u \in H_0^1(\Omega)$ 时, $u^+, u^- \in H_0^1(\Omega)$, 而且

$$\frac{\partial u^+}{\partial x_i} = \begin{cases} \dfrac{\partial u}{\partial x_i}, & u > 0, \\ 0, & u \leqslant 0, \end{cases} \qquad \frac{\partial u^-}{\partial x_i} = \begin{cases} 0, & u \geqslant 0, \\ \dfrac{\partial u}{\partial x_i}, & u < 0. \end{cases} \tag{3.4.7}$$

在 (3.4.6) 式中使用 $v = -u^-$ 作检验函数, 并使用 $u = u^+ + u^-$ 可得

$$-\int_\Omega \left(\frac{\partial u^+}{\partial x_i} + \frac{\partial u^-}{\partial x_i}\right)\frac{\partial u^-}{\partial x_i}\mathrm{d}\boldsymbol{x} = -\int_\Omega fu^-\mathrm{d}\boldsymbol{x}, \tag{3.4.8}$$

由 (3.4.7) 式可知 $\dfrac{\partial u^+}{\partial x_i}\dfrac{\partial u^-}{\partial x_i} = 0$. 又 f 非负, 故 $-\displaystyle\int_\Omega fu^-\mathrm{d}\boldsymbol{x} \geqslant 0$. 于是由 (3.4.8) 式得

$$\int_\Omega \frac{\partial u^-}{\partial x_i}\frac{\partial u^-}{\partial x_i}\mathrm{d}\boldsymbol{x} = 0,$$

即 $\dfrac{\partial u^-}{\partial x_i} = 0$ a.e. 于 $\Omega, i = 1, \cdots, n$, 从而 $u^- = c$ a.e. 于 Ω, 但 $u^- \in H_0^1(\Omega)$, 故 $u^- \equiv 0$, 即在 Ω 上 u 非负.

下面使用 De Giorgi 迭代方法建立一般的弱解极值原理. De Giorgi 迭代往往归结为如下引理:

引理 3.3 设 $\varphi(t)$ 是定义于 $[k_0,+\infty)$ 非负非增函数, 当 $h>k\geqslant k_0$ 时满足

$$\varphi(h)\leqslant\frac{C}{(h-k)^{\alpha}}[\varphi(k)]^{\beta},\tag{3.4.9}$$

其中, $\alpha>0,\beta>1$, 则有

$$\varphi(k_0+d)=0,\tag{3.4.10}$$

这里

$$d=C^{\frac{1}{\alpha}}[\varphi(k_0)]^{\frac{\beta-1}{\alpha}}2^{\frac{\beta}{\beta-1}}.\tag{3.4.11}$$

证明 定义数列 $k_s=k_0+d-\dfrac{d}{2^s}(s=0,1,2,\cdots)$. 条件 (3.4.9) 给出了一个递推公式

$$\varphi(k_{s+1})\leqslant\frac{C2^{(s+1)\alpha}}{d^{\alpha}}[\varphi(k_s)]^{\beta},\quad s=0,1,2,\cdots.\tag{3.4.12}$$

将用归纳法证明

$$\varphi(k_s)\leqslant\frac{\varphi(k_0)}{r^s},\quad s=0,1,2,\cdots,\tag{3.4.13}$$

其中, $r<1$ 待定. 显然 $s=0$ 时 (3.4.13) 式成立. 设不等式 (3.4.13) 对于 s 成立. 由 (3.4.12) 式及归纳法假设可得

$$\begin{aligned}\varphi(k_{s+1})&\leqslant\frac{C2^{(s+1)\alpha}}{d^{\alpha}}\left[\frac{\varphi(k_0)}{r^s}\right]^{\beta}\\&=\frac{\varphi(k_0)}{r^{s+1}}\frac{C2^{(s+1)\alpha}}{d^{\alpha}r^{s(\beta-1)-1}}[\varphi(k_0)]^{\beta-1}.\end{aligned}$$

为使归纳法成立, 选取 $r=2^{\frac{\alpha}{\beta-1}}$, 并使

$$\frac{C2^{\frac{\alpha\beta}{\beta-1}}}{d^{\alpha}}[\varphi(k_0)]^{\beta-1}\leqslant 1.$$

(3.4.11) 式关于 d 的定义恰好满足这一要求. 于是 (3.4.13) 式成立. 在 (3.4.13) 式中令 $s\to+\infty$, 则得所要证明的结论 (3.4.10).

现在考虑散度型算子

$$Lu=-\sum_{i,j=1}^{n}(a^{ij}(\boldsymbol{x})u_{x_i}+d^j(\boldsymbol{x})u)_{x_j}+\sum_{i=1}^{n}b^i(\boldsymbol{x})u_{x_i}+c(\boldsymbol{x})u=f+\sum_{i=1}^{n}\mathbf{D}_if^i\tag{3.4.14}$$

及相应的双线性型

$$a(u,v)=\int_{\Omega}\left\{\sum_{j=1}^{n}\left(\sum_{i=1}^{n}a^{ij}(\boldsymbol{x})\frac{\partial u}{\partial x_i}+d^j(\boldsymbol{x})u\right)\frac{\partial v}{\partial x_j}+\sum_{i=1}^{n}b^i(\boldsymbol{x})u_{x_i}v+c(\boldsymbol{x})uv\right\}\mathrm{d}\boldsymbol{x}.\tag{3.4.15}$$

为了更精确地叙述弱极值原理, 需要引进上、下解的概念.

定义 3.4 $u\in H^1(\Omega)$ 称为方程 (3.4.14) 的**弱下解**(**弱上解**、**弱解**), 如果

$$a(u,\varphi)\leqslant(\geqslant,=)(f,\varphi)_0-(f^i,\mathbf{D}_i\varphi)_0,\quad \forall\varphi\in C_0^\infty(\Omega),\varphi\geqslant 0, \tag{3.4.16}$$

其中, $a(u,\varphi)$ 如 (3.4.15) 式所定义. 这里和下面约定, 对重复指标 i,j 表示从 1 到 n 求和.

事实上, (3.4.16) 式对于任意的 $\varphi\in H_0^1(\Omega)$, $\varphi=\varphi^+=\max\{\varphi,0\}$ 也成立.

定义 3.5 设 $u\in H^1(\Omega)$, 定义

$$\begin{cases}\sup\limits_{\partial\Omega}u=\inf\left\{l\,|\,(u-l)^+\in H_0^1(\Omega)\right\},\\ \operatorname*{ess\,sup}\limits_{\Omega}u=\inf\left\{l\,|\,(u-l)^+=0\ \text{a.e.}\Omega\right\},\\ \operatorname*{ess\,inf}\limits_{\Omega}u=-\operatorname*{ess\,sup}\limits_{\Omega}(-u),\quad \inf\limits_{\partial\Omega}u=-\sup\limits_{\partial\Omega}(-u),\end{cases} \tag{3.4.17}$$

其中, $u^+=\max\{u,0\}$.

注 3.12 当 u 是 $\overline{\Omega}$ 上的连续函数时, 定义 3.5 中的上下确界或本性上下确界与通常上下确界定义一样.

定理 3.15(弱极值原理) 设 L 的系数满足下面条件:

(1) 存在常数 $\theta>0,\Lambda>0$, 使得

$$a^{ij}(\boldsymbol{x})\in L^\infty(\Omega),\quad \sum_{i,j=1}^n a^{ij}(\boldsymbol{x})\xi_i\xi_j\geqslant\theta\left|\boldsymbol{\xi}\right|^2,\quad \forall\boldsymbol{\xi}\in\mathbb{R}^n,\boldsymbol{x}\in\Omega, \tag{3.4.18}$$

$$\sum_{i=1}^n||b^i||_{L^\infty(\Omega)}+\sum_{i=1}^n||d^i||_{L^\infty(\Omega)}+||c||_{L^\infty(\Omega)}\leqslant\Lambda; \tag{3.4.19}$$

(2) $c-\mathrm{D}_id^i\geqslant 0$(在 $\wp'(\Omega)$ 的意义下), 即对于任意 $\varphi\in C_0^\infty(\Omega)$, $\varphi\geqslant 0$ 有

$$\int_\Omega(c\varphi+d^i\mathrm{D}_i\varphi)\mathrm{d}\boldsymbol{x}\geqslant 0. \tag{3.4.20}$$

如果 $u\in H^1(\Omega)$ 是方程 (3.4.14) 的弱下解, 则对于任意 $p>n$ 有

$$\operatorname*{ess\,sup}_{\Omega}u\leqslant\sup_{\partial\Omega}u^++C(\|f\|_{L^{\frac{np}{n+p}}(\Omega)}+\left\|f^i\right\|_{L^p(\Omega)})\left|\Omega\right|^{\frac{1}{n}-\frac{1}{p}}, \tag{3.4.21}$$

其中, C 依赖于 $n,p,\lambda,\Lambda,\Omega$ 以及 b^i,d^i,c, 但与 $|\Omega|$ 的下界无关.

证明 记 $l=\sup\limits_{\partial\Omega}u^+$. 设 $\sup\limits_{\Omega}u^+>l$, 否则结论已证. 对于任意 $k>l$ 在 (3.4.16) 式中取检验函数 $\varphi=(u-k)^+$ 有

$$a(u,\varphi)=\int_\Omega\left\{(a^{ij}\mathrm{D}_i\varphi+d^i\varphi)\mathrm{D}_i\varphi+(b^i\mathrm{D}_i\varphi+c\varphi)\varphi\right\}\mathrm{d}\boldsymbol{x}$$

$$+ k\int_{\Omega}(b^j \mathrm{D}_j\varphi + c\varphi)\mathrm{d}\boldsymbol{x}. \tag{3.4.22}$$

由条件 (3.4.20) 知 (3.4.22) 式右端的第二项非负. 对于第一项, 使用椭圆条件直接计算可得

$$a(u,\varphi) \geqslant \frac{\theta}{2}\|\mathbf{D}\varphi\|^2_{L^2(\Omega)} - C\theta\|\varphi\|^2_{L^2(\Omega)}, \tag{3.4.23}$$

其中, C 仅依赖于 θ, Λ 和 n. 由弱下解的定义与 (3.4.23) 式有

$$\begin{aligned}\frac{\theta}{2}\|\mathbf{D}\varphi\|^2_{L^2(\Omega)} - C\theta\|\varphi\|^2_{L^2(\Omega)} \leqslant &(f,\varphi) - (f^i, \mathrm{D}_i\varphi)\\ \leqslant &\sum_i \left\|f^i\right\|_{L^p}\|\mathbf{D}\varphi\|_{L^2}|A(k)|^{\frac{1}{2}-\frac{1}{p}}\\ &+ \|f\|_{L^{p_*}}\|\varphi\|_{L^{2^*}}|A(k)|^{\frac{1}{2}-\frac{1}{p}},\end{aligned} \tag{3.4.24}$$

其中, $p_* = \dfrac{np}{n+p}, 2^* = \dfrac{2n}{n-2}$, $|A(k)|$ 是集合

$$A(k) = \{\boldsymbol{x}\in\Omega |\, u(\boldsymbol{x}) > k\} \tag{3.4.25}$$

的测度. 记

$$F_0 = \frac{1}{\theta}\left(\sum_i \left\|f^i\right\|_{L^p} + \|f\|_{L^{p_*}}\right),$$

在 (3.4.24) 式右端应用嵌入定理与 Cauchy 不等式, 则有

$$\|\mathbf{D}\varphi\|^2_{L^2} \leqslant C\|\varphi\|^2_{L^2} + \varepsilon\|\mathbf{D}\varphi\|^2_{L^2} + C_\varepsilon F_0^2|A(k)|^{1-\frac{2}{p}}.$$

取 $\varepsilon = 1/2$, 并对右端第一项应用 Hölder 不等式与 Sobolev 嵌入定理可得

$$\begin{aligned}\|\mathbf{D}\varphi\|^2_{L^2} \leqslant &C|A(k)|^{\frac{2}{n}}\|\varphi\|^2_{L^{2^*}} + CF_0^2|A(k)|^{1-\frac{2}{p}}\\ \leqslant &\tilde{C}|A(k)|^{\frac{2}{n}}\|\mathbf{D}\varphi\|^2_{L^2} + CF_0^2|A(k)|^{1-\frac{2}{p}}.\end{aligned} \tag{3.4.26}$$

如果存在 $k_0 > l$, 使得

$$\tilde{C}|A(k_0)|^{\frac{2}{n}} \leqslant \frac{1}{2}, \tag{3.4.27}$$

由 (3.4.26) 式, 则有

$$\|\mathbf{D}\varphi\|_{L^2} \leqslant CF_0|A(k)|^{\frac{1}{2}-\frac{1}{p}}, \quad k \geqslant k_0.$$

应用 Sobolev 嵌入定理得到

$$\|\varphi\|_{L^{2^*}} \leqslant CF_0|A(k)|^{\frac{1}{2}-\frac{1}{p}}, \quad k \geqslant k_0. \tag{3.4.28}$$

注意到 $\varphi = (u-k)^+$, $h > k$,

$$\|\varphi\|_{L^{2^*}} \geqslant (h-k)|A(h)|^{\frac{1}{2^*}}.$$

于是当 $h > k$ 时,

$$|A(h)| \leqslant \frac{(CF_0)^{2^*}}{(h-k)^{2^*}} |A(k)|^{\frac{n(p-2)}{p(n-2)}}, \quad h > k > k_0.$$

应用引理 3.3, 则有

$$A(k_0 + d) = 0,$$

其中,

$$d = CF_0 |A(k_0)|^{\frac{1}{n}-\frac{1}{p}} 2^{\frac{n(p-2)}{2(p-n)}}.$$

这样

$$\operatorname*{ess\,sup}_{\Omega} u \leqslant k_0 + d \leqslant k_0 + CF_0 |\Omega|^{\frac{1}{n}-\frac{1}{p}}. \tag{3.4.29}$$

为估计 k_0, 分两步进行.

第 1 步. 由于

$$k^2 |A(k)| \leqslant \int_\Omega u^2 \mathrm{d}\boldsymbol{x} = \|u\|_{L^2}^2,$$

因此只需取 $k_0 \geqslant (2\tilde{C})^{n/4} \|u\|_{L^2}$ 且 $k_0 \geqslant \sup\limits_{\partial\Omega} u^+$, 此时必有 (3.4.27) 式成立. 由 (3.4.29) 式立即得到

$$\operatorname*{ess\,sup}_{\Omega} u \leqslant \sup_{\partial\Omega} u^+ + C\|u\|_{L^2(\Omega)} + CF_0 |\Omega|^{\frac{1}{n}-\frac{1}{p}}. \tag{3.4.30}$$

第 2 步. 由 (3.4.30) 式知 u 有本性上界, 但必须进一步去掉 (3.4.30) 式右端的第二项. 记 $M = \operatorname{ess\,sup}\ u - l, v = (u-l)^+$, 将考虑函数

$$w = \ln \frac{M + \varepsilon + \tilde{F}_0}{M + \varepsilon + \tilde{F}_0 - v} \tag{3.4.31}$$

所满足的方程, 其中, $\tilde{F}_0 = F_0 |\Omega|^{1/n-1/p}$, ε 是任意正数. 为此, 取检验函数

$$\varphi = \frac{v}{M + \varepsilon + \tilde{F}_0 - v} \in H_0^1(\Omega). \tag{3.4.32}$$

类似于 (3.4.22) 式有

$$\begin{aligned} a(u,\varphi) &\geqslant \int_\Omega \left\{(a^{ij}\mathrm{D}_i v + d^i v)\mathrm{D}_j\varphi + (b^i\mathrm{D}_i v + cv)\varphi\right\} \mathrm{d}\boldsymbol{x} \\ &= \int_\Omega \left[a^{ij}\mathrm{D}_i v \mathrm{D}_j\varphi + (b^i - d^i)\mathrm{D}_i v \cdot \varphi\right] \mathrm{d}\boldsymbol{x} \\ &\quad + \int_\Omega \left[d^j \mathrm{D}_j[v\varphi] + cv\varphi\right] \mathrm{d}\boldsymbol{x}. \end{aligned} \tag{3.4.33}$$

注意到 $\varphi v \in H_0^1(\Omega)$ 且 $\varphi v \geqslant 0$, 由条件 (3.4.20) 知 (3.4.33) 式右端第二项为正. 又将 φ 的表达式 (3.4.32) 代入 (3.4.33) 式, 则有

$$a(u,\varphi) \geqslant \int_\Omega \left\{(M+\varepsilon+\tilde{F}_0)a^{ij}\mathrm{D}_i w \mathrm{D}_j w - (b^i - d^i)v\mathrm{D}_i w\right\}\mathrm{d}\boldsymbol{x}. \tag{3.4.34}$$

由于 u 是弱下解, 因此

$$\begin{aligned} a(u,\varphi) \leqslant &(f,\varphi)_0 - (f^i, \mathrm{D}_i\varphi)_0 \\ \leqslant &\int_\Omega \frac{fv}{M+\varepsilon+\tilde{F}_0 - v}\mathrm{d}\boldsymbol{x} + \int_\Omega \frac{(M+\varepsilon+\tilde{F}_0)f^i\mathrm{D}_i w}{M+\varepsilon+\tilde{F}_0-v}\mathrm{d}\boldsymbol{x} \\ \leqslant &\frac{M}{\tilde{F}_0}\int_\Omega |f|\,\mathrm{d}\boldsymbol{x} + \frac{\theta}{4}(M+\varepsilon+F_0)\int_\Omega |\mathbf{D}w|^2\mathrm{d}\boldsymbol{x} \\ &+ \frac{C(M+\varepsilon+\tilde{F}_0)}{\theta\tilde{F}_0^2}\int_\Omega \sum_{i=1}^n \left|f^i\right|^2\mathrm{d}\boldsymbol{x}. \end{aligned} \tag{3.4.35}$$

联合 (3.4.34) 式, (3.4.35) 式并应用椭圆性条件 (3.4.18) 与 Hölder 不等式, 则有

$$\begin{aligned} \|\mathbf{D}w\|^2 \leqslant &\frac{1}{\theta\tilde{F}_0}\int_\Omega |f|\,\mathrm{d}\boldsymbol{x} + \frac{C}{\theta^2}\int \sum_{i=1}^n \left(\left|b^i\right|^2 + \left|d^i\right|^2\right)\mathrm{d}\boldsymbol{x} + \frac{C}{\theta^2\tilde{F}_0^2}\int_\Omega \sum_{i=1}^n \left|f^i\right|^2\mathrm{d}\boldsymbol{x} \\ \leqslant &C\left(n,\theta,\frac{\Lambda}{\theta},|\Omega|\right), \end{aligned}$$

注意这里的常数 C 是与 $|\Omega|$ 的下界无关的. 由嵌入定理可得

$$\|w\|_{L^{2^*}} \leqslant C.$$

对于 $k > l$, 由上式可得

$$|A(k)|^{\frac{1}{2^*}} \ln \frac{M+\varepsilon+\tilde{F}_0}{M+\varepsilon+\tilde{F}_0-(k-l)} \leqslant C.$$

取 $k_0 - l = (1-\eta)(M+\varepsilon+\tilde{F}_0)$, 其中, η 是待定的小常数, 则

$$|A(k_0)|^{\frac{1}{2^*}} \leqslant C\left[\ln\frac{1}{\eta}\right]^{-1}.$$

显然存在 $\eta > 0$, 使 (3.4.27) 式成立. 于是由 (3.4.29) 式知

$$\operatorname*{ess\,sup}_\Omega\ u \leqslant \sup_{\partial\Omega} u^+ + (1-\eta)(M+\varepsilon+\tilde{F}_0) + CF_0\,|\Omega|^{\frac{1}{n}-\frac{1}{p}}.$$

注意到 $M = \operatorname*{ess\,sup} u - \sup\limits_{\partial\Omega} u^+$ 与 ε 的任意性, 立即有

$$\operatorname*{ess\,sup}_\Omega\ u \leqslant \sup_{\partial\Omega} u^+ + CF_0\,|\Omega|^{\frac{1}{n}-\frac{1}{p}}.$$

定理证毕.

注 3.13　如果关于 L 系数的条件 (3.4.19) 减弱为

$$\sum_i \|b^i\|_{L^n(\Omega)} + \sum_i \|d^i\|_{L^n(\Omega)} + \|c\|_{L^{\frac{n}{2}}(\Omega)} \leqslant \Lambda,$$

其中, $p > n$, 则定理 3.15 的结论仍然成立. 参见文献 (崔志勇等, 1992).

推论 3.3　设二阶椭圆算子

$$Lu = -\sum_{i,j=1}^{n} (a^{ij}(\boldsymbol{x})u_{x_i})_{x_j} + \sum_{i=1}^{n} b^i(\boldsymbol{x})u_{x_i} + c(\boldsymbol{x})u$$

的系数满足

$$a^{ij}(\boldsymbol{x}), b^i(\boldsymbol{x}), c(\boldsymbol{x}) \in L^\infty(\Omega), \quad a^{ij}(\boldsymbol{x})\xi_i\xi_j \geqslant \theta\,|\boldsymbol{\xi}|^2, \quad \theta > 0, \forall \boldsymbol{\xi} \in \mathbb{R}^n \text{ a.e.于}\Omega.$$

在 Ω 上 $c(\boldsymbol{x}) \geqslant 0$. 如果 $u \in H^1(\Omega)$ 满足 $Lu \leqslant 0(\geqslant 0)$, 则

$$\operatorname*{ess\,sup}_{\Omega} u \leqslant \sup_{\partial\Omega} u^+ (\text{或} \operatorname*{ess\,inf}_{\Omega} u \geqslant \inf_{\partial\Omega} u^-).$$

如果 $u \in H_0^1(\Omega)$ 满足 $Lu = 0$, 则在 Ω 内 u 几乎处处为 0.

本节的证明方法通常称为 De Giorgi 迭代方法, 参见文献 (陈亚浙等, 1991).

3.5　Fredholm 抉择性质的应用 —— 二阶椭圆型方程解的存在性准则

现在使用紧算子的 Fredholm 理论来讨论二阶椭圆算子的可解性.

定义 3.6　(1) 设 $b^i \in C^1(\overline{\Omega})$, $L_u = \sum_{ij=1}^{n}(a^{ij}(x)u_{x_i})_{x_j} + \sum_{i=1}^{n} b^i(x)u_{x_i} + C(x)u$. 算子 L 的**共轭算子**L^* 定义为

$$L^*v = -\sum_{i,j=1}^{n} (a^{ij}(\boldsymbol{x})v_{x_i})_{x_j} - \sum_{i=1}^{n} b^i v_{x_i} + \left(c - \sum_{i=1}^{n} b^i_{x_i}\right)v;$$

(2) 双线性型 $B(u.v)$ 定义为

$$B(u.v) = \int_\Omega \left[\sum_{ij=1}^{n} a^{ij}(x)u_{x_i}v_{x_j} + \sum_{i=1}^{n}(b^i u_{x_i})V + cuv\right] \mathrm{d}z;$$

(3) B 的**共轭双线性型**B^* 定义为

$$B^* : H \times H \to \mathbb{R}, \quad B^*[v, u] = B(u, v), \quad v, u \in H_0^1(\Omega);$$

(4) 称 $v \in H_0^1(\Omega)$ 是**共轭问题** $\begin{cases} L^*v = f, & \boldsymbol{x} \in \Omega, \\ v = 0, & \boldsymbol{x} \in \partial\Omega \end{cases}$ **的解**, 如果

$$B^*[u,v] = (f,u), \forall u \in H_0^1(\Omega) \text{或 } B(u,v) = (f,u), \forall u \in H_0^1(\Omega).$$

注 3.14 $Lu = -\sum_{i,j=1}^{n}(a^{ij}(\boldsymbol{x})u_{x_i})x_j + \sum_{i=1}^{n} b^i u_{x_i} + cu$ 的共轭算子 L^* 满足 $\langle Lu, v\rangle_{L^2} = \langle u, L^*v\rangle_{L^2}$. 事实上,

$$\begin{aligned}\langle Lu, v\rangle &= \int_\Omega \left[-\sum_{i,j=1}^{n}(a^{ij}(\boldsymbol{x})u_{x_i})_{x_j} + \sum_{i=1}^{n} b^i u_{x_i} + cu\right] v\mathrm{d}\boldsymbol{x} \\ &= \int_\Omega \left[-\sum_{i,j=1}^{n}(a^{ij}(\boldsymbol{x})v_{x_i})_{x_j} u - \sum_{i=1}^{n}(b^i v_{x_i})u + \left(c - \sum_{i=1}^{n}(b^i)_{x_i}\right) vu\right] \mathrm{d}\boldsymbol{x} \\ &= \int_\Omega u \cdot L^*v\mathrm{d}\boldsymbol{x} = \langle u, L^*v\rangle .\end{aligned}$$

注 3.15 $L^*v = -\sum_{i,j=1}^{n}(a^{ij}(\boldsymbol{x})v_{x_i})_{x_j} - \sum_{i=1}^{n} b^i v_{x_i} + \left(c - \sum_{i=1}^{n} b^i_{x_i}\right) v$ 对应的双线性型为

$$B^*(v,u) = \int_\Omega \left[\sum_{i,j=1}^{n} a^{ij}(x)v_{x_j}u_{x_i} + \sum_{i=1}^{n}(b^i v)u_{x_i} + cvu\right] \mathrm{d}\boldsymbol{x}.$$

因此, 对于给定的双线性型 $B(u,v) = \int_\Omega \left[\sum_{i,j=1}^{n} a^{ij}(\boldsymbol{x})u_{x_i}v_{x_j} + \sum_{i=1}^{n}(b^i u_{x_i})v + cuv\right] \mathrm{d}\boldsymbol{x}$, $u \in H_0^1(\Omega)$ 为

$$B(u,v) = (f,v), \quad \forall v \in H_0^1(\Omega)$$

的解的充要条件是 $u \in H_0^1(\Omega)$ 为共轭方程

$$B^*(v,u) = (f,v), \quad \forall v \in H_0^1(\Omega)$$

的解.

首先回忆一个泛函分析方面的结论.

引理 3.4(Fredholm-Riesz-Schauder 二择一定理) 设 T 是 Hilbert 空间 H 到 H 的紧线性算子, I 是恒同算子, 则

(1) 或者对每一个 $f \in H$, 方程 $u - Tu = f$ 存在唯一解, 或者齐次方程 $u - Tu = 0$ 存在非零解;

(2) T 的共轭算子 T^* 也为紧算子. 对每一个 $f \in H$, 方程 $(I-T)u = f$ 有解的充要条件是 f 与齐次方程 $(I-T^*)u^*=0$ 的所有解 u^* 正交, 并且以下两个齐次方程 $(I-T^*)u^*=0$ 和 $(I-T)u = 0$ 有有限个同样数目的线性无关解.

证明　参见文献 (Yosida, 1965).

下面假设 L^* 是一致椭圆的且是对称散度型的.

定理 3.16(弱解的第二存在性定理)

(1) 只有以下两种可能 (两者之一成立):

或者对 $\forall f \in L^2(\Omega)$, 第一边值问题

$$\begin{cases} Lu = f, & \boldsymbol{x} \in \Omega, \\ u = 0, & \boldsymbol{x} \in \partial\Omega \end{cases} \tag{3.5.1}$$

存在唯一的弱解;

或者第一齐次边值问题

$$\begin{cases} Lu = 0, & \boldsymbol{x} \in \Omega, \\ u = 0, & \boldsymbol{x} \in \partial\Omega \end{cases} \tag{3.5.2}$$

存在非零弱解.

(2) 而且如果齐次边值问题 (3.5.2) 存在非零解, 则齐次边值问题 (3.5.2) 的弱解构成的子空间 $N \subset H_0^1(\Omega)$ 的维数是有限的且等于其共轭问题

$$\begin{cases} L^*v = 0, & \boldsymbol{x} \in \Omega, \\ v = 0, & \boldsymbol{x} \in \partial\Omega \end{cases} \tag{3.5.3}$$

的弱解构成的子空间 $N^* \subset H_0^1(\Omega)$ 的维数 (齐次问题 (3.5.2) 线性无关弱解的个数有限且等于其共轭问题 (3.5.3) 的线性无关弱解的个数).

(3) 第一边值问题 (3.5.1) 存在弱解当且仅当 $(f, v) = 0, \forall v \in N^*$.

证明　第 1 步. 由共轭双线性型的能量估计不等式知存在 $\gamma \geqslant 0$, 使得

$$B(u,u) + \gamma \|u\|_{L^2(\Omega)}^2 \geqslant \theta \|u\|_{H_0^1(\Omega)}^2 .$$

现定义双线性型

$$B_\gamma(u,v) = B(u,v) + \gamma(u,v) \tag{3.5.4}$$

及相应的椭圆算子 $L_\gamma u = Lu + \gamma u$. 易证 $B_\gamma(u,v)$ 是有界、强制的双线性型, 因此由 Lax-Milgram 定理知对任意 $g \in L^2(\Omega)$, 存在唯一的函数 $u \in H_0^1(\Omega)$ 满足

$$B_\gamma(u,v) = (g,v), \quad \forall v \in H_0^1(\Omega).$$

定义算子

$$G: L^2(\Omega) \to H_0^1(\Omega), \quad g \mapsto u = Gg.$$

第 2 步. 注意 $u \in H_0^1(\Omega)$ 是 (3.5.1) 式的弱解当且仅当存在 $u \in H_0^1(\Omega)$, 使得

$$B(u,v) = (f,v), \quad \forall v \in H_0^1(\Omega).$$

这又等价于存在 $u \in H_0^1(\Omega)$, 使得

$$B_\gamma(u,v) = (\gamma u + f, v), \forall v \in H_0^1(\Omega).$$

这也等价于存在 $u \in H_0^1(\Omega)$, 使得

$$u = G(\gamma u + f). \tag{3.5.5}$$

记 $Ku = \gamma\, Gu$ 及 $h = Gf$, 则 (3.5.5) 式又等价于存在 $u \in H_0^1(\Omega)$, 使得

$$u - Ku = h. \tag{3.5.6}$$

第 3 步. 下面验证由 (3.5.6) 式定义的 K 是 $L^2(\Omega) \to L^2(\Omega)$ 上的有界线性紧算子.

事实上, 线性是显然的, 即要证对任意的 α, β 有 $G(\alpha g_1 + \beta g_2) = \alpha G g_1 + \beta G g_2$.

由于 $B_\gamma(Gg_1, v) = (g_1, v)$, $B_\gamma(Gg_2, v) = (g_2, v)$, 由 B 的双线性性质知

$$B_\gamma(\alpha G g_1 + \beta G g_2) = (\alpha g_1 + \beta g_2, v), \quad \forall v \in H_0^1(\Omega),$$

而 $B_\gamma(G(\alpha g_1 + \beta g_2), v) = (\alpha g_1 + \beta g_2, v)$, 所以 $G(\alpha g_1 + \beta g_2) = \alpha G g_1 + \beta G g_2$.

下证有界性. 由于 $B_\gamma(u,v) = (g,v), \forall v \in H_0^1(\Omega)$, 所以

$$\theta \|Gg\|_{H_0^1(\Omega)}^2 = \theta \|u\|_{H_0^1(\Omega)}^2 \leqslant B_\gamma(u,u) = (g,u) \leqslant \|g\|_{L^2(\Omega)} \|u\|_{H_0^1(\Omega)},$$

所以 $\|Gg\|_{H_0^1(\Omega)} \leqslant C\|g\|_{L^2(\Omega)}$, 于是 G 是 $L^2(\Omega)$ 到 $H_0^1(\Omega)(\subset L^2(\Omega))$ 上的有界线性算子, 自然为 $L^2(\Omega) \to L^2(\Omega)$ 上的有界线性算子, 即 K 是 $L^2(\Omega) \to L^2(\Omega)$ 上的有界线性算子.

下证紧性. 由于 $H_0^1(\Omega)$ 紧嵌入到 $L^2(\Omega)$ 且 G 是 $L^2(\Omega)$ 到 $H_0^1(\Omega)(\subset L^2(\Omega))$ 上的有界线性算子, 因此 C 是 $L^2(\Omega)$ 到 $L^2(\Omega)$ 上的紧算子.

第 4 步. 取 $H = L^2(\Omega)$, 应用 Fredholm 二择一性质知

或者

(1) 对每一 $h \in L^2(\Omega)$, 方程 $u - Ku = h$ 有唯一解 $u \in L^2(\Omega)$;

或者

(2) 方程 $u - Ku = 0$ 有非零解 $u \in L^2(\Omega)$.

而且如果 (1) 成立, 则 (3.5.1) 式存在唯一解 $u \in H_0^1(\Omega)$. 另一方面, 如果 (2) 成立, 此时必有 $\gamma \neq 0$ 且 $u - Ku = 0$ 和 $v - K^*v = 0$ 有有限个同样多的线性无关解. 显然 (2) 成立的充要条件为 u 是 (3.5.2) 式的非零弱解, 同时 v 是 $v - K^*v = 0$ 的解当且仅当 v 是 (3.5.3) 式的弱解.

第 5 步. 注意 $u - Ku = h$ 有解当且仅当 $(h,v) = 0$, 其中, v 是 $v - K^*v = 0$ 的任意解. 事实上, 一方面, $(h,v) = (u - Ku, v) = (u,v) - (Ku,v) = (u,v) - (u, K^*v) = (u, v - K^*v) = (u,0) = 0$. 另一方面, 由于 $K = \gamma G$, 所以

$$(h,v) = (Gf,v) = \frac{1}{\gamma}(Kf,v) = \frac{1}{\gamma}(f,K^*v) = \frac{1}{\gamma}(f,v),$$

因此边值问题 (3.5.1) 有解当且仅当 $(f,v)\equiv 0$ 对 (3.5.3) 式的所有弱解 v 成立.

推论 3.4 对 $\forall f\in L^2(\Omega)$, (3.5.1) 式存在唯一弱解的充要条件为齐次方程 (3.5.2) 只有零解.

推论 3.5 设 L 的系数为实数, 在 Ω 上 $c\geqslant 0$, 则对任意 $f\in L^2(\Omega)$, 存在 $u\in H^2(\Omega)\cap H_0^1(\Omega)$ 满足 $Lu=f$.

证明 只需证明 $\begin{cases}Lu=0, & \boldsymbol{x}\in\Omega,\\ u=0, & \boldsymbol{x}\in\partial\Omega\end{cases}$ 无非零解, 这容易由定理 3.10 获证.

注 3.16 对齐次 Neumann 条件仍有类似的结论, 即

推论 3.6 对任意 $f\in L^2(\Omega)$, 方程

$$B(u,v)=(f,v),\quad \forall v\in H^1(\Omega)$$

有解 $u\in H^1(\Omega)$ 的充要条件是 f 与下列方程的所有解 u^* 在 $L^2(\Omega)$ 内积意义下正交:

$$u^*\in H^1(\Omega),\quad B^*(v,u^*)=0,\quad \forall v\in H^1(\Omega).$$

例 3.4 设 $f\in L^2(\Omega)$, 则 Poisson 方程的 Neumann 问题

$$\begin{cases}-\Delta u=f, & \boldsymbol{x}\in\Omega,\\ \dfrac{\partial u}{\partial\boldsymbol{\nu}}=0, & \boldsymbol{x}\in\partial\Omega\end{cases}\tag{3.5.7}$$

在 $H^1(\Omega)$ 中存在弱解的充要条件是 $\displaystyle\int_\Omega f(\boldsymbol{x})\mathrm{d}\boldsymbol{x}=0$.

证明 (3.5.7) 式存在 $H^1(\Omega)$ 弱解等价于在 $H^1(\Omega)$ 中解变分问题

$$\int_\Omega \mathbf{D}u\cdot\mathbf{D}v\mathrm{d}\boldsymbol{x}=\int_\Omega fv\mathrm{d}\boldsymbol{x},\quad \forall v\in H^1(\Omega).$$

共轭齐次方程为

$$u^*\in H^1(\Omega)\text{满足}\int_\Omega \mathbf{D}u^*\cdot\mathbf{D}v\mathrm{d}\boldsymbol{x}=0,\quad \forall v\in H^1(\Omega),$$

令 $v=u^*$, 则

$$\int_\Omega |\mathbf{D}u^*|^2\,\mathrm{d}\boldsymbol{x}=0.$$

于是 u^* 在 Ω 上几乎处处为常数. 由 Freaholm 二择一性质知 (3.5.7) 式有弱解 $u\in H^1(\Omega)$ 的充要条件为

$$(f,u^*)=(f,c)=\int_\Omega f(\boldsymbol{x})c\mathrm{d}\boldsymbol{x}=c\int_\Omega f(\boldsymbol{x})\mathrm{d}\boldsymbol{x}=0,$$

即

$$\int_{\Omega} f(\boldsymbol{x})\mathrm{d}\boldsymbol{x} \equiv 0.$$

注 3.17 例 3.4 的物理意义为如果 u 表示以密度 f 受热的物体 Ω 各点的温度, 其表面 $\partial\Omega$ 处处绝热, 则要使物体各点的温度不随时间变化, 必须供给的总热量 $\int_{\Omega} f(\boldsymbol{x})\mathrm{d}\boldsymbol{x}$ 为零.

3.6 椭圆型方程的特征值问题

为了构造一些常用空间, 如 $L^2(\Omega), H_0^1(\Omega)$ 的完备正交基, 本节讨论二阶椭圆型方程的特征值问题. 首先给出弱解的第三存在定理.

定理 3.17(弱解的第三存在定理) 设 L 为二阶线性椭圆型算子, 则至多存在一个可数集 $\Sigma \subset \mathbb{R}$, 使得边值问题

$$\begin{cases} Lu = \lambda u + f, & \boldsymbol{x} \in \Omega, \\ u = 0, & \boldsymbol{x} \in \partial\Omega \end{cases} \tag{3.6.1}$$

对每一个 $f \in L^2(\Omega)$ 都有唯一弱解 $u \in H_0^1(\Omega)$ 的充要条件是 $\lambda \notin \Sigma$. 此外, 如果 Σ 是无限集, 那么 $\Sigma = \{\lambda_k\}$ 且满足 $\lambda_k \to \infty (k \to \infty)$.

证明 由弱解的第一存在定理知存在 $\gamma > 0$, 使得当 $\lambda \leqslant -\gamma$ 时, 问题 (3.6.1) 都有唯一解.

根据 Fredholm 二择一定理, 对每一个 $f \in L^2(\Omega)$, 问题 (3.6.1) 都有唯一解当且仅当 $u \equiv 0$ 是齐次问题

$$\begin{cases} Lu = \lambda u, & \boldsymbol{x} \in \Omega, \\ u = 0, & \boldsymbol{x} \in \partial\Omega \end{cases}$$

的唯一弱解, 即齐次问题

$$\begin{cases} L_\gamma u = Lu + \gamma u = (\lambda + \gamma)u, & \boldsymbol{x} \in \Omega, \\ u = 0, & \boldsymbol{x} \in \partial\Omega \end{cases} \tag{3.6.2}$$

的唯一弱解. 问题 (3.6.1) 等价于

$$u = L_\gamma^{-1}((\lambda + \gamma)u) = \frac{\lambda + \gamma}{\gamma} Ku, \quad 即 Ku = \frac{\gamma}{\lambda + \gamma} u.$$

由此知 $u \equiv 0$ 是问题 (3.6.2) 的唯一解当且仅当 $\dfrac{\gamma}{\lambda + \gamma}$ 不是算子 K 的特征值. 因此, 对每一个 $f \in L^2(\Omega)$, 问题 (3.6.1) 都有唯一解当且仅当 $\dfrac{\gamma}{\lambda + \gamma}$ 不是算子 K 的

特征值. 又因为 K 是紧算子, 所以它的特征值所构成的集合或者是有限集, 或者是可数集 $\left\{\dfrac{\gamma}{\lambda_k+\gamma}\right\}$ 且满足 $\lambda_k\to\infty(k\to\infty)$.

考虑二阶线性自伴椭圆算子第一边值问题

$$\begin{cases}\bar{L}u \triangleq -\displaystyle\sum_{i,j=1}^{n}(a^{ij}(\boldsymbol{x})u_{x_i})_{x_j}+c(\boldsymbol{x})u=\lambda u, \quad \boldsymbol{x}\in\Omega,\\ \bar{B}u\big|_{\partial\Omega}=0\end{cases} \tag{3.6.3}$$

的特征值问题, 这里 $\bar{B}u\big|_{\partial\Omega}=0$ 表示

$$u|_{\partial\Omega}=0 \tag{3.6.4}$$

或

$$\left[\sum_{i,j=1}^{n}a_{ij}\frac{\partial u}{\partial x_j}\cos\langle\boldsymbol{\nu},x_i\rangle+b(x)u\right]_{\partial\Omega}=0, \tag{3.6.5}$$

$\boldsymbol{\nu}$ 是 $\partial\Omega$ 的单位外法向.

显然 $u\equiv 0$ 是问题 (3.6.3) 的解, 称之为**平凡解**. 若存在常数 λ, 使得问题 (3.6.3) 有非平凡解, 则称 λ 为**第一边值问题的特征值**, 相应的非平凡解称为对应于特征值 λ 的**特征函数**.

定理 3.18　设 $\Omega\subset\mathbb{R}^n$ 是有界开区域, $\partial\Omega$ 是光滑的. 也设 $a_{ij}=a_{ji}$ 且存在正常数 $\theta>0$, 使得 $\displaystyle\sum_{i,j=1}^{n}a_{ij}(\boldsymbol{x})\xi_i\xi_j\geqslant\theta|\boldsymbol{\xi}|^2(\boldsymbol{x}\in\Omega)$. 再设 $a_{ij}\in C^1(\overline{\Omega}),c(\boldsymbol{x})\in C(\overline{\Omega}),b(\boldsymbol{x})\in C(\partial\Omega)$, 则 (3.6.3) 式存在下列可列个特征值:

$$0\leqslant\lambda_1\leqslant\lambda_2\leqslant\cdots\leqslant\lambda_v\leqslant\cdots,\quad \lim_{v\to\infty}\lambda_v=\infty$$

(如果 $(a_{ij})=\boldsymbol{I}$ 为单位矩阵, 则当 $b(\boldsymbol{x})=c(\boldsymbol{x})=0$ 时 $\lambda_1=0$, 而当 $b(\boldsymbol{x})\geqslant 0,c(\boldsymbol{x})\geqslant 0$ 且二者之一不恒为零时, $\lambda_1>0$) 和对应的特征函数 $e_1,e_2,\cdots,e_v,\cdots$, 满足

$$(e_i,e_j)=\delta_{ij},\quad Le_i=\lambda_ie_i,\quad \delta_{ij}=\begin{cases}1, & i=j,\\ 0, & i\neq j\end{cases}$$

且 $\{e_j\}_{j=1}^{\infty}$ 在 $L^2(\Omega)$ 中完备, 即对任意 $f(x)\in L^2(\Omega)$, 存在常数 c_j, 使得

$$\lim_{n\to\infty}\left\|f-\sum_{j=1}^{m}c_je_j\right\|_{L^2(\Omega)}=0.$$

证明　参见文献 (Evans, 1998; 王耀东, 1989; 叶其孝, 李正元, 1991).

注 3.18　$\bar{L}=-\Delta$ 满足定理 3.18 的假设.

定理 3.19 设 $\Omega \in \mathbb{R}^n$ 是有界的光滑区域, 则 Laplace 算子的特征值问题

$$\begin{cases}-\Delta u = \lambda u, & \boldsymbol{x} \in \Omega,\\ u|_{\partial\Omega} = 0\end{cases} \tag{3.6.6}$$

的特征函数系 $\{e_j\}_{j=1}^{\infty}$ 构成 $H_0^1(\Omega)$ 的正交系.

证明 设 λ 为 (3.6.6) 式的特征值, e_j 为对应的特征函数, 则由定理 3.18 知 $\{e_j\}_{j=1}^{\infty}$ 在 $L^2(\Omega)$ 中形成完备的标准正交系. 又由于

$$\begin{aligned}(e_k, e_j)_{H_0^1(\Omega)} &= \int_\Omega e_k e_j \mathrm{d}\boldsymbol{x} + \int_\Omega \sum_{i=1}^n \frac{\partial e_k}{\partial x_i}\frac{\partial e_j}{\partial x_i}\mathrm{d}\boldsymbol{x}\\ &= \int_\Omega (e_k - \Delta e_k)e_j \mathrm{d}\boldsymbol{x} = (1+\lambda_k)\int_\Omega e_k e_j \mathrm{d}\boldsymbol{x} = (1+\lambda_k)\delta_{ij},\end{aligned}$$

故 $\{e_j\}_{j=1}^{\infty}$ 是 $H_0^1(\Omega)$ 中的正交系. 再证完备性. $\forall u \in C_0^\infty(\Omega)$ 有 $\Delta u \in L^2(\Omega)$, 则

$$\Delta u = \sum_{j=1}^{\infty}(\Delta u, e_j)e_j = \sum_{j=1}^{\infty}(u, \Delta e_j)e_j = -\sum_{j=1}^{\infty}(u, e_j)\lambda_j e_j,$$

故

$$\left\|\Delta u + \sum_{j=1}^{n}(u, e_j)\lambda_j e_j\right\|_{L^2(\Omega)} \to 0, \quad n \to \infty.$$

于是

$$\begin{aligned}&\left\|u - \sum_{j=1}^{m}(u, e_j)e_j\right\|_{H_0^1(\Omega)}^2\\ =&\left\|u - \sum_{j=1}^{m}(u, e_j)e_j\right\|_{L^2(\Omega)}^2 + \sum_{i=1}^{m}\left\|\frac{\partial}{\partial x_i}\left(u - \sum_{j=1}^{m}(u, e_j)e_j\right)\right\|_{L^2(\Omega)}^2\\ \leqslant&2\left\|u - \sum_{j=1}^{m}(u, e_j)e_j\right\|_{L^2(\Omega)}^2 + \left\|\Delta u + \sum_{j=1}^{m}(u, e_j)\lambda_j e_j\right\|_{L^2(\Omega)}^2 \to 0, \quad m \to \infty\end{aligned}$$

这说明了 $\{e_j\}_{j=1}^{\infty}$ 的线性组合按 H^1 范数的闭包包含 $C_0^\infty(\overline{\Omega})$, 而 $C_0^\infty(\overline{\Omega})$ 在 $H_0^1(\Omega)$ 中稠密, 故 $\{e_j\}_{j=1}^{\infty}$ 是 $H_0^1(\Omega)$ 中的完备正交系. 证毕.

3.7 解的正则性

本节主要讨论一个问题: 方程 $Lu = f$ 在 Ω 上的弱解是否是光滑的? 这就是弱解的正则性问题.

3.7.1 解的正则性的基本思想与差商方法

为了理解弱解属于比 $H_0^1(\Omega)$ 中的函数更好的函数类, 考虑问题

$$-\Delta u = f, \quad x \in \mathbb{R}^n \tag{3.7.1}$$

假设 u 是光滑的且 $|x| \to \infty$ 时迅速地衰减到零, 则

$$\begin{aligned}\int_{\mathbb{R}^n} f^2(\boldsymbol{x})\mathrm{d}\boldsymbol{x} &= \int_{\mathbb{R}^n} |\Delta u|^2 \, \mathrm{d}\boldsymbol{x} \\ &= \sum_{i,j=1}^{n} \int_{\mathbb{R}^n} u_{x_i x_i} u_{x_j x_j} \mathrm{d}\boldsymbol{x} \\ &= \sum_{i,j=1}^{n} \int_{\mathbb{R}^n} u_{x_i x_j} u_{x_i x_j} \mathrm{d}\boldsymbol{x} \\ &= \int_{\mathbb{R}^n} \left|\mathrm{D}^2 u\right|^2 \mathrm{d}\boldsymbol{x}.\end{aligned}$$

此式表明 u 的二阶导数的 L^2 范数可以用 f 的 L^2 范数来估计. 类似地, 对方程 (3.7.1) 关于 x_k 微分可得

$$-\Delta \tilde{u} = \tilde{f}, \quad \tilde{u} = u_{x_k}, \quad \tilde{f} = f_{x_k}, \quad k = 1, 2, \cdots, n.$$

应用此方程可得 u 的三阶导数的 L^2 范数可以用 f 的一阶导数的 L^2 范数估计. 一般地, u 的 $m+2$ 阶导数的 L^2 范数可用 f 的 m 阶导数的 L^2 范数估计, $\forall m = 0, 1, 2, \cdots$.

上面的这个形式的计算启发我们猜想: Poisson 方程 (3.7.1) 在 $H_0^1(\Omega)$ 空间中的弱解 u 应该属于 H^{m+2}, 只要其非齐次项 $f \in H^m$ 成立. 此时, 形式上说 u 在 L^2 中有比 f 高 2 阶的导数. $m = \infty$ 情形将是特别有趣的, 因为此时对任意 $m = 0, 1, 2, \cdots$ 有 $u \in H^{m+2}$. 由于 $H^m \subsetneq C^{m-\frac{n}{2}} \left(m > \dfrac{n}{2}\right)$, 故 $m = \infty$ 时, $u \in C^\infty$.

注意上面的论断是形式的, 需要假设 $u \in C^3$. 而一般只能得到解 $u \in H_0^1(\Omega)$, 对此弱解如何得到古典解? 对此, 必须依赖于差商方法. 现介绍这种方法的精髓.

考虑

$$\begin{cases}-\Delta u = f, & \text{在}\,\Omega = \mathbb{R}_+^n = \{\boldsymbol{x} = (x_1, \cdots, x_n) \in \mathbb{R}^n \,|x_n > 0\}\,\text{上}, \\ u = 0, & \text{在}\,x_n = 0\,\text{上}\end{cases}$$

的弱解, 即 $u \in H_0^1(\mathbb{R}_+^n)$ 满足变分方程

$$\int_{\mathbb{R}_+^n} \mathbf{D}u \cdot \mathbf{D}v \mathrm{d}\boldsymbol{x} = \int_{\mathbb{R}_+^n} f v \mathrm{d}\boldsymbol{x}, \quad \forall v \in H_0^1(\Omega).$$

u 的正则性的信息即包含在这一变分方程中. 为提取这一信息, 取 $v \in H_0^1(\mathbb{R}_+^n)$ 的差商

$$\Delta_i^n v(\boldsymbol{x}) = \frac{1}{h}\Big[v(x_1, \cdots, x_{i-1}, x_i + h, x_{i+1}, \cdots, x_n) \\ - v(x_1, \cdots, x_{i-1}, x_i, x_{i+1}, \cdots, x_n)\Big], \quad i = 1, \cdots, n-1$$

代替变分方程中的 v 即得

$$\int_{\mathbb{R}_+^n} \mathbf{D}u \cdot \mathbf{D}\Delta^h v \mathrm{d}\boldsymbol{x} = \int_{\mathbb{R}_+^n} f(x)\Delta^h v \mathrm{d}\boldsymbol{x}.$$

将检验函数的差商转移到解上得

$$\begin{aligned}\int_{\mathbb{R}_+^n} \mathbf{D}u \cdot \mathbf{D}\Delta^h v \mathrm{d}\boldsymbol{x} &= \int_{\mathbb{R}_+^n} \mathbf{D}u \cdot \frac{\mathbf{D}v(x_1, \cdots, x_i + h, \cdots, x_n) - \mathbf{D}v(x_1, \cdots, x_i, \cdots, x_n)}{h} \mathrm{d}\boldsymbol{x} \\ &= \int_{\mathbb{R}_+^n} \frac{-(\mathbf{D}v(x_1, \cdots, x_i + h, \cdots, x_n) - \mathbf{D}v(x_1, \cdots, x_i, \cdots, x_n))}{-h} \cdot \mathbf{D}v \mathrm{d}\boldsymbol{x} \\ &= -\int_{\mathbb{R}_+^n} \mathbf{D}v \cdot \mathbf{D}\Delta^{-h} u \mathrm{d}\boldsymbol{x}.\end{aligned}$$

于是

$$\int_{\mathbb{R}_+^n} \mathbf{D}v \cdot \mathbf{D}\Delta^{-h} u \mathrm{d}\boldsymbol{x} = -\int_{\mathbb{R}_+^n} f(\boldsymbol{x})\Delta^h v \mathrm{d}\boldsymbol{x}.$$

由 Cauchy-Schwarz 不等式得

$$\int_{\mathbb{R}_+^n} \mathbf{D}v \cdot \mathbf{D}\Delta^{-h} u \mathrm{d}\boldsymbol{x} \leqslant \|f\|_{L^2(\mathbb{R}_+^n)} \left\|\Delta^h v\right\|_{L^2(\mathbb{R}_+^n)} \leqslant \|f\|_{L^2(\mathbb{R}_+^n)} \|\mathbf{D}v\|_{L^2(\mathbb{R}_+^n)}.$$

取 $v = \Delta^{-h} u$ 可得

$$\int_{\mathbb{R}_+^n} \left|\mathbf{D}\Delta^{-h} u\right|^2 \mathrm{d}\boldsymbol{x} = \left\|\mathbf{D}\Delta^{-h} u\right\|_{L^2(\mathbb{R}_+^n)}^2 \leqslant \|f\|_{L^2(\mathbb{R}_+^n)} \left\|\mathbf{D}\Delta^{-h} u\right\|_{L^2(\mathbb{R}_+^n)},$$

即

$$\left\|\mathbf{D}\Delta^{-h} u\right\|_{L^2(\mathbb{R}_+^n)} \leqslant \|f\|_{L^2(\mathbb{R}_+^n)}.$$

再由差商的性质 $v \in L^2(\mathbb{R}_+^n)$, $\left\|\mathbf{D}\Delta_i^{-h} u\right\|_{L^2(\mathbb{R}_+^n)} \leqslant C$($C$ 与 h 无关) 暗含 $\mathbf{D}_i v \in L^2(\mathbb{R}_+^n)$ 知

$$\mathrm{D}_i(\mathrm{D}_j u) \in L^2(\mathbb{R}_+^n), \quad j = 1, \cdots, n, i = 1, \cdots, n-1.$$

再由方程 $-\Delta u = f$ 可得 $\mathbf{D}_{nn} u = -\sum_{i=1}^{n} \mathbf{D}_{ii} u - f \in L^2(\mathbb{R}_+^n)$, 故 $u \in H^2(\mathbb{R}_+^n)$.

注 3.19 弱解的正则性依赖于区域的有界性.

3.7.2 弱解的内部正则性

假设 Ω 是 $\mathbb{R}^n$ 中的有界开集, 也假设 $u \in H_0^1(\Omega)$ 是方程 $Lu = f$ 的解, 其中, L 为散度型椭圆算子

$$Lu = -\sum_{i,j=1}^{n}(a^{ij}(\boldsymbol{x})u_{x_i})_{x_j} + \sum_{i=1}^{n} b^i(\boldsymbol{x})u_{x_i} + c(\boldsymbol{x})u, \tag{3.7.2}$$

$$a^{ij}(x)\xi_i\xi_j \geqslant \theta\,|\boldsymbol{\xi}|^2, \quad \forall \boldsymbol{x} \in \mathbb{R}^n, \boldsymbol{\xi} \in \mathbb{R}^n, \text{某个}\theta > 0\text{为常数}. \tag{3.7.3}$$

定理 3.20(内部 H^2 正则性)　设 L 是由 (3.7.2) 式给出的满足椭圆性条件 (3.7.3) 的算子, 又设 $a^{ij}(\boldsymbol{x}) \in C^1, b^i, c \in L^\infty(\Omega), i, j = 1, \cdots, n,\ f \in L^2(\Omega)$. 最后设 $u \in H^1(\Omega)$ 是椭圆方程

$$Lu = f \quad \text{在}\Omega\text{内} \tag{3.7.4}$$

的弱解, 则 $u \in H^1_{\text{loc}}(\Omega)$ 且对任意子区域 $\Omega' \subset\subset \Omega$ 有估计

$$\|u\|_{H^2(\Omega')} \leqslant C(\,\|f\|_{L^2(\Omega)} + \|u\|_{L^2(\Omega)}\,),$$

其中, C 为依赖于 $n, \theta,\ \ \left\|a^{ij}(\boldsymbol{x})\right\|_{C^1}, \left\|b^i\right\|_{L^\infty(\Omega)}, \|c\|_{L^\infty(\Omega)}$ 及 Ω' 的正常数. 又 u 在 Ω 中几乎处处满足

$$Lu = -\frac{\partial}{\partial x_j}\left(a^{ij}(\boldsymbol{x})\frac{\partial u}{\partial x_i}\right) + b^i(\boldsymbol{x})\frac{\partial u}{\partial x_i} + c(\boldsymbol{x})u = f.$$

注 3.20　这里并不需要 $u \in H_0^1(\Omega)$.

证明　第 1 步. 对任意子区域 $\Omega' \subset\subset \Omega$, 作开集 W, 使得 $\Omega' \subset\subset W \subset\subset \Omega$, 选择光滑函数 $\boldsymbol{\xi} \in C_0^\infty(\Omega) : \boldsymbol{\xi} \equiv 1$ 在 Ω' 上, $\boldsymbol{\xi} \equiv 0$ 在 $\mathbb{R}^n \backslash W, 0 \leqslant \boldsymbol{\xi} \leqslant 1$.

第 2 步. 由于 u 是方程 (3.7.4) 的弱解, 即 $u \in H^1(\Omega)$ 满足

$$\int_\Omega (a^{ij}(\boldsymbol{x})u_{x_j}v_{x_i} + b^i u_{x_i}v + cuv)\mathrm{d}\boldsymbol{x} = \int_\Omega fv\mathrm{d}\boldsymbol{x}, \quad \forall v \in H_0^1(\Omega),$$

因此

$$\sum_{i,j=1}^{n}\int_\Omega (a^{ij}(\boldsymbol{x})u_{x_j}v_{x_i}\mathrm{d}\boldsymbol{x} = \int_\Omega \tilde{f}v\mathrm{d}\boldsymbol{x}, \quad \forall v \in H_0^1(\Omega), \tag{3.7.5}$$

其中,

$$\tilde{f} = f - \sum_{i=1}^{n} b^i u_{x_i} - cu.$$

第 3 步. 设 $|h| > 0$ 充分小, 记 $v = -\Delta_k^{-h}(\boldsymbol{\xi}^2\Delta_k^h u)$, $\Delta_k^h u = \dfrac{u(\boldsymbol{x} + h\boldsymbol{\ell}_k) - u(\boldsymbol{x})}{h}(h \in \mathbb{R}, h \neq 0)$ 表示第 k 个方向步长为 h 的差商. 记 $A = -\displaystyle\sum_{i,j=1}^{n}\int_\Omega a^{ij}(\boldsymbol{x})u_{x_j}v_{x_i}\mathrm{d}\boldsymbol{x}, B = \int_\Omega \tilde{f}v\mathrm{d}\boldsymbol{x}$, 则 $A = B$.

第 4 步. A 的估计

$$
\begin{aligned}
A= & -\sum_{i,j=1}^{n}\int_{\Omega}a^{ij}(\boldsymbol{x})u_{x_j}[-\Delta_k^{-h}(\boldsymbol{\xi}^2\Delta_k^h u)]_{x_j}\mathrm{d}\boldsymbol{x}\\
= & \sum_{i,j=1}^{n}\int_{\Omega}\Delta_k^h(a^{ij}(\boldsymbol{x})u_{x_j})(\boldsymbol{\xi}^2\Delta_k^h u)_{x_j}\mathrm{d}\boldsymbol{x}\\
= & \sum_{i,j=1}^{n}\int_{\Omega}\left\{a^{ij,h}(\boldsymbol{x})\Delta_k^h u_{x_j}(\boldsymbol{\xi}^2\Delta_k^h u)_{x_j}+(\Delta_k^h a^{ij}(\boldsymbol{x}))u_{x_j}(\boldsymbol{\xi}^2\Delta_k^h u)_{x_j}\right\}\mathrm{d}\boldsymbol{x}\\
= & \sum_{i,j=1}^{n}\int_{\Omega}a^{ij,h}\Delta_k^h u_{x_i}\Delta_k^h u_{x_j}\boldsymbol{\xi}^2\mathrm{d}\boldsymbol{x}\\
& +\sum_{i,j=1}^{n}\int_{\Omega}\{a^{ij,h}\Delta_k^h u_{x_i}\Delta_k^h u 2\boldsymbol{\xi}\xi_{x_j}+(\Delta_k^h a^{ij})u_{x_i}\boldsymbol{\xi}^2\Delta_k^h u_{x_j}\\
& +(\Delta_k^h a^{ij})u_{x_i}\Delta_k^h u 2\boldsymbol{\xi}\xi_{x_j}\}\mathrm{d}\boldsymbol{x}=A_1+A_2.
\end{aligned}
$$

由一致椭圆条件知

$$
A_1=\sum_{i,j=1}^{n}\int_{\Omega}a^{ij}(\boldsymbol{x}+h\boldsymbol{\ell}_k)\boldsymbol{\xi}(\Delta_k^h u)_{x_i}\boldsymbol{\xi}(\Delta_k^h u)_{x_j}\mathrm{d}\boldsymbol{x}\geqslant\theta\int_{\Omega}\boldsymbol{\xi}^2\left|\Delta_k^h\mathbf{D}u\right|^2\mathrm{d}\boldsymbol{x}.
$$

另一方面,

$$
\begin{aligned}
A_2\leqslant & M\int_{\Omega}\{\,\boldsymbol{\xi}\left|\Delta_k^h\mathbf{D}u\right|\left|\Delta_k^h u\right|+\boldsymbol{\xi}\left|\Delta_k^h\mathbf{D}u\right|\left|\mathbf{D}u\right|+\boldsymbol{\xi}\left|\mathbf{D}u\right|\left|\Delta_k^h u\right|\,\}\mathrm{d}\boldsymbol{x}\\
\leqslant & \varepsilon\left\|\boldsymbol{\xi}\Delta_k^h\mathbf{D}u\right\|_{L^2(\Omega)}^2+\frac{c}{\varepsilon}\int_{W}(\left|\Delta_k^h u\right|^2+\left|\mathbf{D}u\right|^2)\mathrm{d}\boldsymbol{x}.
\end{aligned}
$$

取 $\varepsilon=\theta/2$, 使用差商性质知

$$
|A_2|\leqslant\frac{\theta}{2}\int_{\Omega}\boldsymbol{\xi}^2\left|\Delta_k^h\mathbf{D}u\right|^2\mathrm{d}\boldsymbol{x}+C\int_{\Omega}\left|\mathbf{D}u\right|^2\mathrm{d}\boldsymbol{x}.
$$

于是

$$
A\geqslant\frac{\theta}{2}\int_{\Omega}\boldsymbol{\xi}^2\left|\Delta_k^h\mathbf{D}u\right|^2\mathrm{d}\boldsymbol{x}-C\int_{\Omega}\left|\mathbf{D}u\right|^2\mathrm{d}\boldsymbol{x}. \tag{3.7.6}
$$

第 5 步. B 的估计.

$$
|B|\leqslant C\int_{\Omega}(|f|+|\mathbf{D}u|+|u|\,)\,|v|\,\mathrm{d}\boldsymbol{x}.
$$

由于 $v=-\Delta_k^{-h}(\boldsymbol{\xi}^2\Delta_k^h u)$, 于是

$$
\int_{\Omega}|v|^2\mathrm{d}\boldsymbol{x}\leqslant C\int_{\Omega}\left|\mathbf{D}(\boldsymbol{\xi}^2\Delta_k^h u)\right|^2\mathrm{d}\boldsymbol{x}
$$

$$\leqslant C\int_{\Omega}\left(\left|\Delta_k^h u\right|^2+\boldsymbol{\xi}^2\left|\Delta_k^h \mathbf{D}u\right|^2\right)\mathrm{d}\boldsymbol{x}$$
$$\leqslant C\int_{\Omega}\left(|\mathbf{D}u|^2+\boldsymbol{\xi}^2\left|\Delta_k^h \mathbf{D}u\right|^2\right)\mathrm{d}\boldsymbol{x}.$$

于是

$$|B|\leqslant\varepsilon\int_{\Omega}|v|^2\,\mathrm{d}\boldsymbol{x}+\frac{C}{\varepsilon}\int_{\Omega}(f^2+u^2+|\mathbf{D}u|^2)\mathrm{d}\boldsymbol{x}$$
$$\leqslant\varepsilon\int_{\Omega}\boldsymbol{\xi}^2\left|\Delta_k^h \mathbf{D}u\right|^2\mathrm{d}\boldsymbol{x}+C(\varepsilon)\int_{\Omega}(f^2+u^2+|\mathbf{D}u|^2)\mathrm{d}\boldsymbol{x}.$$

令 $\varepsilon=\dfrac{\theta}{4}$ 得

$$|B|\leqslant\frac{\theta}{4}\int_{\Omega}\boldsymbol{\xi}^2\left|\Delta_k^h \mathbf{D}u\right|^2\mathrm{d}\boldsymbol{x}+C(\varepsilon)\int_{\Omega}(f^2+u^2+|\mathbf{D}u|^2)\mathrm{d}\boldsymbol{x}. \tag{3.7.7}$$

由 A, B 的估计 (3.7.6) 式, (3.7.7) 式知

$$\int_{\Omega}\boldsymbol{\xi}^2\left|\Delta_k^h \mathbf{D}u\right|^2\mathrm{d}\boldsymbol{x}\leqslant C\int_{\Omega}(f^2+u^2+|\mathbf{D}u|^2)\mathrm{d}\boldsymbol{x},\quad\forall k=1,2,\cdots,n,\forall|h|>0\text{充分小}.$$

于是

$$\int_{\Omega'}\left|\Delta_k^h \mathbf{D}u\right|^2\mathrm{d}\boldsymbol{x}\leqslant C\int_{\Omega}(f^2+u^2+|\mathbf{D}u|^2)\mathrm{d}\boldsymbol{x}.$$

由差商的性质知 $\mathbf{D}u\in H^1_{\mathrm{loc}}(\Omega)$. 因此 $u\in H^2_{\mathrm{loc}}(\Omega)$ 且有估计

$$\|u\|_{H^2(\Omega')}\leqslant C\left(\|f\|_{L^2(\Omega)}+\|u\|_{H^1(\Omega)}\right).$$

第 6 步. 由于 $\Omega'\subset\subset W\subset\subset\Omega$, 故同理可得

$$\|u\|_{H^2(\Omega')}\leqslant C\left(\|f\|_{L^2(W)}+\|u\|_{H^1(W)}\right). \tag{3.7.8}$$

取截断函数 $\boldsymbol{\xi}$

$$\text{在}W\text{上}\boldsymbol{\xi}\equiv1,\quad\mathrm{supp}\boldsymbol{\xi}\subset\Omega,\quad 0\leqslant\boldsymbol{\xi}\leqslant1.$$

在 (3.7.5) 式中令 $v=\boldsymbol{\xi}^2u$, 易得

$$\int_{\Omega}\boldsymbol{\xi}^2|\mathbf{D}u|^2\,\mathrm{d}\boldsymbol{x}\leqslant C\int_{\Omega}(f^2+u^2)\mathrm{d}\boldsymbol{x}.$$

于是

$$\|u\|_{H^1(W)}\leqslant C(\|f\|_{L^2(\Omega)}+\|u\|_{H^1(\Omega)}). \tag{3.7.9}$$

由 (3.7.8) 式, (3.7.9) 式可得

$$\|u\|_{H^2(\Omega')}\leqslant C(\|f\|_{L^2(\Omega)}+\|u\|_{L^2(\Omega)}).$$

第 7 步. 对于 $u \in H^2_{\mathrm{loc}}(\Omega)$, 则 $Lu = f$a.e. 于 Ω.

事实上, $\forall v \in C_0^\infty(\Omega) \subset H_0^1(\Omega)$ 有 $B(u,v) = (f,v)$. 因为 $u \in H^2_{\mathrm{loc}}(\Omega)$, 分部积分得 $B(u,v) = (Lu,v)$, 即 $(Lu - f, v) = 0, \forall v \in C_0^\infty(\Omega)$. 故 $Lu = f$ a.e. 于 Ω.

重复使用上面的方法, 只要系数和非齐次项 f 充分光滑, 则弱解可位于更高阶的 Sobolev 空间里.

定理 3.21(高阶内部正则性) 设 m 是一个非负整数. 假设 $a^{ij}(\boldsymbol{x}), b^i, c \in C^{m+1}(\Omega), i,j = 1,\cdots,n$ 及 $f \in H^m(\Omega)$. 也假设 $u \in H^1(\Omega)$ 是一致椭圆方程 $Lu = f$ 在 Ω 内的弱解, 则

$$u \in H^{m+2}_{\mathrm{loc}}(\Omega)$$

且对每一 $\Omega' \subset\subset \Omega$ 都有估计

$$\|u\|_{H^{2+m}(\Omega')} \leqslant C(\|u\|_{L^2(\Omega)} + \|f\|_{H^m(\Omega)}),$$

其中, C 是只依赖于 m, n, Ω', Ω 及 L 的系数的正常数.

证明使用数学归纳法, 留作练习.

现在能重复应用定理 3.21 到 $m = 0,1,2,\cdots$ 推出 u 的无穷次连续可微性.

定理 3.22(内部 C^∞ 正则性) 设 $a^{ij}(\boldsymbol{x}), b^i, c \in C^\infty(\Omega)(i,j = 1,\cdots,n)$, $f \in C^\infty(\Omega)$. 设 $u \in H^1(\Omega)$ 是椭圆方程 $Lu = f$ 在 Ω 内的弱解, 则 $u \in C^\infty(\Omega)$.

注 3.21 这里并不需要 u 在 $\partial\Omega$ 上的性质. 因此定理 3.22 显示 u 在 $\partial\Omega$ 上的任何奇性都不会传到内部.

证明 由定理 3.21 知对任意整数 $m = 0,1,2,\cdots, u \in H^m_{\mathrm{loc}}(\Omega)$. 由 Sobolev 嵌入定理知对任意 $k = 1,2,\cdots$ 有 $u \in C^k(\Omega)$.

3.7.3 弱解的全局正则性

内部正则性是指所给区域 Ω 的任何真子区域上的正则性, 全局正则性是指内部正则性加上边界正则性, 即所给区域 Ω 上的正则性. 这需要获得整个 Ω 上的估计, 下面使用分片、平直化技巧推广 3.7.23 节的估计来研究弱解的全局正则性.

本小节假设 (3.7.2) 式, (3.7.3) 式成立.

定理 3.23(全局 H^2 正则性) 设 $a^{ij}(\boldsymbol{x}) \in C^1, b^i, c \in L^\infty(\Omega), i,j = 1,\cdots,n, f \in L^2(\Omega)$. 设 $u \in H_0^1(\Omega)$ 是椭圆边值问题

$$\begin{cases} Lu = f, & \boldsymbol{x} \in \Omega, \\ u = 0, & \boldsymbol{x} \in \partial\Omega \end{cases} \tag{3.7.10}$$

的弱解. 最后假设 $\partial\Omega \in C^2$, 则 $u \in H^2(\Omega)$ 且有估计

$$\|u\|_{H^2(\Omega)} \leqslant C(\|f\|_{L^2(\Omega)} + \|u\|_{L^2(\Omega)}),$$

其中, C 是只依赖于 Ω 及 L 的系数的正常数.

注 3.22 事实上, 可获得更强的估计如下:

如果 $u \in H_0^1(\Omega)$ 是 (3.7.10) 式的唯一弱解, 则 $\|u\|_{H^2(\Omega)} \leqslant C\|f\|_{L^2(\Omega)}$.

注 3.23 全局 H^2 正则性需要在 $\partial\Omega$ 上 $u=0$(在迹的意义下).

现在获得比定理 3.23 更一般的结论.

定理 3.24(全局 H^2 正则性) 设 $a^{ij}(\boldsymbol{x}) \in C^1, b^i, c \in L^\infty(\Omega), i,j=1,\cdots,n$, $f \in L^2(\Omega)$. 又设 $\partial\Omega \in C^2$, g 可以延拓为 $\tilde{g} \in H^2(\Omega)$, 使得 $\tilde{g}-g \in H_0^1(\Omega)$, 则 Dirichlet 问题

$$\begin{cases} Lu=f, & 在\Omega内, \\ u=g, & 在\partial\Omega上 \end{cases}$$

的解 $u \in H^2(\Omega)$ 且有估计

$$\|u\|_{H^2(\Omega)} \leqslant C(\|u\|_{L^2(\Omega)}+\|f\|_{L^2(\Omega)}+\|\tilde{g}\|_{H^2(\Omega)}). \tag{3.7.11}$$

证明 由于 $\partial\Omega \in C^2$, 对每一点 $\boldsymbol{x}_0 \in \partial\Omega$, 存在一个邻域 O 和一个 $\overline{O}$ 到 $\bar{B}=\bar{B}_1=\bar{B}_1(0)$ 上的映射 $\boldsymbol{\varphi}=(\varphi_1,\varphi_2,\cdots,\varphi_n), \boldsymbol{\varphi}$ 和 $\boldsymbol{\varphi}^{-1}$ 都属于 C^2, 使得

$$\boldsymbol{\varphi}(O\cap\Omega)=B^+=\{\boldsymbol{x}\in B_1(0)|\,x_n>0\}, \quad \varphi(O\cap\partial\Omega)=\Sigma=\{\boldsymbol{x}\in B_1(0)|\,x_n=0\}.$$

先设 $u \in H_0^1(\Omega)$, 即 $g=0$, 取 $v \in H_0^1(\Omega)$, $\mathrm{supp}v \subset O$, 并作变量代换

$$\boldsymbol{y}=\boldsymbol{\varphi}(\boldsymbol{x}), \quad u(\boldsymbol{\varphi}^{-1}(\boldsymbol{y}))=\tilde{u}(\boldsymbol{y}).$$

不妨设 Jacobi 行列式 $\dfrac{\partial \boldsymbol{x}}{\partial \boldsymbol{y}}=1$. 由弱解的定义得

$$\begin{aligned} a(u,v) &= \int_\Omega (a^{ij}\mathrm{D}_iu\mathrm{D}_jv+b^i(\mathrm{D}_iu)v+cuv)\mathrm{d}\boldsymbol{x} \\ &= \int_{O\cap\Omega}(a^{ij}\mathrm{D}_iu\mathrm{D}_jv+b^i(\mathrm{D}_iu)v+cuv)\mathrm{d}\boldsymbol{x} \\ &= \int_{B^+}\left(a^{ij}\tilde{\mathrm{D}}_k\tilde{u}\frac{\partial y_k}{\partial x_i}\tilde{\mathrm{D}}_e\tilde{v}\frac{\partial y_l}{\partial x_j}+b^i\tilde{\mathrm{D}}_k\tilde{u}\frac{\partial y_k}{\partial x_i}\tilde{v}+cu\tilde{v}\right)\mathrm{d}\boldsymbol{y} \\ &= \int_{B^+}(\tilde{a}^{kl}\tilde{\mathrm{D}}_k\tilde{u}\tilde{\mathrm{D}}_e\tilde{v}+\tilde{b}^k(\tilde{\mathrm{D}}_k\tilde{u})\tilde{v}+\tilde{c}\tilde{u}\tilde{v})\mathrm{d}\boldsymbol{y} \\ &= \int_{B^+}\tilde{f}\tilde{v}\mathrm{d}\boldsymbol{y}, \end{aligned}$$

其中,

$$\tilde{a}^{kl}=a^{ij}\frac{\partial y_k}{\partial x_i}\frac{\partial y_i}{\partial x_i}, \quad \tilde{b}^k=b^i\frac{\partial y_k}{\partial x_i}, \quad \tilde{c}(\boldsymbol{y})=c(\boldsymbol{x}), \quad \tilde{\mathrm{D}}_k=\frac{\partial}{\partial y_k},$$

一致椭圆条件仍保持. 实际上, 对任意的 $\boldsymbol{\xi}\in\mathbb{R}^n, \|\boldsymbol{\xi}\|=1$,

$$\tilde{a}^{kl}\xi_k\xi_l=a^{ij}\frac{\partial y_k}{\partial x_i}\frac{\partial y_l}{\partial x_j}\xi_k\xi_l$$

$$=a^{ij}\frac{\partial(\xi_k y_k)}{\partial x_i}\frac{\partial(\xi_l y_l)}{\partial y_j}\geqslant\delta\left|\mathbf{D}(\xi_k y_k)\right|^2,$$

则有 $|\mathbf{D}(\xi_k y_k)|^2\neq 0$, 因否则 $\xi_k\dfrac{\partial y_k}{\partial x_i}=0,\quad i=1,2,\cdots,n$, 而系数行列式 $\dfrac{\partial y}{\partial x}=1$, 齐次方程组只能有零解 $\boldsymbol{\xi}$, 与 $|\boldsymbol{\xi}|=1$ 矛盾. 于是

$$\min_{|\boldsymbol{\xi}|=1,x\in O}\left|\mathbf{D}(\xi_k y_k)\right|^2=\delta_1>0,\quad \tilde{a}^{kl}\xi_k\xi_l\geqslant\delta\delta_1>0,\quad \forall\boldsymbol{y}\in\bar{B}_+,\boldsymbol{\xi}\in\mathbb{R}^n,|\boldsymbol{\xi}|=1.$$

取消符号 "~", 则有 $u\in H^1(B^+)$ 满足

$$\int_{B^+}(a^{kl}\mathrm{D}_k u\mathrm{D}_l v+b^k(\mathrm{D}_k u)v+cuv)\mathrm{d}\boldsymbol{y}=\int_{B^+}fv\mathrm{d}\boldsymbol{y},\quad \forall v\in H_0^1(B^+).$$

当 $u\in H^1(B^+),\quad \operatorname{spt}u\subset B$ 时, 考虑差商 $\Delta_h u=\Delta_h^i u, i=1,2,\cdots,n-1$, 与在定理 3.20 中内部正则性的推理一样, 取

$$\eta\in C_0^1(B),\quad \eta(y)=1,\quad y\in B_{\frac{1}{2}}(0),$$

得到

$$\|\mathrm{D}_{ij}u\|_{L^2(B^+_{1/2})}\leqslant C(\|u\|_{H^1(B^+)}+\|f\|_{L^2(B^+)}),\quad (i,j)\neq(n,n).$$

由 $a_{nn}\geqslant\delta\delta'$ 推知

$$\|\mathrm{D}_{nn}u\|_{L^2(B^+_{1/2})}\leqslant C\left(\|u\|_{H^1(B^+)}+\|f\|_{L^2(B^+)}\right).$$

回到原变量 $\boldsymbol{x}$, 即知存在 $\boldsymbol{x}_0$ 的一个邻域 $O'\subset O$, 使得

$$\|\mathrm{D}_{ij}u\|_{L^2(O'\cap\Omega)}\leqslant C(\|u\|_{H^1(\Omega)}+\|f\|_{L^2(\Omega)}).$$

根据有限覆盖定理, 存在 $\{O_i'\}_{i=1}^N\supset\partial\Omega$, 使在每一个 O_i' 上有上述估计. 取 $O_0'\subset\subset\Omega$, 使 $\{O_i'\}_{i=0}^N\supset\partial\Omega$, 在 O_0' 上由内部正则性, 上述估计式成立, 故在整个 Ω 上有估计

$$\|u\|_{H^2(\Omega)}\leqslant C(\|u\|_{H^1(\Omega)}+\|f\|_{L^2(\Omega)}).$$

这样在情形 $u\in H_0^1(\Omega)$ 上定理得证.

对一般的 $g\neq 0$, 令 $u=\tilde{g}+w$, 则 $\gamma_0 w=0$ 且 w 满足

$$a(w,v)=(f,v)-a(\tilde{g},v),\quad \forall v\in H_0^1(\Omega).$$

由分部积分得

$$a(u_0,v)=\int_\Omega(a^{ij}D_i\tilde{g}\mathrm{D}_j v+b^i(\mathrm{D}_i\tilde{g})v+c\tilde{g}v)\mathrm{d}\boldsymbol{x}$$

$$
\begin{aligned}
&= \int_\Omega (-\mathrm{D}_j(a^{ij}\mathrm{D}_i\tilde{g}) + b^i\mathrm{D}_i\tilde{g} + c\tilde{g})v\mathrm{d}\boldsymbol{x} \\
&= \int_\Omega L\tilde{g}v\mathrm{d}\boldsymbol{x}.
\end{aligned}
$$

显然

$$
\|L\tilde{g}\|_{L^2(\Omega)} \leqslant C\|\tilde{g}\|_{H^2(\Omega)}.
$$

由已证零边值情形的结果可得

$$
\begin{aligned}
\|w\|_{H^2(\Omega)} &\leqslant C(\|w\|_{H^1(\Omega)} + \|f\|_{L^2(\Omega)} + \|L\tilde{g}\|_{L^2(\Omega)}) \\
&\leqslant C(\|u\|_{H^1(\Omega)} + \|f\|_{L^2(\Omega)} + \|\tilde{g}\|_{H^2(\Omega)}),
\end{aligned}
$$

从而

$$
\|u\|_{H^2(\Omega)} \leqslant C(\|u\|_{H^1(\Omega)} + \|f\|_{L^2(\Omega)} + \|\tilde{g}\|_{H^2(\Omega)}).
$$

由范数内插不等式, 对任意 $\varepsilon > 0$, 存在 $C(\varepsilon) > 0$, 使

$$
\|u\|_{H^1(\Omega)} \leqslant \varepsilon\|u\|_{H^2(\Omega)} + C(\varepsilon)\|u\|_{L^2(\Omega)},
$$

取 ε 满足 $C\varepsilon = \frac{1}{2}$, 最终得到估计 (3.7.11) 式.

注 3.24　如果引入空间

$$
H^{3/2}(\partial\Omega) = \{g \,|\, \|g\|_{H^{3/2}(\partial\Omega)} = \inf\{\|\varPhi\|_{H^2(\Omega)} \,|\, \varPhi \in H^2(\Omega), \varPhi - g \in H_0^1(\Omega)\} < \infty\},
$$

则当条件 "g 可以延拓为 $\tilde{g} \in H^2(\Omega)$, 使得 $\tilde{g} - g \in H_0^1(\Omega)$" 用 $g \in H^{3/2}(\partial\Omega)$ 来代替时, 可得估计

$$
\|u\|_{H^2(\Omega)} \leqslant C(\|u\|_{H^1(\Omega)} + \|f\|_{L^2(\Omega)} + \|g\|_{H^{3/2}(\partial\Omega)}).
$$

参见文献 (陈亚浙, 1991).

定理 3.25(高阶全局正则性)　设 m 是一个非负整数, 假设 $a^{ij}(\boldsymbol{x}), b^i, c \in C^{m+1}(\Omega)(i,j = 1,\cdots,n)$ 且 $f \in H^m(\Omega)$. 假设 $u \in H_0^1(\Omega)$ 是椭圆边值问题

$$
\begin{cases}
Lu = f, & \boldsymbol{x} \in \Omega, \\
u = 0, & \boldsymbol{x} \in \partial\Omega
\end{cases}
$$

的弱解. 最后假设 $\partial\Omega \in C^{2+m}$, 则 $u \in H^{m+2}(\Omega)$ 且有估计

$$
\|u\|_{H^{m+2}(\Omega)} \leqslant C(\|f\|_{H^m(\Omega)} + \|u\|_{L^2(\Omega)}),
$$

其中, C 是依赖于 m, n, Ω 和 L 的系数的正常数.

更进一步, 如果 $a^{ij}(\boldsymbol{x}),b^i,c\in C^\infty(\Omega)(i,j=1,\cdots,n)$, $f\in C^\infty(\Omega)$, $\partial\Omega\in C^\infty$, 则 $u\in C^\infty(\overline{\Omega})$.

注 3.25 上面的证明是重复地应用能量方法, 通过分部积分使得从弱解可以获得古典光滑解.

注 3.26 对其他边值问题, 正则性结论仍然成立.

注 3.27 本章讨论实函数偏微分方程问题的方法可以用来研究复方程问题 (复系数的椭圆方程). 例如, 对于复值函数 $u,v\in H^1(\Omega)$, 记

$$(u,v)_{L^2(\Omega)}=\int_\Omega u\bar{v}\mathrm{d}\boldsymbol{x},\quad (u,v)_{H^1(\Omega)}=\int_\Omega(\mathbf{D}u\cdot\mathbf{D}\bar{v}+u\bar{v})\mathrm{d}\boldsymbol{x},$$

令

$$a(u,v)=\int_\Omega(a^{ij}(\boldsymbol{x})u_{x_i}\bar{v}_{x_j}+b^iu_{x_i}\bar{v}+cu\bar{v})\mathrm{d}\boldsymbol{x},$$

其中, “ ¯ ” 表示共轭. 直接计算可知 $a(u,v)$ 是共轭双线性型且满足

(1) 有界性:

$$|a(u,v)|\leqslant\alpha\|u\|_{H_0^1(\Omega')}\|v\|_{H_0^1(\Omega')}\quad,\forall v,u\in H_0^1(\Omega),\text{对某个}\alpha>0;$$

(2) 强制性:

$$\beta\|u\|^2_{H_0^1(\Omega)}\leqslant\mathrm{Re}a(u,v)+\gamma\|u\|^2_{L^2(\Omega)},\quad\forall v,u\in H_0^1(\Omega),\text{对某个}\beta>0,\gamma\geqslant 0.$$

其次, 定义复系数椭圆方程 $Lu=-\sum\limits_{i,j=1}^n(a^{ij}(\boldsymbol{x})u_{x_i})_{x_j}+\sum\limits_{i=1}^n b^i(\boldsymbol{x})u_{x_i}+c(\boldsymbol{x})u$ 是一致椭圆的, 即如果存在常数 $\theta>0$, 使得

$$\mathrm{Re}\sum_{i,j=1}^n a^{ij}(\boldsymbol{x})\xi_i\xi_j\geqslant\theta\|\boldsymbol{\xi}\|^2,\quad\forall\boldsymbol{x}\in\mathbb{R}^n,\boldsymbol{\xi}\in\mathbb{R}^n,$$

然后就可以将前面的有关弱解的存在性及正则性等方面的结论推广到复一致椭圆型方程问题中来. 同时讨论复值解是非常有意义的, 如量子力学中的 Schrödinger 方程就是复方程, 就需要讨论复值解, 参见文献 (王耀东, 1989).

3.8 线性椭圆型方程边值问题的其他存在性结论

本节给出线性椭圆方程边值问题解的存在性唯一性定理以及解的 Schauder 估计和 L^p 估计, 参见文献 (叶其孝等, 1991).

考虑边值问题

$$\begin{cases}Lu+c(\boldsymbol{x})u=f, & \boldsymbol{x}\in\Omega\subset\mathbb{R}^n,\\ Bu=g(\boldsymbol{x}), & x\in\partial\Omega,\end{cases}\tag{3.8.1}$$

其中, Ω 是 $\mathbb{R}^n$ 中的有界区域, 算子 L 和 B 定义为

$$Lu=-\sum_{i,j=1}^{n}a^{ij}(x)u_{x_ix_j}+\sum_{i=1}^{n}b^i(x)u_{x_i},\quad \boldsymbol{x}\in\Omega,$$

$$Bu=a\frac{\partial u}{\partial n}+b(x)u,\quad \boldsymbol{x}\in\partial\Omega,$$

有下面的结论:

定理 3.26(Agmon-Donglass-Nirenberg 定理) 假设 $\partial\Omega\in C^{2+\alpha}$,

(1) 又假设

(i) 存在正常数 $\theta>0$, 使得 $\sum\limits_{i,j=1}^{n}a^{ij}\xi_i\xi_j\geqslant\theta\left|\boldsymbol{\xi}\right|^2$,$\forall\boldsymbol{\xi}\in\mathbb{R}^n$, 即 L 为一致椭圆算子;

(ii) $a^{ij},b^i,c\in C^\alpha(\overline{\Omega})$,$0<\alpha<1$;

(iii) $b(\boldsymbol{x})\in C^{1+\alpha}(\partial\Omega),b(\boldsymbol{x})\geqslant 0,g(\boldsymbol{x})\in C^{2+\alpha}(\partial\Omega)$ 且 $g(\boldsymbol{x})$ 可延拓到 Ω 内部, 使得

$$\tilde{g}\in C^{2+\alpha}(\overline{\Omega}),\quad \tilde{g}(\boldsymbol{x})=g(\boldsymbol{x}),\quad \boldsymbol{x}\in\partial\Omega;$$

(iv) $c(\boldsymbol{x})\geqslant 0$, 当 $b(\boldsymbol{x})\equiv 0$ 时 $c(\boldsymbol{x})$ 不恒等于零.

若 $f(\boldsymbol{x})\in C^\alpha(\overline{\Omega})$, 则 (3.8.1) 式存在唯一解 $u\in C^{2+\alpha}(\overline{\Omega})$ 且有 Schauder 估计

$$\|u\|_{C^{2+\alpha}(\overline{\Omega})}\leqslant M_1\left(\|f\|_{C^\alpha(\overline{\Omega})}+\|\tilde{g}\|_{C^{2+\alpha}(\overline{\Omega})}\right);$$

(2) 又假设

(i) 存在正常数 $\theta>0$, 使得 $\sum\limits_{i,j=1}^{n}a^{ij}\xi_i\xi_j\geqslant\theta\left|\boldsymbol{\xi}\right|^2$,$\forall\boldsymbol{\xi}\in\mathbb{R}^n$, 即 L 为一致椭圆算子;

(ii) $a^{ij}\in C(\overline{\Omega}),b^i,c\in L^\infty(\Omega)$;

(iii) $b(\boldsymbol{x})\in C^{1+\alpha}(\partial\Omega),b(\boldsymbol{x})\geqslant 0,g(\boldsymbol{x})$ 可延拓至 Ω 内部, 使得

$$\tilde{g}\in W^{2,p}(\Omega),\quad \tilde{g}(\boldsymbol{x})=g(\boldsymbol{x}),\quad \boldsymbol{x}\in\partial\Omega;$$

(iv) $c(\boldsymbol{x})\geqslant 0$, 当 $b(\boldsymbol{x})\equiv 0$ 时 $c(\boldsymbol{x})$ 不恒等于零.

若 $f\in L^p(\Omega)(p>1)$, 则 (3.8.1) 式存在唯一解 $u\in W^{2,p}(\Omega)$ 且有 $L^p(\Omega)$ 估计

$$\|u\|_{W^{2,p}(\Omega)}\leqslant M_2(\|f\|_{L^p(\Omega)}+\|\hat{g}\|_{W^{2,p}(\Omega)}),$$

这里常数 M_1,M_2 与 u,f,g 无关, 只与 L,B 的系数, $|\Omega|,p$ 及 n 有关.

推论 3.7 若 $f\in L^p(\Omega)$ 或 $f\in C^\alpha(\overline{\Omega})$, 当 $g\equiv 0$ 时, (3.8.1) 式存在唯一解 $u\in W^{2,p}(\Omega)$ 或 $u\in C^{2+\alpha}(\overline{\Omega})$.

定义解映射 $A: L^p(\Omega) \mapsto W^{2,p}(\Omega)$或$A: C^\alpha(\overline{\Omega}) \mapsto C^{2+\alpha}(\overline{\Omega})$,

$$f \mapsto u = Af,$$

其中, u 是 (3.8.1) 式的解.

推论 3.8 A 为线性映射, 即 $\forall f_1, f_2 \in L^p(\Omega)$ 有 $A(\alpha f_1 + \beta f_2) = \alpha A f_1 + \beta A f_2$.

证明 当 f 为 f_1 时, (3.8.1) 式的解为 Af_1, 当 f 为 f_2 时, (3.8.1) 式的解为 Af_2, 即

$$\begin{cases} LAf_1 + c(x)Af_1 = f_1, \\ BAf_1 = 0, \end{cases} \qquad \begin{cases} LAf_2 + c(x)Af_2 = f_2, \\ BAf_2 = 0. \end{cases}$$

故

$$\begin{cases} L(\alpha Af_1 + \beta Af_2) + c(x)(\alpha Af_1 + \beta Af_2) = \alpha f_1 + \beta f_2, \\ B(\alpha Af_1 + \beta Af_2) = 0. \end{cases}$$

这说明 f 为 $\alpha f_1 + \beta f_2$ 时解为 $\alpha Af_1 + \beta Af_2$, 又由 A 的定义知 f 为 $\alpha f_1 + \beta f_2$ 时, 其解为 $A(\alpha f_1 + \beta f_2)$, 由唯一性知 $A(\alpha f_1 + \beta f_2) = \alpha Af_1 + \beta Af_2$.

推论 3.9 (1) $A: C^\alpha(\overline{\Omega}) \mapsto C^{2+\alpha}(\overline{\Omega})$ 是 $C^\alpha(\overline{\Omega})$ 上的紧算子;

(2) $A: C^{1+\alpha}(\overline{\Omega}) \mapsto C^{2+\alpha}(\overline{\Omega})$ 是 $C^{1+\alpha}(\overline{\Omega})$ 上的紧算子;

(3) $A: L^p(\Omega) \mapsto W^{2,p}(\Omega)$ 是 $L^p(\Omega)$ 上的紧算子;

(4) $A: C(\overline{\Omega}) \mapsto C(\Omega)$ 是 (Ω) 上的紧算子.

证明 第 1 步. 由 Schauder 估计知 A 映 $C^\alpha(\overline{\Omega})$ 中的有界集为 $C^{2+\alpha}(\overline{\Omega})$ 中的有界集, 而 $C^{2+\alpha}(\Omega)$ 中的有界集为 $C^\alpha(\overline{\Omega})$ 和 $C^{1+\alpha}(\overline{\Omega})$ 中的列紧集, 于是 A 将 $C^\alpha(\overline{\Omega})$ 的有界集映为 $C^\alpha(\overline{\Omega})$ 或 $C^{1+\alpha}(\overline{\Omega})$ 中的列紧集;

由 $L^p(\Omega)$ 估计知 A 映 $L^p(\Omega)$ 中的有界集为 $W^{2,p}(\Omega)$ 中的有界集, 而 $W^{2,p}(\Omega)$ 中的有界集为 $L^p(\Omega)$ 中的列紧集, 于是 A 映 $L^p(\Omega)$ 中的有界集为 $L^p(\Omega)$ 中的列紧集.

第 2 步. 再证 A 的连续性.

令 $u_i = Af_i (i = 1, 2)$, $v = u_1 - u_2$, 则

$$\begin{cases} Lv + c(\boldsymbol{x})v = f_2(\boldsymbol{x}) - f_1(\boldsymbol{x}), & \boldsymbol{x} \in \Omega, \\ Bv = 0, & \boldsymbol{x} \in \partial\Omega. \end{cases}$$

由定理 3.26 知 $\|v\|_{C^{2+\alpha}(\overline{\Omega})} \leqslant M \|f_2 - f_1\|_{C^\alpha(\overline{\Omega})}$ 或 $\|v\|_{W^{2,p}(\Omega)} \leqslant C \|f_2 - f_1\|_{L^p(\Omega)}$, 即 A 是连续的.

第 3 步. 最后证明 (4). 由于 $C(\overline{\Omega}) \subset L^p(\Omega)$, $\forall p \geqslant 1$, 于是 $C(\overline{\Omega})$ 中的有界集必为 $L^p(\Omega)$ 中的有界集, 而 A 映 $C(\overline{\Omega})$ 中的有界集为 $W^{2,p}(\Omega)$ 中的有界集 (因为 $\|u\|_{W^{2,p}(\Omega)} \leqslant C \|u\|_{L^p(\Omega)} \leqslant C \|u\|_{C(\overline{\Omega})}$). 由于 $p > n$, 由嵌入定理 $W^{2,p}(\Omega) \hookrightarrow$

$C^{1+\alpha}(\overline{\Omega}), \alpha = 1 - n/p$ 且有 $\|Af\|_{C^{1+\alpha}(\overline{\Omega})} \leqslant C\|Af\|_{W^{2,p}(\Omega)} \leqslant C\|f\|_{C(\overline{\Omega})}$, 即 A 映 $C(\overline{\Omega})$ 中的有界集为 $C^{1+\alpha}(\overline{\Omega})$ 中的有界集, 而 $C^{1+\alpha}(\overline{\Omega})$ 中的有界集为 $C^{\alpha}(\overline{\Omega}) \subset C(\overline{\Omega})$ 中的列紧集, 故 A 映 $C(\overline{\Omega})$ 中的有界集为 $C(\overline{\Omega})$ 中的列紧集.

再证 A 为 $C(\overline{\Omega})$ 到 $C(\overline{\Omega})$ 上的连续映射. 由于

$$\begin{aligned}\|Af_2 - Af_1\|_{C(\overline{\Omega})} \leqslant & \|Af_2 - Af_1\|_{C^{\alpha}(\overline{\Omega})} \leqslant C\|Af_2 - Af_1\|_{W^{2,p}(\Omega)} \\ \leqslant & C\|f_2 - f_1\|_{L^p(\Omega)} \leqslant C\|f_2 - f_1\|_{C(\overline{\Omega})},\end{aligned}$$

即得 A 为 $C(\overline{\Omega})$ 到 $C(\overline{\Omega})$ 上的连续映射.

习 题 三

1. 证明椭圆弱解问题 (3.2.18) 与变分问题 (3.2.19) 等价.

2. 证明引理 3.1, 即 $C^{\infty}(\Omega)$ 在 $H^0_{\Delta}(\Omega)$ 及 $H^1_{\Delta}(\Omega)$ 中稠密.

3. 证明定理 3.2 和定理 3.21.

4. 写出 Poisson 方程的混合边值问题

$$\begin{cases}-\Delta u = f, & \text{在}\Omega\text{内}, \\ u = g_1, \text{在}\Gamma_1\text{上}; & \dfrac{\partial u}{\partial \boldsymbol{\nu}} = g_2, \text{在}\Gamma_2\text{上}; \quad \partial\Omega = \Gamma_1 \cup \Gamma_2\end{cases}$$

的变分形式.

5. 证明共轭双线性型

$$a(u,v) = \int_{\Omega} \mathbf{D}u \cdot \mathbf{D}\bar{v}\mathrm{d}\boldsymbol{x} + \int_{\partial\Omega} c(\boldsymbol{x})\, u\bar{v}\mathrm{d}\Gamma, \quad c(\boldsymbol{x}) \geqslant c_0 > 0$$

在 Ω 上关于 $H^1(\Omega)$ 范数强制.

6. 证明共轭双线性型

$$a(u,v) = \int_{\Omega} \mathbf{D}u \cdot \mathbf{D}\bar{v}\mathrm{d}\boldsymbol{x}$$

在空间

$$V = \left\{ v \in H^1(\Omega) \middle| \int_{\partial\Omega} \gamma v \mathrm{d}\Gamma = 0 \right\}$$

上关于 $H^1(\Omega)$ 的范数强制.

7. L 为散度型二阶一致强椭圆型算子, 写出问题

$$Lu = f, \quad \frac{\partial u}{\partial \boldsymbol{\nu}_L} = g$$

的变分形式, 叙述并证明解的正则性定理.

8. 对第三边值问题

$$Lu = f, \quad \frac{\partial u}{\partial \boldsymbol{\nu}_L} + \alpha u = g,$$

考虑变分形式和解的正则性定理.

9. 建立 $2m$ 阶椭圆型方程解的存在性、唯一性、正则性定理和特征展开定理.

10. 设有界区域 $\Omega \subset \mathbb{R}^n$ 的边界 $\partial\Omega \in C^\infty$,$f \in H^m(\Omega)$, 证明问题

$$u \in H_0^1(\Omega), \quad -\Delta u = f$$

的解 $u \in H^{m+2}(\Omega)$.

11. 在上题中, 若 $f \in H^s(\Omega)$,$s \geqslant 0$, 证明 $u \in H^{m+2}(\Omega)$.

12. 解特征值问题

$$-\frac{\mathrm{d}^2 u}{\mathrm{d}x^2} = \lambda u(x), 0 < x < 1, \quad u(0) = u'(1) = 0.$$

13. 解特征值问题

$$-\frac{\mathrm{d}^2 u}{\mathrm{d}x^2} = \lambda u(x), 0 < x < 1, \quad u'(0) - hu(0) = 0,$$

$$u'(1) + hu(1) = 0, \quad h > 0.$$

第 4 章　二阶线性抛物型方程

第 4~6 章将讨论另一类重要的二阶线性偏微分方程 —— 抛物型方程和双曲型方程. 一般来说, 这类方程解的性质随着时间的变化而变化, 因此通常被称为发展型偏微分方程. 本章主要介绍二阶抛物型方程古典解和弱解的性质, 包括极值原理、弱解的存在唯一性和正则性. 本章给出弱解存在性证明的两种方法：Galerkin 方法和 Lions 定理.

4.1　二阶线性抛物型方程的定义与定解问题

设 Ω 是 $\mathbb{R}^n$ 中的有界开集, $\partial\Omega$ 表示 Ω 的边界. 对于 $T>0$, 记 $\Omega_T=\Omega\times(0,T]$, $\partial\Omega_T=\partial\Omega\times(0,T]$ 和 $\Gamma_T=(\overline{\Omega}\times\{t=0\})\cup(\partial\Omega\times(0,T])=\overline{\Omega}_T\backslash\Omega_T=\partial_p\Omega_T$. 通常称 Γ_T 或 $\partial_p\Omega_T$ 为抛物边界.

对任意 $t>0, L_t$ 表示一个二阶线性偏微分算子, 具有下面的散度形式：

$$L_tu=-\sum_{i,j=1}^{n}(a^{ij}(\boldsymbol{x},t)u_{x_i})_{x_j}+\sum_{i=1}^{n}b^i(\boldsymbol{x},t)u_{x_i}+c(\boldsymbol{x},t)u \tag{4.1.1}$$

或非散度形式

$$L_tu=-\sum_{i,j=1}^{n}a^{ij}(\boldsymbol{x},t)u_{x_ix_j}+\sum_{i=1}^{n}b^i(\boldsymbol{x},t)u_{x_i}+c(\boldsymbol{x},t)u, \tag{4.1.2}$$

其中, $a^{ij}(\boldsymbol{x},t),b^i(\boldsymbol{x},t),c(\boldsymbol{x},t)(i,j=1,\cdots,n)$ 为定义在 Ω_T 上的已知函数.

定义 4.1　设 L_t 由 (4.1.1) 式或 (4.1.2) 式定义. 如果存在一个常数 $\theta>0$, 使得

$$\sum_{i,j=1}^{n}a^{ij}(\boldsymbol{x},t)\xi_i\xi_j\geqslant\theta\left|\boldsymbol{\xi}\right|^2,\quad\forall(\boldsymbol{x},t)\in\Omega_T,\boldsymbol{\xi}\in\mathbb{R}^n,$$

则称二阶线性偏微分算子 $\dfrac{\partial}{\partial t}+L_t$是 (一致) 抛物的, 此时称二阶偏微分方程

$$\frac{\partial u}{\partial t}+L_tu=f(\boldsymbol{x},t)\quad\text{或}\quad u_t+L_tu=f(\boldsymbol{x},t) \tag{4.1.3}$$

为**二阶线性抛物型偏微分方程**, 简称为**二阶线性抛物型方程**, 这里 $f(\boldsymbol{x},t)$ 是定义在 Ω_T 上的已知函数.

注 4.1 若 $u_t+L_tu=f(\boldsymbol{x},t)$ 是抛物型方程, 则对于固定的 $t\in[0,T]$, 算子 L_t 是椭圆型算子.

注 4.2 若在 (4.1.3) 式中 $L_t=-\Delta$, 则 $u_t-\Delta u=f(\boldsymbol{x},t)$ 称为**热传导方程**, 以后将明白抛物型方程与热传导方程有类似的性质.

注 4.3 抛物型方程在工程物理、化学反应、生物环境、经济学等学科中有重要的应用, 如生态学中的捕食食饵模型和神经传导模型等都是抛物型方程.

对于二阶线性抛物型方程, 通常提两类定解问题: 一类是**初边值问题**或**混合问题**; 另一类是**初值问题**或**柯西**(Cauchy)**问题**.

通常考虑以下三类初边值问题:

二阶线性抛物型方程的**第一初边值问题**(或 **Dirichlet 边值问题**) 为

$$\begin{cases}u_t+L_tu=f(\boldsymbol{x},t), & (\boldsymbol{x},t)\in\Omega_{\mathrm{T}},\\ u=g(\boldsymbol{x},t), & (\boldsymbol{x},t)\in\partial\Omega\times(0,T],\\ u(t=0)=u_0(\boldsymbol{x}), & \boldsymbol{x}\in\Omega\end{cases}\tag{4.1.4}$$

或

$$\begin{cases}u_t+L_tu=f(\boldsymbol{x},t), & \boldsymbol{x}\in\Omega,t>0,\\ u=g(\boldsymbol{x},t) & \boldsymbol{x}\in\partial\Omega,t>0,\\ u=u_0(\boldsymbol{x}), & \boldsymbol{x}\in\Omega,t=0,\end{cases}\tag{4.1.5}$$

其中, Ω 是 $\mathbb{R}^n$ 中具有光滑边界的一个有界区域, $f:\Omega_T\to\mathbb{R},g:\Omega_T\to\mathbb{R},u_0:\Omega\to\mathbb{R}$ 为已知函数, $u=u(\boldsymbol{x},t)$: $\overline{\Omega}_T\to\mathbb{R}$ 为未知函数.

在第一边值问题 (4.1.4) 或 (4.1.5) 中条件 $u=g(\boldsymbol{x},t),(\boldsymbol{x},t)\in\partial\Omega\times(0,T]$ 称为**第一边界条件**, 当 $g(\boldsymbol{x},t)=0$ 时称为**第一齐次边界条件**.

二阶线性抛物型方程的**第二或第三初边值问题**为

$$\begin{cases}\partial_tu+L_tu=f(\boldsymbol{x},t), & (\boldsymbol{x},t)\in\Omega_T,\\ \dfrac{\partial u}{\partial\boldsymbol{\nu}}+b(\boldsymbol{x},t)u=g(\boldsymbol{x},t), & (\boldsymbol{x},t)\in\partial\Omega\times(0,T],\\ u(t=0)=u_0(\boldsymbol{x}), & \boldsymbol{x}\in\overline{\Omega},\end{cases}\tag{4.1.6}$$

其中, $\boldsymbol{\nu}$ 为 Ω 的边界 $\partial\Omega$ 的单位外法向, $b(\boldsymbol{x},t)\geqslant0$. 如果 $b(\boldsymbol{x},t)=0$ 或 $b(\boldsymbol{x},t)\geqslant0$ 但不恒等于 0, 则分别称初边值问题 (4.1.6) 为二阶线性抛物型方程的**第二或第三初边值问题**. 第二、第三初边值问题也分别叫做**诺伊曼问题**或**罗宾问题**. 同时条件

$$\frac{\partial u}{\partial\boldsymbol{\nu}}=g(\boldsymbol{x},t),\quad(\boldsymbol{x},t)\in\partial\Omega\times(0,T]$$

及条件

$$\frac{\partial u}{\partial\boldsymbol{\nu}}+b(\boldsymbol{x},t)u=g(\boldsymbol{x},t),\quad(\boldsymbol{x},t)\in\partial\Omega\times(0,T],\quad b(\boldsymbol{x},t)\geqslant0\text{但不恒等于 }0$$

分别称为**第二及第三边界条件**, 或**诺伊曼或罗宾边界条件**, 当 $g(\boldsymbol{x},t)=0$ 时分别称为**第二或第三齐次边界条件**.

初值问题或柯西(Cauchy)**问题**如下:

$$\begin{cases} u_t+L_tu=f(\boldsymbol{x},t), & (\boldsymbol{x},t)\in\mathbb{R}^n\times(0,T), \\ u(t=0)=u_0(\boldsymbol{x}), & \boldsymbol{x}\in\mathbb{R}^n. \end{cases} \tag{4.1.7}$$

在定解问题 (4.1.4)~(4.1.7) 中, 条件 $u(t=0)=u_0(\boldsymbol{x}),\boldsymbol{x}\in\Omega$ 或 $\boldsymbol{x}\in\mathbb{R}^n$ 有时也可以写为

$$u(\boldsymbol{x},t=0)=u_0(\boldsymbol{x}),\quad \boldsymbol{x}\in\Omega\ \text{ 或 }\ \boldsymbol{x}\in\mathbb{R}^n,$$

通常称为**初始条件**或**初值条件**.

对于抛物型方程的定解问题, 通常研究两种类型的解, 一类称为古典解或经典解, 即定解问题中所出现的未知函数及其导数都连续的解; 另一类解称为弱解, 即在某种定义下有意义的解. 一般来说, 不同的定解问题, 弱解的定义或定义弱解的思想是不同的. 当然, 即使对于同一个定解问题, 也可以给出不同形式的弱解的定义.

最后, 指出这一章主要研究二阶线性抛物型方程的第一初边值问题, 其他定解问题可以类似地讨论. 而且, 如未特别指出, 这一章总假设二阶线性偏微分算子 $\dfrac{\partial}{\partial t}+L_t$ 是 (一致) 抛物的.

4.2　古典解的极值原理

本节介绍二阶抛物型方程古典解的极值原理 (解的性质). 假设有光滑解 (特别有古典解), 然后讨论解的性质.

4.2.1　古典解的弱极值原理

本节假设 L_t 是非散度型的, 即

$$L_tu=-\sum_{i,j=1}^n a^{ij}(\boldsymbol{x},t)u_{x_ix_j}+\sum_{i=1}^n b^i(\boldsymbol{x},t)u_{x_i}+c(\boldsymbol{x},t)u,$$

其中, a^{ij},b^i,c 在 Ω_T 上是连续的且 $a^{ij}=a^{ji}(i,j=1,2,\cdots,n)$.

定理 4.1($c(\boldsymbol{x},t)\geqslant 0$ 情形的弱极值原理)　设 $u\in C^{2,1}(\Omega_T)\cap C\left(\overline{\Omega}_T\right)$ 且在 Ω_T 内 $c(\boldsymbol{x},t)\equiv 0$,

(1) 如果 $u_t+L_tu\leqslant 0$ 在 Ω_T 内成立, 则 $\max\limits_{\overline{\Omega}_T}u=\max\limits_{\Gamma_T}u$;

(2) 如果 $u_t+L_tu\geqslant 0$ 在 Ω_T 内成立, 则 $\min\limits_{\overline{\Omega}_T}u=\min\limits_{\Gamma_T}u$.

注 4.4 满足 $u_t + L_t u \leqslant 0$ 的函数 u 称为抛物型方程 $u_t + L_t u = 0$ 的下解(即下解在抛物边界上达到它的最大值). 满足 $u_t + L_t u \geqslant 0$ 的函数称为抛物型方程 $u_t + L_t u = 0$ 的上解 (即上解在抛物边界上达到它的最小值). 若 $u \in C^{2,1}(\Omega_T) \cap C(\overline{\Omega}_T)$ 既是方程 $u_t + L_t u = 0$ 的上解又是方程 $u_t + L_t u = 0$ 的下解, 则称 $u \in C^{2,1}(\Omega_T) \cap C(\overline{\Omega}_T)$ 为方程 $u_t + L_t u = 0$ 的古典解或经典解.

证明 第 1 步. 首先假设 $u_t + L_t u < 0$ 在 Ω_T 内成立, 证明结论成立. 若不然, 存在一点 $(\boldsymbol{x}_0, t_0) \in \Omega_T$, 使得 $u(\boldsymbol{x}_0, t_0) = \max\limits_{\overline{\Omega}_T} u$.

情形 1. 如果 $0 < t_0 < T$, 则 $(\boldsymbol{x}_0, t_0)$ 是 Ω_T 的内点, 因此由极大值的费马定理知

$$u_t(\boldsymbol{x}_0, t_0) = 0, \quad u_{x_i}(\boldsymbol{x}_0, t_0) = 0, \quad u_{x_i x_j}(\boldsymbol{x}_0, t_0) \leqslant 0.$$

由于 $\partial_t + L_t$ 是一致抛物的, 故 $\boldsymbol{A} = \left(a^{ij}(x_0, t_0)\right)$ 是正定矩阵, 于是存在一个正交矩阵 $\boldsymbol{O} = \left(o^{ij}\right)_{n\times n}$, 使得

$$\boldsymbol{OAO}^{\mathrm{T}} = \mathrm{diag}(d_1, d_2, \cdots, d_n) \quad 且 \quad \boldsymbol{OO}^{\mathrm{T}} = \boldsymbol{I},$$

其中, $d_i > 0 (i = 1, 2, \cdots, n)$.

作变换 $\boldsymbol{y} = \boldsymbol{x}_0 + \boldsymbol{O}(\boldsymbol{x} - \boldsymbol{x}_0)$, 即 $\boldsymbol{x} - \boldsymbol{x}_0 = \boldsymbol{O}^{\mathrm{T}}(\boldsymbol{y} - \boldsymbol{x}_0)$, 这样

$$u_{x_i} = \sum_{k=1}^{n} u_{y_k} o_{ki}, \quad u_{x_i x_j} = \sum_{k,l=1}^{n} u_{y_k y_l} o_{ki} o_{lj}, \quad i, j = 1, 2, \cdots, n.$$

对于 $(\boldsymbol{x}_0, t_0) \in \Omega_T$ 有

$$\sum_{i,j=1}^{n} a^{ij} u_{x_i x_j} = \sum_{k,l=1}^{n} \sum_{i,j=1}^{n} a^{ij} u_{y_k y_l} o_{ki} o_{lj} = \sum_{k=1}^{n} d_k u_{y_k y_k} \leqslant 0$$

(参考椭圆最大值原理的证明过程). 因此在 $(\boldsymbol{x}_0, t_0) \in \Omega_T$ 点,

$$\partial_t u + L_t u = \partial_t u - \sum_{i,j=1}^{n} a^{ij}(\boldsymbol{x}, t) u_{x_i x_j} + \sum_{i=1}^{n} b^i(\boldsymbol{x}, t) u_{x_i} + c(\boldsymbol{x}, t) u \geqslant 0,$$

这与 $u_t + L_t u < 0$ 矛盾.

情形 2. 如果 $t_0 = T$, 因为 u 在 $(\boldsymbol{x}_0, t_0)$ 达到其在 $\overline{\Omega}_T$ 上的最大值, 故 $u_t(\boldsymbol{x}_0, t_0) \geqslant 0$(因为这时在端点处取得的最大值), 同上也有 $L_t u(\boldsymbol{x}_0, t_0) \geqslant 0$, 于是 $u_t + L_t u \geqslant 0$ 在 $(\boldsymbol{x}_0, t_0)$ 点成立, 这与 $u_t + L_t u < 0$ 矛盾.

只有以上两种情形可能发生, 都得到了矛盾, 因此如果 $u_t + L_t u < 0$ 在 Ω_T 内成立, 则结论成立.

第 2 步. 对一般情形 $u_t+L_tu\leqslant 0$ 成立. 取 $u^\varepsilon(\boldsymbol{x},t)=u(\boldsymbol{x},t)-\varepsilon t$, 其中, $\varepsilon>0$, 则 $u_t^\varepsilon+L_tu^\varepsilon=u_t+Lu-\varepsilon<0$ 在 Ω_T 内成立, 于是由第 1 步知 $\max\limits_{\overline{\Omega}_T}u^\varepsilon=\max\limits_{\Gamma_T}u^\varepsilon$, 令 $\varepsilon\to 0$ 可得 $\max\limits_{\overline{\Omega}_T}u=\max\limits_{\Gamma_T}u$, 这就证明了 (1).

第 3 步. 应用 (1) 到 $-u$ 即得结论 (2) 成立.

注 4.5 一个矩阵 $\boldsymbol{O}=\left(o^{ij}\right)_{n\times n}$ 的逆矩阵 $\boldsymbol{O}^{-1}$ 为其转置矩阵 $\boldsymbol{O}^{\mathrm{T}}$, 则称 $\boldsymbol{O}$ 为**正交矩阵**. 若矩阵 $\boldsymbol{O}$ 为正交矩阵, 则变换 $R:\boldsymbol{y}=\boldsymbol{x}_0+\boldsymbol{O}(\boldsymbol{x}-\boldsymbol{x}_0)$ 称为**正交变换**.

现在考虑 L_t 的一般情况, 即 $c(\boldsymbol{x},t)$ 可以不为 0 的情形.

定理 4.2($c(\boldsymbol{x},t)\geqslant 0$ 情形的弱极值原理) 设 $u\in C^{2,1}(\Omega_T)\cap C(\overline{\Omega}_T)$ 且 $c(\boldsymbol{x},t)\geqslant 0$ 在 Ω_T 内成立,

(1) 如果 $u_t+L_tu\leqslant 0$ 在 Ω_T 内成立, 则 $\max\limits_{\overline{\Omega}_T}u\leqslant\max\limits_{\Gamma_T}u^+$, 其中, $u^+=\max\{u,0\}$;

(2) 如果 $u_t+L_tu\geqslant 0$ 在 Ω_T 内成立, 则 $\min\limits_{\overline{\Omega}_T}u\geqslant\min\limits_{\Gamma_T}u^-$, 其中, $u^-=\min\{u,0\}$.

证明 (1) 考虑情形 1: $u_t+L_tu<0$. 如果 u 在 $\overline{\Omega}_T$ 上的最大值非正, 则结论自然成立. 因此只需证明若 u 在 $\overline{\Omega}_T$ 上取到正的最大值, 则 u 的最大值必在抛物边界上达到. 现在设存在点 $(\boldsymbol{x}_0,t_0)\in\overline{\Omega}_T$, 使得 $u(\boldsymbol{x}_0,t_0)$ 为 $u(\boldsymbol{x},t)$ 在 $\overline{\Omega}_T$ 上正的最大值, 往证 $(\boldsymbol{x}_0,t_0)\in\Gamma_T$. 反证. 若 $(\boldsymbol{x}_0,t_0)\in\Omega_T$, 因为 $u(\boldsymbol{x}_0,t_0)>0$ 及 $c(x_0,t_0)\geqslant 0$, 由定理 4.1 知 $u_t+L_tu\geqslant 0$ 在 $(\boldsymbol{x}_0,t_0)\in\Omega_T$ 点, 这与 $u_t+L_tu<0$ 矛盾.

对于一般情形 2: $u_t+L_tu\leqslant 0$. 令 $u^\varepsilon(\boldsymbol{x},t)=u(\boldsymbol{x},t)-\varepsilon t$, 则 $u_t^\varepsilon+L_tu^\varepsilon=u_t+Lu-\varepsilon<0$ 在 Ω_T 内成立, 由情形 1 知 $\max\limits_{\overline{\Omega}_T}u^\varepsilon\leqslant\max\limits_{\Gamma_T}(u^\varepsilon)^+$, 令 $\varepsilon\to 0$ 可得 $\max\limits_{\overline{\Omega}_T}u\leqslant\max\limits_{\Gamma_T}u^+$.

(2) 由 $u_t+L_tu\geqslant 0$ 知 $(-u)_t+L_t(-u)\leqslant 0$. 由 (1) 知 $\max\limits_{\overline{\Omega}_T}(-u)\leqslant\max\limits_{\Gamma_T}(-u)^+$, 即 $\max\limits_{\overline{\Omega}_T}(-u)\leqslant\max\limits_{\Gamma_T}(-u^-)$ 或 $-\min\limits_{\overline{\Omega}_T}u\leqslant-\min\limits_{\Gamma_T}u^-$, 故 $\min\limits_{\overline{\Omega}_T}u\geqslant\min\limits_{\Gamma_T}u^-$.

注 4.6 定理 4.2 可以简单地叙述为 u 在 $\overline{\Omega}_T$ 上取到的非负最大值必在边界上达到, u 在 $\overline{\Omega}_T$ 上取到的非正最小值必在边界上达到. 当 $c(\boldsymbol{x},t)$ 在 $\overline{\Omega}_T$ 上有界时, 也有更一般的一些最大值最小值估计.

推论 4.1 设 $c(\boldsymbol{x},t)$ 在 $\overline{\Omega}_T$ 上有界, $u(\boldsymbol{x},t)\in C^{2,1}(\Omega_T)\cap C(\overline{\Omega}_T)$ 满足

$$\begin{cases}u_t+L_tu\geqslant 0, & (\boldsymbol{x},t)\in\Omega_T,\\ u\geqslant 0, & (\boldsymbol{x},t)\in\partial\Omega\times(0,T],\\ u(\boldsymbol{x},0)\geqslant 0, & \boldsymbol{x}\in\overline{\Omega},\end{cases}$$

则 $u(\boldsymbol{x},t)\geqslant 0$ 在 $\overline{\Omega}_T$ 上成立.

证明 令 $u = v\mathrm{e}^{\alpha t}$, 取 α 充分大, 使得 $h = \alpha + c \geqslant 0$, 则

$$\begin{aligned}u_t + L_t u &= v_t \mathrm{e}^{\alpha t} + \alpha \mathrm{e}^{\alpha t} v - \sum_{i,j=1}^{n} a^{ij} v_{x_i x_j} \mathrm{e}^{\alpha t} + \sum_{i=1}^{n} b^i v_{x_i} \mathrm{e}^{\alpha t} + cv\mathrm{e}^{\alpha t} \\ &= \left[v_t - \sum_{i,j=1}^{n} a^{ij} v_{x_i x_j} + \sum_{i=1}^{n} b^i v_{x_i} + (c+\alpha) v \right] \mathrm{e}^{\alpha t} \geqslant 0 \quad (\text{因为} u_t + L_t u \geqslant 0),\end{aligned}$$

即 $v_t + \tilde{L}_t v \geqslant 0$,对于 $\tilde{L}_t = \partial_t - \sum\limits_{i,j=1}^{n} a^{ij}(\boldsymbol{x},t) \dfrac{\partial^2}{\partial_{x_i} \partial_{x_j}} + \sum\limits_{i=1}^{n} b^i(\boldsymbol{x},t) \dfrac{\partial}{\partial_{x_i}} + (c(\boldsymbol{x},t) + \alpha)$ 中的 $c + \alpha \geqslant 0$, 显然在 $\partial\Omega \times (0,T]$ 上有 $v \geqslant 0$ 且在 $\overline{\Omega}$ 上有 $v(\boldsymbol{x},0) \geqslant 0$, 现证 $\min\limits_{\overline{\Omega}_T} v(\boldsymbol{x},t) = m \geqslant 0$. 否则 $m < 0$, 则由定理 4.2 知 $v(\boldsymbol{x},t)$ 在 $\overline{\Omega}_T$ 上的负最小值必在抛物边界 Γ_T 上达到, 而由假设知在抛物边界上 Γ_T 上 $v \geqslant 0$, 这是一个矛盾, 故 $v(\boldsymbol{x},t) \geqslant \min\limits_{\overline{\Omega}_T} v(\boldsymbol{x},t) \geqslant 0$, 即 $u(\boldsymbol{x},t) \geqslant 0$ 在 $\overline{\Omega}_T$ 上.

由推论 4.1 易得下面的比较定理.

推论 4.2(比较原理) 设 $c(\boldsymbol{x},t)$ 在 $\overline{\Omega}_T$ 上有界. 若 $u, v \in C^{2,1}(\Omega_T) \cap C(\overline{\Omega}_T)$ 满足

$$\begin{cases} u_t + L_t u \leqslant v_t + L_t v, & (\boldsymbol{x},t) \in \Omega_T, \\ u|_{\Gamma_T} \leqslant v|_{\Gamma_T}, \end{cases}$$

其中, Γ_T 是 Ω_T 的抛物边界, 则 $u \leqslant v$ 在 $\overline{\Omega}_T$ 上成立.

注 4.7 两种不同说法 "必在边界上达到"(也可以在 Ω_T 达到) 与 "除恒为常数外不能在 Ω_T(包括 $t = T$) 内达到" 的意思是不一样的, 后者的结论更强. 由于定理 4.2 属于前者, 故称之为弱极值原理. 下面组建强极值原理, 为此先建立 Harnack 不等式.

4.2.2 Harnack 不等式

定理 4.3(抛物型的 Harnack 不等式) 设 $u \in C^{2,1}(\Omega_T)$ 满足

$$\begin{cases} u_t + L_t u = 0, & \text{在}\Omega_T\text{内}, \\ u \geqslant 0, & \text{在}\Omega_T\text{内}, \end{cases} \tag{4.2.1}$$

又设 $V \subset\subset \Omega$ 是连通的, 则对每一个 $0 < t_1 < t_2 \leqslant T$, 存在正常数 C(依赖于 V, t_1, t_2, L_t 的系数), 使得

$$\sup_V u(\cdot, t_1) \leqslant C \inf_V u(\cdot, t_2).$$

注 4.8 Harnack 不等式说如果 u 是抛物型方程 (4.2.1) 的非负解, u 在某个正时刻区域 Ω 的子区域内的最大值可以用以后某个时间同样区域内的最大值来估计.

证明是烦琐的, 略去这一证明, 有兴趣的读者可参见文献 (Evans, 1998).

4.2.3 古典解的强极值原理

现在应用 Harnack 不等式建立强极值原理.

定理 4.4($c(\boldsymbol{x},t)\equiv 0$ 情形的强极值原理) 设 $u\in C^{2,1}(\Omega_T)\cap C(\overline{\Omega}_T)$. 又设 a^{ij},b^i 是光滑函数且 $c(\boldsymbol{x},t)\equiv 0$ 在 Ω_T 内, 也设 Ω 是连通的, 则

(1) 如果 $u_t+L_tu\leqslant 0$ 在 Ω_T 内成立且 u 在点 $(\boldsymbol{x}_0,t_0)\in\Omega_T$ 达到它在 $\overline{\Omega}_T$ 上的最大值, 那么 u 在 Ω_{t_0} 上恒为常数;

(2) 如果 $u_t+L_tu\geqslant 0$ 在 Ω_T 内成立且 u 在点 $(\boldsymbol{x}_0,t_0)\in\Omega_T$ 达到它在 $\overline{\Omega}_T$ 上的最小值, 那么 u 在 Ω_{t_0} 上恒为常数.

证明 (1) 设 $u_t+L_tu\leqslant 0$ 在 Ω_T 内成立且 u 在点 $(\boldsymbol{x}_0,t_0)\in\Omega_T$ 达到它在 $\overline{\Omega}_T$ 上的最大值. 任取开子集 $W\subset\subset\Omega$, 使得 $\boldsymbol{x}_0\in W$, 令 v 是

$$\begin{cases}v_t+L_tv=0, & (\boldsymbol{x},t)\in W_T,\\ v=u, & (\boldsymbol{x},t)\in\partial_pW_T\end{cases}$$

的解, 其中, ∂_pW_T 表示 W_T 的抛物边界. 由弱极值原理知 $\max\limits_{(\boldsymbol{x},t)\in\overline{W}_T}v(\boldsymbol{x},t)=\max\limits_{(\boldsymbol{x},t)\in\partial_pW_T}v(\boldsymbol{x},t)=\max\limits_{(\boldsymbol{x},t)\in\partial_pW_T}u(\boldsymbol{x},t)$. 再由比较原理知 $u\leqslant v$ 在 W_T 上成立, 从而在 W_T 上有 $u\leqslant v\leqslant\max\limits_{\overline{W}_T}v\leqslant\max\limits_{\partial_pW_T}u\leqslant\max\limits_{\overline{\Omega}_T}u=M$. 由于 $(\boldsymbol{x}_0,t_0)\in W_T$, 于是有 $v(\boldsymbol{x}_0,t_0)=M$, 令 $\tilde{v}=M-v$, 则由 $c=0$ 知

$$\tilde{v}_t+L_t\tilde{v}=0\text{且}\tilde{v}\geqslant 0,\quad\forall(\boldsymbol{x},t)\in W_T.\tag{4.2.2}$$

(4.2.2) 式形式上同于 (4.2.1) 式. 任取 $V\subset\subset W$, 使得 $x_0\in V$, V 是连通的. 令 $0<t<t_0$, 由 Harnack 不等式知

$$\max_V\tilde{v}(\cdot,t)\leqslant C\inf_V\tilde{v}(\cdot,t_0),\tag{4.2.3}$$

但 $\inf\limits_V\tilde{v}(\cdot,t_0)\leqslant\tilde{v}(x_0,t_0)=0$. 于是 (4.2.3) 式暗示 $\tilde{v}\equiv 0$ 在 $V\times\{t\},\forall 0<t<t_0$. 由 V 的任意性可知 $\tilde{v}\equiv 0$ 在 W_{t_0} 上成立, 即 $v\equiv M$ 在 W_{t_0} 上成立. 再由 v 的定义知 $u\equiv M$ 在 $\partial_pW_{t_0}$ 上成立. 再由 W 的任意性知 $u\equiv M$ 在 Ω_{t_0} 上成立.

(2) 类似可证.

定理 4.5($c(\boldsymbol{x},t)\geqslant 0$ 情形的强极值原理) 设 $u\in C^{2,1}(\Omega_T)\cap C(\overline{\Omega}_T)$, $c(\boldsymbol{x},t)\geqslant 0$ 在 $\overline{\Omega}_T$ 上成立, 也设 Ω 是连通的, 则

(1) 如果 $u_t + L_t u \leqslant 0$ 在 Ω_T 内成立且 u 在点 $(\boldsymbol{x}_0, t_0) \in \Omega_T$ 达到它在 $\overline{\Omega}_T$ 上的非负最大值, 那么 u 在 Ω_{t_0} 上恒为常数;

(2) 如果 $u_t + L_t u \geqslant 0$ 在 Ω_T 内成立且 u 在点 $(\boldsymbol{x}_0, t_0) \in \Omega_T$ 达到它在 $\overline{\Omega}_T$ 上的非正最小值, 那么 u 在 Ω_{t_0} 上恒为常数.

证明 (1) 记 $M = \max\limits_{\overline{\Omega}_T} u(\boldsymbol{x}, t) \geqslant 0$ 且 $u(\boldsymbol{x}_0, t_0) = M, (\boldsymbol{x}_0, t_0) \in \Omega_T$. 如果 $M = 0, u(\boldsymbol{x}_0, t_0) = 0$, 同定理 4.4(1) 证明一样, 易证结论成立 (此时相当于 $c(\boldsymbol{x}, t) \equiv 0$ 情形), 因此设 $M > 0$. 让 W 同定理 4.4, 取 v 满足

$$\begin{cases} v_t + Kv = 0, & \text{在} W_T \text{上}, \\ v = u^+, & \text{在} \partial_p W_T \text{上}, \end{cases}$$

其中, $Kv = L_t v - cv$. 要证 u 恒为常数, 只需证明 v 恒为常数. 注意 $0 \leqslant v \leqslant M$($M$ 是上解).

另一方面, $v(x_0, t_0) = M$. 事实上, 由 $c(x, t) \geqslant 0$ 知

$$u_t + Ku = u_t + L_t u - cu = -cu \leqslant 0, \quad \text{在} \{u \geqslant 0\} \text{上},$$

由于 $u(\boldsymbol{x}_0, t_0) = M, (\boldsymbol{x}_0, t_0) \in \Omega_T$, 于是存在一个集合 W_T, 使得集合 $\{u \geqslant 0\}$ 与 W_T 交集为一非空区域, 在二者交集上使用比较原理可得 $u \leqslant v$, 于是 $v(\boldsymbol{x}_0, t_0) = M$.

令 $\tilde{v} = M - v$, 因为算子 K 无零阶项, 故 $\tilde{v}_t + K\tilde{v} = 0, \tilde{v} \geqslant 0$ 在 W_T 内, 留下的证明与定理 4.4 的证明一样可得 $u \equiv M$ 在 Ω_{t_0} 上.

(2) 类似可证.

推论 4.3 若 $u \in C^{2,1}(\Omega_T) \cap C(\overline{\Omega}_T)$ 是初边值问题

$$\begin{cases} u_t + L_t u = 0, & (\boldsymbol{x}, t) \in \Omega_T, \\ u = 0, & (\boldsymbol{x}, t) \in \partial\Omega \times (0, T), \\ u(\boldsymbol{x}, 0) = u_0(\boldsymbol{x}) \geqslant 0, & u_0(\boldsymbol{x}) \neq 0, \boldsymbol{x} \in \overline{\Omega} \end{cases}$$

的解, 则 $u(x, t) > 0$ 在 Ω_T 上.

证明 令 $u = v\mathrm{e}^{\alpha t}$, 取 α 充分大, 使得 $h = \alpha + c \geqslant 0$, 则 v 满足

$$\begin{cases} v_t - \sum a^{ij} v_{x_i x_j} + \sum b^i v_{x_i} + (c + \alpha) v = 0, & (\boldsymbol{x}, t) \in \Omega_T, \\ v = 0, & (\boldsymbol{x}, t) \in \partial\Omega \times (0, T), \\ v(\boldsymbol{x}, 0) = v_0(\boldsymbol{x}) \geqslant 0, & v_0(\boldsymbol{x}) \neq 0, \quad \boldsymbol{x} \in \overline{\Omega}. \end{cases}$$

首先 $\underline{u}(\boldsymbol{x}, t) = 0$ 是下解, 故由比较原理知 $v \geqslant 0$, 下证 $v(\boldsymbol{x}, t) > 0$ 在 Ω_T 内. 若不然, 存在 $(\boldsymbol{x}_0, t_0) \in \Omega_T$, 使得 $v(\boldsymbol{x}_0, t_0) = 0$, 由强最大值原理可得 $v \equiv 0$, 与 $v(\boldsymbol{x}, 0) \neq 0$ 矛盾.

注 4.9 这个性质在物理上非常有意义, 通常 u 表示温度, 该定理说明了只要物体的初始温度不恒为零, 温度就可以传播的到物体内部的任何地方. 该性质也说明了 "抛物方程具有无限的传播速度 (可以传播到任何地方)".

推论 4.4(第一初边值问题古典解的唯一性) 设 $f \in C\left(\overline{\Omega}_T\right), g \in C(\partial\Omega_T), \varphi \in C\left(\overline{\Omega}\right)$, 则

$$\begin{cases} u_t + L_t u = f(\boldsymbol{x}, t), & (\boldsymbol{x}, t) \in \Omega_T, \\ u = g(\boldsymbol{x}, t), & (\boldsymbol{x}, t) \in \partial\Omega \times (0, T), \\ u(\boldsymbol{x}, 0) = u_0(\boldsymbol{x}), & \boldsymbol{x} \in \overline{\Omega} \end{cases}$$

至多有一个解 $u \in C^{2,1}(\Omega_T) \cap C(\overline{\Omega}_T)$.

证明 如果 u_1, u_2 都是解, 则 $\tilde{u} = u_1 - u_2$ 满足

$$\begin{cases} \tilde{u}_t + L_t \tilde{u} = 0, & (\boldsymbol{x}, t) \in \Omega_T, \\ \tilde{u} = 0, & (\boldsymbol{x}, t) \in \partial\Omega \times (0, T), \\ \tilde{u}(\boldsymbol{x}, 0) = 0, & \boldsymbol{x} \in \bar{\Omega}. \end{cases}$$

由强极值原理 $\tilde{u} \equiv 0$, 故 $u_1 = u_2$, 即至多只有一个古典解.

注 4.10 最大值原理也可以应用到混合边值问题.

4.2.4 Cauchy 问题的最大值原理 ($\Omega = \mathbb{R}^n$ 情形)

对于 Cauchy 问题, 区域不再是有界区域, 必须对解在充分大的区域外的行为加入某种控制. 下面以热传导方程为例.

定理 4.6 设 $u \in C^{2,1}(\mathbb{R}^n \times (0, T]) \cap C(\mathbb{R}^n \times [0, T])$ 是

$$\begin{cases} u_t - \Delta u = 0, & (\boldsymbol{x}, t) \in \mathbb{R}^n \times (0, T), \\ u = u_0(\boldsymbol{x}), & (\boldsymbol{x}, t) \in \mathbb{R}^n \times \{t = 0\} \end{cases}$$

的解且满足增长估计

$$u(\boldsymbol{x}, t) \leqslant A\mathrm{e}^{\alpha|\boldsymbol{x}|^2}, \quad (\boldsymbol{x}, t) \in \mathbb{R}^n \times [0, T],$$

这里 A, α 为常数, 则

$$\sup_{\mathbb{R}^n \times [0, T]} u(\boldsymbol{x}, t) = \sup_{\mathbb{R}^n} u_0(\boldsymbol{x}).$$

证明 对于给定的 $\alpha, T > 0$ 有两种可能: $4\alpha T < 1, 4\alpha T \geqslant 1$.

情形 1. $4\alpha T < 1$ 时, 此时存在 $\varepsilon > 0$, 使得 $4\alpha(T + \varepsilon) < 1$. (4.2.4)

对于固定的 $\boldsymbol{y} \in \mathbb{R}^n, \mu > 0$, 定义

$$v(\boldsymbol{x}, t) = u(\boldsymbol{x}, t) - \frac{\mu}{(T + \varepsilon - t)^{n/2}} \mathrm{e}^{\frac{|\boldsymbol{x} - \boldsymbol{y}|^2}{4(T + \varepsilon - t)}}, \quad \boldsymbol{x} \in \mathbb{R}^n, 0 \leqslant t \leqslant T,$$

直接验证可知

$$v_t - \Delta v = 0, \quad \boldsymbol{x} \in \mathbb{R}^n, 0 \leqslant t \leqslant T.$$

对于固定的 $r > 0$, 记 $\Omega = B^0(y,r)$(开球), $\Omega_T = B^0(\boldsymbol{y},r) \times (0,T]$, $\Gamma_T = \overline{B^0} \cup \{B^0 \times (0,T]\}$ 为 Ω_T 的抛物边界, 此时 Ω_T 为有界区域. 由最大值原理知

$$\max_{\overline{\Omega}_T} v = \max_{\Gamma_T} v. \tag{4.2.5}$$

现在计算 $\max\limits_{\Gamma_T} v(x,t)$ 如下:

(1) $t = 0, \boldsymbol{x} \in \mathbb{R}^n : v(\boldsymbol{x},0) = u(\boldsymbol{x},0) - \dfrac{\mu}{(T+\varepsilon)^{\frac{n}{2}}} \mathrm{e}^{\frac{|\boldsymbol{x}-\boldsymbol{y}|^2}{4(T+\varepsilon)}} \leqslant u(\boldsymbol{x},0) = u_0(\boldsymbol{x})$;

(2) $(\boldsymbol{x},t) \in \partial B^0(\boldsymbol{y},r) \times [0,T]$, 即 $|\boldsymbol{x}-\boldsymbol{y}| = r, 0 \leqslant t \leqslant T$ 时,

$$\begin{aligned} v(\boldsymbol{x},t) &= u(\boldsymbol{x},t) - \frac{\mu}{(T+\varepsilon-t)^{n/2}} \mathrm{e}^{\frac{r^2}{4(T+\varepsilon-t)}} \\ &\leqslant A\mathrm{e}^{\alpha|\boldsymbol{x}|^2} - \frac{\mu}{(T+\varepsilon-t)^{n/2}} \mathrm{e}^{\frac{r^2}{4(T+\varepsilon-t)}} \\ &\leqslant A\mathrm{e}^{\alpha(|\boldsymbol{y}|+r)^2} - \frac{\mu}{(T+\varepsilon)^{n/2}} \mathrm{e}^{\frac{r^2}{4(T+\varepsilon)}}. \end{aligned}$$

由 (4.2.4) 式知 $\alpha < \dfrac{1}{4(T+\varepsilon)}$, 于是存在 $r > 0$, 使得

$$\frac{1}{4(T+\varepsilon)} = \alpha + r.$$

因此

$$v(\boldsymbol{x},t) \leqslant A\mathrm{e}^{\alpha(|\boldsymbol{y}|+r)^2} - \mu(4(\alpha+r))^{\frac{n}{2}} \mathrm{e}^{(\alpha+r)r} \to -\infty, \quad r \to \infty.$$

这样对于给定的 g, 总可选取 r 充分大, 使得

$$v(\boldsymbol{x},t) \leqslant A\mathrm{e}^{\alpha(|\boldsymbol{y}|+r)^2} - \mu(4(\alpha+r))^{\frac{n}{2}} \mathrm{e}^{(\alpha+r)r} \leqslant \sup_{\mathbb{R}^n} u_0(x), \quad r \to \infty,$$

结合 (1) 和 (2) 可知

$$\max_{\Gamma_T} v(\boldsymbol{x},t) \leqslant \sup_{\mathbb{R}^n} u_0(\boldsymbol{x}). \tag{4.2.6}$$

由 (4.2.5) 式, (4.2.6) 式知

$$\max_{\overline{\Omega}_T} v(\boldsymbol{x},t) \leqslant \sup_{\mathbb{R}^n} u_0(\boldsymbol{x}) \quad \text{对于} r \text{充分大都成立.}$$

令 $r \to \infty$ 得

$$\sup_{\mathbb{R}^n \times [0,T]} v(\boldsymbol{x},t) \leqslant \sup_{\mathbb{R}^n} u_0(\boldsymbol{x}).$$

再令 $\mu \to 0$ 得

$$\sup_{\mathbb{R}^n \times [0,T]} u(\boldsymbol{x},t) \leqslant \sup_{\mathbb{R}^n} u_0(\boldsymbol{x}).$$

情形 2. $4\alpha T \geqslant 1$.

取 $T_1 = \dfrac{1}{8\alpha}$, 在 $[0,T_1],[T_1,2T_1],\cdots$ 上分别应用情形 1 即可得结论.

推论 4.5(Cauchy 问题解的唯一性) 设 $u_0 \in C(\mathbb{R}^n), f \in C(\mathbb{R}^n \times [0,T])$, 则 Cauchy 问题

$$\begin{cases} u_t - \Delta u = f(\boldsymbol{x},t), & \text{在}\mathbb{R}^n \times (0,T)\text{内}, \\ u = u_0(\boldsymbol{x}), & \text{在}\mathbb{R}^n \times \{t=0\}\text{上} \end{cases}$$

至多有一个解 $u \in C^{2,1}(\mathbb{R}^n \times (0,T]) \cap C(\mathbb{R}^n \times [0,T])$ 满足

$$|u(\boldsymbol{x},t)| \leqslant A\mathrm{e}^{\alpha|\boldsymbol{x}|^2}, \quad \boldsymbol{x} \in \mathbb{R}^n, 0 \leqslant t \leqslant T,$$

其中, A, α 为大于 0 的常数.

证明 如果 u_1, u_2 为两个解, 则 $v = u_1 - u_2$ 满足

$$\begin{cases} v_t - \Delta v = 0, & \boldsymbol{x} \in \mathbb{R}^n, 0 < t < T, \\ v = 0, & (\boldsymbol{x},t) \in \mathbb{R}^n \times \{t=0\}. \end{cases}$$

于是应用定理 4.6 到 $\pm v$ 可得 $v \equiv 0$.

注 4.11 对于 Cauchy 问题解的唯一性依赖于解在无穷远处的增长条件, 否则解不一定是唯一的.

注 4.12 使用 Fourier 变换可得 Cauchy 问题

$$\begin{cases} u_t - a^2\Delta u = f, & \text{在}\mathbb{R}^n \times (0,T)\text{内}, \\ u = u_0, & \text{在}\mathbb{R}^n \times \{t=0\}\text{上} \end{cases}$$

的解为

$$u(\boldsymbol{x},t) = \int_{\mathbb{R}^n} \varPhi(\boldsymbol{x}-\boldsymbol{y},t)u_0(\boldsymbol{y})\mathrm{d}\boldsymbol{y} + \int_0^t \int_{\mathbb{R}^n} \varPhi(\boldsymbol{x}-\boldsymbol{y},t-s)f(\boldsymbol{y},s)\mathrm{d}\boldsymbol{y}\mathrm{d}s,$$

其中,

$$\varPhi(\boldsymbol{x},t) = \begin{cases} \dfrac{1}{(4\pi a^2 t)^{n/2}}\mathrm{e}^{-\frac{|\boldsymbol{x}|^2}{4a^2 t}}, & \boldsymbol{x} \in \mathbb{R}^n, t > 0, \\ 0, & \boldsymbol{x} \in \mathbb{R}^n, t \leqslant 0. \end{cases}$$

4.3 古典解的唯一性与能量方法

4.3.1 唯一性

在前面, 基于最大值原理, 证明了抛物型方程的初边值问题以及 Cauchy 问题解的唯一性. 事实上, 有一种更简单的方法来证明古典解的唯一性, 这就是基于分部积分的能量方法.

考虑初边值问题

$$\begin{cases} u_t + L_t u = f(\boldsymbol{x},t), & (\boldsymbol{x},t) \in \Omega_T, \\ u = g(\boldsymbol{x},t), & (\boldsymbol{x},t) \in \partial\Omega \times (0,T), \\ u(\boldsymbol{x},0) = u_0(\boldsymbol{x}), & \boldsymbol{x} \in \overline{\Omega}, \end{cases} \tag{4.3.1}$$

其中,

$$L_t u = -\sum_{i,j=1}^{n} (a^{ij}(\boldsymbol{x},t)u_{x_i})_{x_j} + \sum_{i=1}^{n} b^i(\boldsymbol{x},t)u_{x_i} + c(\boldsymbol{x},t)u$$

且 $a^{ij}, c, f, g \in C(\overline{\Omega}_T), b \in C^1(\overline{\Omega}_T), u_0 \in C(\overline{\Omega})$.

定理 4.7(古典解的唯一性) 问题 (4.3.1) 至多存在一个解 $u \in C^{2,1}(\Omega_T) \cap C(\overline{\Omega}_T)$.

证明 如果 $\tilde{u}$ 是 (4.3.1) 式的任意解, 记 $w = u - \tilde{u}$, w 满足

$$\begin{cases} w_t + L_t w = 0, & (\boldsymbol{x},t) \in \Omega_T, \\ w = 0, & (\boldsymbol{x},t) \in \partial\Omega \times (0,T), \\ w(\boldsymbol{x},0) = 0, & \boldsymbol{x} \in \overline{\Omega}. \end{cases}$$

令 $e(t) = \int_\Omega w^2(\boldsymbol{x},t)\mathrm{d}\boldsymbol{x}$, 则

$$\frac{\mathrm{d}}{\mathrm{d}t}e(t) - \int_\Omega (a^{ij} w_{x_i})_{x_j} w\mathrm{d}\boldsymbol{x} + \int_\Omega b^i w_{x_i} w\mathrm{d}\boldsymbol{x} + \int_\Omega cw^2\mathrm{d}\boldsymbol{x} = 0,$$

即

$$\frac{\mathrm{d}}{\mathrm{d}t}e(t) + \int_\Omega a^{ij} w_{x_i} w_{x_j}\mathrm{d}\boldsymbol{x} - \int_\Omega \frac{w^2}{2} b^i_{x_i}\mathrm{d}\boldsymbol{x} + \int_\Omega cw^2\mathrm{d}\boldsymbol{x} = 0.$$

由于 $\partial_t + L_t$ 是抛物的, 于是 $\int_\Omega a^{ij} w_{x_i} w_{x_j}\mathrm{d}\boldsymbol{x} \geqslant \theta \int_\Omega |\nabla w|^2\mathrm{d}\boldsymbol{x}$, 因此

$$\frac{\mathrm{d}}{\mathrm{d}t}\int_\Omega w^2(\boldsymbol{x},t)\mathrm{d}\boldsymbol{x} \leqslant C\int_\Omega w^2(\boldsymbol{x},t)\mathrm{d}\boldsymbol{x}.$$

又由于 $\int_\Omega w(x,0)\mathrm{d}\boldsymbol{x} = 0$, 故由 Gronwall 不等式可知

$$\int_\Omega w^2(x,t)\mathrm{d}\boldsymbol{x} \equiv 0,$$

于是在 Ω_T 内 $w(\boldsymbol{x},t) \equiv 0$.

4.3.2　能量不等式

对于抛物型方程, 先验估计是一个十分重要的方法, 而且习惯将最基本的先验估计式称为能量不等式.

定理 4.8　设方程 (4.3.1) 的系数为 $C^\infty(\Omega_T)$ 函数, 若 $u \in C^\infty(\Omega_T)$ 是初边值问题 (4.3.1) 的解且 $f \in L^2(\Omega_T)$, $u_0 \in L^2(\Omega)$, $g(x,t)=0$ 则对一切 $0 \leqslant t \leqslant T$, 成立下面的能量不等式:

$$\int_\Omega u^2(\boldsymbol{x},t)\mathrm{d}\boldsymbol{x} \leqslant C\left(\int_\Omega u_0^2(\boldsymbol{x})\mathrm{d}\boldsymbol{x} + \int_0^t\int_\Omega f^2(\boldsymbol{x},t)\mathrm{d}\boldsymbol{x}\mathrm{d}t\right). \tag{4.3.2}$$

证明　同于唯一性的证明, 利用 Green 公式和 Cauchy-Schwarz 不等式易得结论 (4.3.2).

4.4　Galerkin 方法与弱解的存在唯一性

考察初边值问题

$$\begin{cases} u_t + L_t u = f(\boldsymbol{x},t), & (\boldsymbol{x},t) \in \Omega_T, \\ u = 0, & (\boldsymbol{x},t) \in \partial\Omega \times (0,T), \\ u(\boldsymbol{x},0) = u_0(\boldsymbol{x}), & \boldsymbol{x} \in \overline{\Omega}. \end{cases} \tag{4.4.1}$$

本节假设 L_t 具有散度形式

$$L_t = -\sum_{i,j=1}^n (a^{ij}(\boldsymbol{x},t)u_{x_i})_{x_j} + \sum_{i=1}^n b^i(\boldsymbol{x},t)u_{x_i} + c(\boldsymbol{x},t)u, \tag{4.4.2}$$

其中,

$$a^{ij} = a^{ji}(i,j=1,\cdots,n), \quad a^{ij}, b^i, c \in L^\infty(\Omega_T), \quad f \in L^2(\Omega_T), g \in L^2(\Omega). \tag{4.4.3}$$

引入记号

$$B[u,v,t] = \int_\Omega \left[\sum a^{ij}(\cdot,t)u_{x_i}v_{x_j} + \sum b^i(\cdot,t)u_{x_i}v + c(\cdot,t)uv\right]\mathrm{d}\boldsymbol{x},$$
$$\forall u,v \in H_0^1(\Omega)\text{及a.e. } t \in [0,T].$$

4.4.1　弱解的定义

如何定义弱解? 这是首先应该解决的问题. 为了定义弱解, 暂时假设 u 是光滑的.

现在定义映射 $u:[0,T] \mapsto H_0^1(\Omega)$,

$$[u(x)](t) \triangleq u(x,t), \quad \boldsymbol{x} \in \Omega, 0 \leqslant t \leqslant T$$

(换句话说, 不把 u 看成 $(\boldsymbol{x},t)$ 的函数, 而是看成 t 到 $\boldsymbol{x}$ 的函数空间 $H_0^1(\Omega)$ 上的映射).

对于固定的 $v\in H_0^1(\Omega)$, 由 $\partial_t u+L_t u=f$ 可得

$$\langle u',v\rangle+B[u,v,t]=(f,v), \tag{4.4.4}$$

其中, $'=\dfrac{\mathrm{d}}{\mathrm{d}t}$, $(f,v)=\displaystyle\int_\Omega fv\mathrm{d}\boldsymbol{x}$. 这里只要 $u\in H_0^1(\Omega), f\in L^2(\Omega)$, 则 $\langle u',v\rangle$ 是有意义的, 它表示 $H^{-1}(\Omega)$ 与 $H_0^1(\Omega)$ 的对偶积. 事实上, 根据 $H^{-1}(\Omega)$ 的定义, 可以重写 (4.4.4) 式为

$$u'=u_t=\sum_{i,j=1}^n(a^{ij}(\boldsymbol{x},t)u_{x_i})_{x_j}-\sum_{i=1}^n b^i(\boldsymbol{x},t)u_{x_i}-c(\boldsymbol{x},t)u+f(\boldsymbol{x},t)=f^0+\sum_{j=1}^n f^j_{x_j},$$

$$f^j=\sum_{i=1}^n a^{ij}u_{x_i},\quad f^0=f-\sum_{i=1}^n b^i u_{x_i}-cu.$$

如果 $u\in H_0^1(\Omega), f\in L^2(\Omega)$, 则 $f^0,f^j\in L^2(\Omega)$, 故由 H^{-1} 的定义知对于固定的 t 有 $u_t\in H^{-1}(\Omega)$, 而且

$$\|u_t(\cdot,t)\|_{H^{-1}(\Omega)}\leqslant\left(\sum_{j=0}^n\|f^j(\cdot,t)\|^2_{L^2(\Omega)}\right)^{\frac12}\leqslant C\left(\|u(\cdot,t)\|^2_{H_0^1(\Omega)}+\|f(\cdot,t)\|^2_{L^2(\Omega)}\right).$$

定义 4.2 称一个函数 $u\in L^2(0,T;H_0^1(\Omega))(u'\in L^2(0,T;H^{-1}(\Omega)))$ 是初边值问题 (4.4.1) 的一个弱解, 如果

(1) $\langle u',v\rangle+B[u,v,t]=(f,v),\quad\forall v\in H_0^1(\Omega)$ a.e. $0\leqslant t\leqslant T$;

(2) $u(0)=u_0\left(\Leftrightarrow\displaystyle\int_\Omega u(x,0)\varphi\mathrm{d}\boldsymbol{x}=\int_\Omega u_0\varphi\mathrm{d}\boldsymbol{x},\quad\forall\varphi\in C_0^\infty(\Omega)\right)$.

4.4.2 Galerkin 方法

考虑抛物问题

$$\begin{cases}u_t+L_tu=f, & (\boldsymbol{x},t)\in\ \Omega_T,\\ u=0, & (\boldsymbol{x},t)\in\ \partial\Omega\times[0,T],\\ u=u_0, & \boldsymbol{x}\in\ \overline{\Omega}.\end{cases}$$

通过无穷维空间的某种“有限维”近似来构造近似解序列, 然后通过逼近近似解序列的极限来获得弱解. 下面介绍一种构造近似解的方法, 称为 **Galerkin 近似**. 其基本思想如下:

取一组光滑函数 $w_k = w_k(x)(k = 1, 2, \cdots)$ 满足

$$\{w_k\}_{k=1}^{\infty}\text{ 是}H_0^1(\Omega)\text{的正交基(但不是标准的) 且 }\{w_k\}_{k=1}^{\infty}\text{ 是}L^2(\Omega)\text{的标准正交基.} \tag{4.4.5}$$

这种基的存在性, 参见前面椭圆问题的特征值问题. 注意 $L^2(\Omega)$ 和 $H_0^1(\Omega)$ 是无限维空间, 即存在无限个线性无关的向量, 现在转到有限维空间上来处理问题. 固定一个整数 m, 则 $\{w_1, w_2, \cdots, w_m\}$ 为 $H_0^1(\Omega)$ 中的 m 个线性无关的函数, 由此可张成一个 m 维的线性子空间 $W_m(\Omega) = \text{span}\,\{w_1, \cdots, w_m\}$. 在空间 $W_m(\Omega)$ 上找到一个函数, 使得

$$\begin{cases} \langle u_m', v_m\rangle + B[u_m, v_m, t] = (f, v_m), \quad \forall v_m \in W_m(\Omega) \quad \text{a.e.} 0 \leqslant t \leqslant T, \\ u_m(0) = g_m. \end{cases} \tag{4.4.6}$$

称 $\{u_m\}_{m=1}^{\infty}$ 为近似解序列. 这种构造近似解序列的方法在计算数学中被称为 **Galerkin 近似**.

如果当 $m \to \infty$ 时在某种意义下有 $u_m \to u$ 且在 (4.4.6) 式中每一项可取极限得

$$\begin{cases} \langle u', v\rangle + B[u, v, t] = (f, v), \quad \forall v \in H_0^1(\Omega) \ \ \text{a.e. } 0 \leqslant t \leqslant T, \\ u(0) = u_0, \end{cases}$$

即得到弱解. 这种通过 Galerkin 近似获得弱解的方法被称为 **Galerkin 方法**.

注 4.13　(4.4.6) 式成立等价于

$$\langle u_m', w_k\rangle + B[u_m, w_k, t] = (f, w_k), \quad 0 \leqslant t \leqslant T, k = 1, 2, \cdots, m$$

成立, 这是因为 $\{w_k\}_{k=1}^{m}$ 是 $W_m(\Omega)$ 的正交基.

下面使用上述思想来证明弱解的存在性.

4.4.3 Galerkin 近似

对于给定的正整数 m, 寻找一个函数 $u_m : [0, T] \mapsto H_0^1(\Omega)$ 形为

$$u_m(t) = \sum_{k=1}^{m} d_m^k(t) w_k, \tag{4.4.7}$$

其中, $d_m^k(t)$ $(0 \leqslant t \leqslant T, k = 1, 2, \cdots, m)$ 满足

$$\begin{cases} (u_m'(t), w_k) + B[u_m, w_k; t] = (f, w_k), \quad 0 \leqslant t \leqslant T, & (4.4.8) \\ d_m^k(0) = (u_0, w_k), \quad k = 1, 2, \cdots, m, & (4.4.9) \end{cases}$$

这里 $(\cdot, \cdot)$ 表示 $L^2(\Omega)$ 中的内积.

形为 (4.4.7) 式的函数 $u_m(t)\in W_m(\Omega)=\text{span}\{u_1,u_2,\cdots,u_m\}$, 这样求无限维空间中的函数转化为求有限维空间中的函数作其近似解.

定理 4.9 对给定的整数 $m=1,2,\cdots$, 存在唯一的形为 (4.4.7) 式的函数 $u_m(t)$ 满足 (4.4.8) 式和 (4.4.9) 式.

证明 假设

$$u_m(t)=\sum_{l=1}^{m}d_m^l(t)w_l,$$

其中, $d_m^l(t)$ 待定. 显然,

$$(u_m'(t),w_k)=\left(\sum_{l=1}^{m}\frac{\mathrm{d}}{\mathrm{d}t}d_m^l(t)w_l,w_k\right)=\frac{\mathrm{d}}{\mathrm{d}t}d_m^k(t),$$

$$B[u_m,w_k;t]=B\left[\sum_{l=1}^{m}d_m^l(t)w_l,w_k;t\right]=\sum_{l=1}^{m}B[w_l,w_k;t]d_m^l(t)=\sum_{l=1}^{m}\mathrm{e}^{kl}(t)d_m^l(t),$$

其中, $e^{kl}(t)=B[w_l,w_k;t]$(为 t 的已知函数), 记 $f_k(t)=(f(t),w_k)(k=1,2,\cdots,m)$, 则 (4.4.8) 式变为常微分方程组

$$\begin{cases}\dfrac{\mathrm{d}}{\mathrm{d}t}d_m^k(t)+\displaystyle\sum_{l=1}^{m}e^{kl}(t)d_m^l(t)=f^k(t),\\ d_m^k(0)=(u_0,w_k),\quad k=1,2,\cdots,m.\end{cases}\tag{4.4.10}$$

注意$e^{kl}(t)=\displaystyle\int\left[\sum_{i,j=1}^{n}a^{ij}(\boldsymbol{x},t)w_{lx_i}w_{kx_j}+\sum_{i=1}^{n}b^i(\boldsymbol{x},t)w_{lx_i}w_k+c(\boldsymbol{x},t)w_lw_k\right]\mathrm{d}\boldsymbol{x}\in L^\infty$ $([0,T])$, $f_k(t)$ 在 $[0,T]$ 上可积, 由常微分方程组解的存在唯一性可知存在唯一的绝对连续函数组 $\{d_m^k(t)\}_{k=1}^m\in H^1(0,T)$ 满足 (4.4.10) 式, 取 $u_m(t)=\displaystyle\sum_{k=1}^{m}d_m^k(t)w_k$, 其中, $d_m^k(t)$ 满足 (4.4.10) 式, 则 $u_m(t)$ 满足 (4.4.8) 式和 (4.4.9) 式. 这就证明了结论.

下面证明序列 $u_m(t)$ 的收敛性, 为此先作能量估计.

4.4.4 能量估计

为了证明序列 $\{u_m(t)\}_{m=1}^\infty$ 的收敛性, 必须获得与 m 无关的一致估计.

定理 4.10(能量估计) 存在一个常数 C, 只依赖于 Ω,T 及 L 的系数, 使得

$$\begin{aligned}&\max_{0\leqslant t\leqslant T}\|u_m(t)\|_{L^2(\Omega)}+\|u\|_{L^2(0,T;L^2(\Omega))}+\|u_m'\|_{L^2(0,T;H^{-1}(\Omega))}\\ &\leqslant C(\|f\|_{L^2(0,T;L^2(\Omega))}+\|u_0\|_{L^2(\Omega)}),\quad m=1,2,\cdots.\end{aligned}\tag{4.4.11}$$

证明　由定理 4.9 知存在 $\{d_m^k(t)\}_{k=1}^m$, 使得 $u_m(t)=\sum\limits_{k=1}^m d_m^k(t)w_k$ 满足 (4.4.8) 式, (4.4.9) 式. 用 $d_m^k(t)$ 乘以 (4.4.8) 式并求和可得

$$(u_m'(t),u_m(t))+B[u_m,u_m;t]=(f,u_m)\quad \text{a.e.}0\leqslant t\leqslant T.$$

因为

$$\begin{aligned}B[u_m,u_m;t]&=\int_\Omega\left[\sum_{i,j=1}^n a^{ij}(u_m)_{x_i}(u_m)_{x_j}+\sum_{i=1}^n b^i(u_m)_{x_i}u_m+cu_m^2\right]\mathrm{d}\boldsymbol{x}\\&\geqslant\frac{\theta}{2}\|\mathbf{D}u_m\|_{L^2(\Omega)}^2-\gamma\|u_m\|_{L^2(\Omega)}^2,\end{aligned}$$

又 $u_m(t)|_{\boldsymbol{x}\in\partial\Omega}=0$, 故由 Poincaré 不等式知

$$\|u_m\|_{L^2(\Omega)}\leqslant C\|\mathbf{D}u_m\|_{L^2(\Omega)},$$

其中, $C>0$ 为某个常数. 因此可得

$$\beta\|u_m\|_{H_0^1(\Omega)}^2\leqslant B[u_m,u_m;t]+\gamma\|u_m\|_{L^2(\Omega)}^2,$$

而且

$$|(f,u_m)|\leqslant\int_\Omega|fu_m|\,\mathrm{d}\boldsymbol{x}\leqslant\frac12\|f\|_{L^2(\Omega)}^2+\frac12\|u_m\|_{L^2(\Omega)}^2,$$

又

$$(u_m',u_m)=\int_\Omega u_m'u_m\mathrm{d}\boldsymbol{x}=\frac12\frac{\mathrm{d}}{\mathrm{d}t}\int_\Omega u_m^2\mathrm{d}\boldsymbol{x},$$

故存在不依赖于 m 的常数 $C_1,C_2>0$, 使得

$$\frac{\mathrm{d}}{\mathrm{d}t}\|u_m\|_{L^2(\Omega)}^2+2\beta\|u_m\|_{H_0^1(\Omega)}^2\leqslant C_1\|u_m\|_{L^2(\Omega)}^2+C_2\|f\|_{L^2(\Omega)}^2\quad\text{a.e.}\ \ 0\leqslant t\leqslant T.\tag{4.4.12}$$

记 $\eta(t)\triangleq\|u_m(t)\|_{L^2(\Omega)}^2,\xi(t)\triangleq\|f\|_{L^2(\Omega)}^2$, 则由 (4.4.12) 式知

$$\eta'(t)\leqslant C_1\eta(t)+C_2\xi(t)\quad\text{a.e. }0\leqslant t\leqslant T,$$

即

$$\frac{\mathrm{d}}{\mathrm{d}t}(\mathrm{e}^{-C_1t}\eta(t))\leqslant\mathrm{e}^{-C_1t}C_2\xi(t)$$

或

$$\eta(t)\leqslant\mathrm{e}^{C_1t}\left(\eta(0)+C_2\int_0^t\mathrm{e}^{-C_1s}\xi(s)\mathrm{d}s\right),\quad 0\leqslant t\leqslant T.\tag{4.4.13}$$

又因为

$$\begin{aligned}\eta(0)=\|u_m(0)\|_{L^2(\Omega)}^2&=\left\|\sum_{k=1}^m d_m^k(0)w_k\right\|_{L^2(\Omega)}^2=\left\|\sum_{k=1}^m (u_0,w_k)w_k\right\|_{L^2(\Omega)}^2\\&\leqslant\sum_{k=1}^m|(u_0,w_k)|^2\|w_k\|_{L^2(\Omega)}^2\leqslant\sum_{k=1}^m\left(\int_\Omega u_0w_k\mathrm{d}\boldsymbol{x}\right)^2\|w_k\|_{L^2(\Omega)}^2\\&\leqslant\|u_0\|_{L^2(\Omega)}^2\|w_k\|_{L^2(\Omega)}^4=\|u_0\|_{L^2(\Omega)}^2.\end{aligned}\tag{4.4.14}$$

于是由 (4.4.13) 式和 (4.4.14) 式可知存在不依赖于 m 的常数 $C_3>0$, 使得

$$\max_{0\leqslant t\leqslant T}\|u_m(t)\|_{L^2(\Omega)}\leqslant C_2(\|u_0\|_{L^2(\Omega)}+\|f\|_{L^2(0,T;L^2(\Omega))}).\tag{4.4.15}$$

再由 (4.4.12) 式可得

$$\begin{aligned}2\beta\int_0^T\|u_m(t)\|_{H_0^1(\Omega)}^2\mathrm{d}t\leqslant C_1\int_0^T\|u_m(t)\|_{L^2(\Omega)}^2\mathrm{d}t+\|u_m(0)\|_{L^2(\Omega)}^2\\+C_2\|f\|_{L^2(0,T;L^2(\Omega))}^2.\end{aligned}\tag{4.4.16}$$

联合 (4.4.15) 式和 (4.4.16) 式可知存在不依赖于 m 的常数 $C_3>0$, 使得

$$\|u_m(t)\|_{L^2(0,T;H_0^1(\Omega))}^2\leqslant C\left(\|u_0\|_{L^2(\Omega)}^2+\|f\|_{L^2(0,T;L^2(\Omega))}^2\right).\tag{4.4.17}$$

下面来估计 $u_m'(t)$.

对任意的 $v\in H_0^1(\Omega)$, 满足 $\|v\|_{H_0^1(\Omega)}=1$, 作直和分解

$$v=v^1\oplus v^2,\quad v^1\in\operatorname{span}\{w_1,w_2,\cdots,w_m\}$$

且 $(v^2,w_k)=0\ (k=1,2,\cdots,m)$. 因为 $\{w_k\}_{k=1}^\infty$ 是 $H_0^1(\Omega)$ 的正交基, 于是 $\|v^1\|_{H_0^1(\Omega)}\leqslant 1$. 又由 (4.4.8) 式知

$$(u_m',v^1)+B[u_m,v^1;t]=(f,v^1),$$

使用 (4.4.7) 式可得

$$\langle u_m'(t),v\rangle=(u_m'(t),v)=(u_m'(t),v^1)=(f,v^1)-B[u_m,v^1;t],$$

故

$$|\langle u_m'(t),v\rangle|\leqslant C(\|f(t)\|_{L^2(\Omega)}+\|u_m(t)\|_{H_0^1(\Omega)}).$$

于是由 $H_0^1(\Omega)$ 的定义知

$$\|u_m'(t)\|_{H^{-1}(\Omega)}\leqslant C(\|f(t)\|_{L^2(\Omega)}+\|u_m(t)\|_{H_0^1(\Omega)}).$$

因此

$$\int_0^T \|u_m'(t)\|_{H^{-1}(\Omega)}^2 \,\mathrm{d}t \leqslant C\int_0^T (\|f(t)\|_{L^2(\Omega)}^2 + \|u_m(t)\|_{H_0^1(\Omega)}^2)\mathrm{d}t$$
$$\leqslant C(\|u_0\|_{L^2(\Omega)}^2 + \|f\|_{L^2(\Omega_T)}^2). \tag{4.4.18}$$

联合 (4.4.15) 式, (4.4.17) 式和 (4.4.18) 式可得 (4.4.11) 式.

4.4.5 存在性与唯一性

下面使用前面获得的近似解序列的能量估计, 通过令 $m \to \infty$ 逼近极限来构造抛物型方程的第一初边值问题 (4.4.1) 的弱解.

定理 4.11(弱解的存在性) 问题 (4.4.1) 存在一个弱解 u 满足

$$u \in L^2(0,T;H_0^1(\Omega)), \quad u_t \in L^2(0,T;H^{-1}(\Omega)).$$

证明 第 1 步. 由定理 4.10 中的能量估计知道序列 $\{u_m\}$ 在 $L^2(0,T;H_0^1(\Omega))$ 中一致有界, 序列 $\{u_m'\}$ 在 $L^2(0,T;H^{-1}(\Omega))$ 中一致有界, 于是存在子列 $\{u_{m_l}\}_{l=1}^\infty$ 和一个函数 u 满足 $u \in L^2(0,T;H_0^1(\Omega))$ 且 $u' \in L^2(0,T;H^{-1}(\Omega))$, 使得当 $l \to \infty$ 时,

$$u_{m_l}\text{在}L^2(0,T;H_0^1(\Omega))\text{中弱收敛到}u,$$

即

$$\int_0^T \langle v, u_{m_l}\rangle \mathrm{d}t \to \int_0^T \langle v, u\rangle \mathrm{d}t, \quad \forall v \in L^2(0,T;H^{-1}(\Omega)) \tag{4.4.19}$$

且

$$u_{m_l}'\text{在}L^2(0,T;H^{-1}(\Omega))\text{中弱收敛到}u',$$

即

$$\int_0^T \langle u_{m_l}'(t), v(t)\rangle \mathrm{d}t \to \int_0^T \langle u'(t), v(t)\rangle \mathrm{d}t, \quad \forall v \in L^2(0,T;H_0^1(\Omega)). \tag{4.4.20}$$

第 2 步. 对于固定的 N, 选一个函数 $v \in C^1([0,T];H_0^1(\Omega))$ 有形式为

$$v(t) = \sum_{k=1}^N d^k(t) w_k, \tag{4.4.21}$$

其中, $\{d^k\}_{k=1}^N$ 是给定的函数. 选取 $m \geqslant N$, 用 $d^k(t)$ 乘以 (4.4.8) 式, 关于 k 从 1 到 N 求和, 然后关于 t 积分得

$$\int_0^T \{\langle u_m'(t), v\rangle + B[u_m, v; t]\}\mathrm{d}t = \int_0^T (f,v)\mathrm{d}t. \tag{4.4.22}$$

令 $m = m_l$, 使用 (4.4.19) 式和 (4.4.20) 式知当 $m \to \infty$ 时有

$$\int_0^T \{\langle u', v\rangle + B[u, v; t]\} \mathrm{d}t = \int_0^T (f, v)\mathrm{d}t. \tag{4.4.23}$$

因为形式为 (4.4.21) 式的函数在空间 $L^2(0, T; H_0^1(\Omega))$ 中是稠密的, 于是 (4.4.23) 式对所有的 $v \in L^2(0, T; H_0^1(\Omega))$ 成立. 又由 T 的任意性知

$$\langle u', v\rangle + B[u, v; t] = \langle f, v\rangle, \quad \forall v \in H_0^1(\Omega) \quad \text{a.e. } 0 \leqslant t \leqslant T. \tag{4.4.24}$$

第 3 步. 留下的证明 $u(0) = u_0$. 首先因为 $u \in L^2(0, T; H_0^1(\Omega))$ 且 $u' \in L^2(0, T; H^{-1}(\Omega))$, 于是 $u \in C(0, T; L^2(\Omega))$, 从而 $u(0)$ 有意义. 其次使用 (4.4.23) 式可得

$$\begin{gathered}\int_0^T \{-\langle v', u\rangle + B[u, v; t]\} \mathrm{d}t = \int_0^T (f, v)\mathrm{d}t + (u(0), v(0)), \\ \forall v \in C^1([0, T]; H_0^1(\Omega))\text{且}v(T) = 0.\end{gathered} \tag{4.4.25}$$

同理, 由 (4.4.22) 式可得

$$\int_0^T \{-\langle v', u_m\rangle + B[u_m, v; t]\} \mathrm{d}t = \int_0^T (f, v)\mathrm{d}t + (u_m(0), v(0)) . \tag{4.4.26}$$

令 $m = m_l$, 使用 (4.4.19) 式及当 $m \to \infty$ 时在 $L^2(\Omega)$ 意义下 $u_{m_l}(0) \to u_0$ 可得

$$\int_0^T \{-\langle v', u\rangle + B[u, v; t]\} \mathrm{d}t = \int_0^T (f, v)\mathrm{d}t + (u_0, v(0)) . \tag{4.4.27}$$

比较 (4.4.25) 式和 (4.4.27) 式以及 $v(0)$ 的任意性可知

$$u(0) = u_0. \tag{4.4.28}$$

由 (4.4.24) 式和 (4.4.28) 式即得问题 (4.4.1) 式弱解的存在性.

定理 4.12(弱解的唯一性) 问题 (4.4.1) 的弱解是唯一的.

证明 只需证明当 $f = u_0 = 0$ 时, (4.4.1) 式的弱解 $u \equiv 0$. 为此在 (4.4.24) 式中令 $v = u$ 及 $f = g = 0$ 得

$$\langle u', u\rangle + B[u, u; t] = 0,$$

即

$$\frac{\mathrm{d}}{\mathrm{d}t}\left(\frac{1}{2}\|u\|_{L^2(\Omega)}^2\right) + B[u, u; t] = 0,$$

而

$$
\begin{aligned}
B[u,u;t] &= \int_\Omega \left(\sum_{i,j=1}^n a^{ij} u_{x_i} u_{x_j} + \sum_{i=1}^n b^i u_{x_i} u + cu^2 \right) \mathrm{d}\boldsymbol{x} \\
&\geqslant \frac{\theta}{2} \|\mathbf{D}u\|^2_{L^2(\Omega)} - \gamma \|u\|^2_{L^2(\Omega)},
\end{aligned}
$$

即

$$
\frac{\mathrm{d}}{\mathrm{d}t}\left(\frac{1}{2}\|u\|^2_{L^2(\Omega)}\right) \leqslant \gamma \|u\|^2_{L^2(\Omega)}.
$$

又 $\|u(0)\|^2_{L^2(\Omega)} = 0$, 由 Gronwall 不等式知 $\|u(t)\|^2_{L^2(\Omega)} = 0$, 于是 $u \equiv 0$ a.e. $t \in [0,T]$.

4.4.6 弱解的等价定义、弱解的极值原理与 De Giorgi 迭代

1. 弱解的等价定义

从定理 4.10 的证明过程可知弱解 u 满足性质 $u \in L^\infty(0,T;L^2(\Omega)), \mathbf{D}u \in L^2(\Omega_T)$. 因此可以给出弱解的另一个等价定义.

引入空间

$$
\begin{aligned}
V_2(\Omega_T) &= \{u \in L^\infty(0,T;L^2(\Omega)) \cap L^2(0,T;H^1(\Omega)) | \\
&\qquad \operatorname*{ess\,sup}_{0\leqslant t\leqslant T} \|u(t)\|_{L^2(\Omega)} + \|\mathbf{D}u(\boldsymbol{x},t)\|_{L^2(\Omega_T)} < \infty\}, \\
V_2^{1,0}(\Omega_T) &= \{u \in C(0,T;L^2(\Omega)) \cap L^2(0,T;H^1(\Omega)) | \\
&\qquad \operatorname*{ess\,sup}_{0\leqslant t\leqslant T} \|u(t)\|_{L^2(\Omega)} + \|\mathbf{D}u(\boldsymbol{x},t)\|_{L^2(\Omega_T)} < \infty\}, \\
\overset{\circ}{V}_2(\Omega_T) &= \{u \in V_2(\Omega_T) | u(x,t)|_{\partial\Omega} = 0\}, \\
\overset{\circ}{V}{}_2^{1,0}(\Omega_T) &= \{u \in V_2^{1,0}(\Omega_T) | u(x,t)|_{\partial\Omega} = 0\}
\end{aligned}
$$

以及

$$
\overset{\circ}{W}{}_2^{1,1}(\Omega_T) = \{u | u, u_t, \mathbf{D}u \in L^2(\Omega_T) 且 u(\boldsymbol{x},t)|_{\partial\Omega} = 0\},
$$

这里 $u(\boldsymbol{x},t)|_{\partial\Omega}$ 表示迹.

对于这些时空 Sobolev 空间, 一些嵌入结论仍然成立, 如 $\overset{\circ}{V}{}_2(\Omega_T)$ 可以连续嵌入到 $L^{\frac{2(n+2)}{n}}(\Omega_T)$ 等, 参见文献 (陈亚浙, 2003), 然后在 $\overset{\circ}{V}(\Omega_T)$ 中定义弱解.

定义 4.3 如果存在 $u \in \overset{\circ}{V}_2(\Omega_T)$, 使得对于几乎处处的 $t \in (0,T)$ 及任意的 $v \in \overset{\circ}{W}{}_2^{1,1}(\Omega_T)$ 有

$$
\int_\Omega u(\boldsymbol{x},t)v(\boldsymbol{x},t)\mathrm{d}\boldsymbol{x} - \int_0^t (u(\boldsymbol{x},t), v_t(\boldsymbol{x},t))\mathrm{d}t + \int_0^t B[u,v;t]\mathrm{d}t
$$

$$= \int_\Omega u_0(\boldsymbol{x})v(\boldsymbol{x},0)\mathrm{d}x + \int_0^t (f,v)\mathrm{d}t, \tag{4.4.29}$$

则称 $u \in \overset{\circ}{V}_2(\Omega_T)$ 为问题 (4.4.1) 的**弱解**.

注 4.14 定义 4.3 说明可以定义不同形式的弱解, 但可以证明这两个弱解的定义 4.2 和定义 4.3 是等价的. 一般来说, 对于同一个问题可以定义的不同形式的弱解, 甚至它们之间可以没有相互关系. 对于其他形式的弱解的定义参见 4.6 节.

2. 弱解的极值原理

这里采用 De Giorgi 方法建立弱解的极值原理.

设 Ω 是 $\mathbb{R}^n$ 的有界区域, $\Omega_T = \Omega \times (0,T]$, 考虑方程

$$u_t - \sum_{i,j=1}^n (a^{ij}(\boldsymbol{x},t)u_{x_i})_{x_j} + \sum_{i=1}^n b^i(\boldsymbol{x},t)u_{x_i} + c(\boldsymbol{x},t)u = f(\boldsymbol{x},t) - \sum_{i=1}^n f^i_{x_i}(\boldsymbol{x},t). \tag{4.4.30}$$

假定方程 (4.4.30) 的系数在 Ω_T 上满足以下条件:

(1) $a^{ij} \in L^\infty(\Omega_T)$ 且存在正常数 λ, Λ, 使得

$$\lambda|\boldsymbol{\xi}|^2 \leqslant a^{ij}\xi_i\xi_j \leqslant \Lambda|\boldsymbol{\xi}|^2, \quad \forall(\boldsymbol{x},t) \in \Omega_T, \boldsymbol{\xi} \in \mathbb{R}^n; \tag{4.4.31}$$

(2) 对于 $q > (n-2)/2$ 有

$$\sum_i \|(b^i)^2\|_{L^q(\Omega_T)} + \|c\|_{L^q(\Omega_T)} \leqslant \Lambda; \tag{4.4.32}$$

(3) 存在 $C_0 \geqslant 0$, 使得

$$c(\boldsymbol{x},t) \geqslant -C_0(\text{在}D'(\Omega_T)\text{意义下}). \tag{4.4.33}$$

注 4.15 不等式 (4.4.33) 是指对于任意 $\varphi \in C_0^\infty(\Omega_T)$ 且 $\varphi \geqslant 0$ 都有

$$\int_{\Omega_T} (c(\boldsymbol{x},t) + C_0)\varphi(\boldsymbol{x},t)\mathrm{d}\boldsymbol{x}\mathrm{d}t \geqslant 0.$$

以后总可以不妨设 $C_0 = 0$, 否则以 $v = u\mathrm{e}^{-C_0 t}$ 代替 u 即可.

对于 $u \in V_2^{1,0}(\Omega_T)$, 记 $\partial_p\Omega_T$ 表示区域 Ω_T 的抛物边界,

$$\sup_{\partial_p\Omega_T} u = \inf\{l|(u-l)_+ \in \overset{\circ}{V}{}_2^{1,0}(\Omega_T)\text{且}\lim_{t\to 0}\|(u-l)_+(\cdot,t)\|_{L^2(\Omega)} = 0\}. \tag{4.4.34}$$

定理 4.13(弱极值原理) 设方程 (4.4.30) 的系数满足条件 (4.4.31) 式 ~(4.4.33) 式 $(C_0 = 0)$, $u \in V_2^{1,0}(\Omega_T)$ 是方程 (4.4.30) 的弱下解, 即对于几乎处处的 $t \in (0,T)$ 及任意的 $v \in \overset{\circ}{W}{}_2^{1,1}(\Omega_T)$, $v \geqslant 0$ 有

$$\int_\Omega u(\boldsymbol{x},t)v(\boldsymbol{x},t)\mathrm{d}\boldsymbol{x} - \int_0^t (u(\boldsymbol{x},t), v_t(\boldsymbol{x},t))\mathrm{d}t + \int_0^t B[u,v;t]\mathrm{d}t$$

$$\leqslant \int_{\Omega} u_0(\boldsymbol{x})v(\boldsymbol{x},0)\mathrm{d}\boldsymbol{x} + \int_0^t (f,v)\mathrm{d}t + \int_0^t \sum_{i=1}^n (f^i, v_{x_i})\mathrm{d}t.$$

如果对于某个 $p > n+2, f^i \in L^p(\Omega_T)(i=1,2,\cdots,n), f \in L^{\frac{p(n+2)}{n+2+p}}(\Omega_T)$, 则

$$\operatorname*{ess\,sup}_{\Omega_T} u \leqslant \sup_{\partial_p \Omega_T} u^+ + CF_0 |\Omega|^{\frac{1}{n+2}-\frac{1}{p}}, \tag{4.4.35}$$

其中, C 只依赖于 $n, \lambda, \Lambda, p, q$ 与 T,

$$F_0 = \sum_i \|f^i\|_{L^p(\Omega_T)} + \|f\|_{L^{\frac{p(n+2)}{n+2+p}}(\Omega_T)}. \tag{4.4.36}$$

为证明这个定理, 需要以下引理:

引理 4.1　非负序列 $y_h (h = 0,1,2,\cdots)$ 满足递推关系式

$$y_{h+1} \leqslant Cb^h y_h^{1+\varepsilon}, \quad h = 0,1,2,\cdots, \tag{4.4.37}$$

其中, $b > 1, \varepsilon > 0$, 则如果

$$y_0 \leqslant \theta := C^{-\frac{1}{\varepsilon}} b^{-\frac{1}{\varepsilon^2}}, \tag{4.4.38}$$

必有

$$\lim_{h\to\infty} y_h = 0. \tag{4.4.39}$$

证明　用归纳法证明

$$y_h \leqslant \frac{\theta}{r^h}, \quad h = 0,1,2,\cdots, \tag{4.4.40}$$

其中, $r > 1$ 待定. 当 $h = 0$ 时条件 (4.4.38) 保证了 (4.4.40) 式成立; 现在假设 (4.4.40) 式对于 h 成立, 往证 (4.4.40) 式对于 $h+1$ 也成立. 事实上, 由 (4.4.37) 式得

$$y_{h+1} \leqslant Cb^h y^{1+\varepsilon} \leqslant Cb^h \left(\frac{\theta}{r^h}\right)^{1+\varepsilon} \leqslant \frac{\theta}{r^{h+1}} \cdot \frac{Cb^h\theta^\varepsilon}{r^{h\varepsilon-1}},$$

取 $r = b^{1/\varepsilon}$, 则

$$y_{h+1} \leqslant \frac{\theta}{r^{h+1}} \cdot Cr\theta^\varepsilon,$$

θ 的取法恰使 $Cr\theta^\varepsilon = 1$, 因此归纳法成立, 从而 (4.4.40) 式得证. 估计 (4.4.39) 式蕴含着 (4.4.39) 式. 引理证毕.

推论 4.6　设 $\varphi(k)$ 在 $[k_0, \infty)$ 上非增非负且存在 $C > 0, \alpha > 0, \beta > 1$, 使得对于任意的 $h > k \geqslant k_0$ 有

$$\varphi(h) \leqslant \frac{C}{(h-k)^\alpha} \varphi(k)^\beta, \tag{4.4.41}$$

则当

$$d \geqslant C^{\frac{1}{\alpha}}[\varphi(k_0)]^{\frac{\beta-1}{\alpha}}2^{\frac{\beta}{\beta-1}} \tag{4.4.42}$$

时, 有

$$\varphi(k_0+d)=0. \tag{4.4.43}$$

证明 定义序列

$$k_s=k_0+d-\frac{d}{2^s}.$$

由 (4.4.41) 式显然有

$$\varphi(k_{s+1})\leqslant\frac{C2^{(s+1)\alpha}}{d^\alpha}[\varphi(k_s)]^\beta=\frac{C2^\alpha}{d^\alpha}(2^\alpha)^s\varphi(k_s)^\beta$$

由引理 4.1 知当

$$\varphi(k_0)\leqslant\theta=\left(\frac{C2^\alpha}{d^\alpha}\right)^{-\frac{1}{\beta-1}}2^{-\frac{\alpha}{(\beta-1)^2}} \tag{4.4.44}$$

时, 则有

$$\lim_{s\to\infty}\varphi(k_{s+1})=0.$$

这蕴含着 (4.4.43) 式, 而 (4.4.42) 式蕴含着 (4.4.44) 式, 推论证毕.

定理 4.13 的证明 先设 $u\in W_2^{1,1}(\Omega_T)$, 对于 $k\geqslant\sup\limits_{\partial_p\Omega_T}u^+$, 在弱下解的定义中取检验函数 $v=(u-k)_+$, 则 $v\in\overset{\circ}{W}{}_2^{1,1}(\Omega_T)$ 且 $v|_{t=0}=0$. 于是不难得到

$$\begin{aligned}&\frac{1}{2}\int_\Omega(u-k)_+^2(\boldsymbol{x},t)\mathrm{d}\boldsymbol{x}\\&+\int_{\Omega_t}\left[\sum_{i,j=1}^n a^{ij}u_{x_i}((u-k)_+)_{x_j}+\left(\sum_{i=1}^n b^iu_{x_i}+cu\right)(u-k)_+\right]\mathrm{d}\boldsymbol{x}\mathrm{d}t\\\leqslant&\int_{\Omega_t}\left[\sum_{i=1}^n f^i((u-k)_+)_{x_i}+f(u-k)_+\right]\mathrm{d}\boldsymbol{x}\mathrm{d}t,\end{aligned} \tag{4.4.45}$$

其中, $\Omega_t=\Omega\times(0,t]$. 利用条件 (4.4.31) 与 Cauchy 不等式有

$$\begin{aligned}&\frac{1}{2}\int_\Omega(u-k)_+^2(\boldsymbol{x},t)\mathrm{d}\boldsymbol{x}+\lambda\int_{\Omega_t}|\mathbf{D}(u-k)_+|^2\mathrm{d}\boldsymbol{x}\mathrm{d}t\\\leqslant&\varepsilon\int_{\Omega_t}|\mathbf{D}(u-k)_+|^2\mathrm{d}\boldsymbol{x}\mathrm{d}t\\&+C_\varepsilon\int_{\Omega_t}\left(\sum(b^i)^2+c\right)(u-k)_+^2\mathrm{d}\boldsymbol{x}\mathrm{d}t\\&+C_\varepsilon\int_{\Omega_t\cap\{u>k\}}\sum\left(f^i\right)^2\mathrm{d}\boldsymbol{x}\mathrm{d}t+C\int_{\Omega_t}f(u-k)_+\mathrm{d}\boldsymbol{x}\mathrm{d}t.\end{aligned} \tag{4.4.46}$$

(4.4.46) 式右端各项分别利用 Hölder 不等式与定理条件有

$$\int_{Q_t}\left(\sum(b^i)^2+c\right)(u-k)_+^2\mathrm{d}\boldsymbol{x}\mathrm{d}t\leqslant \varLambda\|(u-k)_+\|^2_{L^{2q/(q-1)}}$$
$$\leqslant\varepsilon\|(u-k)_+\|^2_{L^{2(n+2)/n}}+C_\varepsilon\|(u-k)_+\|^2_{L^2},$$

$$\int_{\varOmega_t\cap\{u>k\}}\sum\left(f^i\right)^2\mathrm{d}\boldsymbol{x}\mathrm{d}t\leqslant CF_0^2\left|\varOmega_t\cap[u>k]\right|^{1-2/p},$$

$$\begin{aligned}&\int_{\varOmega_t}f(u-k)_+\mathrm{d}\boldsymbol{x}\mathrm{d}t\\ \leqslant&\|f\|_{L^{\frac{p(n+2)}{n+2+p}}}\|(u-k)_+\|^2_{L^{2(n+2)/n}}\left|\varOmega_t\cap[u>k]\right|^{\frac12-\frac1p}\\ \leqslant&\varepsilon\|(u-k)_+\|^2_{L^{2(n+2)/n}}+C_\varepsilon F_0^2\left|\varOmega_t\cap[u>k]\right|^{\frac{1-2}{p}},\end{aligned}$$

这里 $[u>k]$ 或 $\{u>k\}$ 表示位于 $\varOmega_t$, 使得 $u(\boldsymbol{x},t)>k$ 的点 $(\boldsymbol{x},t)$ 所组成的集合, $|\varOmega_t\cap[u>k]|$ 表示集合 $\varOmega_t\cap[u>k]$ 的 Lebesgue 测度.

将这些估计代入 (4.4.46) 式, 并注意到 $\overset{\circ}{V}_2(\varOmega_t)$ 嵌入到 $L^{2(n+2)/n}(\varOmega_t)$, 取 ε 适当小可得

$$\begin{aligned}&\|(u-k)_+\|^2_{L^{2(n+2)/n}(\varOmega_t)}\\ \leqslant&C\|(u-k)_+\|^2_{L^2(\varOmega_t)}+CF_0^2\left|\varOmega_t\cap[u>k]\right|^{\frac{1-2}{p}}\\ \leqslant&C(t\,|\varOmega|)^{\frac{2}{n+2}}\|(u-k)_+\|^2_{L^{2(n+2)/n}(\varOmega_t)}+CF_0^2\left|\varOmega_t\cap[u>k]\right|^{\frac{1-2}{p}}.\end{aligned}$$

取 $t_0>0$, 使得 $C(t_0\,|\varOmega|)^{2/n+2}=1/2$, 则由上式可得

$$\|(u-k)_+\|^2_{L^{2(n+2)/n}(\varOmega_{t_0})}\leqslant CF_0^2\left|\varOmega_{t_0}\cap[u>k]\right|^{\frac{1-2}{p}}.$$

另一方面注意到对于 $h>k$,

$$\|(u-k)_+\|^2_{L^{2(n+2)/n}(\varOmega_{t_0})}\geqslant(h-k)^2\left|\varOmega_{t_0}\cap[u>h]\right|^{\frac{n}{n+2}}.$$

现在记 $\psi(k)=|\varOmega_{t_0}\cap[u>k]|$, 联合上面两式估计得到

$$\psi(h)\leqslant\frac{CF_0^\alpha}{(h-k)^\alpha}[\psi(k)]^{\frac{\alpha(p-2)}{2p}},$$

其中, $h>k,\alpha=2(n+2)/n$. 应用推论 4.6, 对于

$$d\leqslant CF_0\left|\varOmega_{t_0}\right|^{\frac{1}{n+2}-\frac1p}$$

有

$$\left|\varOmega_{t_0}\cap\left\{u>\sup_{\partial_p(\varOmega_{t_0})}u^++d\right\}\right|=0,$$

即

$$\operatorname*{ess\,sup}_{\Omega_{t_0}} u \leqslant \sup_{\partial_p \Omega_{t_0}} u^+ + CF_0 \left|\Omega_{t_0}\right|^{\frac{1}{n+2}-\frac{1}{p}}, \tag{4.4.47}$$

其中, C 只依赖于 n, λ, Λ, p 与 q. 不断地往上递推, 则有

$$\operatorname*{ess\,sup}_{\Omega_{\mathrm{T}}} u \leqslant \sup_{\partial_p \Omega_{\mathrm{T}}} u^+ + CF_0 \left|\Omega_{\mathrm{T}}\right|^{\frac{1}{n+2}-\frac{1}{p}},$$

这时 C 除了依赖上述指出的量之外还依赖于 T.

下面将说明 $u \in W_2^{1,1}(\Omega_T)$ 的补充假定是多余的, 只需 $u \in V_2^{1,0}(Q_T)$ 即可. 事实上, 只需说明当 $u \in V_2^{1,0}(Q_T)$ 时, (4.4.45) 式仍然成立.

记 Steklov 平均为

$$u_h = \frac{1}{h}\int_t^{t+h} u(\cdot,\tau)\mathrm{d}\tau.$$

第 1 步. 首先证明 u_h 满足

$$(u_h)_t - \sum_{i,j=1}^n \partial_j(a^{ij}\partial_i u)_h + \sum_{i=1}^n (b^i\partial_i u)_h = f_h - \sum_{i=1}^n \partial_i f_h^i. \tag{4.4.48}$$

事实上, 对于任意的 $\varphi \in C_0^\infty(\Omega_{T-h})$), 在弱解定义 (4.4.29) 式中取检验函数为 $v = \varphi_{-h}$ 可得

$$\begin{aligned}&-\int_{\Omega_T} u(\varphi_{-h})_t \mathrm{d}\boldsymbol{x}\mathrm{d}t + \int_{\Omega_T}\left[\sum_{i,j=1}^n a^{ij}\partial_i u \partial_j \varphi_{-h} + \left(\sum_{i=1}^n b^i\partial_i u + cu\right)\varphi_{-h}\right]\mathrm{d}\boldsymbol{x}\mathrm{d}t \\ =& \int_{\Omega_T}\left[\sum_{i=1}^n f^i \partial_i \varphi_{-h} + f\varphi_{-h}\right]\mathrm{d}\boldsymbol{x}\mathrm{d}t.\end{aligned} \tag{4.4.49}$$

由简单的计算可证明

$$\int_{\Omega_T} f\varphi_{-h}\mathrm{d}\boldsymbol{x}\mathrm{d}t = \int_{\Omega_{T-h}} f_h\varphi\mathrm{d}\boldsymbol{x}\mathrm{d}t, -\int_{\Omega_T} u(\varphi_{-h})_t\mathrm{d}\boldsymbol{x}\mathrm{d}t = \int_{\Omega_{T-h}} (u_h)_t\varphi\mathrm{d}\boldsymbol{x}\mathrm{d}t.$$

在 (4.4.49) 式中分别利用这两个事实, 立即得到 (4.4.48) 式.

现在对任意的 $\tau, \delta: 0 < \tau < T, 0 < \delta < \tau$, 取

$$\zeta_\delta(t) = \begin{cases} 0, & t < 0, \\ \dfrac{t}{\delta}, & 0 \leqslant t < \delta, \\ 1, & \delta \leqslant t < \tau, \\ \dfrac{\tau+\delta-t}{\delta}, & \tau \leqslant t < \tau+\delta, \\ 0, & t > \tau+\delta. \end{cases}$$

在 (4.4.48) 式中取检验函数 $\zeta_\delta(t)(u_h-k)_+$(其中, $\delta\leqslant\min\{\tau,T-\tau\}$) 得到

$$\int_{\Omega_T}(u_h)_t\zeta_\delta(t)(u_h-k)_+\mathrm{d}\boldsymbol{x}\mathrm{d}t+\int_{\Omega_T}\sum_{i,j=1}^n(a^{ij}\partial_i u)_h\partial_j(u-k)_+\zeta_\delta(t)\mathrm{d}\boldsymbol{x}\mathrm{d}t=\cdots, \tag{4.4.50}$$

这里为简单起见, 只写出主要项. 直接计算容易得到当 $h\to 0$ 时,

$$\begin{aligned}\int_{\Omega_T}(u_h)_t\zeta_\delta(t)(u_h-k)_+\mathrm{d}\boldsymbol{x}\mathrm{d}t&=\frac{1}{2}\int_{\Omega_T}\zeta_\delta(t)\frac{\partial}{\partial t}(u_h-k)_+^2\mathrm{d}\boldsymbol{x}\mathrm{d}t\\&=-\frac{1}{2}\int_{\Omega_T}\zeta_\delta'(t)(u_h-k)_+^2\mathrm{d}\boldsymbol{x}\mathrm{d}t\\&\to-\frac{1}{2}\int_{\Omega_T}\zeta_\delta'(t)(u-k)_+^2\mathrm{d}\boldsymbol{x}\mathrm{d}t.\end{aligned}$$

这样在 (4.4.50) 式中令 $h\to 0$ 有

$$-\frac{1}{2}\int_{\Omega_T}\zeta_\delta'(t)(u-k)_+^2\mathrm{d}\boldsymbol{x}\mathrm{d}t+\int_{\Omega_T}\sum_{i,j=1}^n(a^{ij}\partial_i u)\partial_j(u-k)_+\zeta_\delta(t)\mathrm{d}\boldsymbol{x}\mathrm{d}t=\cdots.$$

现在令 $\delta\to 0$, 注意到 $u\in V_2^{1,0}(\Omega_T)$ 得到

$$\frac{1}{2}\int_{\Omega}(u-k)_+^2(\boldsymbol{x},t)\mathrm{d}\boldsymbol{x}+\int_{\Omega_t}\sum_{i,j=1}^n(a^{ij}\partial_i u)\partial_j(u-k)_+\mathrm{d}\boldsymbol{x}\mathrm{d}t=\cdots.$$

这就是 (4.4.45) 式, 此时定理 4.13 的证明全部完成.

推论 4.7 设 $u\in V_2^{1,0}(\Omega_T)$ 是方程 (4.4.30) 的弱解同于 (4.4.29) 式, 方程 (4.4.30) 的系数满足 (4.4.31) 式 ~(4.4.33) 式 ($C_0=0$), 又对于某个 $p>n+2$, 设 $f\in L^{p(n+2)/n+2+p}(\Omega_T)$, $f^i\in L^p(\Omega_T)(i=1,2,\cdots,n)$, 则

$$\|u\|_{L^\infty(\Omega_T)}\leqslant\sup_{\partial_p\Omega_T}|u|+CF_0\,|\Omega|^{\frac{1}{n+2}-\frac{1}{p}},$$

其中, C 只依赖于 n,λ,Λ,p,q 与 T.

4.4.7 Galerkin 方法的更进一步应用

前面给出了 Galerkin 方法在抛物型偏微分方程中的应用. 除此之外, 它也可以用来讨论椭圆型方程边值问题弱解的存在性. 在以后还将学习它的一些其他应用.

例 4.1(Poisson 方程的 Galerkin 方法) 设 $f\in L^2(\Omega)$, 设 $u_m=\sum\limits_{k=1}^m d_m^k w_k$ 满足

$$\int_\Omega\mathbf{D}u_m\cdot\mathbf{D}w_k\mathrm{d}\boldsymbol{x}=\int_\Omega fw_k\mathrm{d}\boldsymbol{x},\quad k=1,2,\cdots,m,$$

其中, $\{w_k\}_{k=1}^{\infty}$ 是 $H_0^1(\Omega)$ 的正交基, 试证明 $\{u_m\}_{m=1}^{\infty}$ 的子列在 $H_0^1(\Omega)$ 中弱收敛到 Poisson 方程第一初边值问题

$$\begin{cases}-\Delta u = f, & \boldsymbol{x} \in \Omega, \\ u = 0, & \boldsymbol{x} \in \partial\Omega\end{cases}$$

的弱解 $u \in H_0^1(\Omega)$.

证明 由于 $u_m = \sum_{k=1}^{m} d_m^k w_k$ 满足

$$\int_\Omega \mathbf{D}u_m \cdot \mathbf{D}w_k \mathrm{d}\boldsymbol{x} = \int_\Omega f w_k \mathrm{d}\boldsymbol{x}, \quad k = 1, 2, \cdots, m,$$

则

$$\int_\Omega \mathbf{D}u_m \cdot \mathbf{D}u_m \mathrm{d}\boldsymbol{x} = \int_\Omega f u_m \mathrm{d}\boldsymbol{x}.$$

由 Cauchy 不等式得

$$\int_\Omega |\mathbf{D}u_m|^2 \,\mathrm{d}x \leqslant \varepsilon \int_\Omega |u_m|^2 \mathrm{d}\boldsymbol{x} + C(\varepsilon) \int_\Omega f^2 \mathrm{d}\boldsymbol{x}.$$

由于 $u_m|_{\partial\Omega} = 0$, 于是由 Poincaré 不等式知

$$\|u_m\|_{L^2(\Omega)} \leqslant C(\Omega) \|\mathbf{D}u_m\|_{L^2(\Omega)}.$$

取 ε 充分小得

$$\int_\Omega |\mathbf{D}u_m|^2 \,\mathrm{d}\boldsymbol{x} \leqslant C(\varepsilon) \int_\Omega f^2 \mathrm{d}\boldsymbol{x} \leqslant M < +\infty,$$

即 $\mathbf{D}u_m \in L^2(\Omega)$, 从而 $u_m \in H_0^1(\Omega)$. 于是存在 $\{\mathbf{D}u_{m_l}\}_{l=1}^{\infty}$ 和 $\mathbf{D}u \in L^2(\Omega)$, 使得

$$\lim_{l\to\infty} \int_\Omega \mathbf{D}u_{m_l} \cdot \mathbf{D}v \mathrm{d}\boldsymbol{x} = \int_\Omega \mathbf{D}u \cdot \mathbf{D}v \mathrm{d}\boldsymbol{x}, \quad \forall v \in H_0^1(\Omega).$$

特别地, 对于 $v = \sum_{k=1}^{N} d_N^k w_k, N \leqslant m$ 有

$$\int_\Omega \mathbf{D}u \cdot \mathbf{D}v \mathrm{d}\boldsymbol{x} = \int_\Omega f v \mathrm{d}\boldsymbol{x}.$$

由于形为 $v = \sum_{k=1}^{N} d_N^k w_k, N \leqslant m$ 的函数 v 在 $H_0^1(\Omega)$ 中是稠密的, 所以

$$\int_\Omega \mathbf{D}u \cdot \mathbf{D}v \mathrm{d}\boldsymbol{x} = \int_\Omega f v \mathrm{d}\boldsymbol{x}, \quad \forall v \in H_0^1(\Omega).$$

这就证明了 $u \in H_0^1(\Omega)$ 是 Poisson 方程第一初边值问题的弱解.

4.5 弱解的正则性

这一节讨论二阶抛物型方程初边值问题弱解的正则性, 主要目的是证明如果方程的系数及区域的边界是光滑的, 则解也是光滑的, 从而弱解为古典解. 这一性质称为弱解的正则性.

4.5.1 弱解正则性的基本思想及正则性估计的形式获得

为了给获得弱解的正则性提供一些基本的想法, 暂时假设热传导方程的初边值问题

$$\begin{cases} u_t - \Delta u = f, & (\boldsymbol{x}, t) \in \mathbb{R}^n \times (0, T], \\ u = u_0, & (\boldsymbol{x}, t) \in \mathbb{R}^n \times \{t = 0\} \end{cases} \tag{4.5.1}$$

的解 u 是光滑的且 u 当 $|\boldsymbol{x}| \to +\infty$ 时 "充分快" 地趋近于零.

(1) 计算 $\mathbf{D}u \in L^\infty(0, T; L^2(\Omega))$.

对于 $0 < t < T$ 有

$$\begin{aligned} \int_{\mathbb{R}^n} f^2 \mathrm{d}\boldsymbol{x} &= \int_{\mathbb{R}^n} (u_t - \Delta u)^2 \mathrm{d}\boldsymbol{x} \\ &= \int_{\mathbb{R}^n} \left\{ u_t^2 - 2u_t \Delta u + (\Delta u)^2 \right\} \mathrm{d}\boldsymbol{x} = \int_{\mathbb{R}^n} (u_t^2 + 2\nabla u_t \cdot \nabla u + (\Delta u)^2) \mathrm{d}\boldsymbol{x}, \end{aligned}$$

而

$$2\nabla u_t \cdot \nabla u = \frac{\mathrm{d}}{\mathrm{d}t} |\nabla u|^2,$$

又

$$\int_{\mathbb{R}^n} (\Delta u)^2 \mathrm{d}\boldsymbol{x} = \int_{\mathbb{R}^n} \Delta u \Delta u \mathrm{d}\boldsymbol{x} = -\int_{\mathbb{R}^n} \nabla \Delta u \cdot \nabla u \mathrm{d}\boldsymbol{x} = \int_{\mathbb{R}^n} \left|\mathbf{D}^2 u\right|^2 \mathrm{d}\boldsymbol{x}.$$

于是

$$\frac{\mathrm{d}}{\mathrm{d}t} \int_{\mathbb{R}^n} |\nabla u|^2 \mathrm{d}\boldsymbol{x} + \int_{\mathbb{R}^n} (u_t^2 + \left|\mathbf{D}^2 u\right|^2) \mathrm{d}\boldsymbol{x} = \int_{\mathbb{R}^n} f^2 \mathrm{d}\boldsymbol{x},$$

由此可得

$$\int_{\mathbb{R}^n} |\nabla u|^2 \mathrm{d}\boldsymbol{x} + \int_0^t \int_{\mathbb{R}^n} (u_t^2 + \left|\mathbf{D}^2 u\right|^2) \mathrm{d}\boldsymbol{x}\mathrm{d}t = \int_0^t \int_{\mathbb{R}^n} f^2 \mathrm{d}\boldsymbol{x}\mathrm{d}t + \int_{\mathbb{R}^n} |\nabla u_0|^2 \mathrm{d}\boldsymbol{x}.$$

于是

$$\begin{aligned} &\sup_{0 \leqslant t \leqslant T} \int_{\mathbb{R}^n} |\nabla u|^2 \mathrm{d}\boldsymbol{x} + \int_0^T \int_{\mathbb{R}^n} (u_t^2 + \left|\mathbf{D}^2 u\right|^2) \mathrm{d}\boldsymbol{x}\mathrm{d}t \\ &= \int_0^T \int_{\mathbb{R}^n} f^2 \mathrm{d}\boldsymbol{x}\mathrm{d}t + \int_{\mathbb{R}^n} |\nabla u_0|^2 \mathrm{d}\boldsymbol{x}. \end{aligned} \tag{4.5.2}$$

(2) 计算 $u_t \in L^\infty(0,T;L^2(\Omega)), \mathbf{D}^2 u \in L^\infty(0,T;L^2(\Omega))$.

对方程 (4.5.1) 关于 t 求导并记 $\tilde{u} = u_t$ 得

$$\begin{cases} \tilde{u}_t - \Delta \tilde{u} = \tilde{f}, & (\boldsymbol{x},t) \in \mathbb{R}^n \times (0,T], \\ \tilde{u} = \tilde{u}_0, & (\boldsymbol{x},t) \in \mathbb{R}^n \times \{t=0\}, \end{cases} \tag{4.5.3}$$

其中, $\tilde{f} = f_t, \tilde{u}_0 = u_t(\cdot,0) = f(\cdot,0) + \Delta u_0$.

在 (4.5.3) 式两边同乘以 $\tilde{u}$, 关于 $\boldsymbol{x}$ 积分得

$$\frac{\mathrm{d}}{\mathrm{d}t}\int_{\mathbb{R}^n} |\tilde{u}|^2 \,\mathrm{d}\boldsymbol{x} + \int_{\mathbb{R}^n} |\nabla \tilde{u}|^2 \,\mathrm{d}\boldsymbol{x} = \int_{\mathbb{R}^n} \tilde{f}\, \tilde{u} \mathrm{d}\boldsymbol{x} \leqslant \left\|\tilde{f}\right\|_{L^2}^2 + \|\tilde{u}\|_{L^2}^2,$$

故

$$\frac{\mathrm{d}}{\mathrm{d}t}\int_{\mathbb{R}^n} |\tilde{u}|^2 \,\mathrm{d}\boldsymbol{x} \leqslant \int_{\mathbb{R}^n} |\tilde{u}|^2 \mathrm{d}\boldsymbol{x} + \int_{\mathbb{R}^n} |f_t|^2 \mathrm{d}\boldsymbol{x}.$$

因此存在某个正常数 $C(T)$, 使得

$$\int_{\mathbb{R}^n} |\tilde{u}|^2 \mathrm{d}\boldsymbol{x} \leqslant C(T)\left(\int_{\mathbb{R}^n} (\tilde{u}(t-0))^2 \mathrm{d}\boldsymbol{x} + \int_0^T \int_{\mathbb{R}^n} |f_t|^2 \mathrm{d}\boldsymbol{x}\mathrm{d}t\right),$$

即

$$\begin{aligned} &\sup_{0\leqslant t\leqslant T}\int_{\mathbb{R}^n} |u_t|^2 \,\mathrm{d}\boldsymbol{x} + \int_0^T \int_{\mathbb{R}^n} |\nabla u_t|^2 \,\mathrm{d}\boldsymbol{x}\mathrm{d}t \\ \leqslant\; & C\left(\int_{\mathbb{R}^n} |f(\cdot,0)|^2 \,\mathrm{d}\boldsymbol{x} + \int_{\mathbb{R}^n} \left|\mathbf{D}^2 u_0\right|^2 \mathrm{d}\boldsymbol{x} + \int_0^T \int_{\mathbb{R}^n} |f_t|^2 \,\mathrm{d}\boldsymbol{x}\mathrm{d}t\right). \end{aligned} \tag{4.5.4}$$

又由 $-\Delta u = f - u_t$ 得

$$\int_{\mathbb{R}^n} |\Delta u|^2 \mathrm{d}\boldsymbol{x} = \int_{\mathbb{R}^n} |f - u_t|^2 \mathrm{d}\boldsymbol{x},$$

即

$$\begin{aligned} \int_{\mathbb{R}^n} \left|\mathbf{D}^2 u\right|^2 \mathrm{d}\boldsymbol{x} &\leqslant C\int_{\mathbb{R}^n} (f^2 + u_t^2)\mathrm{d}\boldsymbol{x} \\ &\leqslant C\int_{\mathbb{R}^n} f^2 \mathrm{d}\boldsymbol{x} \\ &\quad + C\left(\int_0^T \int_{\mathbb{R}^n} f_t^2 \mathrm{d}\boldsymbol{x}\mathrm{d}t + \int_{\mathbb{R}^n} (|\mathbf{D}^2 u_0|^2 + |f(\cdot,0)|^2)\mathrm{d}\boldsymbol{x}\right) \end{aligned} \tag{4.5.5}$$

由 (4.5.4) 式, (4.5.5) 式知

$$\sup_{0\leqslant t\leqslant T}\int_{\mathbb{R}^n} |u_t|^2 \mathrm{d}\boldsymbol{x} + \sup_{0\leqslant t\leqslant T}\int_{\mathbb{R}^n} |\mathbf{D}^2 u|^2 \mathrm{d}\boldsymbol{x} + \int_0^T \int_{\mathbb{R}^n} |\mathbf{D} u_t|^2 \mathrm{d}\boldsymbol{x}\mathrm{d}t$$

$$\leqslant C\left(\sup_{0\leqslant t\leqslant T}\int_{\mathbb{R}^n}|f(x,t)|^2\mathrm{d}\boldsymbol{x}+\int_0^T\int_{\mathbb{R}^n}|f_t|^2\mathrm{d}\boldsymbol{x}\mathrm{d}t+\int_{\mathbb{R}^n}|\mathbf{D}^2u_0|^2\mathrm{d}\boldsymbol{x}\right).$$

又由 $H^1(0,T;L^2(\Omega))\hookrightarrow L^\infty(0,T;L^2(\Omega))$ 可得

$$\sup_{0\leqslant t\leqslant T}\|f(\cdot,t)\|_{L^2}\leqslant C\left(\|f\|_{L^2(\mathbb{R}^n\times(0,T))}+\|f_t\|_{L^2(\mathbb{R}^n\times(0,T))}\right),$$

所以

$$\begin{aligned}&\sup_{0\leqslant t\leqslant T}\int_{\mathbb{R}^n}(|u_t|^2+\left|\mathbf{D}^2u\right|^2)\mathrm{d}\boldsymbol{x}+\int_0^T\int_{\mathbb{R}^n}|\mathbf{D}u_t|^2\mathrm{d}\boldsymbol{x}\mathbf{d}t\\ \leqslant\ & C\int_0^T\int_{\mathbb{R}^n}(|f|^2+|f_t|^2)\mathrm{d}\boldsymbol{x}\mathrm{d}t+\int_{\mathbb{R}^n}\left|\mathbf{D}^2u_0\right|^2\mathrm{d}\boldsymbol{x}.\end{aligned}$$

4.5.2 弱解的正则性理论

现在基于上面的思想来证明只要初值和边界具有较高的正则性, 则在 4.4 节由 Galerkin 方法构造的弱解具有更高阶的正则性. 为此, 设 L_t 由 (4.4.2) 式给出, a^{ij},b^i,c 是 $\overline{\Omega}$ 上的不依赖于时间 t 的光滑函数, 也设 $w_k\in H_0^1(\Omega)$ 是特征值问题

$$\begin{cases}-\Delta w_k=\lambda_k w_k, & \boldsymbol{x}\in\ \Omega,\\ w_k=0, & \boldsymbol{x}\in\ \partial\Omega\end{cases}$$

的解.

定理 4.14(正则性) (1) 设 $u_0\in H_0^1(\Omega), f\in L^2(0,T;L^2(\Omega))$, 又设 $u\in L^2(0,T;H_0^1(\Omega))$, $u'\in L^2(0,T;H^{-1}(\Omega))$, u 是问题

$$\begin{cases}u_t+L_tu=f, & (\boldsymbol{x},t)\in\ \Omega_T,\\ u=0, & (\boldsymbol{x},t)\in\ \partial\Omega\times[0,T],\\ u=u_0, & (\boldsymbol{x},t)\in\ \Omega\times\{t=0\}\end{cases}\tag{4.5.6}$$

的弱解, 则 $u\in L^2(0,T;H^2(\Omega))\cap L^\infty(0,T;H_0^1(\Omega))$, $u'\in L^2(0,T;L^2(\Omega))$ 且

$$\operatorname*{ess\,sup}_{0\leqslant t\leqslant T}\|u(t)\|_{H_0^1(\Omega)}+\|u'\|_{L^2(0,T;L^2(\Omega))}\leqslant C(\|f\|_{L^2(0,T;L^2(\Omega))}+\|u_0\|_{H_0^1(\Omega)}),\tag{4.5.7}$$

其中, C 只依赖于 L_t 的系数和 Ω,T;

(2) 如果 $u_0\in H^2(\Omega), f_t\in L^2(0,T;L^2(\Omega))$, 则

$$\begin{aligned}&u\in L^\infty(0,T;H^2(\Omega)),\quad u'\in L^\infty(0,T;L^2(\Omega))\cap L^2(0,T;H_0^1(\Omega)),\\ &u''\in L^2(0,T;H^{-1}(\Omega))\end{aligned}$$

且有估计

$$\begin{aligned}&\operatorname*{ess\,sup}_{0\leqslant t\leqslant T}\|u'(t)\|_{L^2(\Omega)}+\|u'\|_{L^2(0,T;H_0^1(\Omega))}+\|u''\|_{L^2(0,T;H^{-1}(\Omega))}\\ \leqslant{}& C\left(\|f\|_{H^1(0,T;L^2(\Omega))}+\|u_0\|_{H^2(\Omega)}\right).\end{aligned}\tag{4.5.8}$$

注 4.16 在定理 4.14 的假设下, 可证

$$\operatorname*{ess\,sup}_{0\leqslant t\leqslant T}\|u(t)\|_{H^2(\Omega)}+\|u\|_{L^2(0,T;H^2(\Omega))}\leqslant C.$$

证明 第 1 步. 由弱解序列 $\{u_m\}$ 的构造知

$$(u_m',w_k)+B[u_m,w_k;t]=(f,w_k),\quad k=1,2,\cdots,m,$$

$$u_m(t)=\sum_{k=1}^m d_m^k(t)w_k,\quad d_m^k(0)=(g,w_k),$$

故

$$(u_m',u_m')+B[u_m,u_m';t]=(f,u_m')\ \text{a.e. }0\leqslant t\leqslant T,$$

其中,

$$\begin{aligned}B[u_m,u_m';t]-&\int_\Omega\sum_{i,j=1}^n a^{ij}u_{mx_i}u'_{mx_j}\mathrm{d}\boldsymbol{x}\\ &+\int_\Omega\left(\sum_{i=1}^n b^iu_{mx_i}u_m'+cu_mu_m'\right)\mathrm{d}\boldsymbol{x}\triangleq A+B.\end{aligned}$$

因为 $a^{ij}=a^{ji}(i,j=1,\cdots,n)$, a^{ij},b^i,c 不依赖于 t, 所以

$$\begin{aligned}A&=\int_\Omega\sum_{i,j=1}^n a^{ij}u_{mx_i}u'_{mx_j}\mathrm{d}\boldsymbol{x}\\ &=\frac12\left(\int_\Omega\sum_{i,j=1}^n a^{ij}u_{mx_i}u'_{mx_j}\mathrm{d}\boldsymbol{x}+\int_\Omega\sum_{i,j=1}^n a^{ij}u_{mx_i}u'_{mx_j}\mathrm{d}\boldsymbol{x}\right)\\ &=\frac12\int_\Omega\left(\sum_{i,j=1}^n a^{ij}u_{mx_i}u'_{mx_j}+\sum_{i,j=1}^n a^{ji}u_{mx_i}u'_{mx_j}\right)\mathrm{d}\boldsymbol{x}\\ &=\frac12\int_\Omega\sum_{i,j=1}^n a^{ij}(u_{mx_i}u_{mx_j})'\mathrm{d}\boldsymbol{x}\\ &=\frac{\mathrm{d}}{\mathrm{d}t}\int_\Omega\frac12\sum_{i,j=1}^n a^{ij}u_{mx_i}u_{mx_j}\mathrm{d}\boldsymbol{x},\end{aligned}$$

$$|B| \leqslant \varepsilon \|u'_m\|^2_{L^2(\Omega)} + \frac{C}{\varepsilon} \|u_m\|^2_{H^1_0(\Omega)}, \quad \forall \varepsilon > 0,$$
$$|(f, u'_m)| \leqslant \varepsilon \|u'_m\|^2_{L^2(\Omega)} + \frac{C}{\varepsilon} \|f\|^2_{L^2(\Omega)}, \quad \forall \varepsilon > 0.$$

于是

$$\|u'_m\|^2_{L^2(\Omega)} + \frac{\mathrm{d}}{\mathrm{d}t} \int_\Omega \frac{1}{2} \sum_{i,j=1}^n a^{ij} u_{mx_i} u_{mx_j} \mathrm{d}\boldsymbol{x}$$
$$\leqslant 2\varepsilon \|u'_m\|^2_{L^2(\Omega)} + \frac{C}{\varepsilon} \left(\|u_m\|^2_{H^1_0(\Omega)} + \|f\|^2_{L^2(\Omega)} \right).$$

令 $\varepsilon = 1/4$ 得

$$\|u'_m\|^2_{L^2(\Omega)} + \frac{\mathrm{d}}{\mathrm{d}t} \int_\Omega \sum_{i,j=1}^n a^{ij} u_{mx_i} u_{mx_j} \mathrm{d}\boldsymbol{x} \leqslant C(\|u_m\|^2_{H^1_0(\Omega)} + \|f\|^2_{L^2(\Omega)}),$$

$$\int_\Omega \sum_{i,j=1}^{n2} a^{ij} u_{mx_i} u_{mx_j} \mathrm{d}\boldsymbol{x} + \int_0^T \|u'_m\|^2_{L^2(\Omega)} \mathrm{d}t$$
$$\leqslant \int_\Omega \sum_{i,j=1}^n a^{ij} (u_{mx_i} u_{mx_j})(\boldsymbol{x}, 0) \mathrm{d}\boldsymbol{x} + C \int_0^T (\|u_m\|^2_{H^1_0(\Omega)} + \|f\|^2_{L^2(\Omega)}) \mathrm{d}t$$
$$\leqslant C \|u_0\|^2_{H^1_0(\Omega)} + C \int_0^T \|u_m\|^2_{H^1_0(\Omega)} \mathrm{d}t + C \|f\|^2_{L^2(0,T;L^2(\Omega))}$$
$$\leqslant C(\|u_0\|_{H^1_0(\Omega)} + \|f\|^2_{L^2(0,T;L^2(\Omega))}),$$

这里用到椭圆性条件

$$\int_\Omega \sum_{i,j=1}^n a^{ij} u_{mx_i} u_{mx_j} \mathrm{d}\boldsymbol{x} \geqslant \theta \int_\Omega |\mathbf{D}u|^2 \mathrm{d}\boldsymbol{x} \geqslant \theta_1 \|u\|^2_{H^1_0(\Omega)}, \quad \forall u \in H^1_0(\Omega)$$

和 Gronwall 不等式, 从而有

$$\sup_{0 \leqslant t \leqslant T} \|u_m(t)\|_{H^1_0(\Omega)} + \left(\int_0^T \|u'_m(t)\|^2_{L^2(\Omega)} \mathrm{d}t \right)^{\frac{1}{2}} \leqslant C \left(\|u_0\|_{H^1_0(\Omega)} + \|f\|_{L^2(0,T;L^2(\Omega))} \right).$$

取 $m = m_l \to \infty$ 可得

$$u \in L^\infty(0, T; H^1_0(\Omega)), \quad u' \in L^2(0, T; L^2(\Omega)),$$

而且

$$\sup_{0 \leqslant t \leqslant T} \|u\|_{H^1_0(\Omega)} + \left(\int_0^T \|u'\|^2_{L^2(\Omega)} \mathrm{d}t \right)^{\frac{1}{2}} \leqslant C \left(\|u_0\|_{H^1_0(\Omega)} + \|f\|_{L^2(0,T;L^2(\Omega))} \right),$$

这就证明了 (4.5.7) 式.

第 2 步. (4.5.8) 式的证明. 由弱解序列 $\{u_m\}$ 的构造知

$$(u_m', w_k) + B[u_m, w_k; t] = (f, w_k), \quad k = 1, 2, \cdots, m.$$

由于 w_k 以及 L_t 的系数与时间 t 无关, 故关于 t 求导可得

$$(u_m'', w_k) + B[u_m', w_k; t] = (f', w_k), \quad k = 1, 2, \cdots, m.$$

于是

$$(u_m'', u_m') + B[u_m', u_m'; t] = (f', u_m'), \quad k = 1, 2, \cdots, m,$$

即

$$\frac{\mathrm{d}}{\mathrm{d}t}\frac{1}{2}\|u_m'(t)\|_{L^2(\Omega)}^{2'} + B[u_m', u_m'; t] = (f', u_m').$$

因为

$$\begin{aligned} B[u_m', u_m'; t] &= \int_\Omega \left(\sum_{i,j} a^{ij}(\boldsymbol{x}) u'_{mx_i} u'_{mx_j} + \sum_i b^i u'_{mx_i} u'_m + c|u'_m|^2\right) \mathrm{d}\boldsymbol{x} \\ &\geqslant \frac{\theta}{2}\int_\Omega |\mathbf{D}u_m|^2 \mathrm{d}\boldsymbol{x} - C\int_\Omega |u_m'|^2 \mathrm{d}\boldsymbol{x} \geqslant \theta_1 \|u_m'\|_{H_0^1(\Omega)}^2 - C\|u_m'\|_{L^2(\Omega)}^2, \end{aligned}$$

所以

$$\frac{\mathrm{d}}{\mathrm{d}t}\frac{1}{2}\|u_m'(t)\|_{L^2(\Omega)}^2 + \theta_1\|u_m'\|_{H_0^1(\Omega)}^2 \leqslant \|f'\|_{L^2(\Omega)} + C\|u_m'\|_{L^2(\Omega)}^2, \tag{4.5.9}$$

于是

$$\frac{\mathrm{d}}{\mathrm{d}t}\|u_m'\|_{L^2(\Omega)}^2 \leqslant C\|f'\|_{L^2(\Omega)}^2 + C\|u_m'\|_{L^2(\Omega)}^2.$$

由 Gronwall 不等式可得

$$\|u_m'(t)\|_{L^2(\Omega)}^2 \leqslant M(T)(\|f'\|_{L^2(0,T;L^2(\Omega))}^2 + \|u_m'(0)\|_{L^2(\Omega)}^2). \tag{4.5.10}$$

联合 (4.5.9) 式和 (4.5.10) 式可得

$$\begin{aligned} \|u_m'\|_{L^2(\Omega)}^2 + \int_0^T \|u_m'(t)\|_{H_0^1(\Omega)}^2 \mathrm{d}t &\leqslant C(\|u_m'(0)\|_{L^2(\Omega)}^2 + \|f'\|_{L^2(0,T;L^2(\Omega))}^2) \\ &\leqslant C(\|u_m'(0)\|_{L^2(\Omega)}^2 + \|f\|_{H^1(0,T;L^2(\Omega))}^2). \end{aligned} \tag{4.5.11}$$

由于

$$(u_m', u_m') + B[u_m, u_m'; t] = (f, u_m'), \quad k = 1, 2, \cdots, m,$$

故

$$\begin{aligned}\|u_m'(t=0)\|_{L^2(\Omega)}^2 &= -B[u_m, u_m'; t](t=0) + (f, u_m')(t=0) \\ &\leqslant \varepsilon \|u_m'(0)\|_{L^2(\Omega)}^2 + \frac{C}{\varepsilon}\left(\|u_m(0)\|_{H^2(\Omega)}^2 + \|f(t=0)\|_{L^2(\Omega)}^2\right),\end{aligned}$$

于是可得

$$\|u_m'(t=0)\|_{L^2(\Omega)}^2 \leqslant C(\|u_m(0)\|_{H^2(\Omega)}^2 + \|f(t=0)\|_{L^2(\Omega)}^2).$$

而

$$\|f(0)\|_{L^2(\Omega)} \leqslant \max_{0\leqslant t\leqslant T} \|f(t)\|_{L^2(\Omega)} \leqslant C\|f\|_{H^1(0,T;L^2(\Omega))},$$

故

$$\|u_m'(t)\|_{L^2(\Omega)}^2 + \int_0^T \|u_m'(t)\|_{H_0^1(\Omega)}^2 \,\mathrm{d}t \leqslant C\left(\|u_m(0)\|_{H^2(\Omega)}^2 + \|f\|_{H^1(0,T;L^2(\Omega))}^2\right).$$

现在估计 $\|u_m(0)\|_{H^2(\Omega)}^2$. 取 w_k 满足

$$\begin{cases} -\Delta w_k = \lambda_k w_k, & \boldsymbol{x} \in \Omega, \\ w_k|_{\partial\Omega} = 0, \end{cases}$$

则

$$-\Delta w_k|_{\partial\Omega} = 0,$$

从而

$$u_m|_{\partial\Omega} = \Delta u_m|_{\partial\Omega} = 0.$$

由此可得

$$\begin{aligned}\|u_m(0)\|_{H^2(\Omega)}^2 &\leqslant C\|\Delta u_m(0)\|_{L^2(\Omega)}^2 \\ &= C\int_\Omega \Delta u_m(0)\Delta u_m(0)\mathrm{d}\boldsymbol{x} = C\int_\Omega u_m(0)\Delta^2 u_m(0)\mathrm{d}\boldsymbol{x},\end{aligned}$$

这里用到椭圆方程

$$\begin{cases} -\Delta u = f, & \boldsymbol{x} \in \Omega, \\ u|_{\partial\Omega} = 0 \end{cases}$$

的 L^2 估计 $\|u\|_{H^2(\Omega)} \leqslant C\|f\|_{L^2(\Omega)} = C\|\Delta u\|_{L^2(\Omega)}$, 从而

$$\|u_m(0)\|_{H^2(\Omega)}^2 \leqslant C\|\Delta u_m(0)\|_{L^2(\Omega)}^2 = C\int_\Omega u_m(0)\Delta^2 u_m(0)\mathrm{d}\boldsymbol{x}$$

$$\begin{aligned}
&= C\int_\Omega g\Delta^2 u_m(0)\mathrm{d}\boldsymbol{x} = C\int_\Omega \Delta g\Delta u_m(0)\mathrm{d}\boldsymbol{x}\\
&\leqslant \frac{1}{2}\|u_m(0)\|^2_{H^2(\Omega)} + C\|u_0\|^2_{H^2(\Omega)},
\end{aligned}$$

即

$$\|u_m(0)\|^2_{H^2(\Omega)} \leqslant C\|u_0\|^2_{H^2(\Omega)}. \tag{4.5.12}$$

由 (4.5.11) 式, (4.5.12) 式可得

$$\sup_{0\leqslant t\leqslant T}\|u_m'(t)\|^2_{L^2(\Omega)} + \int_0^T \|u_m'\|^2_{H_0^1(\Omega)}\mathrm{d}t \leqslant C(\|f\|^2_{H^1(0,T;L^2(\Omega))} + \|u_0\|^2_{H^2(\Omega)}). \tag{4.5.13}$$

下面来估计 $u'' \in L^2(0,T;H^{-1}(\Omega))$.

由于

$$(u_m', w_k) + B[u_m, w_k; t] = (f, w_k), \quad k = 1,2,\cdots,m,$$

所以, 对任意 $v \in H_0^1(\Omega)$, $\|v\|_{H_0^1(\Omega)} = 1, v = v^1 + v^2, v^1 \in W_m, v^2 \in W_m^\perp$ 有

$$\langle u_m'', v\rangle = (u_m'', v) = (u_m'', v^1) = (f', v^1) - B[u_m', v^1; t],$$

故

$$\begin{aligned}
|\langle u_m'', v\rangle| &\leqslant C(\|f'\|_{L^2(\Omega)} + \|u_m'\|_{H_0^1(\Omega)})\left\|v^1\right\|_{H_0^1(\Omega)}\\
&\leqslant C(\|f'\|_{L^2(\Omega)} + \|u_m'\|_{H_0^1(\Omega)}).
\end{aligned}$$

于是

$$\|u_m''\|_{H^{-1}(\Omega)} \leqslant C(\|f'\|_{L^2(\Omega)} + \|u_m'\|_{H_0^1(\Omega)}). \tag{4.5.14}$$

由 (4.5.13) 式, (4.5.14) 式知

$$u_m'' \in L^2(0,T;H^{-1}(\Omega)).$$

令 $m = m_l \to \infty$ 得

$$u'' \in L^2(0,T;H^{-1}(\Omega)).$$

最后使用数学归纳法可以建立高阶的正则性.

定理 4.15(一般正则性) 设 $u_0 \in H^{2m+1}(\Omega)$, $\partial_t^k f \in L^2(0,T;H^{2m-2k}(\Omega))(k = 0,1,\cdots,m)$, 也设下面的相容性条件成立:

$$\begin{aligned}
&g_0 := u_0 \in H_0^1(\Omega), \quad g_1 := f(0) - Lg_0 \in H_0^1(\Omega), \quad \cdots,\\
&g_m := \partial_t^{m-1} f(0) - Lg_{m-1} \in H_0^1(\Omega),
\end{aligned}$$

则方程 (4.5.6) 的弱解 u 满足

$$\partial_t^k u \in L^2(0,T;H^{2m+2-2k}(\Omega)), \quad k = 0,1,\cdots,m+1.$$

定理 4.16(无穷次可微性) 设 u 是方程 (4.5.6) 的弱解. 设 $u_0 \in C^\infty(\overline{\Omega}), f \in C^\infty(\overline{\Omega}_T)$ 且任意阶的相容性条件成立, 则 $u \in C^\infty(\overline{\Omega}_T)$.

定理 4.15 和定理 4.16 的证明留作练习.

4.6 Lions 定理与发展型偏微分方程

当讨论发展型偏微分方程解的存在性时, 可以用一种处理椭圆型偏微分方程的 Lax-Milgram 定理的想法来处理, 这种想法就是 Lions 定理. 它是 Lax-Milgram 定理的推广, 便于应用于发展型方程.

4.6.1 Lions 定理

为了叙述 Lions 定理, 给出抛物型方程第一初边值问题

$$\begin{cases} u_t + L_t u = f, & (\boldsymbol{x}, t) \in \Omega_T, \\ u = 0, & (\boldsymbol{x}, t) \in \Sigma_T = \partial\Omega \times (0, T), \\ u(\boldsymbol{x}, 0) = u_0(\boldsymbol{x}), & \boldsymbol{x} \in \overline{\Omega} \end{cases} \tag{4.6.1}$$

弱解的另一等价定义, 这里

$$L_t u = -\sum_{i,j=1}^{n} (a^{ij}(\boldsymbol{x}, t) u_{x_i})_{x_j} + \sum_{i=1}^{n} b^i(\boldsymbol{x}, t) u_{x_i} + c(\boldsymbol{x}, t) u.$$

定义空间 $\Phi = \{\varphi \in C([0,T]; H_0^1(\Omega)) \cap C^1([0,T]; L^2(\Omega)) | \varphi(\boldsymbol{x}, T) = 0, \boldsymbol{x} \in \Omega\}$ 及其范数为

$$\|\varphi\|_{\Phi} = \max_{0 \leqslant t \leqslant T} \|\varphi(t)\|_{H_0^1(\Omega)} + \max_{0 \leqslant t \leqslant T} \|\varphi_t(t)\|_{L^2(\Omega)}.$$

现在用 $\varphi \in \Phi$ 作实验函数同乘以系统 (4.6.1) 式的第一个方程两边, 并在 Ω_T 上积分, 分部积分可得积分方程

$$\begin{aligned} & -\int_0^T \int_\Omega u(\boldsymbol{x}, t) \varphi_t(\boldsymbol{x}, t)) \mathrm{d}\boldsymbol{x} \mathrm{d}t + \int_0^T B[u, \varphi; t] \mathrm{d}t \\ = & \int_0^T \int_\Omega f \varphi \mathrm{d}\boldsymbol{x} \mathrm{d}t + \int_\Omega u_0(\boldsymbol{x}) \varphi(x, 0) \mathrm{d}\boldsymbol{x}, \end{aligned} \tag{4.6.2}$$

其中,

$$B[u, \varphi; t] = \int_\Omega \left(\sum_{i,j=1}^{n} a^{ij}(\boldsymbol{x}, t) u_{x_i} \varphi_{x_j} + \sum_{i=1}^{n} b^i(\boldsymbol{x}, t) u_{x_i} \varphi + c(\boldsymbol{x}, t) u \varphi \right) \mathrm{d}\boldsymbol{x}.$$

显然, 只要 $a^{ij}, b^i, c \in L^\infty(\Omega_T)$, $f \in L^2(\Omega_T), u_0 \in L^2(\Omega)$, 则当 $u \in L^2(0,T;H_0^1(\Omega))$, $\varphi \in \varPhi$ 时, 积分方程 (4.6.2) 中的每一项都有意义, 从而可以给出 (4.6.1) 式的弱解的另一个等价定义.

定义 4.4 设 $a^{ij}, b^i, c \in L^\infty(\Omega_T)$, $f \in L^2(\Omega_T), u_0 \in L^2(\Omega)$. 如果存在 $u \in L^2(0,T;H_0^1(\Omega))$, 使得对于任意的 $\varphi \in \varPhi$ 有积分方程 (4.6.2) 成立, 则称 $u \in L^2(0,T;H_0^1(\Omega))$ 为问题 (4.6.1) 的**弱解**.

注 4.17 定义 4.4 和定义 4.2, 定义 4.3 是等价的. 积分方程 (4.6.2) 称为问题 (4.6.1) 的弱解满足的变分形式的方程, 解的所有信息可以从此变分结构中获得.

现在引入记号

$$E(u,\varphi) = -\int_0^T \int_\Omega u\varphi' \mathrm{d}\boldsymbol{x}\mathrm{d}t + \int_0^T B[u,\varphi;t]\mathrm{d}t,$$

$$(L,\varphi) = \int_0^T \int_\Omega f\varphi \mathrm{d}\boldsymbol{x}\mathrm{d}t + \int_\Omega u_0\varphi(0)\mathrm{d}\boldsymbol{x},$$

这里 $\varphi' = \varphi_t, \varphi(0) = \varphi(x,0)$, 则 (4.6.2) 式可写为

$$E(u,\varphi) = (L,\varphi), \quad \forall \varphi \in \varPhi. \tag{4.6.3}$$

注意方程 (4.6.3) 式和 Lax-Milgram 定理可以直接应用的方程

$$u(u,v) - (f,v), \quad \forall v \subset H$$

是类似的, 只是 (4.6.3) 式的解和检验函数属于不同的空间. 这样一般来说, 不能直接使用 Lax-Milgram 定理, 但由于形式上的相似性启发我们推广 Lax-Milgram 定理, 建立一个新的定理, 以使其可以应用到这种情况, 这就是 Lions 定理.

定理 4.17(Lions 定理) 设 F 是一个 Hilbert 空间, 范数为 $\|\cdot\|_F$, $\varPhi$ 是 F 的一个子空间, 对于范数 $\|\cdot\|_\varPhi$ 是一个内积空间, $E(u,\varphi)$ 是一个定义在 $F \times \varPhi$ 上的实双线性型, 即

$$E(\alpha u_1 + \beta u_2, \varphi) = \alpha E(u_1,\varphi) + \beta E(u_2,\varphi),$$
$$E(u, \alpha\varphi_1 + \beta\varphi_2) = \alpha E(u,\varphi_1) + \beta E(u,\varphi_2),$$
$$\forall u, u_1, u_2 \in F, \quad \varphi, \varphi_1, \varphi_2 \in \varPhi, \quad \alpha, \beta \in \mathbb{R}.$$

设

(1) 存在正常数 C, 使得 $\|\varphi\|_F \leqslant C\|\varphi\|_\varPhi$, $\forall \varphi \in \varPhi$;

(2) $\forall\, \varphi \in \varPhi, E(\cdot,\varphi)$ 在 F 上连续;

(3) 存在 $\alpha > 0$, 使得 $E(\varphi,\varphi) \geqslant \alpha\|\varphi\|_\varPhi^2$, $\forall \varphi \in \varPhi$,

又设 L 是 $\varPhi$ 上的一个有界线性泛函, 则存在 $u \in F$, 使得

$$E(u,\varphi) = L(\varphi) = (L,\varphi), \quad \forall \varphi \in \varPhi.$$

注 4.18　定理 4.17 是实值形式的 Lions 定理, 它能通过使用证明复值 Lions 定理的方法来证明. 证明略, 有兴趣的读者可参见文献 (王耀东, 1989).

注 4.19　当 $F=\Phi$ 时, Lions 定理即为 Lax-Milgram 定理. 一般来说, 定理 4.17 只能证明变分方程解的存在性, 但不能证明其唯一性.

4.6.2　Lions 定理的应用 —— 抛物型方程弱解的存在性

本小节使用 Lions 定理来建立抛物型方程初边值问题弱解的第二存在性定理. 首先, 给出第一初边值问题弱解的存在性定理, 然后将 Lions 定理应用到抛物型方程的一些其他初边值问题中去.

设 Ω 是 $\mathbb{R}^n$ 中的有界区域. 又设

$$L_t u=-\sum_{i,j=1}^{n}(a^{ij}(\boldsymbol{x},t)u_{x_i})_{x_j}+\sum_{i=1}^{n}b^i(\boldsymbol{x},t)u_{x_i}+c(\boldsymbol{x},t)u$$

的系数 $a^{ij},b^i,c\in L^\infty(\Omega_T)$ 为实函数且存在 $\theta>0$, 使得

$$\sum_{i,j=1}^{n}a^{ij}(\boldsymbol{x},t)\xi_i\xi_j\geqslant\theta\left|\boldsymbol{\xi}\right|^2,\quad\forall(\boldsymbol{x},t)\in\Omega_T,\boldsymbol{\xi}\in\mathbb{R}^n.$$

本小节使用记号

$$B[u,\varphi;t]=\int_\Omega\left(\sum_{i,j=1}^{n}a^{ij}(\boldsymbol{x},t)u_{x_i}\varphi_{x_j}+\sum_{i=1}^{n}b^i(\boldsymbol{x},t)u_{x_i}\varphi+c(\boldsymbol{x},t)u\varphi\right)\mathrm{d}\boldsymbol{x}.$$

1. 第一初边值问题弱解的存在唯一性

回忆问题 (4.6.1)

$$\begin{cases}u_t+L_tu=f, & (\boldsymbol{x},t)\in\Omega_T,\\ u=0, & (\boldsymbol{x},t)\in\Sigma_T=\partial\Omega\times(0,T),\\ u(\boldsymbol{x},0)=u_0(\boldsymbol{x}), & \boldsymbol{x}\in\overline{\Omega}.\end{cases}$$

现在有抛物型方程第一初边值问题的第二弱解存在定理.

定理 4.18(弱解的存在性)　设 $f\in L^2(\Omega_T),u_0\in L^2(\Omega)$, 则问题 (4.6.1) 存在一个弱解 $u\in L^2(0,T;H_0^1(\Omega))$ 满足积分方程 (4.6.2).

证明　令 $u(\boldsymbol{x},t)=\mathrm{e}^{rt}v(\boldsymbol{x},t)$, 则 $v(\boldsymbol{x},t)$ 满足

$$\begin{cases}v_t-\displaystyle\sum_{i,j=1}^{n}(a^{ij}(\boldsymbol{x},t)v_{x_i})_{x_j}+\sum_{i=1}^{n}b^i(\boldsymbol{x},t)v_{x_i}\\ \quad+(c(\boldsymbol{x},t)+r)v=\mathrm{e}^{-rt}f, & (\boldsymbol{x},t)\in\Omega_T,\\ v=0, & (\boldsymbol{x},t)\in\Sigma_T=\partial\Omega\times(0,T),\\ v(\boldsymbol{x},0)=u_0(\boldsymbol{x}), & \boldsymbol{x}\in\overline{\Omega}.\end{cases}\qquad(4.6.4)$$

要证明定理 4.18, 只需证明问题 (4.6.4) 存在弱解. 由于 (4.6.4) 式和 (4.6.1) 式的类似性以及 r 的任意性, 因此可以将证明归结到 $c(\boldsymbol{x},t)$ 有适当大的正下界 c_0 情形. 下面假设 $c(\boldsymbol{x},t)$ 有适当大的正下界 c_0.

取

$$E(u,\varphi)=-\int_0^T\int_\Omega u\varphi'\mathrm{d}\boldsymbol{x}\mathrm{d}t+\int_0^T B[u,\varphi;t]\mathrm{d}t,$$

$$L(\varphi)=\int_0^T\int_\Omega f\varphi\mathrm{d}\boldsymbol{x}+\int_\Omega u_0(\boldsymbol{x})\varphi(\boldsymbol{x},0)\mathrm{d}\boldsymbol{x},$$

$$F=L^2(0,T;H_0^1(\Omega)),$$

$$\varPhi=\left\{\varphi\in C([0,T];H_0^1(\Omega))\cap C^1([0,T];L^2(\Omega))|\varphi(\boldsymbol{x},T)=0,\forall\boldsymbol{x}\in\Omega\right\},$$

$$\|u\|_F=\left(\int_0^T\|u(t)\|^2_{H_0^1(\Omega)}\mathrm{d}t\right)^{1/2},\quad (u,v)_F=\int_0^T\int_\Omega uv\mathrm{d}\boldsymbol{x}\mathrm{d}t,\forall u,v\in F,$$

$$\|\varphi\|^2_\varPhi=\|\varphi\|^2_F+\|\varphi(0)\|^2_{L^2(\Omega)},\quad (\varphi,\varphi)_\varPhi=(\varphi,\varphi)_F+(\varphi(0),\varphi(0))_{L^2(\Omega)}.$$

于是 $\varPhi$ 关于 $(\cdot,\cdot)_\varPhi$ 是一个内积空间. 显然, $\|\varphi\|_F\leqslant\|\varphi\|_\varPhi$. 下面验证 E,L 满足 Lions 定理的条件:

(1) $\forall\,\varphi\in\varPhi,E(\cdot,\varphi)$ 在 F 上连续. 这是因为

$$E(u,\varphi)\leqslant M\|u\|_F\|\varphi\|_F+M\|u\|_F\|\varphi'\|_F\leqslant M\|u\|_F(\|\varphi\|_F+\|\varphi'\|_F).$$

(2) 存在 $\alpha>0$, 使得 $E(\varphi,\varphi)\geqslant\alpha\|\varphi\|^2_\varPhi,\quad\forall\varphi\subset\varPhi$. 事实上,

$$E(\varphi,\varphi)=\int_0^T B[\varphi,\varphi;t]\mathrm{d}t-\int_0^T\int_\Omega\varphi\varphi'\mathrm{d}\boldsymbol{x}\mathrm{d}t,$$

而

$$B[\varphi,\varphi;t]=\int_\Omega[a^{ij}\varphi_{x_i}\varphi_{x_j}+b^i\varphi_{x_i}\varphi+c\varphi^2]\mathrm{d}\boldsymbol{x}\geqslant\frac{\theta}{2}\int_\Omega|\nabla\varphi|^2\mathrm{d}\boldsymbol{x}+(c_0-\gamma)\int_\Omega|\varphi|^2\mathrm{d}\boldsymbol{x}$$

对某个正常数 γ. 另一方面,

$$\begin{aligned}-\int_0^T\int_\Omega\varphi\varphi'\mathrm{d}\boldsymbol{x}\mathrm{d}t&=-\int_\Omega\int_0^T\left(\frac{\varphi^2}{2}\right)'\mathrm{d}t\mathrm{d}\boldsymbol{x}\\&=-\int_\Omega\left(\frac{|\varphi|^2(\boldsymbol{x},T)}{2}-\frac{|\varphi(0)|^2}{2}\right)\mathrm{d}\boldsymbol{x}=\frac{1}{2}\int_\Omega|\varphi(0)|^2\mathrm{d}\boldsymbol{x}.\end{aligned}$$

取 c_0 满足 $c_0-\gamma>0$, 于是可得

$$E(\varphi,\varphi)\geqslant\tilde{\theta}\int_0^T\|\varphi\|^2_{H_0^1(\Omega)}\mathrm{d}t+\frac{1}{2}\|\varphi(0)\|^2_{L^2(\Omega)}\geqslant\min\left\{\tilde{\theta},\frac{1}{2}\right\}\|\varphi\|^2_\varPhi$$

对某个正常数 $\tilde{\theta}$ 成立.

又因为

$$|L(\varphi)| \leqslant \|f\|_{L^2(0,T;L^2(\Omega))} \|\varphi\|_{L^2(0,T;L^2(\Omega))} + \|u_0\|_{L^2(\Omega)} \|\varphi(0)\|_{L^2(\Omega)} \leqslant M \|\varphi\|_{\Phi},$$

所以 $L(\varphi)$ 是 Φ 上的一个有界线性泛函. 由 Lions 定理可知存在 $u \in F = L^2(0,T;H_0^1(\Omega))$, 使得

$$E(u,\varphi) = L(\varphi), \quad \forall \varphi \in \Phi,$$

即 u 是 (4.6.1) 式的一个弱解.

定理 4.19 若 u 是问题 (4.6.1) 的一个弱解, 则

$$u' \in L^2(0,T;H^{-1}(\Omega))$$

且 u 满足

$$\begin{cases} u'(t) - \sum_{i,j=1}^n (a^{ij}(t)u_{x_i})_{x_j} + \sum_{i=1}^n b^i(t)u_{x_i} + c(t)u = f(t) \text{ a.e. } t \in (0,T), \\ u(0) = u_0(\boldsymbol{x}). \end{cases} \tag{4.6.5}$$

证明 由弱解的定义可知

$$\int_0^T B[u(t),\varphi(t);t]\mathrm{d}t - \int_0^T\int_\Omega u\varphi'\mathrm{d}\boldsymbol{x}\mathrm{d}t = \int_0^T\int_\Omega f\varphi\mathrm{d}\boldsymbol{x}\mathrm{d}t + \int_\Omega u_0\varphi(0)\mathrm{d}\boldsymbol{x}, \quad \forall \varphi \in \Phi.$$

取 $\varphi(t) = \psi(t)v, \psi(t) \in C_0^\infty[(0,T]), v \in H_0^1(\Omega)$, 则有

$$\int_\Omega\int_0^T \left\{ \sum_{i,j=1}^n a^{ij}(t)u_{x_i}(t)v_{x_j}\psi(t) + \sum_{i=1}^n b^i(t)u_{x_i}(t)v\psi(t) + cuv\psi(t) \right\} \mathrm{d}t\mathrm{d}\boldsymbol{x}$$
$$- \int_0^T\int_\Omega uv\psi'(t)\mathrm{d}\boldsymbol{x}\mathrm{d}t = \int_0^T\int_\Omega fv\psi(t)\mathrm{d}\boldsymbol{x}\mathrm{d}t.$$

由于 $a^{ij}(t) \in L^\infty(\Omega_T), u_{x_i}(t) \in L^2(\Omega_T)$, 于是 $(a^{ij}(t)u_{x_j}(t))_{x_j} \in L^2(0,T;H^{-1}(\Omega))$, 故

$$\left\langle \int_0^T \left(-\sum_{i,j=1}^n \left(a^{ij}(t)u_{x_i}\right)_{x_j} + \sum_{i=1}^{nT} b^i(t)u_{x_i} + cu \right) \psi(t) - f(t)\psi(t))\mathrm{d}t, v \right\rangle_{(H^{-1}(\Omega),H_0^1(\Omega))}$$
$$= -\int_\Omega\int_0^T u(t)\psi'(t)\mathrm{d}tv(\boldsymbol{x})\mathrm{d}\boldsymbol{x}, \quad \forall v \in H_0^1(\Omega).$$

于是

$$\int_0^T \left\{ -\sum_{i,j=1}^n (a^{ij}u_{x_i})_{x_j} + \sum_{i=1}^n b^iu_{x_i} + cu - f(t) \right\} \psi(t)\mathrm{d}t = \int_0^T u(t)\psi'(t)\mathrm{d}t.$$

由广义函数倒数的定义知

$$u'(t)-\sum_{i,j=1}^{n}(a^{ij}u_{x_i})_{x_j}+\sum_{i=1}^{n}b^iu_{x_i}+cu=f(t)\text{ a.e. }t\in(0,T), \tag{4.6.6}$$

而且由于 $(a^{ij}u_{x_i})_{x_j}\in H^{-1}(\Omega)$, 故 $u'(t)\in H^{-1}(\Omega)$. 进一步, 由于 $u\in L^2(0,T;H_0^1(\Omega)),f\in L^2(0,T;L^2(\Omega))$, 所以 $u'(t)\in L^2(0,T;H^{-1}(\Omega))$, 从而 $u\in C([0,T];H_0^1(\Omega))$, 即 $u(0)$ 有意义. 下证

$$u(0)=u_0. \tag{4.6.7}$$

对于任意 $\varphi\in\Phi$, (4.6.6) 式与 φ 作对偶积得

$$\begin{aligned}&\int_0^T\int_\Omega(a^{ij}u_{x_i}\varphi_{x_j}+b^iu_{x_i}\varphi+cu\varphi)\mathrm{d}\boldsymbol{x}\mathrm{d}t-\int_0^T\int_\Omega u\varphi'\mathrm{d}\boldsymbol{x}\mathrm{d}t\\=&\int_0^T\int_\Omega f\varphi\mathrm{d}\boldsymbol{x}\mathrm{d}t+\int_\Omega u(0)\varphi(0)\mathrm{d}\boldsymbol{x}.\end{aligned}$$

这与弱解的定义进行比较可得

$$\int_\Omega u(0)\varphi(0)\mathrm{d}\boldsymbol{x}=\int_\Omega u_0\varphi(0)\mathrm{d}\boldsymbol{x},$$

即

$$\int_\Omega(u(0)-u_0)\varphi(0)\mathrm{d}\boldsymbol{x}=0.$$

对于任意 $v\in H_0^1(\Omega)$, 取

$$\varphi(t)=\psi(t)v,\quad \psi(t)\in C_0^\infty([0,T]),\quad \psi(T)=0,\quad \psi(0)=1,$$

则

$$\int_\Omega(u(0)-u_0)v\mathrm{d}\boldsymbol{x}=0,\quad \forall v\in H_0^1(\Omega).$$

由 $H_0^1(\Omega)$ 在 $L^2(\Omega)$ 中稠密知 (4.6.7) 式成立.

定理 4.20 问题 (4.6.1) 的弱解是唯一的.

证明 只证明 $c(\boldsymbol{x},t)$ 有充分大的正下界 c_0 情形, 否则作变换 $u=\mathrm{e}^{rt}v$, 其中, r 充分大.

由于 $u\in L^2(0,T;H_0^1(\Omega)),u'\in L^2(0,T;H^{-1}(\Omega))$, 用 (4.6.1) 式与 u 作对偶积可得

$$\int_0^T\langle u'(t),u(t)\rangle\mathrm{d}t+\int_0^T B[u,v;t]\mathrm{d}t=\int_0^T fu\mathrm{d}t,$$

即

$$\frac{1}{2}\int_\Omega|u(t)|^2\mathrm{d}\boldsymbol{x}-\frac{1}{2}\int_\Omega|u(0)|^2\mathrm{d}\boldsymbol{x}+\int_0^T B[u,v;t]\mathrm{d}t$$

$$
\begin{aligned}
&= \int_0^T \int_\Omega f u \mathrm{d}\boldsymbol{x} \mathrm{d}t \\
&\leqslant \varepsilon \int_0^T \int_\Omega |u|^2 \mathrm{d}\boldsymbol{x} \mathrm{d}t + \int_0^T \int_\Omega f^2 \mathrm{d}\boldsymbol{x} \mathrm{d}t.
\end{aligned}
$$

而

$$
B[u, v; t] \geqslant \tilde{\theta} \int_\Omega |\mathbf{D}u|^2 \mathrm{d}\boldsymbol{x} + (c_0 - \gamma) \int_\Omega |u|^2 \mathrm{d}\boldsymbol{x},
$$

于是可得

$$
\begin{aligned}
&\int_\Omega |u(t)|^2 \mathrm{d}\boldsymbol{x} + \tilde{\theta} \int_\Omega |\mathbf{D}u|^2 \mathrm{d}\boldsymbol{x} + (c_0 - \gamma - \varepsilon) \int_0^T \int_\Omega |u|^2 \mathrm{d}\boldsymbol{x} \mathrm{d}t \\
\leqslant &\int_0^T \int_\Omega f^2 \mathrm{d}\boldsymbol{x} \mathrm{d}t + \int_\Omega |u_0|^2 \mathrm{d}\boldsymbol{x}.
\end{aligned}
$$

此估计导致了唯一性, 这是因为当 $f \equiv 0, u_0 \equiv 0$ 时得 $u \equiv 0$ a.e. Ω_T.

2. 第二及其他初边值问题弱解的存在性

例 4.2　考虑二阶线性抛物型方程的第二初边值问题

$$
\begin{cases}
u_t - \displaystyle\sum_{i,j=1}^n (a^{ij}(\boldsymbol{x}, t) u_{x_i})_{x_j} + \sum_{i=1}^n b^i u_{x_i} + cu = f, \\
\dfrac{\partial u}{\partial \boldsymbol{\nu}_A} = \displaystyle\sum_{i,j=1}^n a^{ij}(\boldsymbol{x}, t) u_{x_i} v_j = 0, \\
u(t = 0) = u_0,
\end{cases}
\tag{4.6.8}
$$

这里 $\boldsymbol{\nu} = (\boldsymbol{\nu}_1, \boldsymbol{\nu}_2, \cdots, \boldsymbol{\nu}_n)$ 为 $\partial\Omega$ 的单位外法向量.

定义空间 $\Phi_1 = C([0, T]; H^1(\Omega)) \cap C^1([0, T]; L^2(\Omega))$ 及其范数 $\|\varphi\|_{\Phi_1} = \|\varphi\|_{\Phi}$. 称满足积分方程

$$
\begin{aligned}
&\int_0^T B[u, \varphi; t] \mathrm{d}t - \int_0^T \int_\Omega u \varphi' \mathrm{d}\boldsymbol{x} \mathrm{d}t \\
= &\int_0^T \int_\Omega f \varphi \mathrm{d}\boldsymbol{x} \mathrm{d}t + \int_\Omega u_0(x) \varphi(0) \mathrm{d}\boldsymbol{x}, \quad \forall \varphi \in \Phi_1
\end{aligned}
\tag{4.6.9}
$$

的函数 $u \in L^2(0, T; H^1(\Omega))$ 为问题 (4.6.8) 的弱解. 这里定义弱解的基本想法如下:

设 u 光滑, 取 $\varphi \in \Phi_1, \varphi(\boldsymbol{x}, T) = 0, \boldsymbol{x} \in \Omega$. 用 φ 乘以 (4.6.8) 式的第一个方程两边, 并在 Ω_T 上积分可得

$$
- \int_\Omega u(0) \varphi(0) \mathrm{d}\boldsymbol{x} - \int_0^T \int_\Omega u \varphi' \mathrm{d}\boldsymbol{x} \mathrm{d}t
$$

$$+\int_0^T\int_\Omega\left(-\sum_{i,j=1}^n(a^{ij}u_{x_i})_{x_j}+\sum_{i=1}^n b^i u_{x_i}+cu\right)\varphi\mathrm{d}\boldsymbol{x}\mathrm{d}t$$
$$=\int_0^T\int_\Omega f\varphi\mathrm{d}\boldsymbol{x}\mathrm{d}t.$$

分部积分得

$$\int_0^T B[u,\varphi;t]\mathrm{d}t-\int_0^T\int_\Omega u\varphi'\mathrm{d}\boldsymbol{x}\mathrm{d}t-\int_0^T\int_{\partial\Omega}\sum_{i,j=1}^n a^{ij}u_{x_i}\nu_j\varphi\mathrm{d}S_x\mathrm{d}t$$
$$=\int_0^T\int_\Omega f\varphi\mathrm{d}\boldsymbol{x}\mathrm{d}t+\int_\Omega u_0\varphi(0)\mathrm{d}\boldsymbol{x}$$

于是使用边界条件 $\left.\dfrac{\partial u}{\partial\boldsymbol{\nu}_A}\right|_{\partial\Omega}=\left.\sum\limits_{i,j=1}^n a^{ij}u_{x_i}\boldsymbol{\nu}_j\right|_{\partial\Omega}=0$ 就可以导出弱解的定义.

注 4.20 第二边值问题弱解定义中的解空间与检验函数空间 Φ 与第一初边值问题不同.

有了弱解的定义, 就可以证明

如果 $f\in L^2((0,T);(H^1(\Omega))'),u_0\in L^2(\Omega)$, 则问题 (4.6.8) 存在一个弱解 $u\in L^2(0,T;H^1(\Omega))$ 满足积分方程 (4.6.9).

事实上, 正像第一初边值问题的证明一样, 可设 $c(\boldsymbol{x},t)$ 有充分大的正下界 c_0. 取

$$E(u,\varphi)=-\int_0^T\int_\Omega u\varphi'\mathrm{d}\boldsymbol{x}\mathrm{d}t+\int_0^T B[u,\varphi;t]\mathrm{d}t,\tag{4.6.10}$$

$$L(\varphi)=\int_0^T\int_\Omega f\varphi\mathrm{d}\boldsymbol{x}+\int_\Omega u_0(\boldsymbol{x})\varphi(\boldsymbol{x},0)\mathrm{d}\boldsymbol{x},\tag{4.6.11}$$

$$F=L^2(0,T;H^1(\Omega)),\quad \Phi=\Phi_1,$$

$$\|u\|_F=\left(\int_0^T\|u(t)\|^2_{H^1(\Omega)}\mathrm{d}t\right)^{1/2},\quad (u,v)_F=\int_0^T\int_\Omega uv\mathrm{d}\boldsymbol{x}\mathrm{d}t,\forall u,v\in F,$$

$$\|\varphi\|^2_\Phi=\|\varphi\|^2_F+\|\varphi(0)\|^2_{L^2(\Omega)},\quad (\varphi,\varphi)_\Phi=(\varphi,\varphi)_F+(\varphi(0),\varphi(0))_{L^2(\Omega)}.$$

于是 Φ 关于 $(\cdot,\cdot)_\Phi$ 是一个内积空间. 显然 $\|\varphi\|_F\leqslant\|\varphi\|_\Phi$. 下面验证 E,L 满足 Lions 定理的条件:

(1) $\forall\,\varphi\in\Phi,E(\cdot,\varphi)$ 在 F 上连续. 这是因为

$$E(u,\varphi)\leqslant M\|u\|_F\|\varphi\|_F+M\|u\|_F\|\varphi'\|_F\leqslant M\|u\|_F(\|\varphi\|_F+\|\varphi'\|_F).$$

(2) 存在 $\alpha>0$, 使得 $E(\varphi,\varphi)\geqslant\alpha\|\varphi\|^2_\Phi,\quad\forall\varphi\in\Phi$. 事实上,

$$E(\varphi,\varphi)=\int_0^T B[\varphi,\varphi;t]\mathrm{d}t-\int_0^T\int_\Omega \varphi\varphi'\mathrm{d}\boldsymbol{x}\mathrm{d}t,$$

而

$$B[\varphi,\varphi;t]=\int_\Omega [a^{ij}\varphi_{x_i}\varphi_{x_j}+b^i\varphi_{x_i}\varphi+c\varphi^2]\mathrm{d}\boldsymbol{x}\geqslant\frac{\theta}{2}\int_\Omega|\nabla\varphi|^2\mathrm{d}\boldsymbol{x}+(c_0-\gamma)\int_\Omega|\varphi|^2\mathrm{d}\boldsymbol{x}$$

对某个正常数 γ. 另一方面,

$$\begin{aligned}-\int_0^T\int_\Omega \varphi\varphi'\mathrm{d}\boldsymbol{x}\mathrm{d}t&=-\int_\Omega\int_0^T\left(\frac{\varphi^2}{2}\right)'\mathrm{d}t\mathrm{d}\boldsymbol{x}\\&=-\int_\Omega\left(\frac{|\varphi|^2(x,T)}{2}-\frac{|\varphi(0)|^2}{2}\right)\mathrm{d}\boldsymbol{x}=\frac{1}{2}\int_\Omega|\varphi(0)|^2\mathrm{d}\boldsymbol{x}.\end{aligned}$$

取 c_0 满足 $c_0-\gamma-\dfrac{\theta}{2}>0$, 于是可得

$$E(\varphi,\varphi)\geqslant\tilde{\theta}\int_0^T\|\varphi\|^2_{H^1(\Omega)}\mathrm{d}t+\frac{1}{2}\|\varphi(0)\|^2_{L^2(\Omega)}\geqslant\min\left\{\tilde{\theta},\frac{1}{2}\right\}\|\varphi\|^2_\Phi$$

对某个正常数 $\tilde{\theta}$ 成立.

又因为

$$|L(\varphi)|\leqslant\|f\|_{L^2(0,T;(H^1(\Omega))')}\|\varphi\|_{L^2(0,T;H^1(\Omega))}+\|u_0\|_{L^2(\Omega)}\|\varphi(0)\|_{L^2(\Omega)}\leqslant M\|\varphi\|_\Phi,$$

所以 $L(\varphi)$ 是 Φ 上的一个有界线性泛函. 由 Lions 定理可知存在 $u\in F=L^2(0,T;H^1(\Omega))$, 使得

$$E(u,\varphi)=L(\varphi),\quad\forall\varphi\in\Phi,$$

即 u 是 (4.6.8) 式的一个弱解.

注 4.21 同于定理 4.18 的证明可以证明更一般的初边值问题弱解的存在性结论: 设 Γ_0 是 $\partial\Omega$ 的一部分, $\mathrm{mes}(\Gamma_0)>0$, 取 $F=\left\{v\in L^2(0,T;H^1(\Omega))\big|\,v|_{\Gamma_0}=0\right\}$, $\Phi=\{v\in\Phi_1|v|_{\Gamma_0}=0\}$, Φ_1 的定义同上, E,L 分别由 (4.6.10) 式, (4.6.11) 式来定义. 如果定义积分方程

$$E(u,\varphi)=L(\varphi),\quad\forall\varphi\in\Phi$$

的解 $u\in F$ 为二阶线性抛物型方程的混合边值问题

$$\begin{cases}u_t+L_tu=f, & (\boldsymbol{x},t)\in\Omega_T,\\ u=0, & (\boldsymbol{x},t)\in\Gamma_0\times(0,T],\\ \dfrac{\partial u}{\partial\boldsymbol{\nu}_A}=\displaystyle\sum_{i,j=1}^n a^{ij}u_{x_i}\nu_j=0, & (\boldsymbol{x},t)\in(\partial\Omega-\Gamma_0)\times(0,T],\\ u(t=0)=u_0, & (\boldsymbol{x},t)\in\overline{\Omega}\end{cases}\tag{4.6.12}$$

的弱解, 则混合边值问题 (4.6.12) 存在一个弱解 $u \in F$. 证明留作习题.

例 4.3 设 $\Omega \subset \mathbb{R}^n$ 有界, 考虑四阶发展方程

$$\begin{cases} \dfrac{\partial u}{\partial t} - \Delta^2 u - \Delta u = f, & \boldsymbol{x} \in \Omega, t > 0, \\ u = 0, \dfrac{\partial \Delta u}{\partial \boldsymbol{\nu}} = 0, & \boldsymbol{x} \in \partial\Omega, t > 0, \\ u(0) = u_0, & \boldsymbol{x} \in \Omega. \end{cases} \tag{4.6.13}$$

取 $H = H_0^1(\Omega)$, 其内积定义为

$$(u, v)_H = \int_\Omega \mathbf{D}u \cdot \mathbf{D}v \mathrm{d}\boldsymbol{x}, \quad \forall u, v \in H.$$

取

$$V = \left\{ v \in H = H_0^1(\Omega) \,\middle|\, \mathrm{D}_i(\Delta v) \in L^2(\Omega), i = 1, 2, \cdots, n \right\},$$

定义 V 上的范数为

$$\|v\|_V^2 = \|v\|_H^2 + \sum_{i=1}^n \|\mathrm{D}_i(\Delta v)\|_{L^2(\Omega)}^2$$

及 V 上的双线性型为

$$a(u, v) = \int_\Omega \mathbf{D}(\Delta u) \cdot \mathbf{D}(\Delta v) \mathrm{d}\boldsymbol{x}.$$

显然,

$$a(v, v) + \|v\|_H^2 = \|v\|_V^2 .$$

取 $F = L^2(0, T; V)$, $\Phi = \left\{ \varphi \in C([0, T]; V) \cap C^1([0, T]; H) \middle| \varphi(\boldsymbol{x}, T) = 0, \forall \boldsymbol{x} \in \Omega \right\}$,

$$E(u, \varphi) = -\int_0^T \int_\Omega u\varphi' \mathrm{d}\boldsymbol{x}\mathrm{d}t + \int_0^T \int_\Omega \mathbf{D}(\Delta u) \cdot \mathbf{D}(\Delta\varphi) \mathrm{d}\boldsymbol{x}\mathrm{d}t + \int_0^T \int_\Omega \mathbf{D}u \cdot \mathbf{D}\varphi \mathrm{d}\boldsymbol{x}\mathrm{d}t,$$

$$L(\varphi) = \int_0^T \int_\Omega f\varphi \mathrm{d}\boldsymbol{x} + \int_\Omega u_0(\boldsymbol{x})\varphi(\boldsymbol{x}, 0) \mathrm{d}\boldsymbol{x},$$

$$\|u\|_F = \left(\int_0^T \|u(t)\|_V^2 \mathrm{d}t \right)^{1/2}, \quad (u, v)_F = \int_0^T \int_\Omega uv \mathrm{d}\boldsymbol{x}\mathrm{d}t \, , \forall u, v \in F,$$

$$\|\varphi\|_\Phi^2 = \|\varphi\|_F^2 + \|\varphi(0)\|_{L^2(\Omega)}^2 , \quad (\varphi, \varphi)_\Phi = (\varphi, \varphi)_F + (\varphi(0), \varphi(0))_{L^2(\Omega)}.$$

用 $\varphi \in \Phi$ 同乘以方程的两边, 并在 Ω_T 上积分, 使用分部积分可得积分方程

$$E(u, \varphi) = L(\varphi), \quad \forall \varphi \in \Phi. \tag{4.6.14}$$

称满足积分方程 (4.6.14) 的解 $u \in F$ 为四阶发展方程的初边值问题 (4.6.13) 的弱解.

现在证明如果 $f \in L^2(0,T;H^{-1}(\Omega)), u_0 \in L^2(\Omega)$, 则问题 (4.6.13) 存在一个弱解.

事实上, Φ 关于 $(\cdot,\cdot)_\Phi$ 是一个内积空间. 显然, $\|\varphi\|_F \leqslant \|\varphi\|_\Phi$. 下面验证 E, L 满足 Lions 定理的条件:

(1) $\forall\, \varphi \in \Phi, E(\cdot,\varphi)$ 在 F 上连续. 这是因为

$$E(u,\varphi) \leqslant M\|u\|_F\|\varphi\|_F + M\|u\|_F\|\varphi'\|_F \leqslant M\|u\|_F(\|\varphi\|_F + \|\varphi'\|_F).$$

(2) 存在 $\alpha > 0$, 使得 $E(\varphi,\varphi) \geqslant \alpha\|\varphi\|_\Phi^2$, $\quad\forall\varphi \in \Phi$. 这是因为

$$E(\varphi,\varphi) = \int_0^T\int_\Omega \mathbf{D}(\Delta\varphi)\cdot\mathbf{D}(\Delta\varphi)\mathrm{d}\boldsymbol{x}\mathrm{d}t + \int_0^T\int_\Omega \mathbf{D}\varphi\cdot\mathbf{D}\varphi\mathrm{d}\boldsymbol{x}\mathrm{d}t - \int_0^T\int_\Omega \varphi\varphi'\mathrm{d}\boldsymbol{x}\mathrm{d}t,$$

而

$$\begin{aligned}
-\int_0^T\int_\Omega \varphi\varphi'\mathrm{d}\boldsymbol{x}\mathrm{d}t &= -\int_\Omega\int_0^T\left(\frac{\varphi^2}{2}\right)'\mathrm{d}t\mathrm{d}\boldsymbol{x}\\
&= -\int_\Omega\left(\frac{|\varphi|^2(x,T)}{2} - \frac{|\varphi(0)|^2}{2}\right)\mathrm{d}\boldsymbol{x} = \frac{1}{2}\int_\Omega|\varphi(0)|^2\mathrm{d}\boldsymbol{x},
\end{aligned}$$

于是可得

$$E(\varphi,\varphi) \geqslant \tilde{\theta}\int_0^T\|\varphi(t)\|_V^2\,\mathrm{d}t + \frac{1}{2}\|\varphi(0)\|_{L^2(\Omega)}^2 \geqslant \min\left\{\tilde{\theta},\frac{1}{2}\right\}\|\varphi\|_\Phi^2$$

对某个正常数 $\tilde{\theta}$ 成立.

又因为

$$|L(\varphi)| \leqslant \|f\|_{L^2(0,T;H^{-1}(\Omega))}\|\varphi\|_{L^2(0,T;H_0^1(\Omega))} + \|u_0\|_{L^2(\Omega)}\|\varphi(0)\|_{L^2(\Omega)} \leqslant M\|\varphi\|_\Phi,$$

所以 $L(\varphi)$ 是 Φ 上的一个有界线性泛函. 由 Lions 定理可知存在 $u \in F = L^2(0,T;V)$, 使得

$$E(u,\varphi) = L(\varphi), \quad \forall\varphi \in \Phi,$$

即 u 是 (4.6.13) 式的一个弱解.

例 4.4 考虑周期边值问题

$$\begin{cases}
u_t + L_t u = f(\boldsymbol{x},t), & (\boldsymbol{x},t) \in \Omega_T,\\
u = 0, & (\boldsymbol{x},t) \in \Sigma_T = \partial\Omega\times(0,T),\\
u(\boldsymbol{x},0) = u(\boldsymbol{x},T), & \boldsymbol{x} \in \overline{\Omega}.
\end{cases} \tag{4.6.15}$$

设 $V=H_0^1(\Omega),H=L^2(\Omega)$ 和 $f\in L^2(0,T;V')$, 定义空间

$$W(0,T;V)=\left\{v\in L^2(0,T;V)\middle| v'=\frac{\partial v}{\partial t}\in L^2(0,T;V')\right\}$$

和

$$\Phi=\{\varphi\in C^\infty([0,T],V)\,|\varphi(0)=\varphi(T)\},$$

求 $u\in W(0,T;V)$, 满足

$$\int_0^T[B(u(t),\varphi(t);t)-(u(t),\varphi'(t))]\mathrm{d}t=\int_0^T(f(t),\varphi(t))\mathrm{d}t,\quad \forall\varphi\in\Phi, \tag{4.6.16}$$

其中, $(u,v)=(u,v)_H=\int_\Omega uv\mathrm{d}\boldsymbol{x}$.

只考虑 $c(\boldsymbol{x},t)$ 有充分大的正下界 c_0 情形, 否则作变换 $u=\mathrm{e}^{rt}v$, r 充分大.

令

$$F=L^2(0,T;V),\quad \|\varphi\|_\Phi=\|\varphi\|_F,$$

$$E(u,\varphi)=\int_0^T[B(u,\varphi;t)-(u,\varphi')]\mathrm{d}t,$$

$$L(\varphi)=\int_0^T(f(t),\varphi(t))\mathrm{d}t.$$

对于固定的 $\varphi\in\Phi,E(\cdot,\varphi)$ 显然在 F 上连续, $L(\cdot)$ 在 Φ 上连续且对于 $\varphi\in\Phi$ 有

$$\begin{aligned}E(\varphi,\varphi)&=\int_0^T B(\varphi,\varphi;t)\mathrm{d}t-\frac{1}{2}(\|\varphi(T)\|_H^2-\|\varphi(0)\|_H^2)=\int_0^T B(\varphi,\varphi;t)\mathrm{d}t\\&\geqslant\tilde\theta\int_0^T\|\nabla\varphi(t)\|_H^2\mathrm{d}t+(c_0-\gamma)\int_0^T\|\varphi(t)\|_H^2\mathrm{d}t\\&\geqslant a\int_0^T\|\varphi(t)\|_V^2\mathrm{d}t=a\|\varphi\|_\Phi^2\end{aligned}$$

对某些正常数 $\tilde\theta,\gamma,\alpha$ 成立.

由 Lions 定理知问题 (4.6.15) 有解 $u\in W(0,T;V)$ 满足 (4.6.16) 式, 从而有

$$u'(t)+L_tu=f(t)\ \text{a.e.}\ t\in(0,T). \tag{4.6.17}$$

(4.6.17) 式两端与 $\varphi\in\Phi$ 作对偶积, 在 (0,T) 上积分并进行分部积分得

$$\int_0^T[B(u,\varphi;t)-(u,\varphi')]\mathrm{d}t+(u(T),\varphi(T))-(u(0),\varphi(0))=\int_0^T(f(t),\varphi(t))\mathrm{d}t,$$

此式与 (4.6.16) 式比较得

$$(u(T),\varphi(T))-(u(0),\varphi(0))=0,\quad\forall\varphi\in\Phi.$$

对任意 $v\in V$, 取 $\psi\in C^\infty([0,T]),\psi(0)=\psi(T)=1$, 以 $\varphi=\psi v$ 代入上式得

$$(u(T)-u(0),v)=0,\quad \forall v\in V.$$

由 V 在 H 中的稠密性知此式给出 $u(T)=u(0)$.

更进一步, (4.6.17) 式两端与 $u(t)$ 作对偶积, 利用 $u(t)$ 关于 t 的周期性可得

$$\int_0^T B(u(t),u(t);t)\mathrm{d}t=\int_0^T (f(t),u(t))\mathrm{d}t.$$

由双线性型 B 的性质和 Schwarz 不等式可得

$$a\left\|u\right\|_F^2\leqslant\left\|f\right\|_{F'}^2,\quad \left\|u\right\|_F\leqslant\frac{1}{a}\left\|f\right\|_F.$$

此式表明解关于自由项 f 是连续依赖的, 这暗含了解的唯一性.

4.6.3 复值 Lions 定理及其应用 ——Schrödinger 方程弱解的存在性

定理 4.21(复值 Lions 定理) 设 F 是一个 Hilbert 空间, 范数为 $\left\|\cdot\right\|_F$, $\varPhi$ 是 F 的一个子空间, 对于范数 $\left\|\cdot\right\|_\varPhi$ 是一个内积空间, $E(u,\varphi)$ 是一个定义在 $F\times\varPhi$ 上的复值共轭双线性型, 即

$$\begin{aligned}&E(\alpha u_1+\beta u_2,\varphi)=\alpha E(u_1,\varphi)+\beta E(u_2,\varphi),\\&E(u,\alpha\varphi_1+\beta\varphi_2)=\bar\alpha E(u,\varphi_1)+\bar\beta E(u,\varphi_2),\\&\forall u,u_1,u_2\in F,\quad \varphi,\varphi_1,\varphi_2\in\varPhi,\quad \alpha,\beta\in\mathbb{C}.\end{aligned}$$

设

(1) 存在正常数 C, 使得 $\left\|\varphi\right\|_F\leqslant C\left\|\varphi\right\|_\varPhi,\forall\varphi\in\varPhi$;

(2) $\forall\ \varphi\in\varPhi, E(\cdot,\varphi)$ 在 F 上连续;

(3) 存在 $\alpha>0$, 使得 $\mathrm{Re}E(\varphi,\varphi)\geqslant\alpha\left\|\varphi\right\|_\varPhi^2,\forall\varphi\in\varPhi$.

又设 L 是 $\varPhi$ 上的一个有界共轭线性泛函, 即

$$f(c_1\varphi_1+c_2\varphi_2)=\bar c_1 f(\varphi_1)+\bar c_2 f(\varphi_2),\quad \forall\varphi_1,\varphi_2\in\varPhi,\forall c_1,c_2\in\mathbb{C},$$

则存在 $u\in F$, 使得

$$E(u,\varphi)=L(\varphi)=(L,\varphi),\quad \forall\varphi\in\varPhi.$$

证明 参见文献 (王耀东, 1989).

例 4.5 考虑 Schrödinger 型方程

$$\begin{cases}\mathrm{i}\partial_t u-\omega\Delta u=f(\boldsymbol{x},t), & \boldsymbol{x}\in\varOmega,t>0,\\ u=0, & \boldsymbol{x}\in\partial\varOmega,t>0,\\ u(\boldsymbol{x},0)=u_0(\boldsymbol{x}), & \boldsymbol{x}\in\varOmega,\end{cases}\tag{4.6.18}$$

这里 ω 是一个非零实数. 如果假设 $u_0(\boldsymbol{x})$ 是满足 $u_0|_{\partial\Omega}=0$ 的光滑函数, 则可以不妨设 $u_0(\boldsymbol{x})=0$, 否则作变换 $w(\boldsymbol{x},t)=u(\boldsymbol{x},t)-u_0(\boldsymbol{x})$ 讨论未知函数 $w(\boldsymbol{x},t)$ 即可. 下面只讨论 $u_0(\boldsymbol{x})=0$ 的情形.

正像二阶线性抛物型方程边值问题弱解的定义一样, 通过方程两边同乘以检验函数, 分部积分, 使用边界条件和初值条件, 定义弱解如下:

取

$$H=L^2(\Omega),\quad V=H_0^1(\Omega),$$

$$F=\left\{u\left|\exp(-\gamma t)\,u\in L^2(0,\infty;V)\right.\right\},$$

$$\|u\|_F^2=\int_0^\infty\|\exp(-\gamma t)u(t)\|_V^2\,\mathrm{d}t,\quad (u,v)_F=(u,v)=\int_\Omega u\bar{v}\mathrm{d}\boldsymbol{x},$$

$$\begin{aligned}\Phi=\{\varphi\in F\,|&\exp(-\gamma t)\varphi'\in L^2(0,\infty;V),\ \exp(-\gamma t)\varphi''\in L^2(0,\infty;H),\\ &\varphi(\boldsymbol{x},0)=0,\boldsymbol{x}\in\Omega\},\end{aligned}$$

$$\|\varphi\|_\Phi^2=\|\varphi\|_F^2,$$

$$\begin{aligned}E(u,\varphi)=&\,\omega\int_0^\infty(\nabla u(t),\nabla(\exp(-2\gamma t)\varphi'(t)))\mathrm{d}t\\ &-\mathrm{i}\int_0^\infty(u(t),\partial_t(\exp(-2\gamma t)\varphi'(t)))\mathrm{d}t\\ L(\varphi)=&\int_0^\infty(f(t),\exp(-2\gamma t)\varphi'(t))\mathrm{d}t.\end{aligned}$$

设 $f,\partial_t f\in L^2(0,\infty;V)$, 则存在 $u\in F$, 使得对任意 $\varphi\in\Phi$ 都有

$$E(u,\varphi)=L(\varphi)\tag{4.6.19}$$

成立, 此时称 u 为问题 (4.6.18) 的弱解. 事实上, 由于 $\varphi(0)=0$, 分部积分得

$$L(\varphi)=-\int_0^\infty(f'(t),\exp(-2\gamma t)\varphi(t))\mathrm{d}t+2\gamma\int_0^\infty(f(t),\exp(-2\gamma t)\varphi(t))\mathrm{d}t$$

于是 L 在 Φ 上连续. 另一方面, 直接计算可得

$$\begin{aligned}\mathrm{Re}E(\varphi,\varphi)&=\frac{1}{2}\omega\int_0^\infty\int_\Omega\exp(-2\gamma t)\partial_t(|\nabla\varphi(t)|^2)\mathrm{d}\boldsymbol{x}\mathrm{d}t\\ &=\gamma\omega\int_0^\infty\int_\Omega\exp(-2\gamma t)|\nabla\varphi(t)|^2\mathrm{d}\boldsymbol{x}\mathrm{d}t.\end{aligned}$$

使用 $H_0^1(\Omega)$ 中函数的 Poincaré 不等式可知存在 $\alpha>0$, 使得

$$\mathrm{Re}E(\varphi,\varphi)\geqslant\alpha\|\varphi\|_\Phi^2,\quad\forall\varphi\in\Phi.$$

由复值 Lions 定理知存在 $u \in F$, 使得 (4.6.19) 式成立. 这就证明了问题 (4.6.18) 弱解的存在性.

现在更进一步证明, 对于任意给定的 $T < +\infty$, u 满足 $u' \in L^2(0,T;V')$ 及

$$\begin{cases} \mathrm{i}u'(t) - \omega\Delta u(t) = f(t) \text{ a.e. } t \in (0,T), \\ u(0) = 0, \end{cases} \tag{4.6.20}$$

而且弱解是唯一的.

设 $\psi \in C_0^\infty(0,\infty)$, 则对任意 $v \in V$, 取

$$\varphi(t) = v\int_0^t \psi(t)\mathrm{d}t, \quad v \in \varPhi.$$

由 (4.6.19) 式推知

$$\mathrm{i}(u'(t), v) + \omega(\nabla u(t), \nabla v) = (f(t), v), \quad \forall v \in V,$$

从而 $u' \in L^2(0,T;V')$. 而且由 $v \in V$ 的任意性可知对于 a.e. $t \in (0,T)$ 成立

$$\mathrm{i}u'(t) - \omega\Delta u(t) = f(t). \tag{4.6.21}$$

又 $u \in L^2(0,T;V)$, 所以 $u \in C(0,T;V)$, 即 $u(0)$ 有意义且用通常的方法可证 $u(0) = 0$. 于是 (4.6.20) 式成立.

要证明唯一性, 只需证明如果 $f(t) = 0$, 则 $u(t) = 0$.

(4.6.21) 式两端与 $u(t)$ 作对偶积, 在 $(0,t)$ 上积分, 利用分部积分公式得

$$\mathrm{i}\int_0^t (u'(t), u(t))\mathrm{d}t + \omega\int_0^t (\nabla u(t), \nabla u(t))\mathrm{d}t = 0. \tag{4.6.22}$$

对 (4.6.22) 式两端取共轭得

$$-\mathrm{i}\int_0^t \overline{(u'(t), u(t))}\mathrm{d}t + \omega\int_0^t (\nabla u(t), \nabla u(t))\mathrm{d}t = 0. \tag{4.6.23}$$

用 (4.6.23) 式减去 (4.6.23) 式并取其虚部可得

$$\|u(t)\|_H = 0 \text{ a.e. } t \in (0,T),$$

从而 $u(t) = 0$ 对于几乎处处的 $t \in (0,T)$ 成立, 这就证明了唯一性.

4.7 线性抛物型方程的 Schauder 理论和 L^p 理论

考虑线性抛物型方程的初边值问题

$$\begin{cases} \partial_t u + L_t u + c(\boldsymbol{x},t)u = f(\boldsymbol{x},t), & (\boldsymbol{x},t) \in \varOmega_T, \\ u|_{\varSigma_T} = g(\boldsymbol{x},t), & \varSigma_T = \partial\varOmega \times (0,T], \\ u(\boldsymbol{x},0) = u_0(\boldsymbol{x}), & \boldsymbol{x} \in \overline{\varOmega} \end{cases} \tag{4.7.1}$$

或

$$\begin{cases}\partial_t u + L_t u + c(\boldsymbol{x},t)u = f(\boldsymbol{x},t), & (\boldsymbol{x},t)\in\Omega_T,\\ \dfrac{\partial u}{\partial \boldsymbol{n}} + b(\boldsymbol{x},t)u\Big|_{\Sigma_T} = g(\boldsymbol{x},t), & (\boldsymbol{x},t)\in\Sigma_T=\partial\Omega\times(0,T],\\ u(\boldsymbol{x},0)=u_0(\boldsymbol{x}), & \boldsymbol{x}\in\overline{\Omega},\end{cases} \tag{4.7.2}$$

其中,

$$L_t = -\sum_{i,j=1}^{n} a^{ij}(\boldsymbol{x},t)\frac{\partial^2}{\partial x_i\partial x_j} + \sum_{i=1}^{n} b^i(\boldsymbol{x},t)\frac{\partial}{\partial x_i},$$

$\boldsymbol{n}$ 为 $\partial\Omega$ 的单位外法向量.

为了叙述线性抛物型方程的 Schauder 理论和 L^p 理论, 回忆几个基本的抛物型空间

(1) 空间 $C^{2k,k}\left(\overline{\Omega}_T\right)=\{u(\boldsymbol{x},t)|\mathrm{D}_t^r\mathrm{D}_{\boldsymbol{x}}^{\boldsymbol{s}}u\in C\left(\overline{\Omega}_T\right)$, 其中, $2r+|\boldsymbol{s}|\leqslant 2k\}$ 及其范数为

$$|u|_{\overline{\Omega}_T}^{(2k)} = \sum_{0\leqslant 2r+|\boldsymbol{s}|\leqslant 2k}\max_{\overline{\Omega}_T}\left|\mathrm{D}_t^r\mathrm{D}_{\boldsymbol{x}}^{\boldsymbol{s}}u\right|,$$

特别地,

$$C^{2,1}\left(\overline{\Omega}_T\right)=\left\{u(\boldsymbol{x},t)|u,u_{\boldsymbol{x}},u_t,u_{\boldsymbol{xx}}\in C\left(\overline{\Omega}_T\right)\right\};$$

(2) 空间 $C^{2k+\alpha,k+\frac{\alpha}{2}}\left(\overline{\Omega}_T\right)=\{u(\boldsymbol{x},t)|u\in C^{2k,k}\left(\overline{\Omega}_T\right), H_{\alpha,\alpha/2}\left(\mathrm{D}_t^r\mathrm{D}_{\boldsymbol{x}}^{\boldsymbol{s}}u\right)<\infty$, $2r+|\boldsymbol{s}|=2k\}$ 及其范数为

$$|u|_{\overline{\Omega}_T}^{(2k+\alpha)} = \sum_{0\leqslant 2r+|\boldsymbol{s}|\leqslant 2k}\max_{\overline{\Omega}_T}\left|\mathrm{D}_t^r\mathrm{D}_{\boldsymbol{x}}^{\boldsymbol{s}}u\right| + \sum_{2r+|\boldsymbol{s}|=2k}H_{\alpha,\alpha/2}(\mathrm{D}_t^r\mathrm{D}_{\boldsymbol{x}}^{\boldsymbol{s}}u),$$

其中,

$$H_{\alpha,\alpha/2}(u)=\sup\left\{\frac{|u(\boldsymbol{x},t)-u(\boldsymbol{y},s)|}{|\boldsymbol{x}-\boldsymbol{y}|^{\alpha}+|t-s|^{\alpha/2}}\middle|\boldsymbol{x},\boldsymbol{y}\in\Omega, s,t\in(0,T)\text{且}(\boldsymbol{x},s)\neq(\boldsymbol{y},t)\right\};$$

(3) 时空 Sobolev 空间

$$W_p^{2k,k}(\Omega_T)=\left\{u(\boldsymbol{x},t)|u\in L^p(\Omega_T), \mathrm{D}_t^r\mathrm{D}_{\boldsymbol{x}}^{\boldsymbol{s}}u\in L^p(\Omega_T), \text{其中}, 2r+|\boldsymbol{s}|\leqslant 2k\right\},\quad 1\leqslant p\leqslant\infty$$

及其范数为

$$\|u\|_{p,\Omega_T}^{(2k)} = \sum_{0\leqslant 2r+|\boldsymbol{s}|\leqslant 2k}\left\|\mathrm{D}_t^r\mathrm{D}_{\boldsymbol{x}}^{\boldsymbol{s}}u\right\|_{L^p(\Omega_T)},$$

这里

$$L^p(\Omega_T)=\left\{u(\boldsymbol{x},t)|u(\boldsymbol{x},t)\text{在}\Omega_T\text{上可测且}\|u(\boldsymbol{x},t)\|_{L^p(\Omega_T)}<\infty\right\},$$

其中,

$$\|u(\boldsymbol{x},t)\|_{L^p(\Omega_T)}=\|u(\boldsymbol{x},t)\|_{0,p,\Omega_T}=\begin{cases}\left(\displaystyle\int_{\Omega_T}|u(\boldsymbol{x},t)|^p\mathrm{d}\boldsymbol{x}\mathrm{d}t\right)^{1/p}, & 1\leqslant p<\infty,\\ \operatorname{ess\,sup}|u(\boldsymbol{x},t)|, & p=\infty.\end{cases}$$

而且, 上面的三个空间 $C^{2k,k}\left(\overline{\Omega}_T\right), C^{2k+\alpha,k+\frac{\alpha}{2}}\left(\overline{\Omega}_T\right), W_p^{2k,k}\left(\Omega_T\right)$ 都是 Banach 空间.

定理 4.22　设 $p>1$, $a^{ij}(\boldsymbol{x},t), b^i(\boldsymbol{x},t)$ 是 Ω_T 上的连续有界函数, 若对 $\forall f\in L^p(\Omega_T)$, $u_0(x)\in W^{2,p}(\Omega)$, 在 Σ_T 上的函数 $g(\boldsymbol{x},t)$ 可延拓为 Ω_T 上的函数 $\tilde{g}(\boldsymbol{x},t)\in W^{2,p}(\Omega_T)$ 且满足相容性条件 $u_0(\boldsymbol{x})|_{\partial\Omega}=g(\boldsymbol{x},t)|_{x\in\partial\Omega,t=0}$, 则问题 (4.7.1) 存在唯一解 $u\in W_p^{2,1}(\Omega_T)$ 且有估计

$$\|u\|_{W_p^{2,1}(\Omega_T)}\leqslant C(\|f\|_{L^p(\Omega_T)}+\|u_0\|_{W^{2,p}(\Omega)}+\|\tilde{g}\|_{W_p^{2,1}(\Omega_T)}),$$

其中, C 为不依赖于 f,g,u_0 和 u 的常数.

现在转到 (4.7.1) 式及 (4.7.2) 式在 $C^{2+\alpha,1+\frac{\alpha}{2}}(\overline{\Omega}_T)$ 中解的存在性.

定理 4.23　设 $a^{ij}(\boldsymbol{x},t), b^i(\boldsymbol{x},t), c(\boldsymbol{x},t)\in C^{\alpha,\alpha/2}(\Omega_T)$, $\partial\Omega\in C^{2+\alpha}$. 若 $f\in C^{\alpha,\alpha/2}(\Omega_T)$, $u_0(\boldsymbol{x})\in C^{2+\alpha}(\overline{\Omega})$, g 可延拓为 $C^{2+\alpha,1+\alpha/2}(\overline{\Omega}_T)$ 上的函数 $\tilde{g}$, 满足相容性条件

$$u_0(\boldsymbol{x})|_{\partial\Omega}=g(\boldsymbol{x},0)|_{\partial\Omega},$$

$$\left[\sum_{i,j=1}^n a^{ij}(\boldsymbol{x},0)\frac{\partial^2u_0}{\partial x_i\partial x_j}-\sum_{i=1}^n b^i(\boldsymbol{x},0)\frac{\partial u_0}{\partial x_i}-c(\boldsymbol{x},0)u_0+f(\boldsymbol{x},0)\right]\Bigg|_{\partial\Omega}=\frac{\partial g(\boldsymbol{x},0)}{\partial t}\bigg|_{\partial\Omega},$$

则 (4.7.1) 式存在唯一解 $u(\boldsymbol{x},t)\in C^{2+\alpha,1+\alpha/2}(\overline{\Omega}_T)$ 且有估计

$$\|u\|_{C^{2+\alpha,1+\alpha/2}(\overline{\Omega}_T)}\leqslant C(\|f\|_{C^{\alpha,\alpha/2}(\overline{\Omega}_T)}+\|u_0\|_{C^{2+\alpha}(\overline{\Omega})}+\|\tilde{g}\|_{C^{2+\alpha,1+\alpha/2}(\overline{\Omega}_T)}),$$

其中, C 为不依赖于 f,g,u_0 和 u 的常数.

定理 4.24　设 $a^{ij}(\boldsymbol{x},t), b^i(\boldsymbol{x},t), c(\boldsymbol{x},t)\in C^{\alpha,\alpha/2}(\Omega_T)$, $\partial\Omega\in C^{2+\alpha}$, $b(\boldsymbol{x},t)|_{\Sigma_T}\geqslant 0$, $b(x,t)$ 可延拓为 $C^{2+\alpha,1+\alpha/2}(\overline{\Omega}_T)$ 中的函数. 若 $f\in C^{\alpha,\alpha/2}(\overline{\Omega}_T), u_0\in C^{\alpha}(\overline{\Omega})$, $g(x,t)$ 可延拓为 $C^{2+\alpha,1+\alpha/2}(\overline{\Omega}_T)$ 中的函数, 满足相容性条件 $\left[\dfrac{\partial u_0}{\partial\boldsymbol{n}}+b(\boldsymbol{x},0)u_0\right]\Bigg|_{\partial\Omega}=g(\boldsymbol{x},0)|_{\partial\Omega}$, 则 (4.7.2) 式存在唯一解 $u(\boldsymbol{x},t)\in C^{2+\alpha,1+\alpha/2}(\overline{\Omega}_T)$ 且有估计

$$\|u\|_{C^{2+\alpha,1+\alpha/2}(\overline{\Omega}_T)}\leqslant C(\|f\|_{C^{\alpha,\alpha/2}(\overline{\Omega}_T)}+\|u_0\|_{C^{2+\alpha}(\overline{\Omega})}+\|\tilde{g}\|_{C^{2+\alpha,1+\alpha/2}(\overline{\Omega}_T)}),$$

其中, C 为不依赖于 f,g,u_0 和 u 的常数.

习　题　四

1. 证明定理 4.15 和定理 4.16.

2. 试证明

$$\begin{cases} u_t + \Delta u = 0, & (\boldsymbol{x}, t) \in \Omega_T, \\ u = 0, & (\boldsymbol{x}, t) \in \partial\Omega \times (0, T], \\ u(x, 0) = u_0, & \boldsymbol{x} \in \Omega \end{cases}$$

的古典解满足 $\|u\|_{L^2(\Omega_T)} \leqslant \mathrm{e}^{-\lambda t} \|g\|_{L^2(\Omega_T)}$, $\lambda > 0$.

3. 试推导抛物型方程的齐次第二、第三边值问题的能量不等式.

4. $m \in \mathbb{Z}, m \geqslant 1$, Ω 是有界开集, $\partial\Omega \in C^m$, 考虑问题

$$\begin{cases} \dfrac{\partial u}{\partial t} - \Delta u = f, & \text{在}Q\text{内}, \\ u = g, & \text{在}\Sigma\text{上}, \\ u\left(\boldsymbol{x}, 0\right) = u_0\left(\boldsymbol{x}\right), & \text{在}\Omega\text{内}. \end{cases}$$

设

$$f \in L^2\left(0, \infty; H^{m-2}\left(\Omega\right)\right), \quad u_0 \in H^{m-1}\left(\Omega\right), \quad \tilde{g} \in L^2\left(0, \infty; H^m\left(\Omega\right)\right),$$
$$\frac{\partial g}{\partial t} \in L^2\left(0, \infty; H^{m-2}\left(\Omega\right)\right),$$

用 Laplace 变换证明问题有解 $u \in W^m\left(0, T; \Omega\right)$.

5. 给出方程 (4.6.12) 的弱解定义, 并证明方程 (4.6.12) 存在一个弱解.

第 5 章　二阶线性双曲型方程

本章介绍双曲型方程的一般理论, 首先介绍二阶双曲型方程的弱解的存在唯一性和正则性, 这里主要给出二阶双曲型方程弱解存在性的两种主要证明方法: Galerkin 方法和 Lions 方法, 然后介绍二阶双曲型方程古典解的一般结论.

5.1　二阶线性双曲型方程的定义与定解问题

设 Ω 是 $\mathbb{R}^n$ 中的有界开集, $\partial\Omega$ 表示 Ω 的边界. 对于 $T>0$, 记 $\Omega_T=\Omega\times(0,T]$. 对任意 $t>0, L_t$ 表示一个二阶偏微分算子, 具有散度形式

$$L_t u=-\sum_{i,j=1}^n (a^{ij}(\boldsymbol{x},t)u_{x_i})_{x_j}+\sum_{i=1}^n b^i(\boldsymbol{x},t)u_{x_i}+c(\boldsymbol{x},t)u \tag{5.1.1}$$

或非散度形式

$$L_t u=-\sum_{i,j=1}^n a^{ij}(\boldsymbol{x},t)u_{x_ix_j}+\sum_{i=1}^n b^i(\boldsymbol{x},t)u_{x_i}+c(\boldsymbol{x},t)u, \tag{5.1.2}$$

$a^{ij}(\boldsymbol{x},t), b^i(\boldsymbol{x},t), c(\boldsymbol{x},t)(i,j=1,\cdots,n)$ 为给定的已知函数.

定义 5.1　如果存在一个常数 $\theta>0$, 使得

$$\sum_{i,j=1}^n a^{ij}(\boldsymbol{x},t)\xi_i\xi_j \geqslant \theta\,|\boldsymbol{\xi}|^2,\quad \forall(\boldsymbol{x},t)\in\Omega_T, \boldsymbol{\xi}\in\mathbb{R}^n,$$

则称二阶偏微分算子 $\dfrac{\partial^2}{\partial t^2}+L_t$ 是 (一致) 双曲的, 此时称二阶偏微分方程

$$\frac{\partial^2 u}{\partial t^2}+L_t u=f(\boldsymbol{x},t)\quad 或\quad u_{tt}+L_t u=f(\boldsymbol{x},t) \tag{5.1.3}$$

为**二阶双曲型偏微分方程**, 简称为**二阶双曲型方程**. 这里 $f(\boldsymbol{x},t)$ 是给定的已知函数.

正像二阶线性抛物型方程的定解问题的提法一样, 对于双曲型方程, 提出下面的两类定解问题 —— 初边值问题和初值问题:

二阶线性双曲型方程的第一初边值问题 (或 Dirichlet 边值问题) 为

$$\begin{cases} u_{tt}+L_t u=f(\boldsymbol{x},t), & (\boldsymbol{x},t)\in\Omega_T,\\ u=g(\boldsymbol{x},t), & (\boldsymbol{x},t)\in\partial\Omega\times(0,T],\\ u(t=0)=u_0(\boldsymbol{x}),u_t(t=0)=u_1(\boldsymbol{x}), & \boldsymbol{x}\in\Omega \end{cases} \tag{5.1.4}$$

或

$$\begin{cases} u_{tt}+L_t u=f(\boldsymbol{x},t), & \boldsymbol{x}\in\Omega,t>0,\\ u=g(\boldsymbol{x},t), & \boldsymbol{x}\in\partial\Omega,t>0,\\ u=u_0(\boldsymbol{x}),u_t=u_1(\boldsymbol{x}), & \boldsymbol{x}\in\Omega,t=0, \end{cases} \tag{5.1.5}$$

其中, Ω 是 $\mathbb{R}^n$ 中具有光滑边界的一个有界区域, $f:\Omega_T\to\mathbb{R},g:\Omega_T\to\mathbb{R},u_0,u_1:\Omega\to\mathbb{R}$ 为已知函数, $u=u(\boldsymbol{x},t)$: $\overline{\Omega}_T\to\mathbb{R}$ 为未知函数. 在 (5.1.4) 式或 (5.1.5) 式中条件 $u=g(\boldsymbol{x},t),(\boldsymbol{x},t)\in\partial\Omega\times(0,T]$ 称为**第一边界条件**, 当 $g(\boldsymbol{x},t)=0$ 时称为**第一齐次边界条件**.

二阶线性双曲型方程的第二、第三初边值问题为

$$\begin{cases} u_{tt}+L_t u=f(\boldsymbol{x},t), & (\boldsymbol{x},t)\in\Omega_T,\\ \dfrac{\partial u}{\partial\boldsymbol{\nu}}+b(\boldsymbol{x},t)u=g(\boldsymbol{x},t), & (\boldsymbol{x},t)\in\partial\Omega\times(0,T],\\ u(\boldsymbol{x},t=0)=u_0(\boldsymbol{x}),u_t(\boldsymbol{x},t=0)=u_1(\boldsymbol{x}), & \boldsymbol{x}\in\overline{\Omega}, \end{cases} \tag{5.1.6}$$

其中, $\boldsymbol{\nu}$ 为 Ω 的边界 $\partial\Omega$ 的单位外法向, $b(\boldsymbol{x},t)\geqslant 0$. 如果 $b(\boldsymbol{x},t)=0$ 或 $b(\boldsymbol{x},t)\geqslant 0$ 但不恒等于 0, 则分别称初边值问题 (5.1.6) 为二阶线性双曲型方程的**第二**或**第三初边值问题**. 同时条件

$$\frac{\partial u}{\partial\boldsymbol{\nu}}=g(\boldsymbol{x},t),\quad (\boldsymbol{x},t)\in\partial\Omega\times(0,T]$$

及条件

$$\frac{\partial u}{\partial\boldsymbol{\nu}}+b(\boldsymbol{x},t)u=g(\boldsymbol{x},t),\quad (\boldsymbol{x},t)\in\partial\Omega\times(0,T],\quad b(\boldsymbol{x},t)\geqslant 0\text{但不恒等于}0$$

分别称为**第二**及**第三边界条件**, 当 $g(\boldsymbol{x},t)=0$ 时分别称为**第二**或**第三齐次边界条件**.

二阶线性双曲型方程的初值问题或 Cauchy 问题为

$$\begin{cases} u_{tt}+L_t u=f(\boldsymbol{x},t), & (\boldsymbol{x},t)\in\mathbb{R}^n\times(0,T),\\ u(t=0)=u_0(\boldsymbol{x}),u_t(t=0)=u_1(\boldsymbol{x}), & \boldsymbol{x}\in\mathbb{R}^n. \end{cases}$$

最后, 我们指出本章主要研究二阶线性双曲型方程的第一初边值问题, 其他定解问题可以类似地讨论. 而且, 如未特别指出, 这一章总假设二阶线性偏微分算子 $\dfrac{\partial^2}{\partial t^2}+L_t$ 是 (一致) 双曲的.

5.2 Galerkin 方法与弱解的存在性和正则性

本节考察问题

$$\begin{cases} u_{tt}+L_t u=f(\boldsymbol{x},t), & (\boldsymbol{x},t)\in \Omega_T, \\ u=0, & (\boldsymbol{x},t)\in \partial\Omega\times(0,T], \\ u(\boldsymbol{x},0)=u_0(\boldsymbol{x}), u_t(\boldsymbol{x},0)=u_1(\boldsymbol{x}), & (\boldsymbol{x},t)\in\overline{\Omega}, \end{cases} \tag{5.2.1}$$

这里假设 L_t 具有散度形式

$$L_t=-\sum_{i,j=1}^{n}(a^{ij}(\boldsymbol{x},t)u_{x_i})_{x_j}+\sum_{i=1}^{n}b^i(\boldsymbol{x},t)u_{x_i}+c(\boldsymbol{x},t)u,$$

其中,

$$a^{ij}=a^{ji}(i,j=1,\cdots,n),\quad a^{ij},b^i,c\in C^1(\overline{\Omega}_T).$$

也假设

$$f\in L^2(\Omega_T),\quad u_0\in H_0^1(\Omega),\quad u_1\in L^2(\Omega).$$

引入实双线性型

$$B[u,v;t]=\int_\Omega\left[\sum_{i,j=1}^{n}a^{ij}(\cdot,t)u_{x_i}v_{x_j}+\sum_{i=1}^{n}b^i(\cdot,t)u_{x_i}v+c(\cdot,t)uv\right]\mathrm{d}\boldsymbol{x},$$

$$\forall u,v\in H_0^1(\Omega)\ \text{a.e.}\ t\in[0,T].$$

Galerkin 方法的实质在于用有穷维空间上的常微分方程组代替无穷维空间上的变分方程 (某种意义下的弱解形式), 得到近似解序列, 对近似解作各种估计, 在相应空间上取弱收敛极限, 最后证明这个极限在适当意义下满足方程和初边值条件.

5.2.1 弱解的定义

首先分析应该如何定义弱解. 为此, 假设 u 是问题 (5.2.1) 的光滑解, 用 u' 和 u'' 分别表示函数 u 关于 t 的一阶和二阶导数, 用 $(\cdot,\cdot)$ 表示 $L^2(\Omega)$ 中的内积. 对于任意 $v\in H_0^1(\Omega)$, 用 v 乘以方程并在 Ω 上积分, 分部积分可得

$$(u'',v)+B[u,v;t]=(f,v),\quad 0\leqslant t\leqslant T. \tag{5.2.2}$$

因为 $v\in H_0^1(\Omega)$, 所以只要 $u\in H_0^1(\Omega)$, $u''\in H^{-1}(\Omega)$, 则 (5.2.2) 式就有意义. 这就启发我们寻找一种解满足 $u\in H_0^1(\Omega)$, $u''\in H^{-1}(\Omega)$. 下面用 $\langle\cdot,\cdot\rangle$ 表示 $H^{-1}(\Omega)$ 与 $H_0^1(\Omega)$ 之间的对偶积.

定义 5.2 如果存在函数 $u \in L^2(0,T;H_0^1(\Omega))$ 满足

(1) $u' \in L^2(0,T;L^2(\Omega))$, $u'' \in L^2(0,T;H^{-1}(\Omega))$;

(2) 对每一个函数 $v \in H_0^1(\Omega)$, $\langle u'', v\rangle + B[u,v;t] = (f,v)$ 对于 a.e. $t \in [0,T]$ 成立;

(3) $u(0) = u_0$, $u'(0) = u_1$,

则称函数u 为**二阶双曲型方程第一初边值问题 (5.2.1) 的弱解**.

5.2.2 弱解的存在性

定理 5.1 在本节的假设下, 问题 (5.2.1) 存在唯一的弱解 $u \in L^\infty(0,T;H_0^1(\Omega))$ 满足

$$\begin{cases} u'' + L_t u = f, \\ u(0) = u_0, \quad u'(0) = u_1. \end{cases} \tag{5.2.3}$$

证明 如果 $u \in L^\infty(0,T;H_0^1(\Omega))$, 则 $L_t u \in L^\infty(0,T;H^{-1}(\Omega))$, 从而 $u'' \in L^2(0,T;H^{-1}(\Omega))$.

又如果 $u' \in L^\infty(0,T;L^2(\Omega))$, 则有 $u \in C([0,T];L^2(\Omega))$ 和 $u' \in C([0,T];H^{-1}(\Omega))$. 因此 $u'(0)$ 和 $u(0)$ 有意义.

取在 $L^2(\Omega)$ 和 $H_0^1(\Omega)$ 中都正交的完备光滑函数系 $\{w_k = w_k(x)\}(k=1,2,\cdots)$ 满足

$$\{w_k\}_{k=1}^\infty \text{ 是} H_0^1(\Omega) \text{ 的正交基 (但不是标准的)}$$

且

$$\{w_k\}_{k=1}^\infty \text{ 是 } L^2(\Omega) \text{ 的标准正交基, 即 } (w_i, w_j) = \delta_{ij}.$$

固定一个整数 m, 则 $\{w_1, w_2, \cdots, w_m\}$ 为 $H_0^1(\Omega)$ 中的 m 个线性无关的函数, 由此可张成一个 m 维的线性子空间 $W_m(\Omega) = \mathrm{span}\{w_1, \cdots, w_m\}$. 在空间 $W_m(\Omega)$ 上找到一个 m 阶近似解函数 u_m, 使得

$$u_m(t) = \sum_{i=1}^m d_{m,i}(t) w_i(x),$$

其中, $d_{m,i} = d_{m,i}(t)$ 由下列常微分方程组的 Cauchy 问题确定:

$$\begin{cases} (u_m'', w_j) + B[u_m(t), w_j; t] = (f(t), w_j) \text{ a.e. } 0 \leqslant t \leqslant T, \\ (u_m, w_j)(0) = \xi_{m,j}, \quad (u_m', w_j)(0) = \eta_{m,j}, \quad j = 1, \cdots, m \end{cases} \tag{5.2.4}$$

或

$$\begin{cases} d_{m,j}''(t) + \displaystyle\sum_{i=1}^m B[w_i, w_j; t] d_{m,i}(t) = (f(t), w_j), \\ d_{m,j}(0) = \xi_{m,j}, \quad d_{m,j}'(0) = \eta_{m,j}, \quad j = 1, \cdots, m, \end{cases} \tag{5.2.5}$$

这里选择 $\xi_{m,i}$ 和 $\eta_{m,i}$, 使得当 $m\to\infty$ 时,

$$\left\|\sum_{i=1}^{m}\xi_{m,i}w_i-u_0\right\|_{H_0^1(\Omega)}\to 0,\quad \left\|\sum_{i=1}^{m}\eta_{m,i}w_i-u_1\right\|_{L^2(\Omega)}\to 0.$$

由于 $d_{m,i}$ 的系数 $B[w_i,w_j;t]\in C([0,T])$, 自由项 $(f(t),w_j)\in L^2(0,T)$, 由常微分方程组解的存在唯一性理论知道存在 (5.2.5) 式的唯一解 $d_{m,i}(t),i=1,\cdots,m$ 满足 $d_{m,i}\in C^1([0,T])$, $d'_{m,i}$ 在 $[0,T]$ 上绝对连续. 这样就得到一个近似解 $u_m(t)$.

方程 (5.2.4) 乘以 $d'_{m,j}$, 对 j 从 1 至 m 求和, 注意到 $u_m(t)$ 的表达式, 并在 $(0,t)$ 上积分可得

$$\int_0^t[(u''_m,u'_m)+B[u_m,u'_m,t]]\mathrm{d}t=\int_0^t(f(t),u'_m)\mathrm{d}t,\quad t\in[0,T]. \tag{5.2.6}$$

易知

$$\int_0^t(u''_m,u'_m)\mathrm{d}t=\frac{1}{2}||u'_m(t)||^2_{L^2(\Omega)}-\frac{1}{2}||u'_m(0)||^2_{L^2(\Omega)} \tag{5.2.7}$$

及

$$\int_0^t(f(t),u'_m)\mathrm{d}t\leqslant\int_0^t||f(t)||^2_{L^2(\Omega)}\mathrm{d}t+\int_0^t||u'_m||^2_{L^2(\Omega)}\mathrm{d}t. \tag{5.2.8}$$

使用 $a^{ij}=a^{ji}$ 及 Cauchy 不等式可得

$$\begin{aligned}
&B[u_m,u'_m;t]\\
=&\int_\Omega\left[\sum_{i,j=1}^{n}a^{ij}(\boldsymbol{x},t)u_{mx_i}u'_{mx_j}+\sum_{i=1}^{n}b^i(\boldsymbol{x},t)u_{mx_i}u'_m+c(\boldsymbol{x},t)u_mu'_m\right]\mathrm{d}\boldsymbol{x}\\
=&\int_\Omega\left[\frac{1}{2}\left(\sum_{i,j=1}^{n}a^{ij}(\boldsymbol{x},t)u_{mx_i}u'_{mx_j}+\sum_{i,j=1}^{n}a^{ij}(\boldsymbol{x},t)u'_{mx_i}u_{mx_j}\right)\right.\\
&\left.+\sum_{i=1}^{n}b^i(\boldsymbol{x},t)u_{mx_i}u'_m+c(\boldsymbol{x},t)u_mu'_m\right]\mathrm{d}\boldsymbol{x}\\
=&\frac{\mathrm{d}}{\mathrm{d}t}\int_\Omega\frac{1}{2}\sum_{i,j=1}^{n}a^{ij}(\boldsymbol{x},t)u_{mx_i}u_{mx_j}\mathrm{d}\boldsymbol{x}\\
&+\int_\Omega\left[-\sum_{i,j=1}^{n}a^{ij}_t(\boldsymbol{x},t)u_{mx_i}u_{mx_j}+\sum_{i=1}^{n}b^i(\boldsymbol{x},t)u_{mx_i}u'_m+c(\boldsymbol{x},t)u_mu'_m\right]\mathrm{d}\boldsymbol{x}\\
\geqslant&\frac{\mathrm{d}}{\mathrm{d}t}\int_\Omega\frac{1}{2}\sum_{i,j=1}^{n}a^{ij}(\boldsymbol{x},t)u_{mx_i}u_{mx_j}\mathrm{d}\boldsymbol{x}-\gamma||u_m||^2_{H_0^1(\Omega)}-\gamma||u'_m||^2_{L^2(\Omega)},
\end{aligned}$$

从而由一致椭圆性或一致双曲性条件可知存在正常数 $\tilde{\theta}, \gamma$, 使得

$$\int_0^t B[u_m, u_m'; t]\mathrm{d}t \geqslant \frac{\tilde{\theta}}{2}||u_m(t)||^2_{H_0^1(\Omega)} - \frac{1}{2}\int_\Omega \left(\sum_{i,j=1}^n a^{ij}(x,t)u_{mx_i}u_{mx_j}\right)\Big|_{t=0}\mathrm{d}\boldsymbol{x}$$
$$- \gamma\int_0^t (||u_m(t)||^2_{H_0^1(\Omega)} + ||u_m'(t)||^2_{L^2(\Omega)})\mathrm{d}t. \tag{5.2.9}$$

将 (5.2.7) 式 ∼(5.2.9) 式代入 (5.2.6) 式可得

$$\begin{aligned}&\|u_m'(t)\|^2_{L^2(\Omega)} + \|u_m(t)\|^2_{H_0^1(\Omega)}\\ \leqslant{}& M\|u_m'(0)\|^2_{L^2(\Omega)} + \|u_m(0)\|^2_{H_0^1(\Omega)}\\ &+ M\int_0^t \left(\|u_m'(t)\|^2_{L^2(\Omega)} + \|u_m(t)\|^2_{H_0^1(\Omega)}\right)\mathrm{d}t + \int_0^t ||f(t)||^2_{L^2(\Omega)}\mathrm{d}t\end{aligned} \tag{5.2.10}$$

对某个不依赖于 m 的正常数 M 成立.

利用 Gronwall 不等式可知存在不依赖于 m 的正常数 C 和 C', 使得

$$\begin{aligned}&\|u_m'(t)\|^2_{L^2(\Omega)} + \|u_m(t)\|^2_{H_0^1(\Omega)}\\ \leqslant{}& C\left(\|u_m'(0)\|^2_{L^2(\Omega)} + \|u_m(0)\|^2_{H_0^1(\Omega)} + \int_0^T ||f(t)||^2_{L^2(\Omega)}\mathrm{d}t\right)\\ \leqslant{}& C'.\end{aligned}$$

于是存在序列仍记为 u_m 和函数 $u \in L^2(0,T;H_0^1(\Omega)), u' \in L^2(0,T;L^2(\Omega))$ 满足当 $m \to \infty$ 时,

$$u_m \to u \text{ 在 } L^2(0,T;H_0^1(\Omega)) \text{ 中弱收敛,}$$
$$u_m' \to u' \text{ 在 } L^2(0,T;L^2(\Omega)) \text{ 中弱收敛.}$$

现在过渡到极限. 令

$$C_T^1([0,T]) = \{\varphi \in C^1([0,T]) | \varphi(T) = 0\},$$

对于固定的 $m > N$, 考虑函数

$$\psi = \sum_{j=1}^N d_j w_j, \quad d_j \in C_T^1([0,T]). \tag{5.2.11}$$

(5.2.4) 式乘以 d_j 从 1 至 N 求和, 对 t 进行分部积分得

$$\int_0^T [B[u_m, \psi; t] - (u_m', \psi')]\mathrm{d}t = \int_0^T (f, \psi)\mathrm{d}t + (u_m'(0), \psi(0)). \tag{5.2.12}$$

令 $m \to \infty$ 得到对任意形为 (5.2.11) 式的 ψ 有

$$\int_0^T [B[u,\psi;t]-(u',\psi')]\mathrm{d}t = \int_0^T (f,\psi)\mathrm{d}t + (\varphi_1, \psi(0)).$$

令

$$\varPsi = \{\psi \in L^2(0,T;H_0^1(\varOmega)) | \psi' \in L^2(0,T;L^2(\varOmega)), \psi(\boldsymbol{x},T)=0, \boldsymbol{x}\in\varOmega\},$$

由于由 (5.2.11) 式给出的函数在 $\varPsi$ 中稠密 (留作练习), 这里在 $\varPsi$ 中取范数

$$\|\psi\|_{\varPsi}^2 = \|\psi\|_{L^2(0,T;H_0^1(\varOmega))}^2 + \|\psi'\|_{L^2(0,T;L^2(\varOmega))}^2,$$

于是对任意的 $\psi \in \varPsi$ 有

$$\int_0^T [B[u,\psi;t]-(u',\psi')]\mathrm{d}t = \int_0^T (f,\psi)\mathrm{d}t + (\varphi_1, \psi(0)). \tag{5.2.13}$$

对任意 $\varphi \in C_0^\infty([0,T]), v \in H_0^1(\varOmega)$, 在 (5.2.13) 式中取 $\psi = \varphi v$ 得

$$\left\langle \int_0^T (L_t u - f)\varphi \mathrm{d}t - \int_0^T u'\varphi' \mathrm{d}t, v \right\rangle = 0, \quad \forall v \in H_0^1(\varOmega),$$

由此得

$$\int_0^T (L_t u - f)\varphi \mathrm{d}t = -\int_0^T (-u')\varphi' \mathrm{d}t, \quad \forall \varphi \in C_0^\infty([0,T]),$$

由广义导数的定义得

$$-u'' = L_t u - f,$$

所以 $u'' \in L^2(0,T;H^{-1}(\varOmega))$ 且对任意的 $v \in H_0^1(\varOmega)$ 有 $\langle u'', v\rangle + B[u,v;t] = (f,v)$ 对于 a.e. $t \in [0,T]$ 成立. 这验证了弱解定义中的 (1) 和 (2) 成立.

下面证明 u 满足弱解定义中的初始条件 (3).

在 (5.2.13) 式中取函数 $\psi \in C^2([0,T];H_0^1(\varOmega))$ 满足 $\psi(\boldsymbol{x},T) = \psi'(\boldsymbol{x},T) = 0, \boldsymbol{x} \in \varOmega$, 关于 t 再分部积分一次有

$$\int_0^T \{\langle \psi'', u\rangle + B[u,\psi;t]\}\,\mathrm{d}t = \int_0^T (f,v)\mathrm{d}t - (u(0),\psi'(0)) + (u'(0),\psi(0)). \tag{5.2.14}$$

同理, 由 (5.2.12) 式可得

$$\int_0^T \{\langle \psi'', u_m\rangle + B[u_m,\psi;t]\}\,\mathrm{d}t = \int_0^T (f,v)\mathrm{d}t - (u_m(0),\psi'(0)) + (u_m'(0),\psi(0)).$$

令 $m = m_l$, 使用问题的初始条件, 并令 $m \to \infty$ 可得

$$\int_0^T \{\langle \psi'', u\rangle + B[u,\psi;t]\}\,\mathrm{d}t = \int_0^T (f,v)\mathrm{d}t - (u_0,\psi'(0)) + (u_1(0),\psi(0)), \tag{5.2.15}$$

比较 (5.2.14) 式和 (5.2.15) 式以及 $\psi(0)$ 和 $\psi'(0)$ 的任意性可知

$$u(0)=u_0,\quad u'(0)=u_1.$$

这就证明了弱解的存在性.

现证唯一性. 这等价于证明如果 $f=u_0=u_1=0$, 则 $u=0$. 任取 $s\in(0,T)$, 作检验函数

$$\psi(t)=\begin{cases}-\displaystyle\int_t^s u(\sigma)\mathrm{d}\sigma, & t\leqslant s,\\ 0, & t>s.\end{cases}$$

易知当 $0\leqslant t\leqslant s$ 时, $\psi'(t)=u(t)$. 将 ψ 代入 (5.2.12) 式得

$$\int_0^s[B[\psi'(t),\psi(t);t]-(u'(t),u(t))]\mathrm{d}t=0,$$

而

$$\begin{aligned}B[\psi',\psi;t]&=\int_\Omega\left[\sum_{i,j=1}^n a^{ij}(\cdot,t)\psi'_{x_i}\psi_{x_j}+\sum_{i=1}^n b^i(\cdot,t)\psi'_{x_i}\psi+c(\cdot,t)\psi'\psi\right]\mathrm{d}\boldsymbol{x}\\&=\frac{1}{2}\frac{\mathrm{d}}{\mathrm{d}t}B[\psi,\psi;t]-\frac{1}{2}\int_\Omega\left[\sum_{i,j=1}^n a_t^{ij}(\cdot,t)\psi_{x_i}\psi_{x_j}\right.\\&\quad\left.+\sum_{i=1}^n b_t^i(\cdot,t)\psi_{x_i}\psi+c_t(\cdot,t)\psi\psi\right]\mathrm{d}\boldsymbol{x}\\&\quad-\frac{1}{2}\int_\Omega\sum_{i=1}^n b_{x_i}^i(\cdot,t)\psi\psi'\mathrm{d}\boldsymbol{x}-\int_\Omega\sum_{i=1}^n b^i(\cdot,t)\psi_{x_i}\psi'\mathrm{d}\boldsymbol{x},\end{aligned}$$

于是

$$\begin{aligned}&\int_0^s\left[\frac{\mathrm{d}}{\mathrm{d}t}B[\psi,\psi;t]-\frac{\mathrm{d}}{\mathrm{d}t}(u(t),u(t))\right]\mathrm{d}t\\=&\int_0^s\int_\Omega\left[\sum_{i,j=1}^n a_t^{ij}(\cdot,t)\psi_{x_i}\psi_{x_j}+\sum_{i=1}^n b_t^i(\cdot,t)\psi_{x_i}\psi+c_t(\cdot,t)\psi\psi\right]\mathrm{d}\boldsymbol{x}\mathrm{d}t\\&+\int_0^s\left[\int_\Omega\sum_{i=1}^n b_{x_i}^i(\cdot,t)\psi u\mathrm{d}\boldsymbol{x}+2\int_\Omega\sum_{i=1}^n b^i(\cdot,t)\psi_{x_i}u\mathrm{d}\boldsymbol{x}\right]\mathrm{d}t,\end{aligned}$$

即

$$\begin{aligned}&B[\psi(0),\psi(0);0]+(u(s),u(s))\\=&-\int_0^s\int_\Omega\left[\sum_{i,j=1}^n a_t^{ij}(\cdot,t)\psi_{x_i}\psi_{x_j}+\sum_{i=1}^n b_t^i(\cdot,t)\psi_{x_i}\psi+c_t(\cdot,t)\psi\psi\right]\mathrm{d}\boldsymbol{x}\mathrm{d}t\end{aligned}$$

$$-\int_0^s\left[\int_\Omega\sum_{i=1}^n b_{x_i}^i(\cdot,t)\psi u\mathrm{d}\boldsymbol{x}-2\int_\Omega\sum_{i=1}^n b^i(\cdot,t)\psi_{x_i}u\mathrm{d}\boldsymbol{x}\right]\mathrm{d}t.$$

使用 $a^{ij},b^i,c\in C^1(\overline{\Omega}_T)$ 以及一致椭圆性条件可知存在正常数 C, 使得

$$\begin{aligned}&\|\psi(0)\|_{H_0^1(\Omega)}^2+\|u(s)\|_{L^2(\Omega)}^2\\ \leqslant\ &C\int_0^s(\|\psi(t)\|_{H_0^1(\Omega)}^2+\|u(t)\|_{L^2(\Omega)}^2)\mathrm{d}t+C\,\|\psi(0)\|_{L^2(\Omega)}^2.\end{aligned}\tag{5.2.16}$$

令

$$v(t)=\int_0^t u(\sigma)\mathrm{d}\sigma,$$

则 $\psi(0)=v(s)$, 当 $0\leqslant t\leqslant s$ 时 $\psi(t)=v(t)-v(s)$ 且 $||v(t)||_{L^2(\Omega)}\leqslant\int_0^t||v(\sigma)||_{L^2(\Omega)}\mathrm{d}\sigma$. 使用这些性质, 利用 (5.2.16) 式有

$$\begin{aligned}&\|v(s)\|_{H_0^1(\Omega)}^2+\|u(s)\|_{L^2(\Omega)}^2\\ \leqslant\ &C\int_0^s(\|v(t)-v(s)\|_{H_0^1(\Omega)}^2+\|u(t)\|_{L^2(\Omega)}^2)\mathrm{d}t+C\,\|v(s)\|_{L^2(\Omega)}^2\\ \leqslant\ &Cs\,\|v(s)\|_{H_0^1(\Omega)}^2+C\int_0^s\|v(t)\|_{H_0^1(\Omega)}^2\,\mathrm{d}t+C\int_0^s\|u(t)\|_{L^2(\Omega)}^2\,\mathrm{d}t,\end{aligned}$$

即

$$(1-Cs)\,\|v(s)\|_{H_0^1(\Omega)}^2+\|u(s)\|_{L^2(\Omega)}^2\leqslant C\int_0^s(\|v(t)\|_{H_0^1(\Omega)}^2+\|u(t)\|_{L^2(\Omega)}^2)\mathrm{d}t.$$

取 $s_0>0$ 满足 $1-Cs_0=\dfrac{1}{2}$, 则当 $0<s\leqslant s_0$ 时有

$$\|v(s)\|_{H_0^1(\Omega)}^2+\|u(s)\|_{L^2(\Omega)}^2\leqslant 2C\int_0^s\left(\|v(t)\|_{H_0^1(\Omega)}^2+\|u(t)\|_{L^2(\Omega)}^2\right)\mathrm{d}t.$$

由 Gronwall 不等式知当 $0\leqslant s\leqslant s_0$ 时有 $u(s)=0$. 由于 s_0 的小性选取不依赖于时间起点的选择, 故重复上面过程知 u 在 $[s_0,2s_0]$ 上为零, 经过有限步后即得 u 在 $[0,T]$ 恒为零, 从而唯一性得证.

5.2.3　弱解的正则性

定理 5.2　假设定理 5.1 的条件成立, 进一步设

$$\partial\Omega\in C^2,\quad a^{ij},b^i,c\in C^2(\overline{\Omega}_T),\quad f\in H^1(0,T;L^2(\Omega)),\quad u_0\in H^2(\Omega),\quad u_1\in H_0^1(\Omega),$$

则存在唯一的 $u\in C([0,T];H_0^1(\Omega))\cap L^\infty(0,T;H^2(\Omega))$ 满足 $u'\in C([0,T];L^2(\Omega))$, $u'\in L^\infty(0,T;H_0^1(\Omega)), u''\in L^\infty(0,T;L^2(\Omega))$ 和 (5.2.3) 式.

证明 现在在更强的假设下, 继续改进定理 5.1 证明中的估计, 不妨设 $w_1 = u_0$, 设近似解 $u_m = \sum_{i=1}^{m} d_{m,i} w_i$ 满足

$$\begin{cases} (u''(t), w_j) + B[u_m(t), w_j; t] = (f(t), w_j), \quad j = 1, \cdots, m, \\ d_{m,1}(0) = 1, \quad d_{m,j}(0) = 0, \quad j = 2, \cdots, m, \\ d'_{m,i}(0) = \eta_{m,i}, m \to \infty, \quad \sum_{i=1}^{m} \eta_{m,i} w_i = u_1(\text{在} H_0^1(\Omega)\text{中}). \end{cases} \tag{5.2.17}$$

由定理 5.1 知常微分方程组的 Cauchy 问题 (5.2.17) 有唯一的解 $\{d_{m,i}\}_{i=1}^m$, 相应的近似解 u_m 已有估计

$$\begin{aligned} &\|u_m(t)\|_{H_0^1(\Omega)}^2 + \|u'_m(t)\|_{L^2(\Omega)}^2 \\ \leqslant\, & C(\|u_0\|_{H_0^1(\Omega)}^2 + \|u_1\|_{L^2(\Omega)}^2 + \|f\|_{L^2(0,T;L^2(\Omega))}^2). \end{aligned} \tag{5.2.18}$$

现在 $f' \in L^2(0,T;L^2(\Omega))$. (5.2.17) 式两端对 t 求导, 并记 $\tilde{u}_m = u'_m$, 则有

$$(\tilde{u}''_m, w_j) + B[\tilde{u}_m, w_j; t] + B'[u_m, w_j; t] = (f', w_j), \quad j = 1, \cdots, m, \tag{5.2.19}$$

其中,

$$B'[u_m, w_j; t] = \int_\Omega \left[\sum_{i,k=1}^{n} a_t^{ik}(\cdot, t) u_{mx_i} w_{jx_k} + \sum_{i=1}^{n} b_t^i(\cdot, t) u_{mx_i} w_j + c_t(\cdot, t) u_m w_j \right] \mathrm{d}\boldsymbol{x}.$$

用 $d''_{m,j}$ 乘以 (5.2.19) 式, 对 j 从 1 到 m 求和, 并关于 t 在 $[0,t]$ 上积分有

$$\int_0^t [(\tilde{u}''_m, \tilde{u}'_m) + B[\tilde{u}_m, \tilde{u}'_m; t]]\, \mathrm{d}t + \int_0^t B'[u_m, \tilde{u}'_m; t] \mathrm{d}t = \int_0^t (f', \tilde{u}'_m) \mathrm{d}t. \tag{5.2.20}$$

由于方程 (5.2.20) 除了额外的项 $\int_0^t B'[u_m, \tilde{u}'_m; t]\mathrm{d}t$ 外, 与方程 (5.2.6) 有同样的结构, 故同于 (5.2.10) 式的推导可知存在正常数 M, 使得

$$\begin{aligned} &\|\tilde{u}'_m(t)\|_{L^2(\Omega)}^2 + \|\tilde{u}_m(t)\|_{H_0^1(\Omega)}^2 + \int_0^t B'[u_m, \tilde{u}'_m; t]\mathrm{d}t \\ \leqslant\, & M\left(\|\tilde{u}'_m(0)\|_{L^2(\Omega)}^2 + \|\tilde{u}_m(0)\|_{H_0^1(\Omega)}^2\right) \\ &+ M\int_0^t \left(\|\tilde{u}'_m(t)\|_{L^2(\Omega)}^2 + \|\tilde{u}_m(t)\|_{H_0^1(\Omega)}^2\right) \mathrm{d}t + M\int_0^t \|f'(t)\|_{L^2(\Omega)}^2 \mathrm{d}t. \end{aligned} \tag{5.2.21}$$

现在估计积分项 $\int_0^t B'[u_m, \tilde{u}'_m; t]\mathrm{d}t$.

使用带 ε 的 Young 不等式和双线性型 B' 及 B'' 的有界性得

$$
\begin{aligned}
&\left|\int_0^t B'[u_m, \tilde{u}'_m; t]\mathrm{d}t\right| \\
=&\left|\int_0^t \frac{\mathrm{d}}{\mathrm{d}t}B'[u_m(t), u'_m(t); t]\mathrm{d}t - \int_0^t B'[u'_m(t), u'_m(t); t]\mathrm{d}t\right. \\
&\left.-\int_0^t B''[u_m(t), u'_m(t); t]\mathrm{d}t\right| \\
=&\left|B'[u_m(t), u'_m(t); t] - B'[u_m(0), u'_m(0); 0] - \int_0^t B'[u'_m(t), u'_m(t); t]\mathrm{d}t\right. \\
&\left.-\int_0^t B''[u_m(t), u'_m(t); t]\mathrm{d}t\right| \\
\leqslant& \frac{1}{2}\|u'_m(t)\|^2_{H_0^1(\Omega)} + M\|u_m(t)\|^2_{H_0^1(\Omega)} + M(\|u_m(0)\|^2_{H_0^1(\Omega)} + \|u'_m(0)\|^2_{H_0^1(\Omega)}) \\
&+M\int_0^t (\|u'_m(t)\|^2_{H_0^1(\Omega)} + \|u_m(t)\|^2_{H_0^1(\Omega)})\mathrm{d}t,
\end{aligned}
\tag{5.2.22}
$$

这里双线性型 B' 及 B'' 的表达式分别为

$$
B'[u, v; t] = \int_\Omega \left[\sum_{i,j=1}^n a_t^{ij}(\cdot, t)u_{x_i}v_{x_j} + \sum_{i=1}^n b_t^i(\cdot, t)u_{x_i}v + c_t(\cdot, t)uv\right]\mathrm{d}\boldsymbol{x},
$$

$$
B''[u, v; t] = \int_\Omega \left[\sum_{i,j=1}^n a_{tt}^{ij}(\cdot, t)u_{x_i}v_{x_j} + \sum_{i=1}^n b_{tt}^i(\cdot, t)u_{x_i}v + c_{tt}(\cdot, t)uv\right]\mathrm{d}\boldsymbol{x}
$$

将 (5.2.22) 式代入 (5.2.21) 式可得

$$
\begin{aligned}
&\|u''_m(t)\|^2_{L^2(\Omega)} + \|u'_m(t)\|^2_{H_0^1(\Omega)} \\
\leqslant& M\left(\|u''_m(0)\|^2_{L^2(\Omega)} + \|u'_m(0)\|^2_{H_0^1(\Omega)} + \|u_m(0)\|^2_{H_0^1(\Omega)}\right) \\
&+M\|u_m(t)\|^2_{H_0^1(\Omega)} + M\int_0^t \left(\|u_m(t)\|^2_{H_0^1(\Omega)} + \|u'_m(t)\|^2_{H_0^1(\Omega)} + \|u''_m(t)\|^2_{L^2(\Omega)}\right)\mathrm{d}t \\
&+\int_0^t \|f'(t)\|^2_{L^2(\Omega)}\mathrm{d}t.
\end{aligned}
\tag{5.2.23}
$$

留下的需要估计初值.

首先, 由于当 $m\to\infty$ 时在 $H_0^1(\Omega)$ 中有 $u'_m \to u_1$, 所以存在不依赖于 m 的正常数 M', 使得

$$
\|u'_m(0)\|^2_{H_0^1(\Omega)} \leqslant M'\|u_1\|^2_{H_0^1(\Omega)}. \tag{5.2.24}
$$

其次, 估计 $\|u_m''(0)\|_{L^2(\Omega)}$. 在 (5.2.17) 式中取 $t=0$, 乘以 $d_{m,j}''(0)$ 对 j 从 1 到 m 求和有

$$B[u_m(0),u_m''(0);0]+(u_m''(0),u_m''(0))=(f(0),u_m''(0)),$$

从而

$$\begin{aligned}||u_m''(0)||^2_{L^2(\Omega)}&=-B[u_m(0),u_m''(0),0]+(f(0),u_m''(0))\\&=\int_\Omega\Big[-\sum_{i,j=1}^n(a^{ij}(\cdot,t)u_{mx_i})_{x_j}u_m''+\sum_{i=1}^n b_t^i(\cdot,t)u_{mx_i}u_m''\\&\quad+c_t(\cdot,t)u_mu_m''\Big]\Big|_{t=0}\mathrm{d}\boldsymbol{x}\\&\leqslant\frac{1}{2}||u_m''(0)||^2_{L^2(\Omega)}+M'||u_m(0)||^2_{H^2(\Omega)},\end{aligned}$$

即

$$\|u_m''(0)\|^2_{L^2(\Omega)}\leqslant M'\|u_m(0)\|^2_{H^2(\Omega)}=M'\|u_0\|^2_{H^2(\Omega)}.\tag{5.2.25}$$

将 (5.2.18) 式, (5.2.24) 式, (5.2.25) 式代入 (5.2.23) 式可得对于 $0\leqslant t\leqslant T$ 有

$$\begin{aligned}\|u_m''(t)\|^2_{L^2(\Omega)}+\|u_m'(t)\|^2_{H_0^1(\Omega)}\leqslant&\ M(T+1)(\|u_0\|^2_{H^2(\Omega)}+\|u_1\|^2_{H_0^1(\Omega)})\\&+M\int_0^t(\|u_m'(t)\|^2_{H_0^1(\Omega)}+\|u_m''(t)\|^2_{L^2(\Omega)})\mathrm{d}t\\&+M\int_0^t(\|f(t)\|^2_{L^2(\Omega)}+\|f'(t)\|^2_{L^2(\Omega)})\mathrm{d}t,\end{aligned}\tag{5.2.26}$$

应用 Gronwall 不等式可知存在依赖于 T 但不依赖于 m 的正常数 C, 使得

$$\begin{aligned}&\|u_m''(t)\|^2_{L^2(\Omega)}+\|u_m'(t)\|^2_{H_0^1(\Omega)}\\&\leqslant C(\|u_0\|^2_{H^2(\Omega)}+\|u_1\|^2_{H_0^1(\Omega)})+C\int_0^t(\|f(t)\|^2_{L^2(\Omega)}\\&\quad+\|f'(t)\|^2_{L^2(\Omega)})\mathrm{d}t,\quad m=1,2,\cdots.\end{aligned}$$

然后和定理 5.1 的证明一样, 过渡到极限即知

$$u'\in L^\infty(0,T;H_0^1(\Omega)),\quad u''\in L^\infty(0,T;L^2(\Omega)).$$

而且, 由于 $L_tu=f-\dfrac{\partial^2u}{\partial t^2}\in L^\infty(0,T;L^2(\Omega))$, 根据二阶线性椭圆型方程解的正则性定理知 $u\in H^2(\Omega)$, 更有 $u\in L^\infty(0,T;H^2(\Omega))$. 留下的和定理 5.1 的证明一样, 易得到定理中的连续性以及 u 满足 (5.2.3) 式.

注 5.1 定理 5.2 中系数满足的正则性条件可以减弱为下列条件:

$$a^{ij},b^i,c\in C^1(\overline{\Omega}_T),\quad a^{ij}(\boldsymbol{x},\cdot),b^i(\boldsymbol{x},\cdot),c(\boldsymbol{x},\cdot)\in C^2([0,T])$$

且

$$\left\|a^{ij}(\boldsymbol{x},\cdot)\right\|_{C^2([0,T])}+\left\|b^i(\boldsymbol{x},\cdot)\right\|_{C^2([0,T])}+\|c(\boldsymbol{x},\cdot)\|_{C^2([0,T])}\leqslant C,\quad \forall \boldsymbol{x}\in\Omega.$$

5.3 Lions 定理和双曲型方程

正像抛物型方程一样, 可以使用 Lions 定理来研究双曲型方程弱解的存在性和弱解的正则性. Galerkin 方法建立正则性的基本思想是获得近似解的较多的先验能量估计, 而 Lions 定理可以通过选取适当的检验函数空间和解空间来直接获得正则性. 本节分别讨论实值 Lions 定理在双曲型方程方面的应用以及复值 Lions 定理在一般的抽象双曲型方程定解问题上的应用.

5.3.1 实值 Lions 定理和双曲型方程

考虑实系数的椭圆算子

$$L_t u=-\sum_{i,j=1}^n (a^{ij}(\boldsymbol{x},t)u_{x_i})_{x_j}+\sum_{i=1}^n b^i(\boldsymbol{x},t)u_{x_i}+c(\boldsymbol{x},t)u,$$

即 $a^{ij}=a^{ji}, a^{ij}(\boldsymbol{x},t), b^i(\boldsymbol{x},t), c(\boldsymbol{x},t)$ 为定义在 Ω_T 上的实值函数且存在正常数 θ, 使得

$$\sum_{i,j=1}^n a^{ij}(\boldsymbol{x},t)\xi_i\xi_j\geqslant\theta|\boldsymbol{\xi}|^2,\quad \forall(\boldsymbol{x},t)\in\overline{\Omega}_T, \boldsymbol{\xi}\in\mathbb{R}^n.$$

定理 5.3 设 $a^{ij}\in C^1(\overline{\Omega}_T), b^i, c\in C(\overline{\Omega}_T)$, $f\in L^2(0,T;L^2(\Omega))$. 由假设 u_0 满足 $u_0|_{\partial\Omega}=0$ 和 $L_t u_0\in L^2(0,T;L^2(\Omega))$, $u_1\in L^2(\Omega)$, 则双曲型方程的第一初边值问题

$$\begin{cases}u_{tt}+L_t u=f(\boldsymbol{x},t), & (\boldsymbol{x},t)\in\ \Omega_T,\\ u=0, & (\boldsymbol{x},t)\in\ \partial\Omega\times(0,T],\\ u(\boldsymbol{x},0)=u_0(\boldsymbol{x}), u_t(\boldsymbol{x},0)=u_1(\boldsymbol{x}), & \boldsymbol{x}\in\overline{\Omega}\end{cases}\tag{5.3.1}$$

存在唯一的弱解 $u\in L^2(0,T;H_0^1(\Omega)), u'\in L^2(0,T;L^2(\Omega))$ 且 $u''\in L^2(0,T;H^{-1}(\Omega))$.

证明 不失一般性, 可以假设 $u_0=0$, 否则作变换 $w=u-u_0$ 即可. 令

$$F=\left\{u|\,\mathrm{e}^{-rt}u\in L^2(0,T;H_0^1(\Omega)), \mathrm{e}^{-rt}u'\in L^2(0,T;L^2(\Omega)), u_0(\boldsymbol{x})=0, \boldsymbol{x}\in\overline{\Omega}\right\},$$

$$\begin{aligned}\Phi=\{&\varphi|\mathrm{e}^{-rt}\varphi\in L^2(0,T;H_0^1(\Omega)), \mathrm{e}^{-rt}\varphi'\in L^2(0,T;H_0^1(\Omega)),\\ &\mathrm{e}^{-rt}\varphi''\in L^2(0,T;L^2(\Omega)), \varphi(0)=0, \varphi(T)=\varphi'(T)=0, \text{其中}, r\text{待定}\},\end{aligned}$$

$$\|u\|_F^2=\int_0^T\left\{\left\|\mathrm{e}^{-rt}u\right\|_{H_0^1(\Omega)}^2+\|\mathrm{e}^{-rt}u'\|_{L^2(\Omega)}^2\right\}\mathrm{d}t,\quad \|\varphi\|_{\Phi}^2=\|\varphi\|_F^2+\|\varphi'(0)\|_{L^2(\Omega)}^2.$$

对于 $u\in F,\varphi\in\Phi$, 定义

$$\begin{aligned}E(u,\varphi)=&\int_0^T\int_\Omega\left[\sum_{i,j=1}^n a^{ij}(\boldsymbol{x},t)\mathrm{e}^{-2rt}u_{x_i}\varphi'_{x_j}+\sum_{i=1}^n b^i(\boldsymbol{x},t)\mathrm{e}^{-2rt}u_{x_i}\varphi'\right.\\&\left.+c(\boldsymbol{x},t)u(\mathrm{e}^{-2rt}\varphi')-u'(\mathrm{e}^{-2rt}\varphi')'\right]\mathrm{d}\boldsymbol{x}\mathrm{d}t,\\L(\varphi)=&\int_0^T\int_\Omega\mathrm{e}^{-2rt}f\varphi'\mathrm{d}\boldsymbol{x}\mathrm{d}t+\int_\Omega u_1\varphi'(0)\mathrm{d}\boldsymbol{x}.\end{aligned}$$

显然, 对任意的 $\varphi\in\Phi$ 有 $\|\varphi\|_\Phi\geqslant\|\varphi\|_F$, 而且对任意的 $\varphi\in\Phi,E(\cdot,\varphi)$ 在 F 上连续, 这是因为

$$\begin{aligned}|E(u,\varphi)|\leqslant& M\int_0^T\left\|\mathrm{e}^{-rt}\mathbf{D}u\right\|_{L^2(\Omega)}\left\|\mathrm{e}^{-rt}\mathbf{D}\varphi'\right\|_{L^2(\Omega)}\mathrm{d}t\\&+M\int_0^T\left\|\mathrm{e}^{-rt}\mathbf{D}u\right\|_{L^2(\Omega)}\left\|\mathrm{e}^{-rt}\varphi'\right\|_{L^2(\Omega)}\mathrm{d}t\\&+M\int_0^T\left\|\mathrm{e}^{-rt}u\right\|_{L^2(\Omega)}\|\mathrm{e}^{-rt}\varphi'\|_{L^2(\Omega)}\mathrm{d}t\\&+M\int_0^T\left\|\mathrm{e}^{-rt}u'\right\|_{L^2(\Omega)}(\left\|\mathrm{e}^{-rt}\varphi'\right\|_{L^2(\Omega)}+\left\|\mathrm{e}^{-rt}\varphi''\right\|_{L^2(\Omega)})\mathrm{d}t\\\leqslant& M\|\varphi'\|_\Phi^2\|u\|_F^2.\end{aligned}$$

也对任意的 $\varphi\in\Phi$, 使用一致椭圆性条件有

$$\begin{aligned}E(\varphi,\varphi)=&\int_0^T\int_\Omega\left\{\sum_{i,j=1}^n a^{ij}\mathrm{e}^{-2rt}\varphi_{x_i}(\varphi_{x_j})'\right.\\&\left.+\sum_{i=1}^n b^i\mathrm{e}^{-2rt}\varphi_{x_i}\varphi'+c\varphi\mathrm{e}^{-2rt}\varphi'-\varphi'(\mathrm{e}^{-2rt}\varphi')'\right\}\mathrm{d}\boldsymbol{x}\mathrm{d}t\\=&\int_0^T\int_\Omega\left\{\frac12\sum_{i,j=1}^n a^{ij}\mathrm{e}^{-2rt}(\varphi_{x_i}\varphi_{x_j})'+\sum_{i=1}^n b^i\mathrm{e}^{-2rt}\varphi_{x_i}\varphi'+c\mathrm{e}^{-2rt}\varphi\varphi'\right\}\mathrm{d}\boldsymbol{x}\mathrm{d}t\\&-\int_0^T\int_\Omega\mathrm{e}^{-2rt}(-2r\left|\varphi'\right|^2+\varphi'\varphi'')\mathrm{d}\boldsymbol{x}\mathrm{d}t\\=&\int_0^T\int_\Omega\left\{\sum_{i,j=1}^n\left[\left(\frac12a^{ij}\mathrm{e}^{-2rt}\varphi_{x_i}\varphi_{x_j}\right)'-\frac12(a^{ij}\mathrm{e}^{-2rt})'\varphi_{x_j}\varphi_{x_j}\right]\right.\\&\left.+\sum_{i=1}^n b^i\mathrm{e}^{-2rt}\varphi_{x_i}\varphi'+c\mathrm{e}^{-2rt}\varphi\varphi'\right\}\mathrm{d}\boldsymbol{x}\mathrm{d}t\end{aligned}$$

$$
\begin{aligned}
&+r\int_0^T\int_\Omega \mathrm{e}^{-2rt}\left|\varphi'\right|^2\mathrm{d}\boldsymbol{x}\mathrm{d}t+\frac{1}{2}\int_\Omega\left|\varphi'(0)\right|^2\mathrm{d}\boldsymbol{x}\\
=&\int_0^T\int_\Omega r\mathrm{e}^{-2rt}\sum_{i,j=1}^n a^{ij}\varphi_{x_i}\varphi_{x_j}\mathrm{d}\boldsymbol{x}\mathrm{d}t-\frac{1}{2}\int_0^T\int_\Omega \mathrm{e}^{-2rt}\sum_{i,j=1}^n a_t^{ij}\varphi_{x_i}\varphi_{x_j}\mathrm{d}\boldsymbol{x}\mathrm{d}t\\
&+\int_0^T\int_\Omega\left(\sum_{i=1}^n b^i\mathrm{e}^{-2rt}\varphi_{x_i}\varphi'+c\mathrm{e}^{-2rt}\varphi\varphi'\right)\mathrm{d}\boldsymbol{x}\mathrm{d}t\\
&+r\int_0^T\int_\Omega \mathrm{e}^{-2rt}\left|\varphi'\right|^2\mathrm{d}\boldsymbol{x}\mathrm{d}t+\int_\Omega\frac{\left|\varphi'(0)\right|^2}{2}\mathrm{d}\boldsymbol{x}\\
\geqslant&(r\theta-M)\int_0^T\int_\Omega\left|\mathbf{D}\varphi\cdot\mathrm{e}^{-rt}\right|^2\mathrm{d}\boldsymbol{x}\mathrm{d}t-M\int_0^T\int_\Omega\left|\varphi\cdot\mathrm{e}^{-rt}\right|^2\mathrm{d}\boldsymbol{x}\mathrm{d}t\\
&+(r-M)\int_0^T\int_\Omega\left|\mathrm{e}^{-rt}\varphi'\right|^2\mathrm{d}\boldsymbol{x}\mathrm{d}t+\int_\Omega\frac{\left|\varphi'(0)\right|^2}{2}\mathrm{d}\boldsymbol{x}\\
\geqslant&\beta\left\|\varphi\right\|_\Phi^2,
\end{aligned}
$$

这里只要选取 r 充分大即可.

另一方面, 由于

$$
\begin{aligned}
|L(\varphi)|=&\left|\int_0^T\int_\Omega f\mathrm{e}^{-2rt}\varphi'\mathrm{d}\boldsymbol{x}\mathrm{d}t\right|+\left|\int_\Omega u_1\varphi'(0)\mathrm{d}\boldsymbol{x}\right|\\
\leqslant&\|\mathrm{e}^{-rt}f\|_{L^2(\Omega_T)}\|\mathrm{e}^{-rt}\varphi'\|_{L^2(\Omega_T)}+\|u_1\|_{L^2(\Omega)}\|\varphi'(0)\|_{L^2(\Omega)}\\
\leqslant&M\|\varphi\|_\Phi,
\end{aligned}
$$

故 L 是 Φ 上的线性有界泛函. 由 Lions 定理知存在 $u\in F$, 使得

$$
E(u,\varphi)=L(\varphi),\quad\forall\varphi\in\Phi. \tag{5.3.2}
$$

现在证明由 (5.3.2) 式给出的 u 是问题 (5.3.1) 的弱解.

对任意的 $\forall v\in H_0^1(\Omega),\theta\in C^\infty([0,T]),\theta(0)=0,\theta(T)=0$, 令

$$
\psi(t)=\int_0^t\mathrm{e}^{2r\sigma}\theta(\sigma)\mathrm{d}\sigma,\quad\varphi(t)=\psi(t)v\in\Phi,
$$

以 φ 代入 (5.3.2) 式得

$$
\int_0^T B[u,v;t]\theta(t)\mathrm{d}t-\int_0^T\int_\Omega u'v\theta'\mathrm{d}\boldsymbol{x}\mathrm{d}t=\int_0^T\int_\Omega f\theta(t)v\mathrm{d}\boldsymbol{x}\mathrm{d}t+\int_\Omega u_1v\theta(0)\mathrm{d}\boldsymbol{x},
$$

其中,

$$
B[u,v;t]=\int_\Omega\left[\sum_{i,j=1}^n a^{ij}(\boldsymbol{x},t)u_{x_i}v_{x_j}+c(\boldsymbol{x},t)u^2\right]\mathrm{d}\boldsymbol{x}.
$$

于是, 类似于抛物型方程的情形可推出 $u'' \in L^2(0,T;H^{-1}(\Omega))$ 且

$$u'' + L_t u = f \text{ a.e. } t \in (0,T).$$

又由于 $\mathrm{e}^{-rt}u' \in L^2(0,T;L^2(\Omega))$, 而 $L^2(\Omega) \subset H^{-1}(\Omega)$, 所以 $u' \in C([0,T];H^{-1}(\Omega))$, 即 $u'(0)$ 有意义. 下证 $u'(0) = u_1$. 事实上, 对于任意 $\varphi(t) \in \Phi$, 用 $\mathrm{e}^{-2rt}\varphi(t)$ 与 $u'' + L_t u = f$ 作对偶积得

$$\begin{aligned}&\int_0^T B[\mathrm{e}^{-rt}u, \mathrm{e}^{-rt}\varphi';t]\mathrm{d}t - \int_0^T\int_\Omega u'(\mathrm{e}^{-2rt}\varphi')'\mathrm{d}\boldsymbol{x}\mathrm{d}t\\ =&\int_0^T\int_\Omega f\mathrm{e}^{-2rt}\varphi'\mathrm{d}\boldsymbol{x}\mathrm{d}t + \int_\Omega u'(0)\varphi'(0)\mathrm{d}\boldsymbol{x},\end{aligned}$$

这结合弱解的定义 (5.3.2) 式可得

$$\int_\Omega u'(0)\varphi'(0)\mathrm{d}\boldsymbol{x} = \int_\Omega u_1(0)\varphi'(0)\mathrm{d}\boldsymbol{x}.$$

取 $\varphi(l) = \psi(t)v, \psi'(0) = 1, \forall v \in H_0^1(\Omega)$, 则

$$\int_\Omega (u'(0) - u_1)v\mathrm{d}\boldsymbol{x} = 0, \quad \forall v \in H_0^1(\Omega).$$

故 $u'(0) = u_1$, 再由 F 的定义知 $u(0) = 0$. 这验证了初始条件成立.

至于唯一性的证明完全同于定理 5.1 的证明.

可以推广定理 5.3 得到下面的一般高阶正则性结论:

定理 5.4 设定理 5.3 的条件满足, 并且

$$a^{ij} \in C^{k+1}(\overline{\Omega}_T), \quad b^i, c \in C^k(\overline{\Omega}_T), \quad f, f', \cdots, f^{(k)} \in L^2(0,T;L^2(\Omega)), \quad u_0 = u_1 = 0,$$

则问题 (5.3.1) 的解满足

$$u, u', \cdots, u^{(k)} \in L^2(0,T;H_0^1(\Omega)), \quad u^{(k+1)} \in L^2(0,T;L^2(\Omega)).$$

证明 令

$$\begin{aligned}F = \Big\{&u|\mathrm{e}^{-rt}u, \cdots, \mathrm{e}^{-rt}u^{(k)} \in L^2(0,T;H_0^1(\Omega)), \mathrm{e}^{-rt}u^{(k+1)} \in L^2(0,T;L^2(\Omega)),\\ &u_0(\boldsymbol{x}) = u_1(\boldsymbol{x}) = 0, \boldsymbol{x} \in \overline{\Omega}\Big\},\\ \Phi = \{&\varphi|\mathrm{e}^{-rt}\varphi, \cdots, \mathrm{e}^{-rt}\varphi^{(k+1)} \in L^2(0,T;H_0^1(\Omega)), \mathrm{e}^{-rt}\varphi^{(k+2)} \in L^2(0,T;L^2(\Omega)),\\ &\varphi(0) = \varphi'(0) = 0, \varphi(T) = \cdots = \varphi^{(k+1)}(T) = 0, \text{其中}, r\text{待定}\},\end{aligned}$$

$$\|u\|_F^2 = \int_0^T \left(\sum_{i=0}^k \left\|\mathrm{e}^{-rt}u^{(i)}\right\|^2_{H_0^1(\Omega)} + \|\mathrm{e}^{-rt}u^{(k+1)}\|^2_{L^2(\Omega)}\right)\mathrm{d}t,$$

$$\|\varphi\|_{\Phi}^2 = \|\varphi\|_F^2 + \sum_{l=1}^{k} \|\varphi^{(l+1)}(0)\|_{L^2(\Omega)}^2,$$

对于 $u \in F, \varphi \in \Phi$, 定义

$$\begin{aligned}E(u,\varphi) = \sum_{l=0}^{k} \int_0^T \int_\Omega \Big[&\sum_{i,j=1}^{n} (a^{ij}u_{x_i})^{(l)} \mathrm{e}^{-2rt} \varphi_{x_j}^{(l+1)} + \sum_{i=1}^{n} (b^i u_{x_i})^{(l)} \mathrm{e}^{-2rt} \varphi^{(l+1)} \\ &+ (cu)^{(l)} \mathrm{e}^{-2rt} \varphi^{(l+1)} - u^{(l+1)} (\mathrm{e}^{-2rt} \varphi^{(l+1)})' \Big] \mathrm{d}\boldsymbol{x}\mathrm{d}t,\end{aligned}$$

$$L(\varphi) = \sum_{l=0}^{k} \int_0^T \int_\Omega \mathrm{e}^{-2rt} f^{(l)} \varphi^{(l+1)} \mathrm{d}\boldsymbol{x}\mathrm{d}t + \sum_{l=1}^{k} \int_\Omega u^{(l+1)}(0) \varphi^{(l+1)}(0) \mathrm{d}\boldsymbol{x}.$$

留下的同于定理 5.3 的证明, 留作习题.

5.3.2 复值 Lions 定理和双曲型方程弱解的存在唯一性

给定两个可分 Hilbert 空间 V 和 H,$V \subset H$,V 在 H 中稠密, V 和 H 的内积分别记为 $((\cdot,\cdot))$ 和 $(\cdot,\cdot)$, 范数分别记为 $\|\cdot\|$ 和 $|\cdot|$. 把 H 与其共轭对偶空间等同, 即 $H' = H$, 则有包含关系 $V \subset H \subset V'$(在嵌入意义下).

定理 5.5　设在 V 上给定共轭双线型 $a(t,u,v), t \in [0,T]$, 满足条件

(1) 连续性: $a(\cdot,u,v) \in C^1([0,T]), \forall u,v \in V$;

(2) 共轭对称性: $a(t,u,v) = \overline{a(t,v,u)}$;

(3) 强制性: 存在 $\lambda, \alpha > 0$, 使得 $a(t,v,u) + \lambda |v|^2 \geqslant \alpha \|v\|^2, \forall v \in V$.

又设 $f \in L^2(0,T;H)$, $u_1 \in H$, 则存在唯一的函数 $u \in L^2(0,T;V)$ 满足 $u' \in L^2(0,T;H)$, $u'' \in L^2(0,T;V')$ 以及

$$\begin{cases} \dfrac{\mathrm{d}}{\mathrm{d}t}(u'(t),v) + a(t,u(t),v) = (f(t),v), \quad \forall v \in V \text{ a.e. } t \in (0,T), \\ u(0) = 0, \quad u'(0) = u_1. \end{cases} \tag{5.3.3}$$

以下为叙述简单, 设 $\lambda = 0$, 而把 $\lambda > 0$ 的情形留作习题 (注意并不像抛物情形那样, 作变换 $u = \mathrm{e}^{\lambda t} w$ 是不能直接达到目的, 因为这里出现了关于 t 的一阶倒数项 w'). 延拓 $a(t,u,v)$ 到 $t \in [0,\infty)$, 保持下列性质:

$$|a(t,u,v)| + |a'(t,u,v)| \leqslant M \|u\| \|v\|, \quad \forall u,v \in V, t \in [0,\infty),$$

这里 $a'(t,u,v) = \dfrac{\partial}{\partial t} a(t,u,v)$ 表示对第一个自变量 t 求偏导.

在证明定理之前, 先准备几个引理.

引理 5.1　设 V 是任意 Hilbert 空间, 则对任意 $u \in H^1(0,\infty;V)$ 有 $u(t) \to 0(t \to \infty)$.

证明 以 $(\cdot,\cdot)$ 记 V 中的内积, 由 Newton-Leibniz 公式

$$\begin{aligned}(u(t),u(t)) &= (u(0),u(0)) + \int_0^t \frac{\mathrm{d}}{\mathrm{d}t}(u(t),u(t))\mathrm{d}t \\ &= (u(0),u(0)) + 2\mathrm{Re}\int_0^t (u'(t),u(t))\mathrm{d}t,\end{aligned}$$

由 $|(u'(t),u(t))| \leqslant |u'(t)||u(t)|, \forall |u|,|u'| \in L^2(0,\infty)$ 知

$$(u'(t),u(t)) \in L^1(0,\infty),$$

故极限

$$\lim_{t\to\infty}(u(t),u(t)) = (u(0),u(0)) + 2\mathrm{Re}\int_0^\infty (u'(t),u(t))\mathrm{d}t$$

存在. 又 $(u(t),u(t)) \in L^1(0,\infty)$, 立即得

$$(u(t),u(t)) \to 0, \quad t\to\infty.$$

引理 5.2 存在 $\gamma>0$ 和 $\beta>0$, 使得对任意

$$\begin{aligned}\varphi \in \varPhi = \{&\mathrm{e}^{-\gamma t}\varphi \in L^2(0,\infty;V) | \mathrm{e}^{-\gamma t}\varphi' \in L^2(0,\infty;V), \\ &\mathrm{e}^{-\gamma t}\varphi'' \in L^2(0,\infty;H), \varphi'(0)=0\}\end{aligned}$$

有不等式

$$\mathrm{Re}\int_0^\infty [a(t,\mathrm{e}^{-\gamma t}\varphi,\mathrm{e}^{-\gamma t}\varphi') - (\varphi',(\mathrm{e}^{-2\gamma t}\varphi')')]\mathrm{d}t \geqslant \beta\,\|\varphi\|_\varPhi^2, \tag{5.3.4}$$

其中,

$$\|\varphi\|_\varPhi^2 = \int_0^\infty (\|\mathrm{e}^{-\gamma t}\varphi\|^2 + |\mathrm{e}^{-\gamma t}\varphi'|^2)\mathrm{d}t + |\varphi'(0)|^2.$$

证明 分别估计 (5.3.4) 式左端的每一项.

$$\begin{aligned}X &= 2\mathrm{Re}\int_0^\infty a(t,\mathrm{e}^{-\gamma t}\varphi,\mathrm{e}^{-\gamma t}\varphi')\mathrm{d}t \\ &= \int_0^\infty \mathrm{e}^{-2\gamma t}\left\{\frac{\mathrm{d}}{\mathrm{d}t}a(t,\varphi(t),\varphi(t)) - a'(t,\varphi(t),\varphi(t))\right\}\mathrm{d}t,\end{aligned}$$

$$a'(t,\varphi,\varphi) = \frac{\partial}{\partial t}a(t,\varphi,\varphi),$$

由引理 5.1 知

$$\mathrm{e}^{-2\gamma t}((\varphi(t),\varphi(t))) \to 0, \quad t\to+\infty.$$

由 a 的有界性并利用引理 5.1 得

$$|a(t,\varphi(t),\varphi(t)| \leqslant M\left\|\varphi(t)\right\|^2 \to 0, \quad t\to\infty.$$

进行分部积分并利用 a' 的有界性得

$$X=\int_0^\infty \mathrm{e}^{-2\gamma t}\{2\gamma a(t,\varphi,\varphi)-a'(t,\varphi,\varphi)\}\mathrm{d}t \geqslant \int_0^\infty \mathrm{e}^{-2\gamma t}\{2\gamma\alpha - M\}\left\|\varphi\right\|^2\mathrm{d}t.$$

类似地,

$$\begin{aligned}
Y&=2\mathrm{Re}\Big(-\int_0^\infty(\varphi',(\mathrm{e}^{-2\gamma t}\varphi')')\Big)\mathrm{d}t\\
&=-\int_0^\infty(\varphi',(\mathrm{e}^{-2\gamma t}\varphi')')\mathrm{d}t-\int_0^\infty((\mathrm{e}^{-2\gamma t}\varphi')',\varphi')\mathrm{d}t\\
&=4\gamma\int_0^\infty \mathrm{e}^{-2\gamma t}(\varphi',\varphi')\mathrm{d}t-\int_0^\infty \mathrm{e}^{-2\gamma t}[(\varphi',\varphi'')+(\varphi'',\varphi')]\mathrm{d}t\\
&=4\gamma\int_0^\infty \mathrm{e}^{-2\gamma t}(\varphi',\varphi')\mathrm{d}t-\int_0^\infty \mathrm{e}^{-2\gamma t}\frac{\mathrm{d}}{\mathrm{d}t}(\varphi',\varphi')\mathrm{d}t\\
&=6\gamma\int_0^\infty \mathrm{e}^{-2\gamma t}\left|\varphi'\right|^2\mathrm{d}t+\left|\varphi'(0)\right|^2.
\end{aligned}$$

与 X 的估计式相加得

$$X+Y\geqslant\int_0^\infty \mathrm{e}^{-2\gamma t}[(2\gamma\alpha-M)\left\|\varphi\right\|^2+6\gamma\left|\varphi'\right|^2]\mathrm{d}t+\left|\varphi'(0)\right|^2.$$

取 $\gamma=\max\{(M+2)/(2\alpha),3\}$, 则有 $X+Y\geqslant\left\|\varphi\right\|_\varPhi^2$.

定理 5.5 的证明　取 $\gamma>0$ 为引理 5.2 中的常数, 令

$$\begin{aligned}
&F=\{u|\mathrm{e}^{-rt}u\in L^2(0,\infty;V),\mathrm{e}^{-rt}u'\in L^2(0,\infty;H),u(0)=0\},\\
&\varPhi=\{\varphi|\mathrm{e}^{-rt}\varphi\in L^2(0,\infty;V),\mathrm{e}^{-et}\varphi'\in L^2(0,\infty;V),\\
&\qquad \mathrm{e}^{-rt}\varphi''\in L^2(0,\infty;H),\varphi(0)=0\},\\
&\left\|u\right\|_F^2=\int_0^\infty\left\{\left\|\mathrm{e}^{-rt}u\right\|^2+\left|\mathrm{e}^{-rt}u'\right|^2\right\}\mathrm{d}t,
\end{aligned}$$

对于 $u\in F,\varphi\in\varPhi$, 定义

$$\begin{aligned}
E(u,\varphi)&=\int_0^\infty[a(t,\mathrm{e}^{-rt}u,\mathrm{e}^{-rt}\varphi')-(u',(\mathrm{e}^{-2rt}\varphi')']\mathrm{d}t,\\
L(\varphi)&=\int_0^\infty(\mathrm{e}^{-rt}f,\mathrm{e}^{-rt}\varphi')\mathrm{d}t+(u_1,\varphi'(0)).
\end{aligned}$$

显然 $\|\varphi\|_{\Phi} \geqslant \|\varphi\|_{F,}$ 由引理 5.2 知 E 在 Φ 上强制. 由 Lions 定理知存在 $u \in F$, 使得

$$E(x, \varphi) = L(\varphi), \quad \forall \varphi \in \Phi. \tag{5.3.5}$$

对任意的 $v \in V$, 任意 $\theta \in C^{\infty}([0, \infty))$, 当 t 充分大时, $\theta(t) = 0$. 令

$$\psi(t) = \int_0^t \mathrm{e}^{2rt}\theta(\sigma)\mathrm{d}\sigma, \quad \varphi(t) = \psi(t)\nu \in \Phi.$$

以 φ 代入 (5.3.5) 式得到

$$\begin{aligned}&\int_0^{\infty} a(t, u(t), v)\overline{\theta(t)}\mathrm{d}t - \int_0^{\infty} (u'(t), v)\overline{\theta'(t)}\mathrm{d}t \\ =& \int_0^{\infty} (f(t), v)\overline{\theta(t)}\mathrm{d}t + (u'(0), v)\overline{\theta(0)}.\end{aligned} \tag{5.3.6}$$

由 Riesz 定理知对于给定的 $t > 0$, 存在 $L_t \in L(V, V')$, 使得

$$a(t, u, v) = (L_t u, v), \quad \forall v \in H. \tag{5.3.7}$$

和抛物型方程的情形一样 (视 $a(t, u, v)$ 为 $B[u, v; t]$), 由 (5.3.6) 式, (5.3.7) 式可知 u 满足

$$u'' \in L^2(0, T; V')$$

和方程

$$u'' + L_t u = f. \tag{5.3.8}$$

显然 $u' \in C^0([0, T]; V')$, 从而 $u'(0)$ 有意义且用通常的方法推得

$$u'(0) = u_1.$$

(5.3.8) 式与任意 $\varphi \in \Phi_1 = \{\varphi \in L^2(0, T; V) | \varphi' \in L^2(0, T; H), \varphi(T) = 0\}$ 作对偶积, 进行分部积分得

$$\int_0^T [a(t, u(t), \varphi(t)) - (u'(t), \varphi'(t))]\mathrm{d}t = \int_0^T (f(t), \varphi(t))\mathrm{d}t + (u_1, \varphi(0)). \tag{5.3.9}$$

使用 (5.3.9) 式即可得到 (5.3.3) 式, 这就证明了弱解的存在性. 唯一性同于定理 5.1 的证明.

注 5.2 由于方程 (5.3.8) 是由一个一般的共轭对称、有界、强制的共轭双线性型通过 (5.3.7) 式导出的方程, 通常称为抽象双曲型方程. 类似的方法也可导出抽象的抛物型方程. 通常称满足 (5.3.9) 式的函数 u 为由 (5.3.7) 式导出的抽象双曲型方程满足初值为 $u(0) = 0, u_t(0) = u_1$ 的弱解.

注 5.3 对于非零初值, 即 $u(0)=u_0\neq 0$, 在 u_0 的适当假设下, 类似的弱解存在性成立, 参见文献 (王耀东, 1989).

例 5.1 设 $\Omega\subset\mathbb{R}^n$ 是一个具有光滑边界 $\partial\Omega$ 的有界区域, 取 V 满足

$$H_0^1(\Omega)\subset V\subset H^1(\Omega),\quad H=L^2(\Omega)$$

在 V 上定义共轭双线性型

$$a(t,u,v)=\int_\Omega\left(\sum_{i,j=1}^n a^{ij}(\boldsymbol{x},t)\mathrm{D}_iu\overline{\mathrm{D}_jv}+\sum_{i=1}^n b^i(\boldsymbol{x},t)\mathrm{D}_iu\bar{v}+c(\boldsymbol{x},t)u\bar{v}\right)\mathrm{d}\boldsymbol{x},$$

其系数满足

$$\sum_{i,j=1}^n a^{ij}(\boldsymbol{x},t)\xi_i\xi_j\geqslant\theta\left|\boldsymbol{\xi}\right|^2,\quad \boldsymbol{\xi}\in\mathbb{R}^n\backslash\{0\},\boldsymbol{x}\in\Omega,t>0,\theta>0,$$

$$a^{ij},b^i,c\in L^\infty(\Omega_T),\quad a^{ij}(\cdot,t)\in C^0(\Omega),$$

$$a^{ij}=\overline{a^{ji}},\quad b^i\text{为纯虚复函数},\quad c-\bar{c}=\sum_{i=1}^n\mathrm{D}_ib^i.$$

在这些条件下验证

$$a(t,u,v)=\overline{a(t,v,u)},$$

存在 $\lambda,\delta>0$, 使得

$$a(t,v,v)+\lambda\left|v\right|^2\geqslant\delta\left\|v\right\|^2,\quad \forall v\in V.$$

又设

$$a^{ij}(x,\cdot),b^i(x,\cdot),c(x,\cdot)\in C^1([0,T]),\quad \frac{\partial}{\partial t}a^{ij},\frac{\partial}{\partial t}b^i,\frac{\partial}{\partial t}c\in L^\infty(\Omega_T),$$

则

$$a(\cdot,u,v)\in C^1([0,T]),\quad \forall u,v\in V.$$

又设 $f\in L^2(\Omega_T),u_1\in L^2(\Omega)$, 由定理 5.5 知存在 $u\in L^2(0,T;V)$ 满足

$$u'\in L^2(0,T;H),\quad u''\in L^2(0,T;V')$$

以及抽象双曲方程的定解问题

$$\begin{cases}u''+L_tu=f\text{ a.e. }t\in(0,T),\\ u(0)=0,\quad u'(0)=u_1,\end{cases}$$

其中, L_t 为由 $a(t,u,v)$ 通过 (5.3.7) 式诱导的算子.

如果 $V = H_0^1(\Omega)$, 则 u 满足

$$\begin{cases} \dfrac{\partial^2 u}{\partial t^2} - \sum\limits_{i=1}^{n} (a^{ij}(\boldsymbol{x},t)u_{x_i})_{x_j} \\ \quad + \sum\limits_{i=1}^{n} b^i(\boldsymbol{x},t)u_{x_i} + c(\boldsymbol{x},t)u = f(\boldsymbol{x},t), & \boldsymbol{x} \in \Omega, 0<t<T, \\ u = 0, & \boldsymbol{x} \in \partial\Omega, 0<t<T, \\ u(\boldsymbol{x},0) = 0, \dfrac{\partial u}{\partial t}(\boldsymbol{x},0) = u_1(\boldsymbol{x}), & \boldsymbol{x} \in \Omega. \end{cases} \tag{5.3.10}$$

若 $a^{ij}, b^i, c \in C^{2,1}(\Omega_T)$, $f, f' \in L^2(\Omega_T), u_0 = u_1 = 0$, 则问题 (5.3.10) 的解 u 满足

$$u' \in L^2(0,T;H_0^1(\Omega)), \quad u'' \in L^2(\Omega_T).$$

再由椭圆型方程解的正则性结果可得

$$u \in L^2(0,T;H^2(\Omega)),$$

从而 $u \in H^2(\Omega_T)$.

注 5.4 对于非齐次边界条件, 像非零初值情形一样, 在适当的条件 (如光滑性、相容性等) 下可以得到类似的弱解存在性结论. 参见文献 (王耀东, 1989).

习 题 五

1. 证明形如 (5.2.11) 式的函数关于范数 $\|\cdot\|_\Psi$ 在 Ψ 中稠密.

2. 证明定理 5.4.

3. $H_\Delta^0(\Omega) = \left\{u \in L^2(\Omega) \middle| \Delta u \in L^2(\Omega)\right\}$, $H_0^2(\Omega) \subset V \subset H_\Delta^0(\Omega)$, $H = L^2(\Omega)$, $\|u\|_V^2 = \|u\|_0^2 + \|\Delta u\|_0^2$, $\|u\|_0^2 = \int_\Omega |f(x)|^2 \mathrm{d}\boldsymbol{x}.a(t,u,v) = \int_\Omega a(\boldsymbol{x},t)\Delta u \Delta v \mathrm{d}\boldsymbol{x}, a(\cdot,t) \in L^\infty(\Omega), t \mapsto a(\cdot,t)$ 从 $[0,T] \to L^\infty(\Omega)$ 弱一次连续可微, $a(\boldsymbol{x},t) \geqslant a > 0$, $f \in L^2(0,T;H)$, $u_1 \in H$,
证明存在唯一的 $u \in L^2(0,T;V)$, 满足 $u' \in L^2(0,T;H)$,

$$\begin{cases} a(t,u(t),v) + \dfrac{\mathrm{d}^2}{\mathrm{d}t^2}(u(t),v) = (f(t),v), & \forall v \in V \text{ a.e. } t \in (0,T), \\ \dot{u}(0) = 0, \quad u'(0) = u_1. \end{cases}$$

写出 u 所满足的微分方程.

4. Ω 是有界区域, $\partial\Omega \in C^\infty$, 第 3 题中取 $V = H_0^2(\Omega)$, 解释相应方程和边条件.

5. 第 3 题中取 $V = \left\{v \in H_\Delta^0(\Omega) \middle| \gamma_0 v = 0\right\}$, 解释相应的边条件.

6. 第 3 题中取 $V = \left\{v \in H_\Delta^0(\Omega) \middle| \gamma_1 v = 0\right\}$, 解释相应的边条件.

7. 设 Ω 为有界区域, $\Omega_T = \Omega \times (0,T]$, L_t 为一致椭圆算子. 又设 $u \in C^\infty(\overline{\Omega}_T)$ 满足 $u|_{\partial\Omega\times(0,T)} = 0, u_{tt} + L_t u = f$. 若记

$$E(t) = \int_\Omega \left(u^2 + u_t^2 + \sum_{i=1}^n u_{x_i}^2 \right)(\boldsymbol{x},t)\mathrm{d}\boldsymbol{x},$$

则有能量不等式

$$E(t) \leqslant C\left(E(0) + \int_0^t \int_\Omega f^2(x,t)\mathrm{d}\boldsymbol{x}\mathrm{d}t \right), \quad t \in [0,T]$$

对某个常数 $C > 0$ 成立.

对于第二或第三初边值问题以及初值问题有类似的能量不等式成立, 试推导之.

第 6 章　一阶线性双曲型方程

任何一个高阶线性偏微分方程都可以化为一阶线性偏微分方程组, 在一阶方程中有一类重要的方程, 即一阶线性双曲型方程组, 它在工程实际中有着重要的应用. 例如, 气体动力学方程组、Maxwell 方程组等都是一阶双曲型方程组. 一阶线性双曲型方程组和二阶线性双曲型方程相似, 而二阶双曲型方程的一些研究方法, 特别是能量方法对于一阶双曲型方程组也十分有效. 本章简单介绍一阶线性双曲型方程的一些基本方法, 即特征线方法和黏性消失法等.

6.1　特征线方法与一阶线性双曲型方程式

6.1.1　特征线方法

考察一阶双曲型方程式的 Cauchy 问题

$$\begin{cases} \dfrac{\partial \rho}{\partial t} + a\dfrac{\partial \rho}{\partial x} = 0, & -\infty < x < +\infty, t > 0, \\ \rho(x,0) = \rho_0(x), & -\infty < x < +\infty, \end{cases} \tag{6.1.1}$$

其中, a 为常数, $\rho_0(x)$ 为光滑函数.

称下列常微分方程初值问题:

$$\begin{cases} \dfrac{\mathrm{d}x}{\mathrm{d}t} = a, \\ x(0) = c \end{cases}$$

或

$$\begin{cases} \dfrac{\mathrm{d}x(t,c)}{\mathrm{d}t} = a, \\ x(0,c) = c \end{cases}$$

的解 $x(t,c) = at + c$ 为方程 (6.1.1) 的特征线, 其中, c 为常数. 沿着特征线 $x = x(t,c)$, 函数 $\rho(t) = \rho(x(t,c),t)$ 满足如下常微分方程:

$$\frac{\mathrm{d}\rho}{\mathrm{d}t} = \frac{\partial \rho}{\partial t} + \frac{\partial \rho}{\partial x}\frac{\mathrm{d}x}{\mathrm{d}t} = \frac{\partial \rho}{\partial t} + a\frac{\partial \rho}{\partial x} \equiv 0,$$

即 (6.1.1) 式的解 $\rho(x,t)$ 沿着特征线 $x = x(t,c) = at + c$ 为常数. 由 (6.1.1) 式的初始条件知在初始点 $t = 0, x = c$ 处有

$$\rho(0) = \rho(x(0,c),0) = \rho(c,0) = \rho_0(c),$$

从而

$$\rho(x(t,c),t) = \rho_0(c).$$

从特征线 $x = at + c$ 得 $c = x - at$, 代入上式消去 c 得

$$\rho(x,t) = \rho_0(x - at). \tag{6.1.2}$$

(6.1.2) 式为 (6.1.1) 式的解.

从解的结构 (6.1.2) 式可以看出, 当 $t \geqslant 0$ 变化时, 初值仅仅简单不变地向右 (如果 $a > 0$) 或向左 (如果 $a < 0$) 以速度 a 传播且解 $\rho(x,t)$ 在特征线 $x - at = c$ 上为常数 $\rho_0(c)$.

注意问题 (6.1.1) 的特征线为直线. 沿着特征线, 函数 $\rho =$ 常数.

更一般地, 考察变系数方程

$$\frac{\partial \rho}{\partial t} + \frac{\partial}{\partial x}(v(x)\rho) = 0, \tag{6.1.3}$$

这里 $v(x)$ 连续可微且与 t 无关. 将方程 (6.1.3) 变形为

$$\frac{\partial \rho}{\partial t} + v(x)\frac{\partial \rho}{\partial x} + v'(x)\rho = 0.$$

设曲线 $x = x(t,c)$ 满足

$$\frac{\mathrm{d}x(t)}{\mathrm{d}t} = v(x(t)), \quad x(0) = c, \tag{6.1.4}$$

其中, c 为常数, 这条曲线称为 (6.1.3) 式的特征线. 沿着特征线 $x = x(t,c), \rho = \rho(x(t,c),t)$ 满足

$$\begin{cases} \dfrac{\mathrm{d}\rho}{\mathrm{d}t} = \dfrac{\partial \rho}{\partial t} + \dfrac{\partial \rho}{\partial x}\dfrac{\mathrm{d}x}{\mathrm{d}t} = -v'(x(t,c))\rho, & (6.1.5)\\ \rho|_{x=c,t=0} = \rho(x(0,c),0) = \rho(c,0) = \rho_0(c). & (6.1.6) \end{cases}$$

(6.1.5) 式, (6.1.6) 式是一个常微分方程.

$$\begin{aligned} \ln\rho(x(t,c),t) &= \ln(\rho(x(0,c),0)) + \int_0^t (-v'(x(s,c)))\mathrm{d}s \\ &= \ln\rho_0(c) + \int_0^t \frac{-v'(x(s,c))}{v(x(s,c))} \cdot \frac{\mathrm{d}x(s,c)}{\mathrm{d}s}\mathrm{d}s \end{aligned}$$

$$= \ln \rho_0(c) + \int_c^{x(t,c)} \frac{-v'(x)}{v(x)} \mathrm{d}x$$
$$= \ln \rho_0(c) - \ln v(x(t,c)) + \ln v(c),$$

于是

$$\rho(x(t,c),t) = \rho_0(c) \frac{v(c)}{v(x(t,c))}. \tag{6.1.7}$$

如果从特征线方程 $x = x(t,c)$ 可以解出 $c = \varphi(x,t)$, 代入 (6.1.7) 式可得解的表达式为

$$\rho(x,t) = \rho_0(\varphi((x,t))) \frac{v(\varphi((x,t)))}{v(x)}. \tag{6.1.8}$$

使用 $\varphi(x(t),t) = c$ 容易验证 (6.1.8) 式确是 (6.1.3) 式的解.

综上所述, 用特征线方程解一阶偏微分方程的方法可分为下面三步:

(1) 求特征线 $x = x(t,c)$;

(2) 沿着特征线将原方程化为关于 $\rho = \rho(x(t,c),t)$ 的常微分方程 (其中, c 为参数), 并求出 $\rho = u(t,c)$;

(3) 从特征线方程解出 $c = \varphi(x,t)$, 则所求的解为 $\rho = u(t,\varphi(x,t))$.

6.1.2 例子

例 6.1 求下列 Cauchy 问题的解:

$$\begin{cases} \dfrac{\partial u}{\partial t} + (x+t)\dfrac{\partial u}{\partial x} + u = x, \quad x \in \mathbb{R}^1, t > 0, & (6.1.9) \\ u(x,0) = x. & (6.1.10) \end{cases}$$

解 第 1 步. 求特征线、特征方程.

$$\begin{cases} \dfrac{\mathrm{d}x}{\mathrm{d}t} = x + t, \\ x(0) = c \end{cases}$$

的解为

$$x(t) = \mathrm{e}^t(1+c) - (1+t). \tag{6.1.11}$$

第 2 步. 令 $U(t) = u(x(t),t)$, 则

$$\frac{\mathrm{d}U(t)}{\mathrm{d}t} = \frac{\partial u}{\partial t} + \frac{\partial u}{\partial x}\frac{\mathrm{d}x}{\mathrm{d}t} = \left(\frac{\partial u}{\partial t} + (x+t)\frac{\partial u}{\partial x}\right)\bigg|_{x=x(t)} = -U(t) + x(t),$$

$$U(0) = u(x(0),0) = u(c,0) = c.$$

由 (6.1.9) 式, (6.1.10) 式可得

$$\begin{cases} \dfrac{\mathrm{d}U(t)}{\mathrm{d}t} + U(t) = \mathrm{e}^t(1+c) - (1+t), \\ U(0) = c, \end{cases}$$

解得

$$U(t) = \frac{1}{2}(c+1)\mathrm{e}^t + \frac{1}{2}(c-1)\mathrm{e}^{-t} - t. \tag{6.1.12}$$

第 3 步. 从 (6.1.11) 式中解出

$$c = (x+t+1)\mathrm{e}^{-t} - 1,$$

然后代入 (6.1.12) 式得所求的解为

$$u(x,t) = \frac{1}{2}\mathrm{e}^{-2t}(x+t+1) - \mathrm{e}^{-t} + \frac{1}{2}(x-t+1).$$

例 6.2　求解波动方程的初值问题

$$\begin{cases} \Box u \triangleq \dfrac{\partial^2 u}{\partial t^2} - a^2\dfrac{\partial^2 u}{\partial x^2} = 0, & -\infty < x < +\infty, t > 0, \\ u(x,0) = u_0(x), \dfrac{\partial u}{\partial t}(x,0) = u_1(x), & -\infty < x < +\infty, \end{cases} \tag{6.1.13}$$

其中, a 为正常数, u_0, u_1 是已知的光滑函数.

解　首先将二阶双曲型方程化为一阶方程组. 注意二阶微分算子

$$\Box = \frac{\partial^2}{\partial t^2} - a^2\frac{\partial^2}{\partial x^2}$$

可以分解为两个一阶算子的 "乘积", 即

$$\Box = \left(\frac{\partial}{\partial t} + a\frac{\partial}{\partial x}\right)\left(\frac{\partial}{\partial t} - a\frac{\partial}{\partial x}\right) \triangleq \left[\frac{\partial}{\partial t}\left(\frac{\partial}{\partial t} - a\frac{\partial}{\partial x}\right) + a\frac{\partial}{\partial x}\left(\frac{\partial}{\partial t} - a\frac{\partial}{\partial x}\right)\right],$$

故可以把方程 $\Box u = 0$ 分解为两个一阶方程组成的方程组

$$\begin{cases} \dfrac{\partial u}{\partial t} - a\dfrac{\partial u}{\partial x} = v, \\ \dfrac{\partial v}{\partial t} + a\dfrac{\partial v}{\partial x} = 0. \end{cases} \tag{6.1.14}$$

由 (6.1.13) 式中的初始条件, 可给出 u, v 在 $t=0$ 的初始条件为

$$\begin{cases} u(x,0) = u_0(x), \\ v(x,0) = \left.\dfrac{\partial u}{\partial t}\right|_{t=0} - a\left.\dfrac{\partial u}{\partial x}\right|_{t=0} = u_1(x) - a\dfrac{\partial u_0}{\partial x}(x). \end{cases} \tag{6.1.15}$$

显然, 若 u, v 是 (6.1.14) 式, (6.1.15) 式的解, 则 u 是问题 (6.1.13) 的解.

其次, 用特征线方法求解定解问题 (6.1.14), (6.1.15).

为了求方程 (6.1.14) 的解, 首先要求出特征线, 它们分别是常微分方程

$$\begin{cases} \dfrac{\mathrm{d}x}{\mathrm{d}t} = -a, \\ x(0) = c \end{cases}$$

和

$$\begin{cases} \dfrac{\mathrm{d}x}{\mathrm{d}t} = a, \\ x(0) = c. \end{cases}$$

解得方程 (6.1.14) 的第一个方程的特征线为

$$x = x_1(t) = c - at, \tag{6.1.16}$$

方程 (6.1.14) 的第二个方程的特征线为

$$x = x_2(t) = c + at, \tag{6.1.17}$$

其中, c 为任意常数.

沿着特征线, 方程 (6.1.14) 变为常微分方程

$$\frac{\mathrm{d}u(x_1(t), t)}{\mathrm{d}t} = v(x_1(t), t), \tag{6.1.18}$$

$$\frac{\mathrm{d}v(x_2(t), t)}{\mathrm{d}t} = 0. \tag{6.1.19}$$

由初始条件 (6.1.15) 及方程 (6.1.19) 可得

$$v(x_2(t), t) = v(x_2(0), 0) = v(c, 0) = u_1(c) - au_0'(c).$$

由 (6.1.17) 式知

$$x_2(t) = x, \quad c = x_2(t) - at = x - at.$$

于是问题

$$\begin{cases} \dfrac{\partial v}{\partial t} + a\dfrac{\partial v}{\partial x} = 0, \\ v(x, 0) = u_1(x) - a\dfrac{\partial u_0}{\partial x}(x) \end{cases}$$

的解为

$$v(x,t)=u_1(x-at)-au_0'(x-at). \tag{6.1.20}$$

将 $v(x,t)$ 的表达式 (6.1.20) 代入 (6.1.14) 式得

$$\frac{\mathrm{d}u(x_1(t),t)}{\mathrm{d}t}=u_1(x_1(t)-at)-au_0'(x_1(t)-at).$$

又

$$u(x_1(0),0)=u(c,0)=u_0(c),$$

故

$$u(x_1(t),t)=u_0(c)+\int_0^t[u_1(x_1(s)-as)-au_0'(x_1(s)-as)]\,\mathrm{d}s.$$

由 (6.1.17) 式知

$$x_1(s)=c-as.$$

于是

$$\begin{aligned}
u(x_1(t),t)&=u_0(c)+\int_0^t[u_1(c-2as)-au_0'(c-2as)]\,\mathrm{d}s\\
&=u_0(c)-\frac{1}{2a}\int_c^{c-2at}[u_1(\tau)-au_0'(\tau)]\,\mathrm{d}\tau\\
&=u_0(c)-\frac{1}{2a}\int_c^{c-2at}u_1(\tau)\,\mathrm{d}\tau+\frac{1}{2}\int_c^{c-2at}u_0'(\tau)\,\mathrm{d}\tau\\
&=u_0(c)-\frac{1}{2a}\int_c^{c-2at}u_1(\tau)\,\mathrm{d}\tau+\frac{1}{2}(u_0(c-2at)-u_0(c))\\
&=\frac{1}{2}(u_0(c-2at)+u_0(c))-\frac{1}{2a}\int_c^{c-2at}u_1(\xi)\,\mathrm{d}\xi.
\end{aligned}$$

又由 (6.1.16) 式知

$$x_1(t)=x,\quad c=x_1(t)+at=x+at.$$

于是

$$u(x,t)=\frac{1}{2}(u_0(x-at)+u_0(x+at))+\frac{1}{2a}\int_{x-at}^{x+at}u_1(\xi)\,\mathrm{d}\xi.$$

这就是波动方程初值问题 (6.1.13) 的解, 这个公式通常称为**达朗贝尔**(d'Alembert)**公式**.

注 6.1 特征线法的主要思想在于沿着特征线, 一阶偏微分方程化为具有常微分方程的形式, 从而可以通过求解常微分方程去得到原来的一阶偏微分方程的解. 这个方法无论从理论研究来说, 还是从具体的解题来说, 都是非常有意义的.

6.2 一阶线性双曲型偏微分方程组

6.2.1 定义

考虑一阶线性偏微分方程组

$$\boldsymbol{u}_t+\sum_{i=1}^{n}\boldsymbol{B}_j(\boldsymbol{x},t)\boldsymbol{u}_{x_j}=\boldsymbol{f}(\boldsymbol{x},t),\quad \boldsymbol{x}\in\mathbb{R}^n,t>0 \tag{6.2.1}$$

以及初始条件

$$\boldsymbol{u}(\boldsymbol{x},t=0)=\boldsymbol{u}_0(\boldsymbol{x}),\quad \boldsymbol{x}\in\mathbb{R}^n, \tag{6.2.2}$$

这里未知函数是 $\boldsymbol{u}:\mathbb{R}^n\times[0,\infty)\mapsto\mathbb{R}^m$, $\boldsymbol{u}=(u^1,\cdots,u^m)$, 函数 $\boldsymbol{B}_j:\mathbb{R}^n\times[0,\infty)\mapsto M^{m\times m}(j=1,\cdots,n)$, $\boldsymbol{f}:\mathbb{R}^n\times[0,\infty)\mapsto\mathbb{R}^m$, $\boldsymbol{u}_0:\mathbb{R}^n\mapsto\mathbb{R}^m$ 是已知的给定函数, 其中, $M^{m\times m}$ 表示 $m\times m$ 阶矩阵组成的集合.

对每一个 $\boldsymbol{y}\in\mathbb{R}^n$, 记

$$\boldsymbol{B}(\boldsymbol{x},t;\boldsymbol{y})=\sum_{j=1}^{n}y_j\boldsymbol{B}_j(\boldsymbol{x},t),\quad \boldsymbol{x}\in\mathbb{R}^n,t\geqslant 0.$$

定义 6.1 如果对每一个 $\boldsymbol{x},\boldsymbol{y}\in\mathbb{R}^n,t\geqslant 0$, $m\times m$ 阶矩阵 $\boldsymbol{B}(\boldsymbol{x},t;\boldsymbol{y})$ 是可对角化的, 则称方程组 (6.2.1) 为**双曲型偏微分方程组**.

换句话说, 对每一个 $\boldsymbol{x},\boldsymbol{y}\in\mathbb{R}^n,t\geqslant 0$, $m\times m$ 阶矩阵 $\boldsymbol{B}(\boldsymbol{x},t;\boldsymbol{y})$ 有 m 个实特征值

$$\lambda_1(\boldsymbol{x},t;\boldsymbol{y})\leqslant\lambda_2(\boldsymbol{x},t;\boldsymbol{y})\leqslant\cdots\leqslant\lambda_m(\boldsymbol{x},t;\boldsymbol{y})$$

和对应的 m 个线性无关的特征向量 $\{\boldsymbol{r}_k(\boldsymbol{x},t;\boldsymbol{y})\}_{k=1}^m$, 则方程组 (6.2.1) 为双曲型的. 显然, 当 $n=1$ 时, 单个方程 (6.2.1) 为双曲型方程.

对于双曲型方程组, 通常考虑下列两种特殊情形:

定义 6.2 (1) 如果对每一个 $\boldsymbol{x}\in\mathbb{R}^n,t\geqslant 0$, $\boldsymbol{B}_j(\boldsymbol{x},t)(j=1,\cdots,m)$ 是 $m\times m$ 阶对称矩阵, 则称方程组 (6.3.1) 为**对称双曲型偏微分方程组**;

(2) 对每一个 $\boldsymbol{x},\boldsymbol{y}\in\mathbb{R}^n,\boldsymbol{y}\neq 0,t\geqslant 0$, $m\times m$ 阶矩阵 $\boldsymbol{B}(\boldsymbol{x},t;\boldsymbol{y})$ 有 m 个不同的实特征值

$$\lambda_1(\boldsymbol{x},t;\boldsymbol{y})<\lambda_2(\boldsymbol{x},t;\boldsymbol{y})<\cdots<\lambda_m(\boldsymbol{x},t;\boldsymbol{y}),$$

则称方程组 (6.2.1) 为**严格双曲型偏微分方程组**.

注 6.2 如果对每一个 $\boldsymbol{x}\in\mathbb{R}^n,t\geqslant 0$, $\boldsymbol{B}_j(\boldsymbol{x},t)(j=0,1,\cdots,m)$ 是 $m\times m$ 阶对称矩阵, 则也称方程组

$$\boldsymbol{B}_0(\boldsymbol{x},t)\boldsymbol{u}_t+\sum_{i=1}^{n}\boldsymbol{B}_j(\boldsymbol{x},t)\boldsymbol{u}_{x_j}=\boldsymbol{f}(\boldsymbol{x},t),\quad \boldsymbol{x}\in\mathbb{R}^n,t>0 \tag{6.2.3}$$

为对称双曲型偏微分方程组, 而且任何一个二阶双曲型偏微分方程可化为形为 (6.2.3) 式的一阶对称双曲型偏微分方程. 事实上, 设 v 是双曲型方程

$$v_{tt}-\sum_{i,j=1}^{n}a^{ij}(\boldsymbol{x},t)v_{x_ix_j}=0,\quad a^{ij}=a^{ji} \tag{6.2.4}$$

的光滑解.

令

$$\boldsymbol{u}=(u_1,\cdots,u_n,u_{n+1})\triangleq(v_{x_1},\cdots,v_{x_n},v_t),$$

发现 $\boldsymbol{u}$ 满足形式 (6.2.3), 其中, $m=n+1, f\equiv 0$,

$$\boldsymbol{B}_0=\begin{pmatrix} a^{11} & \cdots & a^{1n} & 0\\ \vdots & & \vdots & \vdots\\ a^{1n} & \cdots & a^{nn} & 0\\ 0 & \cdots & 0 & 0\end{pmatrix}_{(n+1)\times(n+1)},$$

$$\boldsymbol{B}_j=\begin{pmatrix} 0 & \cdots & 0 & -a^{1j}\\ \vdots & & \vdots & \vdots\\ 0 & \cdots & 0 & -a^{nj}\\ -a^{1j} & \cdots & -a^{nj} & 0\end{pmatrix}_{(n+1)\times(n+1)},\quad j=1,\cdots,n.$$

此时, 二阶双曲型方程 (6.2.4) 的一致双曲性等价于矩阵 $\boldsymbol{B}_0$ 是正定的. 这个转化也说明了一阶对称双曲型方程组 (6.2.3) 是二阶双曲型方程的一个推广.

6.2.2 对称双曲系统与黏性消失法

本节使用能量方法和黏性消失技巧来讨论对称双曲型方程组的初值问题

$$\begin{cases}\boldsymbol{u}_t+\displaystyle\sum_{i=1}^{n}\boldsymbol{B}_j(\boldsymbol{x},t)\boldsymbol{u}_{x_j}=\boldsymbol{f}(\boldsymbol{x},t), & \boldsymbol{x}\in\mathbb{R}^n, 0<t\leqslant T,\\ \boldsymbol{u}(\boldsymbol{x},0)=\boldsymbol{u}_0(\boldsymbol{x}), & \boldsymbol{x}\in\mathbb{R}^n\end{cases} \tag{6.2.5}$$

弱解的存在唯一性.

本节假设

(1) 对每一个 $\boldsymbol{x}\in\mathbb{R}^n, 0\leqslant t\leqslant T$, $\boldsymbol{B}_j(\boldsymbol{x},t)(j=0,1,\cdots,m)$ 是 $m\times m$ 阶对称矩阵;

(2) 矩阵 $\boldsymbol{B}_j\in C^2(\mathbb{R}^n\times[0,T];M^{m\times m})$ 满足

$$\sup_{\mathbb{R}^n\times[0,T]}(|\boldsymbol{B}_j|,|\mathbf{D}_{\boldsymbol{x},t}\boldsymbol{B}_j|,|\mathbf{D}^2_{\boldsymbol{x},t}\boldsymbol{B}_j|)<\infty,\quad j=1,\cdots,n;$$

(3) $\boldsymbol{u}_0 \in H^1(\mathbb{R}^n;\mathbb{R}^m)$, $\boldsymbol{f} \in H^1(\mathbb{R}^n \times (0,T);\mathbb{R}^m)$.

引入双线性型

$$B[\boldsymbol{u},\boldsymbol{v};t] = \int_{\mathbb{R}^n} \sum_{j=1}^{n} (\boldsymbol{B}_j(\boldsymbol{x},t)\boldsymbol{u}_{x_j}) \cdot \boldsymbol{v}\mathrm{d}\boldsymbol{x}, \quad \forall \boldsymbol{u},\boldsymbol{v} \in H^1(\mathbb{R}^n,\mathbb{R}^m), 0 \leqslant t \leqslant T,$$

并记 $(\cdot,\cdot)$ 为 $L^2(\mathbb{R}^n;\mathbb{R}^m)$ 中的内积.

1. 弱解的定义与黏性消失法

定义 6.3 如果存在 $\boldsymbol{u}$ 满足

(1) $\boldsymbol{u} \in L^2(0,T;H^1(\mathbb{R}^n,\mathbb{R}^m))$, $\boldsymbol{u}' \in L^2(0,T;L^2(\mathbb{R}^n,\mathbb{R}^m))$;

(2) $(\boldsymbol{u}',\boldsymbol{v}) + B[\boldsymbol{u},\boldsymbol{v};t] = (\boldsymbol{f},\boldsymbol{v}), \quad \forall \boldsymbol{v} \in H^1(\mathbb{R}^n,\mathbb{R}^m)$ a.e. $0 \leqslant t \leqslant T$;

(3) $\boldsymbol{u}(0) = \boldsymbol{u}_0$,

则称 u 为**对称双曲型方程组的初值问题 (6.2.5) 的一个弱解**.

注 6.3 定义 6.3(1) 暗含了 $\boldsymbol{u} \in C([0,T];L^2(\mathbb{R}^n,\mathbb{R}^m))$, 从而初始条件 (3) 有意义.

引入 (6.2.5) 式的近似解系统, 即构造抛物型方程组的初值问题

$$\begin{cases} \boldsymbol{u}_{\varepsilon t} - \varepsilon\Delta\boldsymbol{u}_\varepsilon + \displaystyle\sum_{i=1}^{n} \boldsymbol{B}_j(\boldsymbol{x},t)\boldsymbol{u}_{\varepsilon x_j} = \boldsymbol{f}(\boldsymbol{x},t), & \boldsymbol{x} \in \mathbb{R}^n, 0 < t \leqslant T, \\ \boldsymbol{u}_\varepsilon(\boldsymbol{x},0) = \boldsymbol{u}_{\varepsilon 0}(\boldsymbol{x}), & \boldsymbol{x} \in \mathbb{R}^n \end{cases} \tag{6.2.6}$$

作为 (6.2.5) 式的近似解系统, 其中, $0 < \varepsilon \leqslant 1, \boldsymbol{u}_{\varepsilon 0} = \eta_\varepsilon * \boldsymbol{u}_0$, η_ε 是一个磨光算子. 证明一阶双曲型方程组 (6.2.5) 的弱解存在性的基本想法如下：首先证明对于任意 $0 < \varepsilon \leqslant 1$, 系统 (6.2.6) 存在唯一的整体光滑解 $\boldsymbol{u}_\varepsilon$, 然后证明当 $\varepsilon \to 0$ 时 $\boldsymbol{u}_\varepsilon$ 收敛到一个极限函数 $\boldsymbol{u}$, 这个函数 $\boldsymbol{u}$ 就是一个弱解. 物理上, ε 可以表示某种流体的黏性, 故这种构造弱解的方法称为黏性消失法.

2. 近似解的存在性

对于黏性系统 (6.2.6) 有

定理 6.1 对于任意 $0 < \varepsilon \leqslant 1$, 系统 (6.2.6) 存在唯一的整体光滑解 $\boldsymbol{u}_\varepsilon$ 满足

$$\boldsymbol{u}_\varepsilon \in L^2(0,T;H^3(\mathbb{R}^n,\mathbb{R}^m)), \quad \boldsymbol{u}'_\varepsilon \in L^2(0,T;H^1(\mathbb{R}^n,\mathbb{R}^m)). \tag{6.2.7}$$

证明 第 1 步. 取 $X = L^\infty(0,T;H^1(\mathbb{R}^n,\mathbb{R}^m))$, 其范数为 $\|\boldsymbol{u}\|_X = \operatorname*{ess\,sup}_{0\leqslant t\leqslant T} \|\boldsymbol{u}(t)\|_{H^1(\mathbb{R}^n;\mathbb{R}^m)}$. 对于每一个 $\boldsymbol{v} \in X$, 考虑线性抛物系统

$$\begin{cases} \boldsymbol{u}_t - \varepsilon\Delta\boldsymbol{u} = \boldsymbol{f}(\boldsymbol{x},t) - \displaystyle\sum_{i=1}^{n} \boldsymbol{B}_j(\boldsymbol{x},t)\boldsymbol{v}_{x_j}, & \boldsymbol{x} \in \mathbb{R}^n, 0 < t \leqslant T, \\ \boldsymbol{u}(\boldsymbol{x},0) = \boldsymbol{u}_{\varepsilon 0}(\boldsymbol{x}), & \boldsymbol{x} \in \mathbb{R}^n. \end{cases} \tag{6.2.8}$$

由于上述系统的右边在 $L^2(\mathbb{R}^n\times(0,T);\mathbb{R}^m)$ 中有界, 故由单个线性抛物型方程解的存在性结论或求解公式可知系统 (6.2.8) 存在唯一的解 $\boldsymbol{u}\in L^2(0,T;H^2(\mathbb{R}^n,\mathbb{R}^m))$, $\boldsymbol{u}'\in L^2(0,T;L^2(\mathbb{R}^n,\mathbb{R}^m))$.

同理, 取 $\tilde{\boldsymbol{v}}\in X$, 线性抛物系统

$$\begin{cases}\tilde{\boldsymbol{u}}_t-\varepsilon\Delta\tilde{\boldsymbol{u}}=\boldsymbol{f}(\boldsymbol{x},t)-\displaystyle\sum_{i=1}^{n}\boldsymbol{B}_j(\boldsymbol{x},t)\tilde{\boldsymbol{v}}_{x_j}, & \boldsymbol{x}\in\mathbb{R}^n, 0<t\leqslant T,\\ \tilde{\boldsymbol{u}}(\boldsymbol{x},0)=\boldsymbol{u}_{\varepsilon0}(\boldsymbol{x}), & \boldsymbol{x}\in\mathbb{R}^n\end{cases}\tag{6.2.9}$$

存在唯一的解 $\tilde{\boldsymbol{u}}\in L^2(0,T;H^2(\mathbb{R}^n,\mathbb{R}^m))$, $\tilde{\boldsymbol{u}}'\in L^2(0,T;L^2(\mathbb{R}^n,\mathbb{R}^m))$.

第 2 步. 用系统 (6.2.8) 减去系统 (6.2.9), 得到

$$\begin{cases}\hat{\boldsymbol{u}}_t-\varepsilon\Delta\hat{\boldsymbol{u}}=-\displaystyle\sum_{i=1}^{n}\boldsymbol{B}_j(\boldsymbol{x},t)\hat{\boldsymbol{v}}_{x_j}, & \boldsymbol{x}\in\mathbb{R}^n, 0<t\leqslant T,\\ \hat{\boldsymbol{u}}(\boldsymbol{x},0)=0, & \boldsymbol{x}\in\mathbb{R}^n,\end{cases}\tag{6.2.10}$$

其中, $\hat{\boldsymbol{v}}=\boldsymbol{v}-\tilde{\boldsymbol{v}}$. 由系统 (6.2.10) 的解的表达式可得

$$\begin{aligned}\operatorname*{ess\,sup}_{0\leqslant t\leqslant T}||\hat{\boldsymbol{u}}(t)||_{H^1(\mathbb{R}^n;\mathbb{R}^m)}&\leqslant C(\varepsilon)||\sum_{j=1}^{n}\boldsymbol{B}_j\hat{\boldsymbol{v}}_{x_j}||_{L^2(0,T;L^2(\mathbb{R}^n;\mathbb{R}^m))}\\&\leqslant C(\varepsilon)||\hat{\boldsymbol{v}}(t)||_{L^2(0,T;H^1(\mathbb{R}^n;\mathbb{R}^m))}\\&\leqslant C(\varepsilon)T^{1/2}\operatorname*{ess\,sup}_{0\leqslant t\leqslant T}||\hat{\boldsymbol{v}}(t)||_{H^1(\mathbb{R}^n;\mathbb{R}^m)}.\end{aligned}$$

即

$$\|\hat{\boldsymbol{u}}\|_X\leqslant C(\varepsilon)T^{1/2}\|\hat{\boldsymbol{v}}\|_X.\tag{6.2.11}$$

第 3 步. 取 T 充分小, 使得

$$C(\varepsilon)T^{1/2}\leqslant\frac{1}{2},\tag{6.2.12}$$

则由 (6.2.11) 式可得

$$\|\boldsymbol{u}-\tilde{\boldsymbol{u}}\|_X\leqslant\frac{1}{2}\|\boldsymbol{v}-\tilde{\boldsymbol{v}}|_X.$$

根据压缩映象原理知映射 $\varPhi:\boldsymbol{v}\mapsto\boldsymbol{u}$ 有一个不动点 $\boldsymbol{u}$, 从而 $\boldsymbol{u}_\varepsilon=\boldsymbol{u}$ 即为 (6.2.6) 式的解.

如果 (6.2.12) 式不成立, 取 T_1 使得 $C(\varepsilon)T_1^{1/2}=\dfrac{1}{2}$, 并分别在 $[0,T_1],[T_1,2T_1],\cdots$ 重复上面的过程有限次即得存在性.

正则性 (6.2.7) 容易由抛物系统的正则性结论导出.

3. 能量估计

为了在系统 (6.2.6) 中取极限, 建立一致的先验估计.

定理 6.2(能量估计) 存在一个只依赖于 n 和系数 $\boldsymbol{B}_j$ 的常数 $C>0$, 使得对任意 $0<\varepsilon\leqslant 1$, 系统 (6.2.6) 的解 $\boldsymbol{u}_\varepsilon$ 满足

$$\begin{aligned}&\max_{0\leqslant t\leqslant T}\|\boldsymbol{u}_\varepsilon(t)\|_{H^1(\mathbb{R}^n,\mathbb{R}^m)}+\|\boldsymbol{u}'_\varepsilon(t)\|_{L^2(0,T;L^2(\mathbb{R}^n,\mathbb{R}^m))}\\ \leqslant\ & C(\|\boldsymbol{u}_0\|_{H^1(\mathbb{R}^n,\mathbb{R}^m)}+\|\boldsymbol{f}\|_{L^2(0,T;H^1(\mathbb{R}^n,\mathbb{R}^m))}+\|\boldsymbol{f}'\|_{L^2(0,T;L^2(\mathbb{R}^n,\mathbb{R}^m))}).\end{aligned} \tag{6.2.13}$$

证明 第 1 步. 方程 (6.2.6) 的两边同乘以 $\boldsymbol{u}_\varepsilon$(向量的点乘), 并在 $\mathbb{R}^n$ 上关于 $\boldsymbol{x}$ 积分, 分部积分可得

$$\begin{aligned}&\frac{\mathrm{d}}{\mathrm{d}t}\left(\frac{1}{2}\|u_\varepsilon(t)\|^2_{L^2(\mathbb{R}^n,\mathbb{R}^m)}\right)+\varepsilon\|\mathbf{D}\boldsymbol{u}_\varepsilon\|^2_{L^2(\mathbb{R}^n,M^{m\times n})}\\ &+\int_{\mathbb{R}^n}\sum_{j=1}^n(\boldsymbol{B}_j(\boldsymbol{x},t)\boldsymbol{u}_{\varepsilon x_j})\cdot\boldsymbol{u}_\varepsilon\mathrm{d}\boldsymbol{x}=\int_{\mathbb{R}^n}\boldsymbol{f}\cdot\boldsymbol{u}_\varepsilon\mathrm{d}\boldsymbol{x}.\end{aligned} \tag{6.2.14}$$

由 Cauchy 不等式可得

$$\int_{\mathbb{R}^n}\boldsymbol{f}\cdot\boldsymbol{u}_\varepsilon\mathrm{d}\boldsymbol{x}\leqslant\|\boldsymbol{u}_\varepsilon\|^2_{L^2(\mathbb{R}^n,\mathbb{R}^m)}+\|\boldsymbol{f}\|^2_{L^2(\mathbb{R}^n,\mathbb{R}^m)}. \tag{6.2.15}$$

记 $\boldsymbol{B}_j=(b_j^{hl})_{h,l=1,\cdots,m}, b_j^{hl}=b_j^{lh}$, 则

$$\begin{aligned}\sum_{j=1}^n(\boldsymbol{B}_j(\boldsymbol{x},t)\boldsymbol{u}_{\varepsilon x_j})\cdot\boldsymbol{u}_\varepsilon&=\frac{1}{2}\sum_{j=1}^n\left(\sum_{h,l=1}^m b_j^{hl}u^h_{\varepsilon x_j}u^l_\varepsilon+\sum_{h,l=1}^m b_j^{lh}u^l_{\varepsilon x_j}u^h_\varepsilon\right)\\ &=\frac{1}{2}\sum_{j=1}^n\left(\sum_{h,l=1}^m b_j^{hl}u^h_{\varepsilon x_j}u^l_\varepsilon+\sum_{h,l=1}^m b_j^{hl}u^l_{\varepsilon x_j}u^h_\varepsilon\right)\\ &=\frac{1}{2}\sum_{j=1}^n\sum_{h,l=1}^m b_j^{hl}(u^h_\varepsilon u^l_\varepsilon)_{x_j}\\ &=\frac{1}{2}\sum_{j=1}^n\sum_{h,l=1}^m (b_j^{hl}u^h_\varepsilon u^l_\varepsilon)_{x_j}-\frac{1}{2}\sum_{j=1}^n\sum_{h,l=1}^m b_{jx_j}^{hl}u^h_\varepsilon u^l_\varepsilon\\ &=\frac{1}{2}\sum_{j=1}^n((\boldsymbol{B}_j\boldsymbol{u}_\varepsilon)\cdot\boldsymbol{u}_\varepsilon)_{x_j}-\frac{1}{2}\sum_{j=1}^n(\boldsymbol{B}_{jx_j}\boldsymbol{u}_\varepsilon)\cdot\boldsymbol{u}_\varepsilon.\end{aligned}$$

因此, 使用假设 (2) 可得

$$\left|\int_{\mathbb{R}^n}\sum_{j=1}^n(\boldsymbol{B}_j(\boldsymbol{x},t)\boldsymbol{u}_{\varepsilon x_j})\cdot\boldsymbol{u}_\varepsilon\mathrm{d}\boldsymbol{x}\right|$$

$$= \left| \frac{1}{2}\sum_{j=1}^{n}\int_{\mathbb{R}^n}((\boldsymbol{B}_j\boldsymbol{u}_\varepsilon)\cdot\boldsymbol{u}_\varepsilon)_{x_j}\mathrm{d}\boldsymbol{x} - \frac{1}{2}\sum_{j=1}^{n}\int_{\mathbb{R}^n}(\boldsymbol{B}_{jx_j}\boldsymbol{u}_\varepsilon)\cdot\boldsymbol{u}_\varepsilon\mathrm{d}\boldsymbol{x}\right|$$

$$= \left| \frac{1}{2}\sum_{j=1}^{n}\int_{\mathbb{R}^n}(\boldsymbol{B}_{jx_j}\boldsymbol{u}_\varepsilon)\cdot\boldsymbol{u}_\varepsilon\mathrm{d}\boldsymbol{x}\right| \leqslant C\|\boldsymbol{u}_\varepsilon\|^2_{L^2(\mathbb{R}^n;\mathbb{R}^m)}. \tag{6.2.16}$$

将 (6.2.15) 式, (6.2.16) 式代入 (6.2.14) 式可得

$$\frac{\mathrm{d}}{\mathrm{d}t}\|\boldsymbol{u}_\varepsilon(t)\|^2_{L^2(\mathbb{R}^n,\mathbb{R}^m)} \leqslant C(\|\boldsymbol{u}_\varepsilon(t)\|^2_{L^2(\mathbb{R}^n,\mathbb{R}^m)} + \|\boldsymbol{f}(t)\|^2_{L^2(\mathbb{R}^n,\mathbb{R}^m)}).$$

使用 Gronwall 不等式可得

$$\max_{0\leqslant t\leqslant T}\|\boldsymbol{u}_\varepsilon(t)\|^2_{L^2(\mathbb{R}^n,\mathbb{R}^m)} \leqslant C(\|\boldsymbol{u}_0\|^2_{L^2(\mathbb{R}^n,\mathbb{R}^m)} + \|\boldsymbol{f}\|^2_{L^2(0,T;L^2(\mathbb{R}^n,\mathbb{R}^m))}). \tag{6.2.17}$$

第 2 步. 固定 $k\in\{1,\cdots,n\}$, 记 $\boldsymbol{v}^k = \boldsymbol{u}_{\varepsilon x_k}$. 对 (6.2.6) 式关于 x_k 求导可得

$$\begin{cases} \boldsymbol{v}^k_t - \varepsilon\Delta\boldsymbol{v}^k + \displaystyle\sum_{j=1}^{n}\boldsymbol{B}_j(\boldsymbol{x},t)\boldsymbol{v}^k_{x_j} = \boldsymbol{f}_{x_k}(\boldsymbol{x},t) & \\ \qquad -\displaystyle\sum_{i=1}^{n}\boldsymbol{B}_{jx_k}(\boldsymbol{x},t)\boldsymbol{u}_{\varepsilon x_j}, & \boldsymbol{x}\in\mathbb{R}^n, 0<t\leqslant T, \\ \boldsymbol{v}^k(\boldsymbol{x},0) = \boldsymbol{u}_{\varepsilon 0x_k}(\boldsymbol{x}), & \boldsymbol{x}\in\mathbb{R}^n. \end{cases}$$

同于第 1 步可得

$$\frac{\mathrm{d}}{\mathrm{d}t}\|\boldsymbol{v}^k(t)\|^2_{L^2(\mathbb{R}^n,\mathbb{R}^m)} \leqslant C(\|\mathbf{D}\boldsymbol{u}_\varepsilon(t)\|^2_{L^2(\mathbb{R}^n,M^{m\times n})} + \|\mathbf{D}\boldsymbol{f}(t)\|^2_{L^2(\mathbb{R}^n,M^{m\times n})}),$$

对于 k 从 1 到 n 求和可得

$$\frac{\mathrm{d}}{\mathrm{d}t}\|\mathbf{D}\boldsymbol{u}_\varepsilon(t)\|^2_{L^2(\mathbb{R}^n,M^{m\times n})} \leqslant C(\|\mathbf{D}\boldsymbol{u}_\varepsilon(t)\|^2_{L^2(\mathbb{R}^n,M^{m\times n})} + \|\mathbf{D}\boldsymbol{f}(t)\|^2_{L^2(\mathbb{R}^n,M^{m\times n})}).$$

使用 Gronwall 不等式和 $\|\mathbf{D}\boldsymbol{u}_{0\varepsilon}\|_{L^2(\mathbb{R}^n,M^{m\times n})} \leqslant \|\mathbf{D}\boldsymbol{u}_0\|_{L^2(\mathbb{R}^n,M^{m\times n})}$ 可得

$$\max_{0\leqslant t\leqslant T}\|\mathbf{D}\boldsymbol{u}_\varepsilon(t)\|^2_{L^2(\mathbb{R}^n,M^{m\times n})} \leqslant C(\|\mathbf{D}\boldsymbol{u}_0\|^2_{L^2(\mathbb{R}^n,M^{m\times n})} + \|\boldsymbol{f}\|^2_{L^2(0,T;H^1(\mathbb{R}^n,\mathbb{R}^m))}). \tag{6.2.18}$$

第 3 步. 记 $\boldsymbol{v} = \boldsymbol{u}_{\varepsilon,t}$. 对 (6.2.6) 式关于 t 求导可得

$$\begin{cases} \boldsymbol{v}_t - \varepsilon\Delta\boldsymbol{v} + \displaystyle\sum_{j=1}^{n}\boldsymbol{B}_j\boldsymbol{v}_{x_j} = \boldsymbol{f}' - \sum_{i=1}^{n}\boldsymbol{B}_{jt}\boldsymbol{u}_{\varepsilon x_j}, & \boldsymbol{x}\in\mathbb{R}^n, 0<t\leqslant T, \\ \boldsymbol{v}(\boldsymbol{x},0) = \boldsymbol{f}(\boldsymbol{x},0) + \varepsilon\Delta\boldsymbol{u}_{0\varepsilon} - \displaystyle\sum_{j=1}^{n}\boldsymbol{B}_j(\boldsymbol{x},0)\boldsymbol{u}_{0\varepsilon x_j}, & \boldsymbol{x}\in\mathbb{R}^n. \end{cases}$$

同于第 1 步可得

$$\begin{aligned}&\max_{0\leqslant t\leqslant T}\|\boldsymbol{u}_\varepsilon'(t)\|^2_{L^2(\mathbb{R}^n,\mathbb{R}^m)}\\&\leqslant C(\|\mathbf{D}\boldsymbol{u}_0\|^2_{L^2(\mathbb{R}^n,M^{m\times n})}+\varepsilon^2\|\Delta\boldsymbol{u}_{0\varepsilon}\|^2_{L^2(\mathbb{R}^n;\mathbb{R}^m)}\\&\quad+\|\boldsymbol{f}(0)\|^2_{L^2(\mathbb{R}^n;\mathbb{R}^m)}+\|\boldsymbol{f}\|^2_{L^2(0,T;H^1(\mathbb{R}^n,\mathbb{R}^m))}+\|\boldsymbol{f}'\|^2_{L^2(0,T;L^2(\mathbb{R}^n,\mathbb{R}^m))}).\end{aligned}\tag{6.2.19}$$

因为 $\boldsymbol{u}_{0\varepsilon}=\eta_\varepsilon*\boldsymbol{u}_0$, 所以

$$\|\Delta\boldsymbol{u}_{0\varepsilon}\|^2_{L^2(\mathbb{R}^n;\mathbb{R}^m)}\leqslant\frac{C}{\varepsilon^2}\|\mathbf{D}\boldsymbol{u}_0\|^2_{L^2(\mathbb{R}^n;M^{m\times n})}.\tag{6.2.20}$$

而且

$$\|\boldsymbol{f}(0)\|^2_{L^2(\mathbb{R}^n;\mathbb{R}^m)}\leqslant C(\|\boldsymbol{f}\|^2_{L^2(0,T;L^2(\mathbb{R}^n,\mathbb{R}^m))}+\|\boldsymbol{f}'\|^2_{L^2(0,T;L^2(\mathbb{R}^n,\mathbb{R}^m))}).\tag{6.2.21}$$

结合 (6.2.17) 式 ~(6.2.21) 式易得 (6.2.13) 式.

4. 存在唯一性

定理 6.3(弱解的存在唯一性) 初值问题 (6.2.5) 存在唯一的弱解.

证明 第 1 步. 由能量估计 (6.2.13) 可知存在一个子列 $\varepsilon_j\to0$ 和一个函数 $\boldsymbol{u}\in L^2(0,T;H^1(\mathbb{R}^n;\mathbb{R}^m))$, 使得 $\boldsymbol{u}'\in L^2(0,T;L^2(\mathbb{R}^n;\mathbb{R}^m))$, 而且

$$\begin{cases}\boldsymbol{u}_{\varepsilon_j}\text{在}L^2(0,T;H^1(\mathbb{R}^n;\mathbb{R}^m))\text{中弱收敛于}\boldsymbol{u},\\\boldsymbol{u}_{\varepsilon_j}'\text{在}L^2(0,T;L^2(\mathbb{R}^n;\mathbb{R}^m))\text{中弱收敛于}\boldsymbol{u}'.\end{cases}\tag{6.2.22}$$

第 2 步. 任取函数 $\boldsymbol{v}\in C^1([0,T];H^1(\mathbb{R}^n;\mathbb{R}^m))$, 由 (6.2.6) 式可得

$$\int_0^T[(\boldsymbol{u}_\varepsilon',\boldsymbol{v})+\varepsilon\mathbf{D}\boldsymbol{u}_\varepsilon:\mathbf{D}\boldsymbol{v}+B[\boldsymbol{u}_\varepsilon,\boldsymbol{v};t]]\mathrm{d}t=\int_0^T(\boldsymbol{f},\boldsymbol{v})\mathrm{d}t.\tag{6.2.23}$$

在 (6.2.23) 式中令 $\varepsilon=\varepsilon_j\to0$ 可得

$$\int_0^T[(\boldsymbol{u}',\boldsymbol{v})+B[\boldsymbol{u},\boldsymbol{v};t]]\mathrm{d}t=\int_0^T(\boldsymbol{f},\boldsymbol{v})\mathrm{d}t.\tag{6.2.24}$$

通过逼近可知 (6.2.24) 式对于任何的 $\boldsymbol{v}\in C([0,T];H^1(\mathbb{R}^n;\mathbb{R}^m))$ 及任意的 $T>0$ 成立, 从而有

$$(\boldsymbol{u}',\boldsymbol{v})+\boldsymbol{B}[\boldsymbol{u},\boldsymbol{v};t]=(\boldsymbol{f},\boldsymbol{v}),\quad\forall\boldsymbol{v}\in H^1(\mathbb{R}^n,\mathbb{R}^m)\text{ a.e. }0\leqslant t\leqslant T.$$

第 3 步. 由于 $\boldsymbol{u}\in L^2(0,T;H^1(\mathbb{R}^n;\mathbb{R}^m))$, $\boldsymbol{u}'\in L^2(0,T;L^2(\mathbb{R}^n;\mathbb{R}^m))$, 所以 $\boldsymbol{u}\in C([0,T];L^2(\mathbb{R}^n;\mathbb{R}^m))$, 从而 $\boldsymbol{u}(0)$ 有意义. 现假设 $\boldsymbol{v}(T)=0$, 由 (6.2.23) 式可得

$$\int_0^T[-(\boldsymbol{u}_\varepsilon,\boldsymbol{v}')+\varepsilon\mathbf{D}\boldsymbol{u}_\varepsilon:\mathbf{D}\boldsymbol{v}+B[\boldsymbol{u}_\varepsilon,\boldsymbol{v};t]]\mathrm{d}t=\int_0^T(\boldsymbol{f},\boldsymbol{v})\mathrm{d}t+(\boldsymbol{u}_{0\varepsilon},\boldsymbol{v}(0)).$$

令 $\varepsilon=\varepsilon_j\to 0$ 可得

$$\int_0^T[-(\boldsymbol{u},\boldsymbol{v}')+B[\boldsymbol{u},\boldsymbol{v};t]]\mathrm{d}t=\int_0^T(\boldsymbol{f},\boldsymbol{v})\mathrm{d}t+(\boldsymbol{u}_0,\boldsymbol{v}(0)).$$

再对 (6.2.24) 式使用分部积分公式可得

$$\int_0^T[-(\boldsymbol{u},\boldsymbol{v}')+B[\boldsymbol{u},\boldsymbol{v};t]]\mathrm{d}t=\int_0^T(\boldsymbol{f},\boldsymbol{v})\mathrm{d}t+(\boldsymbol{u}(0),\boldsymbol{v}(0)).$$

$\boldsymbol{v}(0)$ 的任意性导致了 $\boldsymbol{u}(0)=\boldsymbol{u}_0$.

由弱解的定义知近似解函数 $\boldsymbol{u}_\varepsilon$ 的极限函数 $\boldsymbol{u}$ 是初值问题 (6.2.5) 的弱解.

第 4 步. 对于唯一性, 只需验证如果 $\boldsymbol{f}=\boldsymbol{u}_0=0$, 则 (6.2.5) 式只有零解 $\boldsymbol{u}(t)=0$. 事实上, 由弱解的定义知

$$(\boldsymbol{u}',\boldsymbol{u})+B[\boldsymbol{u},\boldsymbol{u};t]=(\boldsymbol{f},\boldsymbol{u})\ \text{a.e. } 0\leqslant t\leqslant T. \tag{6.2.25}$$

因为 $|B[\boldsymbol{u},\boldsymbol{u};t]|\leqslant C\|\boldsymbol{u}\|^2_{L^2(\mathbb{R}^n;\mathbb{R}^m)}$, 所以由 (6.2.25) 式可得

$$\frac{\mathrm{d}}{\mathrm{d}t}\|\boldsymbol{u}\|^2_{L^2(\mathbb{R}^n;\mathbb{R}^m)}\leqslant C\|\boldsymbol{u}\|^2_{L^2(\mathbb{R}^n;\mathbb{R}^m)}.$$

由于 $\boldsymbol{u}(0)=0$, Gronwall 不等式暗含了 $\|\boldsymbol{u}(t)\|^2_{L^2(\mathbb{R}^n;\mathbb{R}^m)}=0(0\leqslant t\leqslant T)$, 即 $\boldsymbol{u}(t)=0$ 在 $0\leqslant t\leqslant T$ 上成立. 这就证明了唯一性.

注 6.4　这里只讨论一阶双曲型方程式或方程组的初值问题而没有讨论初边值问题, 这是因为对于一阶双曲型方程, 边界条件的提法是复杂的. 例如, 考虑下面的半无界问题:

$$\begin{cases}u_t+au_x=0, & x>0,t>0,\\ u(t=0)=u_0(x), & x\geqslant 0.\end{cases}$$

当 $a\leqslant 0$ 时, 该定解问题存在唯一解 $u(x,t)=u_0(x-at)$. 事实上, 唯一性由能量不等式

$$\frac{\mathrm{d}}{\mathrm{d}t}\int_0^\infty u^2(x,t)\mathrm{d}x-au^2(0,t)=0,\quad u(\infty,t)=0$$

及 $a\leqslant 0$ 易得. 但是当 $a>0$ 时, 上式不能推得唯一性, 需要边界条件 $u(0,t)=0$. 可以证明当 $a>0$ 时, 如果 $u_0(0)=u_0'(0)=0$, 则定解问题

$$\begin{cases}u_t+au_x=0, & x>0,t>0,\\ u(0,t)=0,u(\infty,t)=0, & t>0,\\ u(t=0)=u_0(x), & x\geqslant 0\end{cases}$$

存在唯一古典解 u 为

$$u(x,t)=\begin{cases}u_0(x-at), & x\geqslant at,\\ 0, & x\leqslant at.\end{cases}$$

对于一般的一阶双曲问题的初边值问题的边界条件的提法及其适定性问题, 参见文献 (陈恕行, 2005).

习 题 六

1. 试用特征线方法求解 Cauchy 问题的解

$$\begin{cases}\dfrac{\partial u}{\partial t}+a(x,t)\dfrac{\partial u}{\partial x}=0, & x\in\mathbb{R}^1, t>0,\\ u(x,0)=u_0(x),\end{cases}$$

其中, $a(x,t)$ 为给定的已知函数。

2. 试用特征线方法求解输运方程 Cauchy 问题

$$\begin{cases}\dfrac{\partial u}{\partial t}+\boldsymbol{b}\cdot\nabla u=f(\boldsymbol{x},t), & \boldsymbol{x}\in\mathbb{R}^n, t>0,\\ u(\boldsymbol{x},0)=u_0(\boldsymbol{x}), & \boldsymbol{x}\in\mathbb{R}^n\end{cases}$$

的解, 其中, $f(\boldsymbol{x},t)$, $u_0(\boldsymbol{x})$ 为给定的已知函数, $\boldsymbol{b}$ 为 $\mathbb{R}^n$ 中的常向量.

提示: 构造函数 $z(s)=u(\boldsymbol{x}+\boldsymbol{b}s,t+s)$.

3. 试将声学方程组

$$\begin{cases}\rho_t+\rho_0\mathrm{div}(\boldsymbol{u})=0,\\ \boldsymbol{u}_t+\dfrac{f'(\rho_0)}{\rho_0}\nabla\rho=0,\end{cases}\qquad \rho\text{为密度}, \boldsymbol{u}\text{为速度}$$

写成一阶对称组的矩阵形式.

4. 一维可压气体流的 Euler 方程为

$$\begin{cases}\rho_t+(\rho u)_x=0\\ (\rho u)_t+(\rho u^2+p)_x=0\\ (\rho E)_t+(\rho Eu+pu)_x=0\end{cases}$$

其中, $(x,t)\in\mathbb{R}^1\times(0,T)$, ρ 是质量密度, u 是速度, $E=e+\dfrac{u^2}{2}$ 表示总能量, e 是内能, $\dfrac{u^2}{2}$ 是 Kinetic 能量, $p=p(\rho,e)$ 是 ρ 和 e 的函数, 表示压力. 试将一维可压 Euler 方程写成矩阵方程 $u_t+F(u)_x=0$ 的形式.

参 考 文 献

陈恕行. 2005. 现代偏微分方程导论. 北京：科学出版社.

陈亚浙. 2003. 二阶抛物型偏微分方程. 北京：北京大学出版社.

陈亚浙, 吴兰成. 1991. 二阶椭圆型方程与椭圆型方程组. 北京：科学出版社.

谷超豪, 李大潜等. 2002. 数学物理方程 (第二版). 北京：高等教育出版社.

姜礼尚, 陈亚浙. 1996. 数学物理方程. 北京: 高等教育出版社.

李大潜, 陈韵梅. 1989. 非线性发展方程. 北京：科学出版社.

李大潜, 秦铁虎. 1997. 物理学与偏微分方程 (上下册). 北京：高等教育出版社.

林芳华. 2002. 非线性偏微分方程的一些新动向. 纽约大学 Silver 教授演讲稿.

王向东, 梁汲延, 戎海武. 2004. 索伯列夫空间论. 北京: 科学出版社.

王耀东. 1989. 偏微分方程的 L^2 理论. 北京: 北京大学出版社.

王元明, 徐冠祥. 2003. 索伯列夫空间讲义. 南京：东南大学出版社.

伍卓群, 尹景学, 王春朋. 2003. 椭圆与抛物型方程引论. 北京：科学出版社.

叶其孝, 李正元. 1991. 反应扩散方程. 北京: 科学出版社.

张恭庆, 林源渠. 1987. 泛函分析 (上). 北京: 北京大学出版社.

Adams R A 1983. 索伯列夫空间. 叶其孝等译. 北京：人民教育出版社.

Brezis H, Brouder F. 1998. Partial differential equations in the 20th century. Advance in Mathematics, 135: 76~144.

Courant R, Hilbert D. 1953. Methods of Mathematical Physics I, II. New York: A Wiley-Interscience publication(John Wiley and Sons).

DiPerna R, Lions P L. 1989. On the Cauchy problem for Boltzmann equations:global existence and weak stability. Annals of Malhematics., 130: 321~366.

Evans L C, Gariepy R F. 1992. Measure Theory and Fine Properties of Functions. Studies in Advanced Mathematics. London: CRC Press.

Evans L C. 1998. Partial Differential Equations. Graduate Studies in Mathematics Vol.19. Rhode Island: American Mathematical Society.

Friedman A. Partial Differential Equations of Parabolic Type. Prentice: Prentice-Hall, Inc., 1964. (中译本. 夏宗伟译. 姜礼尚校. 1984. 抛物型偏微分方程. 北京：科学出版社.)

Hardy G, Littlewood J E, Pòlya G. 1952. Inequalities(Second Edition). Cambridge: Cambridge University Press.

Lions J L. 1969. Quelques Methods de Resolution des Problemes aux Limites Nonlineaires. Paris: Dunod-Gauthier Villars.

Morris K. 2002. 古今数学思想. 北京大学数学系译. 上海：上海科学技术出版社.

Sobolev S L. 1992. 泛函分析在数学物理中的应用. 崔志勇, 王光烈, 严子谦译. 长春: 吉林大学出版社.

Sobolev S L. 1938. On a theorem of functional analysis. Mat. Sb., 46:471~496.

Yosida K. 1965. Functional Analysis. Berlin: Springer-Verlag.